디지털신호처리

Digital Signal Processing

장영범 지음

홍릉과학출판사

머리말

요즈음 디지털 신호처리를 이용한 많은 알고리즘이 개발되고 있으며, 그런 알고리즘들은 반도체의 처리속도와 집적도의 발전으로 인하여 구현이 쉽게 이루어지고 있다. 우리가 쉽게 대할 수 있는 디지털 신호처리 제품으로는 스마트폰, 디지털 코드리스 전화기, 디지털 자동응답 전화기, MP3, CD 플레이어, 디지털 녹음기 등의 음성 및 오디오 제품과 DVD 플레이어, 디지털 TV, 동영상 전화기, 디지털 카메라 등의 비디오 응용제품들이 있다. 우리 주변의 많은 아날로그 전자제품들이 이미 대부분 디지털 전자제품으로 변환되었으며, 이제는 신개념의 디지털 신호처리 제품이 탄생하고 있다. 디지털 신호처리 제품으로 변화하는 이유는 보관 및 전송이 유리하고, 압축 알고리즘을 다양하게 개발할 수 있어서 높은 압축률을 달성할 수 있는 장점이 있기 때문이다. 또한 전송 중에 발생하는 잡음에 대하여도 영향을 덜 받는 장점도 갖고 있다. 따라서 현대 산업사회는 디지털 신호처리 이론 및 응용 알고리즘을 다루고 구현할 수 있는 창의적인 전문인을 많이 필요로 하고 있다.

이 책은 "신호 및 시스템"이라는 과목을 통하여 아날로그 신호처리를 접하지 않은 독자들도 바로 디지털 신호처리 이론을 습득할 수 있도록 구성하였다. 또한 이와 같은 디지털 신호처리 이론이 실무에서 어떻게 사용되고 있는지를 연결하여 구성하였다. 따라서 이 책을 배우고 난 후에는 디지털 음성 압축이론, 디지털 오디오 압축이론, 화상 및 영상처리 이론, 디지털 통신이론을 쉽게 습득할 수 있을 것이다.

일반적으로 어려운 분야로 알려져 있는 디지털 신호처리 이론을 쉽게 이해하고 실무에 적용할 수 있도록 하는 것이 이 책의 목적이다. 따라서 디지털 신호처리 이론을 처음 대하는 전기/전자/정보통신/제어공학 전공자들에게 초점을 맞추어서 구성하였으며, 연구나 반도체 설계 관련 전문가들에게도 참고서적으로 활용될 수 있도록 구성하였다.

이 책의 구성은 다음과 같다.

1장에서는 우리 주변에 디지털 신호처리 제품들이 어떤 것들이 있는지 살펴보고, 디지털 신호처리의 개략적인 개념을 이해하도록 구성하였다. 2장에서는 디지털 신호처리 이론을 시간 영역에서 다루는 방법을 소개하였으며, 3장과 4장에서는 주파수 영역에서 디지털 신호처리 이론을 해석하는 방법을 소개하였다. 5장에서는 주파수 영역 해석을 좀 더 일반화시킨 z 변환에 대하여 다룬다. 특히 z 변환이 실무에서 어떻게 유용하게 사용되는지를 강조하여 설명하였다. 6장에서는 디지털 신호처리 시스템에 사용되는 소자들이 반도체 등으로 어떻게 구현되는지를 소개하였다.

7장에서는 다양한 디지털 필터 구조를 제작하는 방법을 소개하였다. 또한 구조마다 특성이 다르므로 선택한 필터 구조의 특성을 분석하는 방법을 소개하였다. 8장에서는 원하는 사양의 필터를 설계하는 방법을 소개하였다. 마지막으로 9장에서는 통신 시스템에 많이 사용되는 multirate 신호처리 이론을 소개하였으며, 특히 응용분야로서 subband coding 분야를 집중적으로 다루었다.

2017년 6월

저자

차례

CHAPTER 01 서 론

1.1 생활 속의 디지털 신호처리 제품들 ········ 1

1.2 디지털 신호의 개념 ········ 2

1.2.1 비트 ········ 2

1.2.2 샘플링 ········ 4

1.2.3 양자화 ········ 5

1.3 디지털 신호처리의 목저 ········ 6

1.3.1 신호의 압축과 복원 ········ 7

1.3.2 신호의 잡음제거 ········ 7

1.3.3 신호의 해석 ········ 8

1.4 디지털 신호처리 시스템의 구현 방식 ········ 8

1.4.1 소프트웨어 방식 ········ 8

1.4.2 General purpose DSP 방식 ········ 8

1.4.3 Hard-wired 방식 ········ 9

CHAPTER 02 신호와 시스템

2.1 기본적인 디지털 신호 ········ 11

2.1.1 단위 임펄스 신호 ········ 12

2.1.2 단위 계단 신호 ········ 13

2.2 디지털 신호의 표현 방법 ········ 15

2.2.1 그림에 의한 표현 방법 ········ 15

2.2.2 임펄스 신호에 의한 표현 방법 ········ 16

2.2.3 괄호를 사용한 표현 방법 ········ 17

2.3 기본적인 디지털 신호의 연산 ········ 18
2.3.1 쉬프트 연산 ········ 18
2.3.2 반사 연산 ········ 19
2.3.3 반사 후 쉬프트 연산 ········ 19

2.4 시스템의 정의 및 성질 ········ 20
2.4.1 선형 시스템 ········ 21
2.4.2 시불변 시스템 ········ 22
2.4.3 인과 시스템 ········ 23

2.5 디지털 컨볼루션 ········ 24
2.5.1 임펄스 응답 ········ 24
2.5.2 디지털 컨볼루션 방정식 ········ 25

2.6 디지털 컨볼루션의 계산 방법 ········ 28
2.6.1 슬라이딩에 의한 디지털 컨볼루션의 계산 ········ 28
2.6.2 임펄스 응답을 사용한 디지털 컨볼루션의 계산 ········ 35

2.7 시스템 구성의 기본소자와 시스템의 연결 방법 ········ 37
2.7.1 시스템 구성의 기본소자 ········ 37
2.7.2 직렬연결 방식 ········ 39
2.7.3 병렬연결 방식 ········ 40

2.8 선형 차분방정식 ········ 41
2.8.1 FIR 시스템의 차분방정식 ········ 42
2.8.2 IIR 시스템의 차분방정식 ········ 43

2.9 안정 시스템 ········ 45
2.9.1 입력과 출력으로 나타내는 안정 시스템 ········ 45
2.9.2 임펄스 응답으로 나타내는 안정 시스템 ········ 46

연습문제 ········ 48

CHAPTER 03 시스템의 주파수 해석: DTFT

3.1 푸리에급수 ········ 55
3.1.1 직교함수 ········ 55
3.1.2 삼각 푸리에급수 ········ 57

3.1.3 지수 푸리에급수 ···· 61

3.2 연속시간 푸리에변환(CTFT) ···· 64

3.3 이산시간 푸리에변환(DTFT) ···· 68
3.3.1 DTFT ···· 68
3.3.2 역 DTFT ···· 73

3.4 주파수 응답 ···· 74

3.5 DTFT의 성질 ···· 86
3.5.1 선형성 ···· 86
3.5.2 시간 쉬프팅(time shifting) ···· 86
3.5.3 주파수 쉬프팅(frequency shifting) ···· 87
3.5.4 모듈레이션 성질 ···· 87
3.5.5 컨볼루션 성질 ···· 87
3.5.6 Windowing theorem ···· 89
3.5.7 Parseval's theorem ···· 90

연습문제 ···· 92

CHAPTER 04 이산 푸리에변환(DFT)

4.1 이산 푸리에변환의 정의 ···· 97

4.2 이산 푸리에변환의 성질 ···· 101
4.2.1 선형성 ···· 101
4.2.2 원형 컨볼루션 ···· 102

4.3 원형 컨볼루션을 이용한 필터링 ···· 104
4.3.1 원형 컨볼루션과 컨볼루션의 관계 ···· 104
4.3.2 Overlap-Add 방식을 사용한 컨볼루션 ···· 108
4.3.3 Overlap-Save 방식을 사용한 컨볼루션 ···· 110

4.4 고속 푸리에변환(Fast Fourier Transform, FFT) ···· 112
4.4.1 DIT 방식 ···· 113
4.4.2 DIF 방식 ···· 117

4.5 역 고속 푸리에변환(Inverse Fast Fourier Transform, IFFT) ···· 121

4.6 FFT 응용: LTE OFDM 통신 ····· 122
4.6.1 OFDM 통신 개요 ····· 122
4.6.2 OFDM 송수신 모델 ····· 124
4.6.3 FFT를 사용한 OFDM 시스템 구현 ····· 125

연습문제 ····· 128

CHAPTER 05

z 변환

5.1 z 변환의 정의 ····· 134
5.1.1 DTFT의 일반화에 의한 정의 ····· 134
5.1.2 전달함수에 의한 정의 ····· 136

5.2 유한 길이 신호의 z 변환 해석: 극점과 영점과 수렴영역 ····· 137

5.3 무한 길이 신호의 z 변환 해석: 극점과 영점과 수렴영역 ····· 140
5.3.1 우측신호의 z 변환 ····· 140
5.3.2 좌측신호의 z 변환 ····· 141
5.3.3 양측신호의 z 변환 ····· 143
5.3.4 IIR 시스템의 안정도 판별 ····· 144

5.4 z 변환의 성질 ····· 148
5.4.1 컨볼루션 ····· 148
5.4.2 선형성 ····· 149
5.4.3 시간 쉬프트 ····· 149
5.4.4 지수신호의 곱 ····· 150
5.4.5 미분 성질 ····· 151

5.5 역 z 변환 ····· 152
5.5.1 유한 길이 신호의 z 변환과 역 z 변환 ····· 152
5.5.2 무한 길이 신호의 z 변환과 역 z 변환 ····· 153

5.6 z 변환의 용도 ····· 158
5.6.1 필터의 안정도 판별 ····· 158
5.6.2 필터의 종류 판별 ····· 161
5.6.3 다양한 디지털 필터 구조를 만드는 데 사용 ····· 163
5.6.4 필터 구조에서 전달함수를 찾을 때에 사용 ····· 165

5.6.5 전달함수로부터 차분방정식 ······ 167
5.6.6 필터의 출력 계산 ······ 168

연습문제 ······ 169

CHAPTER 06 하드웨어 구현

6.1 A/D 변환기 ······ 176

6.2 샘플링 주파수 ······ 180
6.2.1 나이퀴스트 샘플링 주파수 ······ 180
6.2.2 에일리어싱 ······ 181

6.3 양자화 ······ 183
6.3.1 2의 보수형 양자화기 ······ 183
6.3.2 버림 양자화 에러 ······ 187
6.3.3 반올림 양자화 에러 ······ 189
6.3.4 신호대 잡음비 ······ 190

6.4 D/A 변환기 ······ 192

6.5 디지털 신호처리 소자의 구현 ······ 194
6.5.1 Hard-wired 구현 ······ 195
6.5.2 DSP 프로세서를 사용한 구현 ······ 202

연습문제 ······ 205

CHAPTER 07 필터 구조

7.1 다양한 필터 구조를 개발하는 이유 ······ 209
7.1.1 구조 I ······ 210
7.1.2 구조 II ······ 211
7.1.3 구조 III ······ 212

7.2 IIR 필터 구조 ······ 214
7.2.1 제I직섭형(direct form I) 구조 ······ 214
7.2.2 제II직접형(direct form II) 구조 ······ 215

7.2.3 전치 제II직접형(transposed direct form II) 구조 ········ 217
7.2.4 직렬형 구조 ········ 220
7.2.5 병렬형 구조 ········ 224

7.3 FIR 필터 구조 ········ 228
7.3.1 직접형 구조 ········ 228
7.3.2 전치 직접형 구조 ········ 229
7.3.3 직렬형 구조 ········ 230

7.4 상태방정식을 이용한 필터의 표현 ········ 232

7.5 필터 구조의 유한 정세도 특성 분석 ········ 234
7.5.1 계수 양자화 영향 ········ 234
7.5.2 라운딩 영향 ········ 235

연습문제 ········ 246

CHAPTER 08 필터 설계

8.1 필터 설계 단계 ········ 253

8.2 필터의 사양 결정 ········ 254

8.3 FIR과 IIR 필터 결정 ········ 257

8.4 FIR 필터 설계 ········ 258
8.4.1 window에 의한 설계 방법 ········ 259
8.4.2 주파수 샘플링에 의한 설계 방법 ········ 263
8.4.3 최적 근사화에 의한 설계 방법 ········ 264

8.5 IIR 필터 설계 ········ 271
8.5.1 Butterworth 간접설계 방식 ········ 273
8.5.2 Chebyshev 간접설계 방식 ········ 286

8.6 실무: MATLAB을 사용한 Butterworth 필터 설계 ········ 290
8.6.1 FDA-Tool 사용 ········ 291
8.6.2 M-file 사용 ········ 292

연습문제 ········ 298

CHAPTER 09 Multirate 신호처리

9.1 데시메이션 회로 ···· 300
9.1.1 데시메이터 ···· 300
9.1.2 데시메이션 회로 ···· 306

9.2 인터폴레이션 회로 ···· 308

9.3 Multirate 소자의 연결 ···· 311
9.3.1 데시메이터의 Noble identities ···· 312
9.3.2 익스팬더의 Noble identities ···· 312

9.4 QMF 필터뱅크 ···· 313
9.4.1 필터뱅크의 스펙트럼 ···· 313
9.4.2 복원신호의 z 영역 표현 ···· 315
9.4.3 완전복원 조건 ···· 316
9.4.4 Polyphase 구현 ···· 320

9.5 유리수 샘플링 주기 변환 ···· 324

9.6 CIC 데시메이션 필터 ···· 327

연습문제 ···· 331

연습문제 풀이 ···· 335

부록

주요 공식 ···· 381

주요 변환 ···· 383

참고문헌 ···· 385

찾아보기 ···· 387

CHAPTER 01

서 론

1.1 생활 속의 디지털 신호처리 제품들
1.2 디지털 신호의 개념
1.3 디지털 신호처리의 목적
1.4 디지털 신호처리 시스템의 구현 방식

1.1 생활 속의 디지털 신호처리 제품들

디지털 신호처리(Digital Signal Processing, DSP)의 이론을 이해하기에 앞서 우리 주변에 어떤 디지털 신호처리 제품들이 있는지 먼저 살펴보자. 디지털 신호처리의 제품을 분류하는 데에는 여러 방법이 있을 수 있지만 여기서는 신호의 차원으로 분류해 보기로 한다. 1차원 신호란 신호를 표현하는 축이 한 개인 신호를 말하며 대표적인 것으로 음성신호, 오디오신호, 안테나로 수신되는 통신신호 등이 있다. 2차원 신호는 신호를 표현하는 축이 두 개인 신호이며 대표적인 것이 사진과 같은 정지영상이다. 3차원 신호는 세 개의 축으로 표현되는 신호로서 동영상신호가 대표적이다. 이와 같은 1, 2, 3차원의 대표적인 디지털 신호처리 제품들을 그림 1-1에 나타냈다. 1차원 신호의 디지털 신호처리 제품으로는 스마트폰, MP3, CD 플레이어 등이 있으며, 2차원 신호의 디지털 신호처리 제품으로는 디지털 카메라나 스마트폰 등이 있다. 3차원 신호에 대한 디지털 신호처리 제품으로는 DVD 플레이어, HDTV(High Definition TV), 스마트폰 등을 꼽을 수 있다.

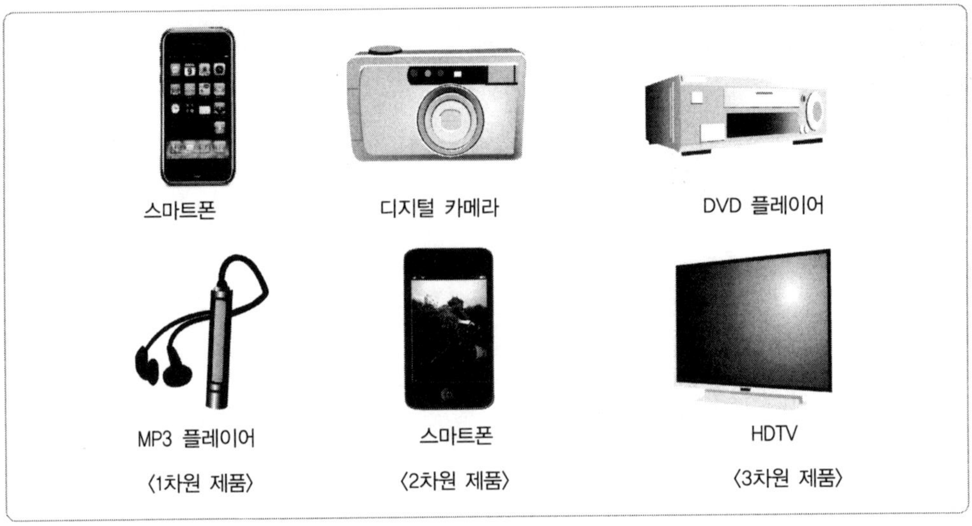

그림 1-1 1, 2, 3차원의 디지털 신호처리 제품들

음성이나 오디오신호의 디지털 신호처리 제품들이 3차원 신호인 비디오 신호의 디지털 신호처리 제품보다 상용화가 빠른 이유는 음성이나 오디오신호의 디지털 신호처리가 동영상 신호처리와 비교하여 시간당 처리해야 할 계산의 양이 많지 않으므로 VLSI (Very Large Scaled Integrator)로 처리하기 쉽고, 저장해야 할 신호의 데이터양도 많지 않으므로 메모리 반도체에 저장하기 쉽기 때문이다. 이 책에서는 1차원 신호처리에 대하여 다룬다. 정지영상이나 동영상 처리 같은 2, 3차원 신호처리 이론은 1차원 신호처리 이론을 확장시켜 이해할 수 있으며, 영상처리 서적을 통하여 이론을 접할 수 있다.

1.2 | 디지털 신호의 개념

디지털 신호는 **비트**(bit), **표본화**(sampling), **양자화**(quantization) 등의 3가지 개념을 통하여 만들어진다. 따라서 먼저 이 개념들에 관해 살펴보기로 한다.

1.2.1 비트

1948년에 섀넌(C. E. Shannon)의 "통신의 수학적 이론"이란 논문을 통해 완성된 비트(bit) 이론은 정보를 표현하는 수단이다. 1948년은 또한 쇼클리(W. B. Shockley) 등에 의해서 트랜지스터가 발명된 해이기도 하다. 1948년에 태어난 비트 이론과 트랜지스터 반도체가 지금의 디지털 시대를 여는 밑거름이 되었다. 0과 1로 표현되는 비트는 텍스트의 정보화, 수치 계산, 디지털 신호처리 등에 이용되는 중요한 도구이다. 먼저 텍스트의 정보화를 알아보기 위해서 비트를 사용하여 한글을 나타내 보기로 하자. 한글은 14개의 자음과 10개의 모음으로 구성되므로 다음 표와 같이 5비트로 그 정보를 표현할 수 있다.

▌표 1-1▐ 한글의 비트 표현

ㄱ	00000	ㅈ	01000	ㅓ	10000	.	11000
ㄴ	00001	ㅊ	01001	ㅕ	10001	,	11001
ㄷ	00010	ㅋ	01010	ㅗ	10010	?	11010
ㄹ	00011	ㅌ	01011	ㅛ	10011	!	11011
ㅁ	00100	ㅍ	01100	ㅜ	10100	(	11100
ㅂ	00101	ㅎ	01101	ㅠ	10101	)	11101
ㅅ	00110	ㅏ	01110	ㅡ	10110	"	11110
ㅇ	00111	ㅑ	01111	ㅣ	10111	:	11111

위의 표와 같이 비트를 사용하면 32가지로 구분되는 정보는 $2^5 = 32$이므로 5비트로 나타내는 것이 가능하다. 이와 같이 비트를 사용하면 텍스트를 쉽게 디지털 정보로 나타낼 수 있음을 알 수 있다.

예제 1.1

"디지털"을 위의 표 1-1을 사용하여 표현하시오.

풀이 다음과 같이 표현할 수 있다.

ㄷ	ㅣ	ㅈ	ㅣ	ㅌ	ㅓ	ㄹ
00010	10111	01000	10111	01011	10000	00011

비트는 텍스트의 정보화 이외에도 수치계산에도 사용할 수 있다. 예를 들면 컴퓨터나 계산기 등에서 비트를 사용하여 다음과 같이 $3+5=8$의 덧셈을 수행할 수 있다.

$$\begin{array}{r} 0011 \\ +\ 0101 \\ \hline 1000 \end{array}$$

이와 같은 비트 이론을 사용하는 텍스트의 정보화나 수치해석은 반도체의 집적도가 높지 않았던 1950~70년대에는 군사용 암호기나 중대형 컴퓨터 등에서 제한적으로 사용되었으며, 개인이 접할 수 있는 제품으로는 계산기 정도밖에 상용화되지 못하였다.

1.2.2 샘플링

비트 이론은 반도체의 집적도의 괄목할 만한 성장으로 드디어 1980년대부터 신호의 표현 방법으로 이용되기 시작하였다. 텍스트의 정보화나 수치 해석보다 신호의 정보화는 더 많은 메모리와 더 빠른 처리용 하드웨어를 필요로 한다. 먼저 신호의 정보화를 위해서 **연속신호**(또는 연속시간 신호, continuous-time signal), **아날로그 신호**(analog signal), **이산신호**(또는 이산시간 신호, discrete-time signal), **디지털 신호**(digital signal) 등 4가지 신호의 정의를 알아보기로 하자. 그림 1-2(a)와 같이 시간 축의 모든 점에서 신호가 정의되는 신호를 연속신호라고 한다. 또한 연속신호 중에서도 신호의 값도 연속인 신호를 아날로그 신호라고 한다. 연속신호와 아날로그 신호의 정의는 이와 같이 조금 다르지만 보통은 차이 없이 사용하고 있다. 음성과 같은 연속신호를 그림 1-2(b)와 같이 샘플링(sampling)을 통해서 이산신호로 만들 수 있으며, 시간 축의 일정한 점에서만 신호가 정의되는 신호이다. 이와 같이 샘플링을 통해 만들어진 이산신호는 그림으로 표현할 때에 막대사탕의 모양으로 나타내며, 저장되거나 처리되기가 쉬워진다.

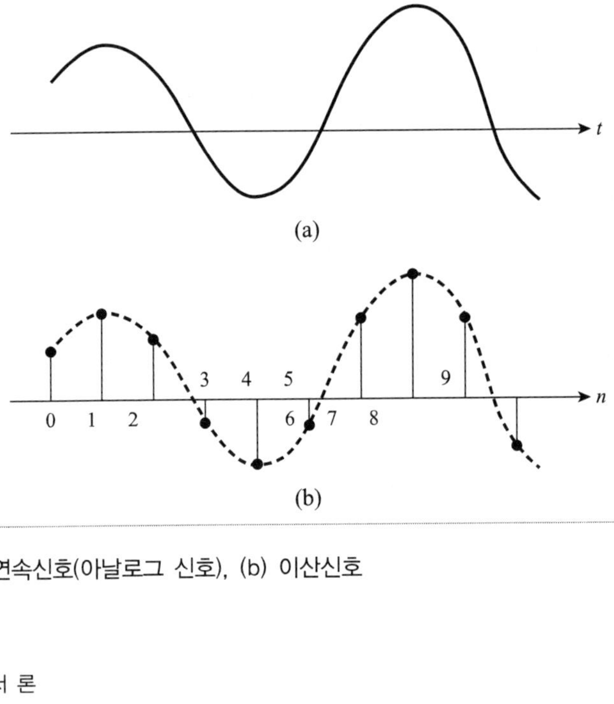

그림 1-2 (a) 연속신호(아날로그 신호), (b) 이산신호

1.2.3 양자화

그러나 이와 같은 샘플링만을 통해서 연속신호의 디지털화가 완성되지는 않는다. 즉, 샘플링된 신호의 값은 이론적으로 **무한대의 정세도**(infinite precision)를 가질 수 있다. 이와 같은 신호의 값을 비트를 사용하여 정보화하는 과정을 **양자화**(quantization)라고 한다. 그러나 할당하는 비트의 양은 유한하기 때문에 샘플링한 신호 값을 일반적으로 비트를 사용하여 정확하게 나타낼 수 없다. 예를 들어 샘플링한 신호 값이 0.883인 경우를 생각해 보자.

4비트로 이 값을 표현해 보자. 4비트를 사용하여 이 값을 가장 가깝게 표현하면 0111 = 0.5 + 0.25 + 0.125 = 0.875가 된다. 만일 8비트를 사용하여 이 값을 나타내면 01110001 = 0.5 + 0.25 + 0.125 + 0.0078125 = 0.8828125가 되어 원래의 이산신호에 더욱 근접하나 역시 양자화 에러를 피할 수는 없다. 이와 같이 신호는 반도체 등에 저장되거나 처리되어야 하므로 반드시 유한개의 비트로 정보화되어야 하며, 이렇게 비트로 양자화된 이산신호를 디지털 신호라고 정의한다. 즉, 연속신호는 표본화를 통하여 이산신호가 되며 비트를 사용한 양자화를 통하여 다시 디지털 신호로 완성된다. 정의의 차이에도 불구하고 이산신호와 디지털 신호는 거의 같은 의미로 사용하고 있다. 디지털 신호를 좀 더 쉽게 이해하기 위하여 그림 1-3과 같은 악보를 보자.

그림 1-3 디지털 신호의 이해: 악보

그림 1-3에서 오선은 시간 축으로 볼 수 있으며 모든 음은 시간 축에서 분리되어 있다. 이는 연속신호에서 샘플링에 의해 이산신호가 된 것과 같은 원리로 생각할 수 있다. 또한 예를 들어 "미"와 "파" 사이에는 다른 음이 존재하지 않는다. 이는 이산신호가 비트 할당에 의해 양자화되는 원리와 같다. 이와 같이 오래 전부터 사용되어 온 악보는 디지털 신호의 기원으로 간주할 수 있으며, 비트와 샘플링과 양자화를 악보를 사용하여 정보화하고 있음을 알 수 있다.

연속신호를 디지털 신호로 만들 때에, 샘플링하는 시간과 양자화할 때의 비트할당이 정보의 양과 직결되므로 경제적으로 결정되어야 한다. 샘플링의 시간을 길게 하거나 양자화의 비트할당을 줄이면 디지털 신호의 정보량은 작아지나 정보의 손실이 생길 수 있고, 또한 너무 샘플링 시간을 짧게 하거나 비트할당을 늘이면 정보량이 너무 많아져 비경제적이 되기 때문이다. 따라서 가능한 한 샘플링 시간을 길게 하고 비트할당을 작게 하되, 다시 아날로그 신호로 복원시켰을 때 원래의 아날로그 신호와 차이를 느끼지 않도록 결정하여야 한다. 예를 들면 음성신호의 경우에는 1/8000초의 샘플링 시간과 8~12비트 정도의 비트할당을 주로 사용하며, 오디오신호의 경우에는 1/44100초의 샘플링 시간과 16비트의 비트할당을 주로 사용한다. 경제적인 샘플링과 비트할당에 대해서는 6장에서 자세히 다루기로 한다.

1.3 디지털 신호처리의 목적

연속신호를 디지털 신호로 만드는 것은 신호처리나 저장을 쉽게 하기 위함이다. 비트로 표현되는 디지털 신호의 저장에 쓰이는 메모리 반도체는 저장용량이 계속 증가되고 있다. 디지털 신호처리 시스템을 아날로그 신호처리 시스템과 비교하면 그림 1-4와 같다.

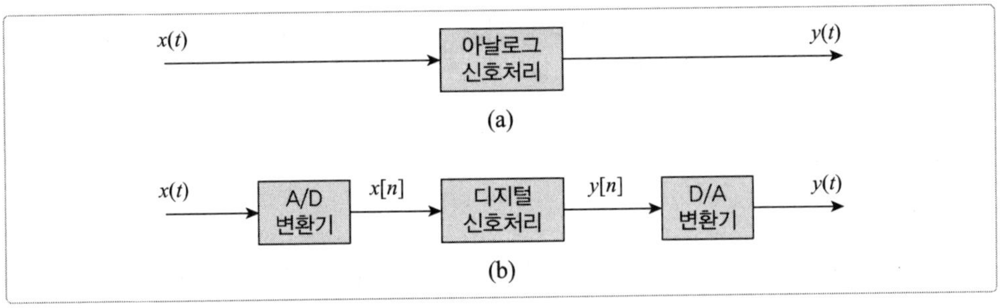

그림 1-4 (a) 아날로그 신호처리 시스템, (b) 디지털 신호처리 시스템

그림에서 보듯이 디지털 신호처리 시스템은 아날로그 신호처리 시스템과 비교하여 **A/D 변환기**(Analog-to-Digital Converter)와 **D/A 변환기**(Digital-to-Analog Converter)의 소자를 추가로 필요로 한다. 사람이 감지하거나 만들어내는 신호가 아날로그 신호이기 때문이다.

1.3.1 신호의 압축과 복원

그림 1-4의 디지털 신호처리는 매우 다양한 분야를 포함하고 있다. 그 중 대표적인 것이 디지털 신호의 압축이다. 아날로그 신호를 디지털 신호로 만드는 목적은 저장하였다가 원하는 시간에 다시 꺼내어 사용하든지 또는 통신 시스템을 통하여 신호를 필요로 하는 장소로 전송하기 위함이다. 따라서 저장하기 위한 신호의 양을 줄이거나 전송해야 할 신호의 양을 줄이는 것은 매우 중요한 문제이며 이를 신호의 압축이라고 한다. 예를 들어 MP3를 디지털 신호처리에 대입시키면 그림 1-5와 같다.

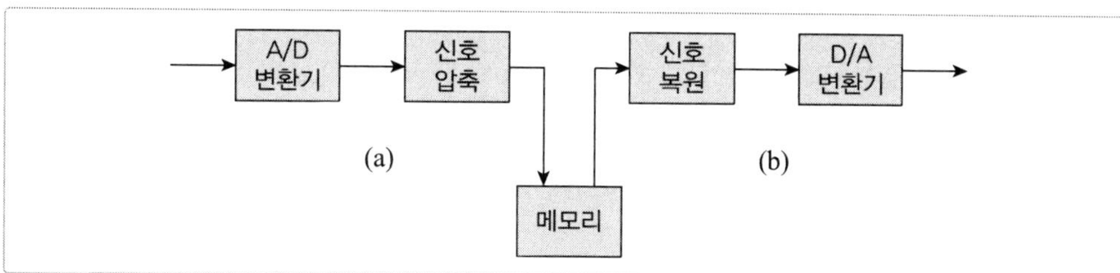

그림 1-5 (a) MP3 부호기, (b) MP3 복호기

그림 1-5(a)의 MP3 부호기를 수행하는 작업은 주로 인터넷 음악 서비스 회사나 MP3용 CD를 만드는 회사를 통하여 이루어진다. 많은 음악들은 MP3 알고리즘을 사용하여 압축되어 서비스되거나 CD가 제작된다. 개인들도 MP3 압축 프로그램을 사용하여 MP3 파일을 만들 수 있다. MP3 부호기의 압축 전과 후의 신호의 양을 비교해 보자. 압축되기 전에는 1초의 신호 양은 44100샘플링/sec × 16비트 × 2스테레오 = 1.4112 Mbits/sec이다. 압축된 후에는 128 kbits/sec의 비트율이 된다. 이는 약 11분의 1로 신호가 압축되었다는 의미인 동시에 저장해야 할 메모리의 크기가 약 11분의 1로 감소함을 의미한다. 이와 같이 신호의 압축은 디지털 신호처리의 가장 중요한 분야이다.

MP3 복호기의 수행은 주로 MP3 파일을 다운받아서 개인용 컴퓨터에서 이루어지거나 MP3 플레이어를 사용하여 이루어진다.

1.3.2 신호의 잡음제거

관측된 신호에는 불필요한 **잡음**(noise)이 섞여있는 경우가 많다. 이와 같은 잡음을 제거하여 원래의 신호를 복원하는 것이 디지털 신호처리의 중요한 목적 중의 하나이다. 예를 들면, 인공위성에서 찍은 지구 표면의 사진은 기상 상태 등의 이유로 잡음이 섞인다. 이런 경우에 여러 가지 필터를 사용하여 잡음을 제거할 수 있다.

1.3.3 신호의 해석

관측된 신호로부터 특정한 성질을 해석하는 분야도 매우 중요하다. 예를 들면, 레이더에서는 수집된 신호로부터 미확인 물체의 성질을 추출해내는데 이 같은 분야가 신호 해석의 분야이다. 또한 음성 인식 분야에서도 신호의 해석이 필수적이며, 이와 같은 신호의 해석에는 주로 확률과 통계를 사용한다.

DSP는 Digital Signal Processing(디지털 신호처리)과 Digital Signal Processor(디지털 신호처리 프로세서)의 두 가지 의미로 사용되고 있다. Digital Signal Processing은 디지털 신호를 처리하는 모든 시스템을 총칭하는 단어로 사용되며, Digital Signal Processor는 디지털 신호를 고속으로 처리하는 프로세서를 의미한다. 이 책에서는 전자의 의미로 DSP를 사용하기로 한다.

1.4 디지털 신호처리 시스템의 구현 방식

이 절에서는 DVD용 CD를 예로 들어 디지털 신호처리가 구현되는 방법을 알아보기로 하자.

1.4.1 소프트웨어 방식

DVD용 CD가 PC에 탑재된 마이크로프로세서를 사용하여 동영상으로 재현될 때에 이를 **소프트웨어 방식**이라고 한다. 요즈음 PC를 사용하여 많은 디지털 신호처리 알고리즘이 서비스된다. 인터넷 전화기, text-to-speech 음성합성기, 음성인식기, MP3, JPEG 등을 사용한 정지영상 처리, MPEG 등을 사용한 DVD 동영상 복원 등 수많은 디지털 신호처리가 PC나 스마트폰의 고속 마이크로프로세서를 통하여 소프트웨어 방식으로 일반에게 서비스되고 있다.

1.4.2 General purpose DSP 방식

소프트웨어 방식과 비교하여 반도체가 내장된 DVD 플레이어를 통하여 동영상으로 복원될 때에 이를 **하드웨어 방식**이라고 한다. 하드웨어 방식도 반도체의 구현방법에 따라서 다시 General purpose DSP 방식과 hard-wired 방식으로 나눌 수 있다. General purpose DSP 방식은 고속 DSP 칩을 사용하여 구현하는 방법이다. 몇몇 반도체 회사들이 고속 DSP 반도체 칩을 판매하고 있으며 DSP 알고리즘을 구현할 수 있는 개발환경을 갖추고 있다. 따라서 General purpose DSP 방식으로 구현하기 위해서는 특정 프로세서의 명령어를 사용하여 알고리즘을 프로그램하여야 한다. 비교적 복잡한 수학적 계산이 많이 요구되는 알고리즘에 주로 사용한다. 예를 들면, 휴대 전화기에 사용되는 음성압축 신호처리는 복잡한 계산을 많이 필요로 하는 알고리즘이므로 주로 이 프로세서 방식으로 구현되고 있다. 이 방식으로 설계하는 순서는 다음과 같다.

- 알고리즘 및 사양 완성
- 특정 컴퓨터 언어로 시뮬레이션
- 선정된 DSP가 탑재된 emulation 보드를 사용하여 코딩
- 반도체 칩 제작 및 테스트

1.4.3 Hard-wired 방식

DVD 플레이어용 반도체 칩을 구현하는 하드웨어 방식의 하나로 hard-wired 방식이 있다. 이 방식은 알고리즘을 구성하는 모든 블록을 각각의 하드웨어로 구현하는 방식이며, 비교적 수학적으로 단순하지만 계산해야 할 양이 많은 알고리즘에 적용한다. 예를 들면, MPEG2를 사용하는 DVD 알고리즘은 복잡하지 않으나 매우 많은 계산이 필요하므로 hard-wired 방식이 많이 사용되고 있다. MP3와 같은 알고리즘은 DSP 방식이나 hard-wired 방식이 모두 사용되는데, 이는 MP3 알고리즘이 계산량의 관점이나 수학계산의 복잡도가 두 가지 방식의 중간에 있기 때문에 두 가지 방식을 다 사용할 수 있다. hard-wired 방식에서는 칩 설계를 위하여 VHDL이나 Verilog와 같은 RTL(Register Transfer Logic) 코딩을 사용하여 프로그램하며 시뮬레이션 후에 반도체 하드웨어로 자동 변환된다. 이 방식으로 설계하는 순서는 다음과 같다.

- 알고리즘 및 사양 완성
- 특정 컴퓨터 언어로 시뮬레이션
- RTL 코딩
- 반도체 칩 제작 및 테스트

CHAPTER 02

신호와 시스템

2.1 기본적인 디지털 신호
2.2 디지털 신호의 표현 방법
2.3 기본적인 디지털 신호의 연산
2.4 시스템의 정의 및 성질
2.5 디지털 컨볼루션
2.6 디지털 컨볼루션의 계산 방법
2.7 시스템 구성의 기본소자와 시스템의 연결 방법
2.8 선형 차분방정식
2.9 안정 시스템

2.1 기본적인 디지털 신호

신호는 공기나 케이블과 같은 매체를 통하여 전달되는 파형으로서 연속신호(continuous-time signal), 아날로그 신호, 이산신호(discrete-time signal), 디지털 신호의 네 종류로 나누어진다. 연속신호란 시간 축의 모든 값에 대하여 신호 함수가 정의되는 신호를 말하며, 그 중에서도 특히 신호의 값도 연속인 신호를 아날로그 신호라고 한다. 정의가 조금 다르긴 하나 거의 같은 의미로 사용되고 있다. 연속신호에서 샘플링을 통하여 만들어지는 신호를 이산신호라고 하며, 그 중에서도 신호 값이 양자화(quantization)된 신호를 디지털 신호라고 한다. 역시 정의가 다르긴 하나 거의 같은 의미로 사용되고 있다. 연속신호의 샘플링을 통한 이산신호는 그림 2-1과 같이 나타낸다.

이 책에서 앞으로 다루고자 하는 것은 이산신호와 그 신호들에 대한 처리이론에 대한 것이다. 그러나 자연에 존재하는 대부분의 신호는 연속신호이므로 이산신호와 연속신호의 관계에 대하여 정확하게 이해할 필요가 있다. 이 두 신호의 관계는 주파수 영역의 해석이 필요하므로 3장에서 주파수 영역의 신호처리를 다룬 뒤에 6장에서 논하기로 한다. 이산신호는 $x(t)$의 연속신호를 샘플링하여 $x(nT)$를 얻고 이를 다시 시간 영역에서 n으로 정의하여 $x[n]$으로 표시한다. 이 책에서 연속신호는 ( )의 괄호를 사용하여 표시하

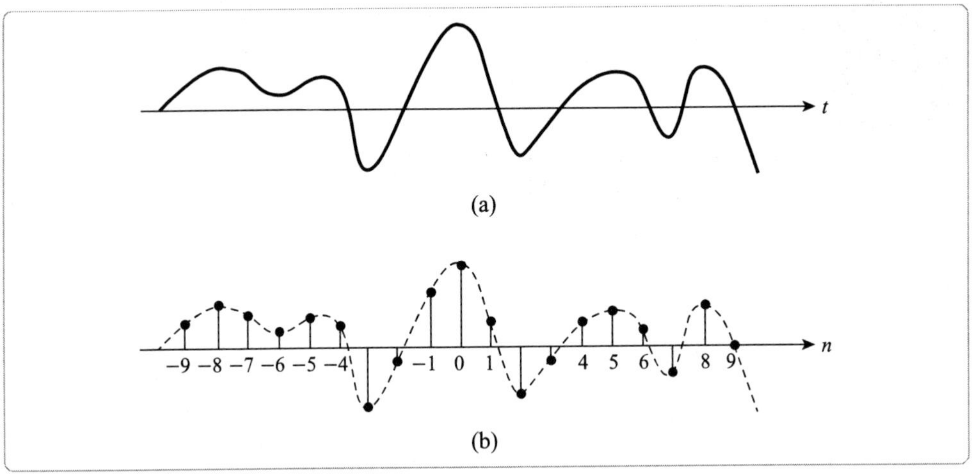

그림 2-1 (a) 연속신호, (b) 샘플링에 의한 이산신호

고, 디지털 신호는 [ ]의 괄호를 사용하여 표시하기로 한다. 일반적으로 n은 여러 가지 경우가 있다. 음악과 같은 연속신호에서 샘플링을 통하여 디지털 신호를 얻는다면 이 경우에 n은 시간의 의미를 갖고, 사진의 연속신호에서 샘플링을 통하여 디지털 신호를 얻는다면 이 경우에 n은 **화소**(pixel)의 의미를 갖는다. 디지털 신호처리 이론을 다루기에 앞서 먼저 다음과 같은 기본적인 신호들을 알아보기로 한다.

2.1.1 단위 임펄스 신호

단위 임펄스 신호(unit impulse signal)는 델타신호, 또는 줄여서 임펄스 신호라고도 하며 그림 2-2와 같이 나타낸다. 이 책에서는 주로 임펄스 신호를 사용하기로 한다. 임펄스 신호는 디지털 신호를 수학적으로 표현하는 데에 기본적으로 사용되며 디지털 신호처리에서 가장 중요하게 사용되는 신호 중의 하나이다.

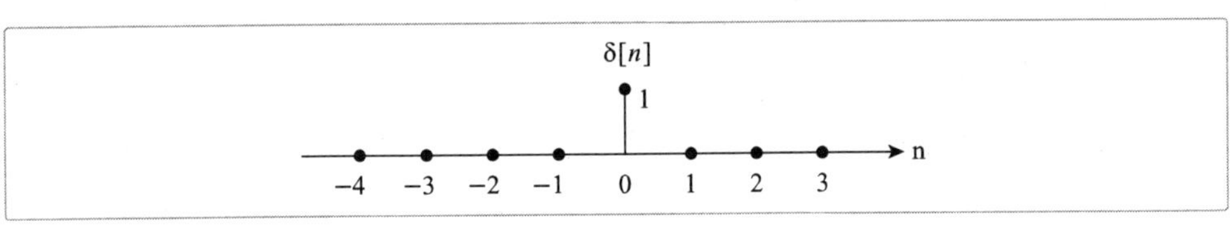

그림 2-2 단위 임펄스 신호

그림으로 표현된 임펄스 신호를 식으로 표현하면 다음과 같다.

$$\delta[n] = \begin{cases} 1, & n = 0 \\ 0, & n \neq 0 \end{cases}$$

앞의 그림과 식에서 보듯이 임펄스 신호는 눈금 n이 0일 때에만 1의 값을 갖고, 그 외의 모든 점에서 0의 값을 갖는 신호이다. 즉, $\delta[n]$의 괄호 안이 0일 때에만 1의 값을 갖게 된다. 따라서 다음 그림 2-3도 역시 임펄스 신호로서 $\delta[n]$이 k만큼 지연된 신호이다.

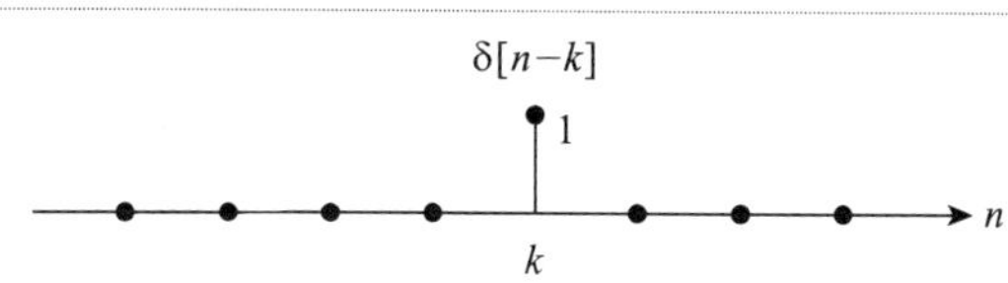

그림 2-3 다른 종류의 단위 임펄스 신호

그림 2-3의 임펄스 신호를 식으로 표현하면 다음과 같다.

$$\delta[n-k] = \begin{cases} 1, & n = k \\ 0, & n \neq k \end{cases}$$

이와 같은 임펄스 신호는 디지털 신호를 표현하는 데 사용되며 시스템을 해석하는 데에도 매우 중요하게 사용된다.

2.1.2 단위 계단 신호

임펄스 신호와 더불어 그림 2-4와 같은 **단위 계단 신호**(unit step signal)도 신호처리에서 매우 널리 사용되는 신호이다.

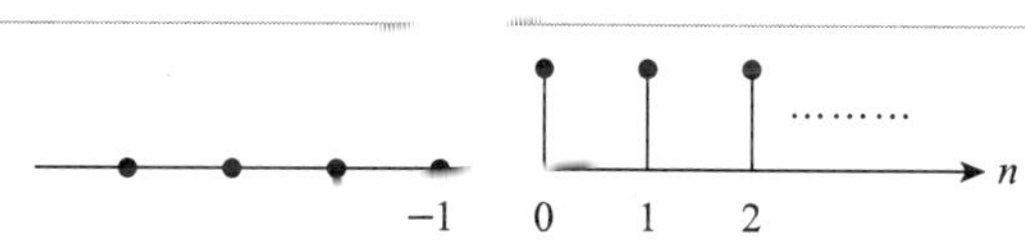

그림 2-4 단위 계단 신호

앞의 단위 계단 신호는 다음과 같은 식으로 나타낼 수 있다.

$$u[n] = \begin{cases} 1, & n \geq 0 \\ 0, & n < 0 \end{cases}$$

이와 같은 단위 계단 신호는 임의의 신호의 시작점을 제한하는 용도로 많이 사용된다. 즉, 그림 2-5(a)와 같이 잡음 신호가 계속되다가 일정한 시점에서 유효한 신호가 시작되는 경우에 그림 2-5(b)와 같은 단위 계단 신호를 곱하면 그림 2-5(c)와 같은 잡음이 제거된 신호를 얻을 수 있다.

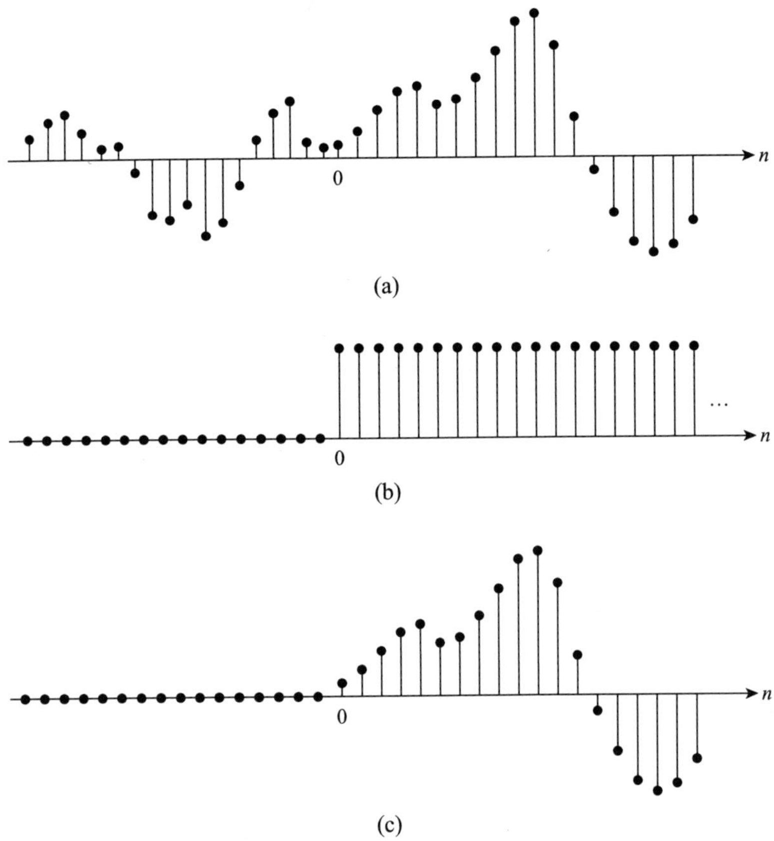

그림 2-5 (a) 잡음이 있는 신호 $x[n]$, (b) 단위 계단 신호 $u[n]$, (c) $x[n]u[n]$의 신호

단위 계단 신호를 사용하여 그림 2-6과 같은 **단위 펄스 신호**(unit pulse signal)라고 하는 신호를 정의할 수 있다.

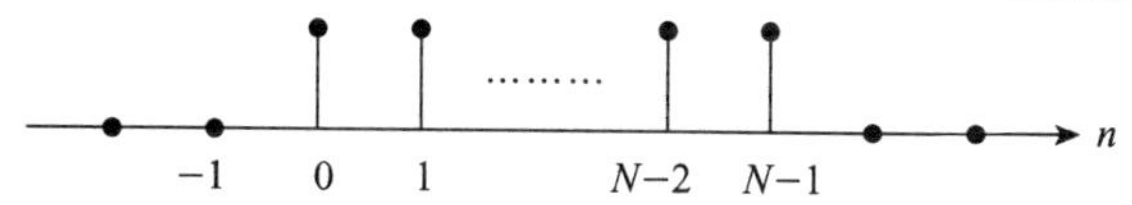

그림 2-6 단위 펄스 신호

위의 단위 펄스 신호는 $u[n]-u[n-N]$으로 나타낼 수 있다. 이와 같은 단위 펄스 신호는 임의의 이산신호 가운데 관심 있는 시간 영역을 적절히 제한할 수 있다. 즉, 매우 긴 이산신호 $x[n]$에서 $n=0$부터 $n=N-1$까지의 신호만 관심이 있으면 $x[n](u[n]-u[n-N])$의 과정을 통해서 그 영역의 신호만을 표현할 수 있다.

2.2 디지털 신호의 표현 방법

2.2.1 그림에 의한 표현 방법

디지털 신호는 아날로그 신호의 샘플링에 의해서 얻을 수 있으므로 아날로그 신호처럼 그림으로 표현할 수 있다. 디지털 신호는 그림 2-7과 같이 막대사탕의 모양으로 나타낸다. 가로축은 샘플링 시간을 정수로 표시하며 막대사탕 옆에 샘플링된 값을 적기도 한다.

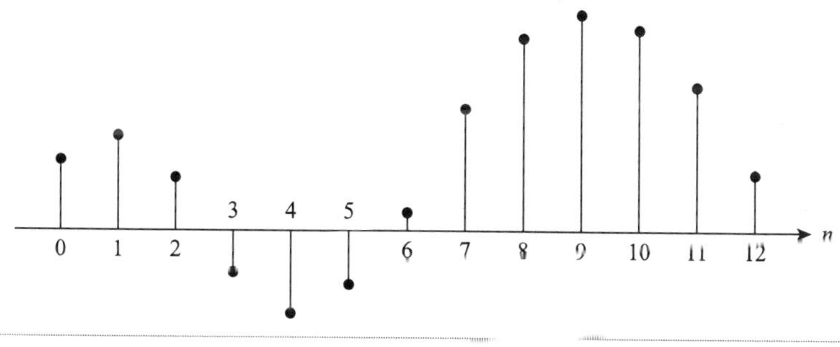

그림 2-7 디지털 신호의 그림 표현

위의 그림에서 보듯이 샘플링 인덱스는 정수로 표시되므로 원 신호인 아날로그 신호의 샘플링 주기에 대한 정보는 표시되지 않는다.

2.2.2 임펄스 신호에 의한 표현 방법

임의의 디지털 신호를 수학식으로 표현하기 위해서 임펄스 신호가 유용하게 이용된다. 다음의 예를 통하여 알아보기로 하자.

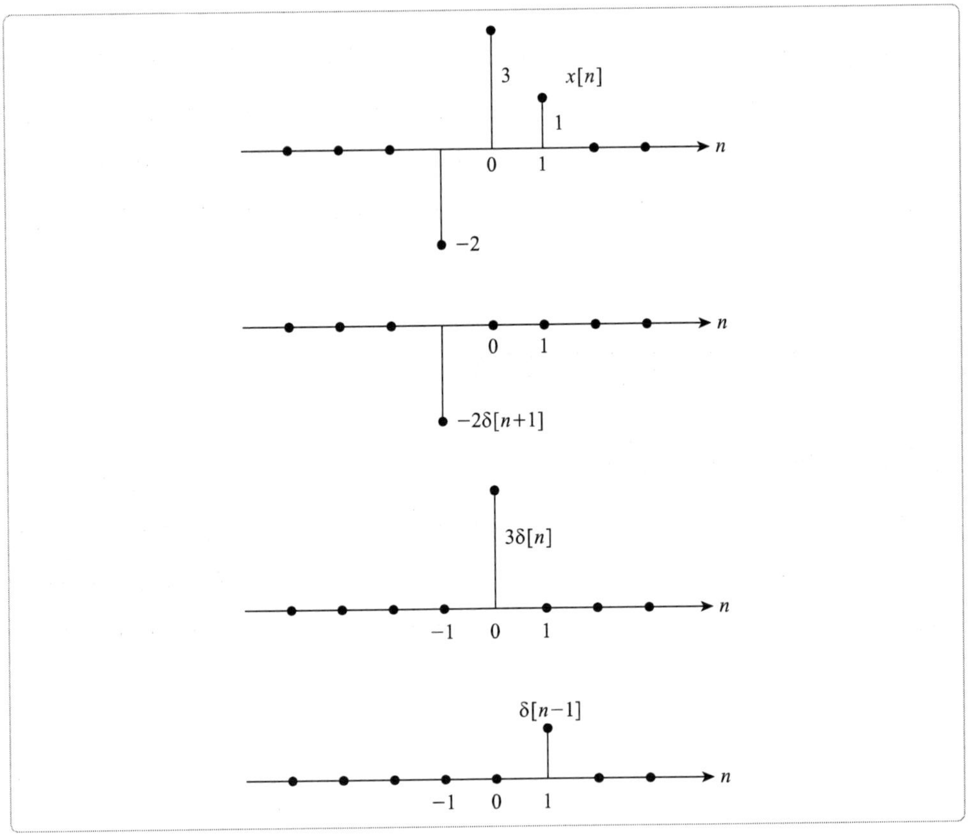

그림 2-8 임펄스 신호를 사용한 디지털 신호의 표현

그림에서 보듯이 신호 $x[n]$은 3개의 임펄스 신호의 합으로 나타내어진다. 따라서 다음과 같이 쓸 수 있다.

$$x[n] = -2\delta[n+1] + 3\delta[n] + \delta[n-1]$$

위의 예에서 보듯이 임의의 신호는 임펄스 신호의 가중 합으로 표시할 수 있음을 알 수 있다. 따라서 일반적으로 임의의 디지털 신호는 다음과 같이 나타낼 수 있다.

$$x[n] = \sum_{k=-\infty}^{\infty} x[k]\delta[n-k]$$

위의 식에서 $x[k]$는 인덱스 n이 k일 때의 신호 값, 즉 가중치임을 알 수 있다. 임의의 이산신호가 위와 같이 임펄스 신호의 가중 합으로 표시될 수 있다는 것은 시스템의 해석의 중요한 의미를 가지는데, 이에 관해서는 다음 절에서 다루기로 한다.

2.2.3 괄호를 사용한 표현 방법

그림이나 임펄스 신호를 사용하는 디지털 신호의 표현 방법보다 더욱 빠르게 나타낼 수 있는 방법이 괄호를 사용하여 표현하는 방법이다. 앞의 식을 괄호를 사용하여 나타내면 다음과 같다.

$$x[n] = \{-2,\ \underset{\uparrow}{3},\ 1\}$$

위의 표현에서 보듯이 신호의 값과 값 사이는 쉼표로 구분하며, 원점에서의 샘플 값은 화살표를 사용하여 나타낸다. 샘플의 수가 몇 개밖에 안 되는 경우에 이 방법이 가장 빨리 신호를 나타낼 수 있다.

예제 2.1

다음의 디지털 신호를 괄호를 사용하여 나타내시오.

(a) $x_1[n] = 3\delta[n] + 2\delta[n-1] + \delta[n-2]$

(b) $x_2[n] = 3\delta[n] + 2\delta[n-100] + \delta[n-200]$

풀이 (a)는 다음과 같이 괄호를 사용하여 쉽게 나타낼 수 있다.

$$x_1[n] = \{\underset{\uparrow}{3},\ 2,\ 1\}$$

그러나 (b)의 신호는 괄호를 사용하면 0의 값이 너무 많이 들어가므로 효과적으로 표현할 수 없다. 따라서 (b)와 같은 신호는 임펄스 신호를 사용하여 표현하는 것이 효과적이다.

2.3 기본적인 디지털 신호의 연산

디지털 신호를 수학적으로 다루기 위한 기본적인 연산을 알아보기로 하자. 기본적인 연산에는 쉬프트(shift) 연산과 반사(reflection) 연산이 있다.

2.3.1 쉬프트 연산

신호처리의 과정에는 신호의 **쉬프트 연산**(shift operation)을 많이 다루게 된다. 다음 그림 2-9의 예를 사용하여 쉬프트 동작을 알아보기로 하자.

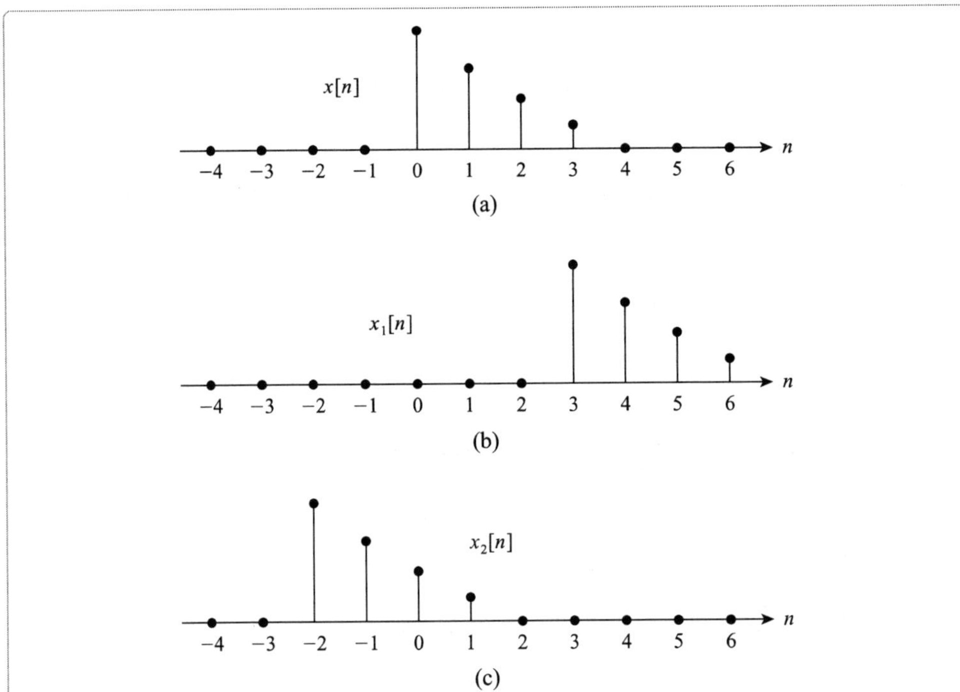

그림 2-9 이산신호의 쉬프트 연산. (a) 원 신호, (b) 우로 3쉬프트 연산, (c) 좌로 2쉬프트 연산

그림 2-9(b)는 원 신호 $x[n]$을 오른쪽으로 3만큼 쉬프트시킨 것이다. 특히 시간 축의 경우에 오른쪽으로의 쉬프트를 지연이라고도 한다. 수학적으로 좌측으로 쉬프트도 가능하다. 그림 2-9(c)는 (a)의 원 신호를 좌로 2만큼 쉬프트시킨 것이다. 그림 2-9의 쉬프트 연산을 식으로 표현하면 다음과 같다.

$$(a)\quad x_1[n] = x[n-3]$$

$$(b)\quad x_2[n] = x[n+2]$$

아날로그 함수 $x(t)$를 우로 3만큼 쉬프트시켰을 때 $x(t-3)$으로 표현하는 것과 마찬가지로 디지털 신호 $x[n]$도 우로 3만큼 쉬프트시켰을 때에 $x[n-3]$으로 표현한다.

2.3.2 반사 연산

반사 연산(reflection operation)도 신호처리에서 널리 사용되는 중요한 연산이다. 원 신호 $x[n]$의 반사 연산은 $x[-n]$으로 표현하며 다음 그림 2-10과 같은 연산이다.

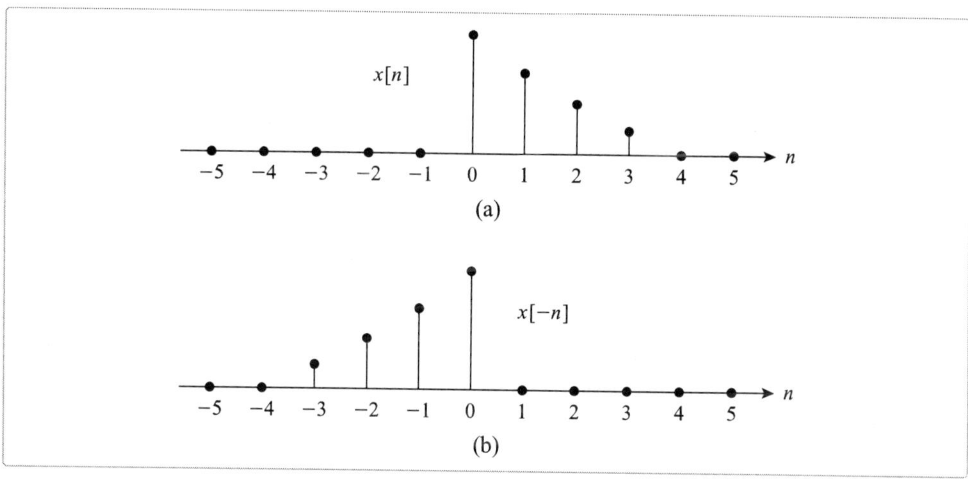

그림 2-10 디지털 신호의 반사 연산. (a) 원 신호, (b) 반사 연산된 신호

아날로그 함수 $x(t)$에서 변수 t를 $-t$로 치환하면 $x(-t)$가 되며 이 함수는 $t=0$의 축으로 반사시킨 모양이 된다. 이와 마찬가지로 디지털 신호 $x[n]$의 반사 연산된 신호 $x[-n]$의 모양도 $n=0$의 축으로 반사시킨 모양이 된다.

2.3.3 반사 후 쉬프트 연산

반사 후 쉬프트 연산도 신호처리에서 많이 사용된다. 디지털 신호 $x[n]$을 먼저 반사시키면 $x[-n]$이 되고 이를 다시 k만큼 지연(우로 쉬프트)시키면 $x[-(n-k)] = x[k-n]$으로 표현할 수 있다. $k=2$인 경우에 그림으로 나타내면 그림 2-11(b)와 같다.

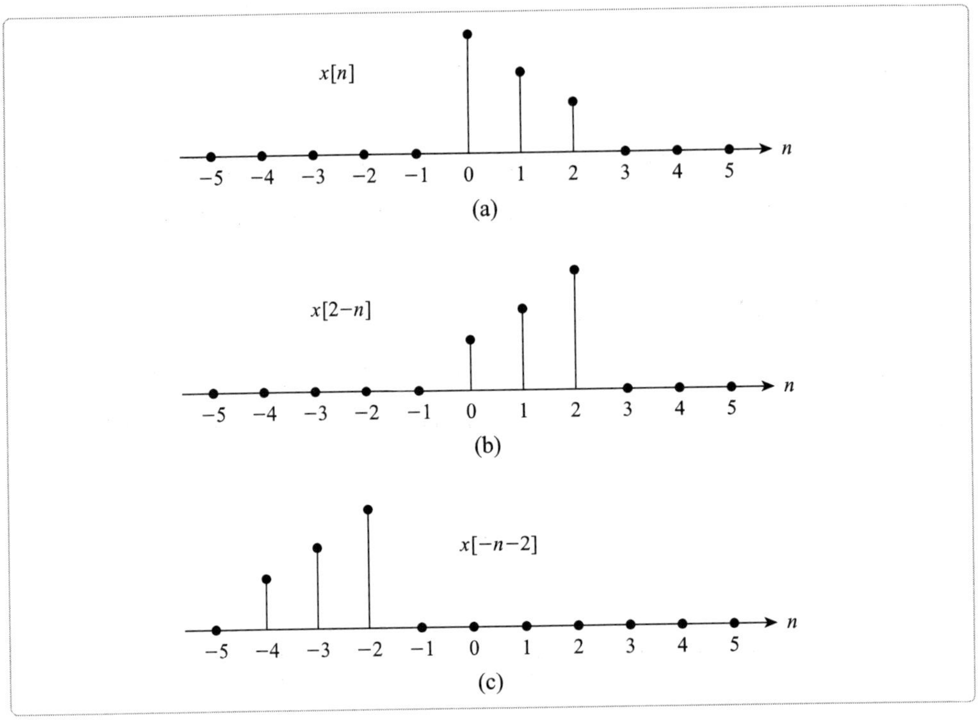

그림 2-11 (a) 원 신호, (b) 반사 후 우로 쉬프트 연산, (c) 우로 쉬프트 후 반사 연산

반사 후 쉬프트 연산은 교환법칙이 성립하지 않는다. 즉, 원 신호 $x[n]$에서 쉬프트를 먼저 연산하면 $x[n-k]$가 되고, 이후에 반사 연산을 수행하면 $x[-n-k]$가 된다. 그림 2-11(c)의 쉬프트 후 반사 연산 결과는 반사 후 쉬프트 연산 $x[k-n]$의 결과인 (b)와 다름을 알 수 있다. 그림 2-11은 $k=2$인 경우이다.

2.4 | 시스템의 정의 및 성질

디지털 신호처리 시스템의 정의는 하나의 신호를 다른 신호로 **매핑**(mapping) 또는 **변형**(transformation)하는 규칙이다. 앞으로 이 책에서는 디지털 신호처리 시스템을 간단히 줄여서 "시스템"이란 용어를 사용하기로 한다. 일반적으로 시스템의 입력신호로서 $x[n]$을 사용하며 시스템의 출력신호로는 $y[n]$을 사용한다. 따라서 시스템이란 입력신호 $x[n]$을 출력신호 $y[n]$으로 변형하는 규칙이며 다음과 같은 식으로 표현한다.

$$y[n] = T\{x[n]\}$$

시스템은 다음 그림 2-12와 같은 블록도로 나타낸다. 즉, 입력과 출력은 선으로 표현하며 신호처리는 네모의 상자로 표현한다.

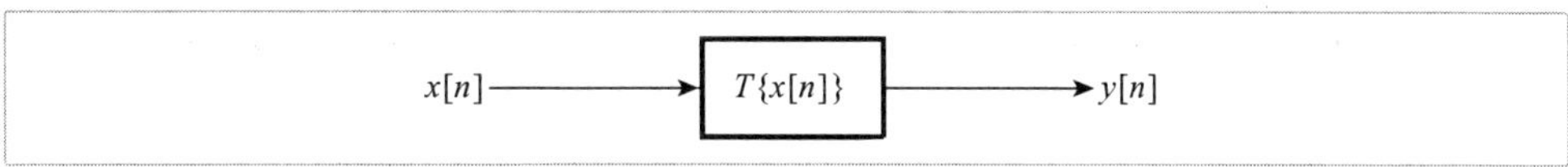

그림 2-12 디지털 신호처리 시스템의 블록도

앞으로 다루게 될 시스템이 갖고 있는 몇 가지 성질을 알아보기로 한다.

2.4.1 선형 시스템

어느 시스템에서 다음과 같이 $x_1[n]$의 신호가 입력될 때 $y_1[n]$의 신호가 출력되고, $x_2[n]$의 신호가 입력될 때 $y_2[n]$의 신호가 출력된다고 가정하자.

$$y_1[n] = T\{x_1[n]\}$$

$$y_2[n] = T\{x_2[n]\}$$

이 시스템에서 다음의 두 가지 성질을 만족할 때 **선형 시스템**(linear system)이라고 한다. 첫 번째 성질은 **덧셈 성질**(additivity property)이라고 하며, 두 개의 신호를 더해서 입력시켰을 때의 출력과 각각의 신호를 입력시켜서 얻은 출력의 합이 같은 성질을 의미한다. 두 번째 성질은 **스케일링 성질**(scaling property)이라고 하며, 입력신호 $x[n]$에 계수 a를 곱해서 입력시켜서 얻은 출력과, $x[n]$을 직접 입력시켜서 얻은 출력에 a를 곱한 신호가 같아야 한다. 이를 각각 식으로 표현하면 다음과 같다.

$$T\{x_1[n]+x_2[n]\}= T\{x_1[n]\}+ T\{x_2[n]\}$$

$$T\{ax[n]\}= aT\{x[n]\}$$

이와 같은 두 가지 성질을 하나의 식으로 표현하면 다음과 같다.

$$\begin{aligned} T\{ax_1[n]+bx_2[n]\} &= T\{ax_1[n]\}+ T\{bx_2[n]\} \\ &= aT\{x_1[n]\}+bT\{x_2[n]\} \\ &= ay_1[n]+by_2[n] \end{aligned}$$

덧셈 성질과 스케일링 성질을 그림으로 나타내면 다음과 같다.

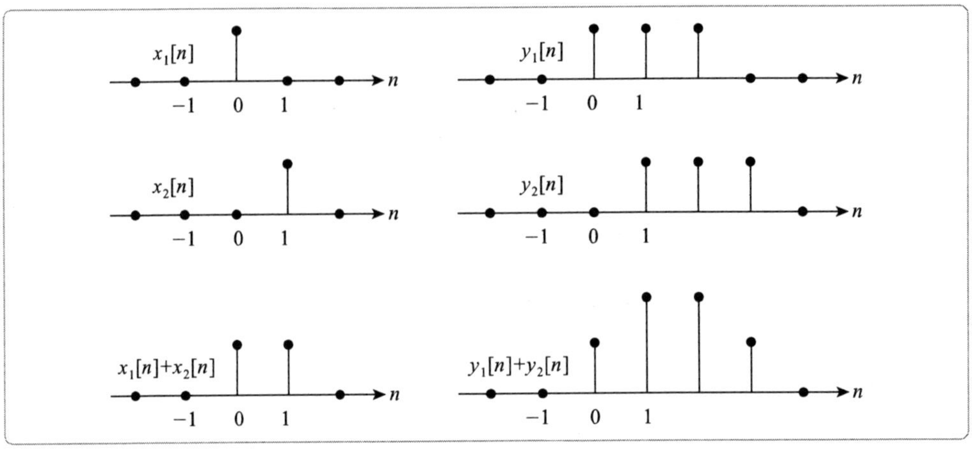

그림 2-13 덧셈 성질

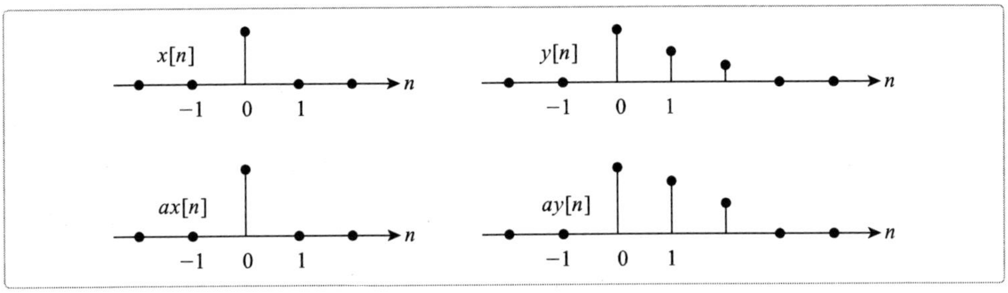

그림 2-14 스케일링 성질

2.4.2 시불변 시스템

$y[n] = T\{x[n]\}$의 시스템에서 다음의 성질을 만족할 때 **시불변**(time invariant, 또는 shift invariant)의 성질을 갖는다고 한다.

$$y[n-k] = T\{x[n-k]\}$$

즉, 입력을 k만큼 지연시켜서 입력시켰을 때 얻은 출력과 지연시키지 않고 입력시켰을 때 얻은 출력을 직접 k만큼 지연시킨 결과가 같음을 의미한다. 시불변의 성질을 그림으로 나타내면 그림 2-15와 같다.

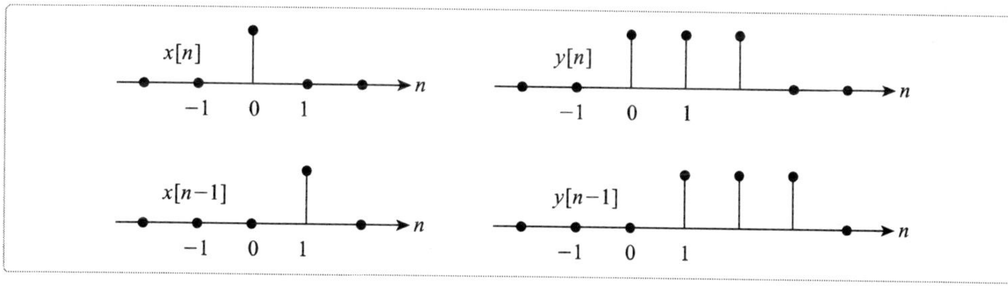

그림 2-15 시불변 성질

입력을 k만큼 지연시켜서 입력시켰을 때 얻은 출력과 지연시키지 않고 입력시켰을 때 얻은 출력을 직접 k만큼 지연시킨 결과가 같지 않을 경우에 이와 같은 시스템을 **시변**(time varying, 또는 shift varying) **시스템**이라고 부른다.

2.4.3 인과 시스템

어떤 이산 시스템에서 $n=k$일 때의 출력 $y[k]$가 n이 k보다 작거나 같은 $x[n]$에 의해서만 결정될 때 이 시스템을 **인과 시스템**(causal system)이라고 한다. 물리적인 의미는 아직 시스템에 입력되지 않은 미래의 신호 값이 현재의 출력에 영향을 미칠 수 없음을 뜻한다. 만일 아직 미래의 신호 값이 현재의 시스템 출력 신호 값에 영향을 미치면 이 시스템을 **비인과 시스템**(non-causal system)이라고 부른다. 이 두 성질을 그림으로 나타내면 그림 2-16과 같다.

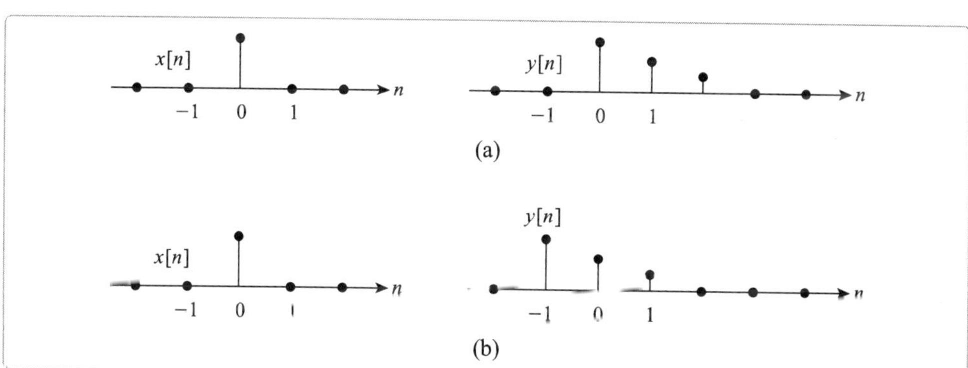

그림 2-16 (a) 어느 인과 시스템의 입출력, (b) 어느 비인과 시스템의 입출력

앞의 비인과 시스템에서 보듯이 $y[-1]$의 출력 값이 미래 입력 신호 값 $x[0]$에 의존하므로 비인과 시스템이다. 즉, $n=-1$의 시점에서 보면 $n=0$은 미래의 시점이다.

예제 2.2

다음 시스템은 비인과 시스템임을 보이시오.

$$y[n]=0.5x[n+1]+0.8x[n]+0.5x[n-1]$$

풀이 $y[n]$이 $x[n+1]$, 즉 미래의 입력 신호에 의존하므로 인과 시스템이 아니다.

2.5 디지털 컨볼루션

앞 절에서 디지털 신호와 시스템의 성질에 대하여 다루었다. 이 절에서는 시스템의 출력(또는 응답)을 어떻게 구할 수 있는지를 알아보기로 한다. 원하는 시스템을 구성한 후에는 대부분의 경우, 출력신호를 방정식을 사용하여 구할 필요는 없다. 입력이 들어오면 원하는 출력을 바로 내보내기 때문이다. 그러나 시스템을 설계할 때에 원하는 사양으로 설계되었는지 테스트하기 위해서 출력신호를 계산하는 방법을 알아야 할 필요가 있다. 시스템의 출력을 구하는 데 사용되는 방법은 **디지털 컨볼루션**(digital convolution)을 이용하는 방법과 **차분방정식**(difference equation)을 이용하는 두 가지 방법이 있다. 먼저 디지털 컨볼루션을 이용하는 방법을 알아보기로 한다.

2.5.1 임펄스 응답

임펄스 응답은 디지털 컨볼루션뿐 아니라 디지털 신호처리에서 매우 유용하게 사용되는 중요한 정의이다. 어떤 시스템에 임펄스 신호 $\delta[n]$이 입력되었을 때의 출력신호를 **임펄스 응답**(impulse response)이라고 하며 $h[n]$으로 표기한다. 임펄스 응답에 대한 블록도는 그림 2-17과 같다.

디지털 신호처리 시스템을 분류하는 방법 중 가장 많이 사용되는 방법이 임펄스 응답에 의한 분류이다. 그림 2-17과 같이 임펄스 응답의 수가 유한한 시스템을 **FIR**(Finite Impulse Response) **시스템**이라고 하며, 임펄스 응답의 수가 무한한 시스템을 **IIR**

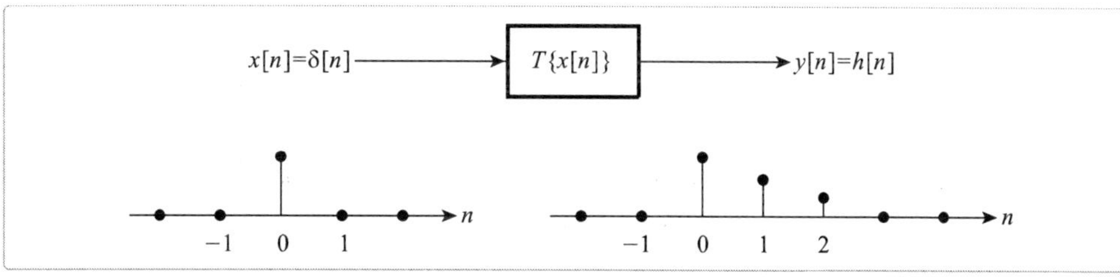

그림 2-17 임펄스 응답의 블록도

(Infinite Impulse Response) **시스템**이라고 한다. 어느 시스템에서 임펄스 응답이 주어지면 완벽하게 출력을 구할 수 있으므로 임펄스 응답은 시스템을 규정하는 완전한 정보라고 할 수 있다. 즉, 어떤 시스템에서 입력신호와 임펄스 응답이 고정되면 두 가지 종류의 출력신호가 나올 수 없기 때문이다.

2.5.2 디지털 컨볼루션 방정식

임펄스 응답을 사용하여 시스템의 출력을 구하는 방정식을 **디지털 컨볼루션**이라고 한다. 임펄스 응답을 사용하여 시스템 응답을 방정식으로 나타내기 위하여 먼저 **LSI 시스템**(Linear Shift Invariant system)이라는 가정이 수반되어야 한다. 1차원 신호처리 시스템의 경우에 LSI 시스템을 **LTI 시스템**(Linear Time Invariant system)이라고도 부른다. 시스템의 선형성과 shift invariant 성질에 대하여는 앞 절에서 이미 논하였다. 이제부터 LSI 시스템에서 출력이 임펄스 응답에 의해서 어떻게 표현되는지 예제를 통하여 알아보기로 한다. 어느 시스템의 입력이 다음과 같다고 가정해 보자.

$$x[n] = 0.5\delta[n] + 0.9\delta[n-1] + 0.3\delta[n-2]$$

이 경우에 출력신호 $y[n]$은 다음과 같이 표현된다.

$$y[n] = T\{x[n]\} = T\{0.5\delta[n] + 0.9\delta[n-1] + 0.3\delta[n-2]\}$$

그런데 선형 시스템이므로 먼저 덧셈 성질을 적용하면 다음과 같이 나타낼 수 있다.

$$\begin{aligned} & T\{0.5\delta[n] + 0.9\delta[n-1] + 0.3\delta[n-2]\} \\ & = T\{0.5\delta[n]\} + T\{0.9\delta[n-1]\} + T\{0.3\delta[n-2]\} \end{aligned}$$

스케일링 성질을 적용하면 다시 다음과 같이 나타낼 수 있다.

$$T\{0.5\delta[n]\} + T\{0.9\delta[n-1]\} + T\{0.3\delta[n-2]\}$$
$$= 0.5\,T\{\delta[n]\} + 0.9\,T\{\delta[n-1]\} + 0.3\,T\{\delta[n-2]\}$$

지금까지 선형시스템의 정의를 사용하여 표현하였다. 이 식에 임펄스 응답의 정의와 시불변 성질을 적용하면 다음과 같이 나타낼 수 있다.

$$0.5\,T\{\delta[n]\} + 0.9\,T\{\delta[n-1]\} + 0.3\,T\{\delta[n-2]\}$$
$$= 0.5h[n] + 0.9h[n-1] + 0.3h[n-2]$$

이 식에서 보듯이 LSI 시스템의 출력은 임펄스 응답의 가중 합으로 나타낼 수 있다. 가중치는 바로 입력신호의 값들이 됨을 위의 식에서 알 수 있다. 위의 식을 $\sum$ 기호를 사용하여 표현하면 다음과 같다.

$$y[n] = 0.5h[n] + 0.9h[n-1] + 0.3h[n-2] = \sum_{k=0}^{2} x[k]h[n-k]$$

위의 방법을 일반화하여 임의의 입력신호 $x[n]$에 대한 출력을 방정식으로 나타내면 다음과 같다.

$$\begin{aligned} y[n] &= T\{x[n]\} \\ &= T\left\{\sum_{k=-\infty}^{\infty} x[k]\delta[n-k]\right\} &&: \text{입력신호의 임펄스 표현} \\ &= \sum_{k=-\infty}^{\infty} T\{x[k]\delta[n-k]\} &&: \text{덧셈 성질} \\ &= \sum_{k=-\infty}^{\infty} x[k]\,T\{\delta[n-k]\} &&: \text{스케일링 성질} \\ &= \sum_{k=-\infty}^{\infty} x[k]h[n-k] &&: \text{시불변 성질} \end{aligned}$$

위의 마지막 식에서 보듯이 출력신호는 쉬프트된 임펄스 응답의 가중 합으로 구할 수 있음을 알 수 있다. 이 방정식을 디지털 컨볼루션이라고 한다. 이 식은 변수 치환에 의하여 또 다른 표현을 갖는다. 즉, $n-k$를 m으로 치환하면 다음의 식을 얻을 수 있다.

$$y[n] = \sum_{k=-\infty}^{\infty} x[k]h[n-k] = \sum_{m=-\infty}^{\infty} x[n-m]h[m] = \sum_{k=-\infty}^{\infty} h[k]x[n-k]$$

출력 $y[n]$은 쉬프트된 임펄스 응답 신호들의 가중 합으로 표현할 수 있으며 그때의 가중치는 입력신호의 값들이 된다. 또한 $y[n]$은 쉬프트된 입력신호들의 가중 합으로 표현할 수 있으며, 이때의 가중치는 임펄스 응답 신호가 된다. 이 두 식에서 보듯이 시스템의 출력은 두 신호의 디지털 컨볼루션 연산일 뿐 어느 것이 입력신호이고 어느 것이 임펄스 신호인지는 연산 결과에 영향을 미치지 않음을 의미한다. 디지털 컨볼루션은 *를 사용하여 다음과 같이 나타내기도 한다.

$$y[n] = x[n]*h[n] = h[n]*x[n]$$
$$= \sum_{k=-\infty}^{\infty} x[k]h[n-k] = \sum_{k=-\infty}^{\infty} h[k]x[n-k]$$

디지털 컨볼루션은 위의 식에서 보듯이 **교환법칙**(commutative law)이 성립한다. 시스템의 출력을 구할 경우 위의 식을 사용하게 되는데, 좀 더 사용하기 간편한 식으로 단순화시키기 위하여 k의 범위를 생각해 보자. 신호의 샘플링을 통하여 만들어지는 입력 $x[k]$의 시작점은 대부분의 경우에 0에서 시작하도록 정의된다. 또한 임펄스 응답 $h[k]$도 대부분의 시스템이 인과 시스템이므로 0에서 시작된다. 따라서 위의 식은 다음과 같이 k의 범위를 축소시킬 수 있다.

$$y[n] = \sum_{k=0}^{\infty} x[k]h[n-k] = \sum_{k=0}^{\infty} h[k]x[n-k]$$

디지털 컨볼루션의 용도는 시스템의 출력을 계산하는 데 있으나, 위의 식에서 보듯이 임펄스 응답이 무한개인 IIR 시스템의 경우에는 실질적으로 이 식을 사용할 수 없게 된다. 임펄스 응답의 길이가 N개인 FIR 시스템의 경우에 위의 식은 다음과 같이 나타낼 수 있다.

$$y[n] = \sum_{k=0}^{N-1} h[k]x[n-k]$$

이 식이 실제로 FIR 시스템의 출력을 계산할 때에 사용하는 식이며, IIR 시스템에서는 디지털 컨볼루션을 사용하지 않고 다음 절에서 논할 차분방정식을 사용하게 된다. 이제 디지털 컨볼루션을 실제로 계산하는 방법을 알아보기로 한다.

2.6 디지털 컨볼루션의 계산 방법

디지털 컨볼루션의 식을 이용하여 시스템의 출력을 계산하는 두 가지 방법을 알아보기로 하자. 첫 번째 방법은 $h[k]$를 고정시키고 $x[n-k]$를 왼쪽으로부터 슬라이딩시켜서 곱의 합을 구하는 방법이다. 두 번째 방법은 입력신호를 각각의 임펄스 신호 $x[k]\delta[n-k]$로 분해하여 임펄스 응답의 정의에 의해 $x[k]h[n-k]$를 구한 뒤에 그것들을 합하는 방법이다. 시스템의 출력을 계산할 때, 대부분의 경우 입력의 길이가 임펄스 응답의 길이보다 훨씬 길다. 따라서 실무에서 컴퓨터 프로그램에 의해 출력을 계산하는 경우에 첫 번째 방법이 주로 사용된다.

2.6.1 슬라이딩에 의한 디지털 컨볼루션의 계산

다음 시스템의 예로 슬라이딩(sliding) 방법을 알아보기로 하자. 그림 2-18과 같은 입력신호와 임펄스 응답의 시스템을 살펴보자.

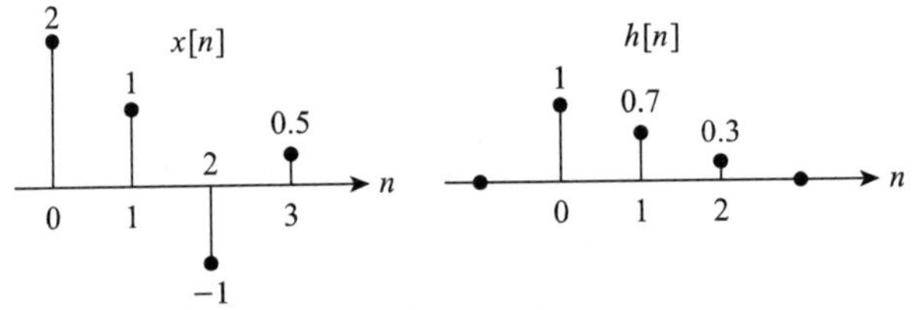

그림 2-18 어느 시스템의 입력신호와 임펄스 응답

임펄스 응답의 길이가 $N=3$이므로 출력신호를 구하는 식은 다음과 같이 k의 길이가 한정된다.

$$y[n] = \sum_{k=0}^{2} h[k]x[n-k]$$

슬라이딩 방식은 다음과 같이 $n=0$부터 출력신호 $y[n]$을 하나씩 구한다.

i) $y[0]$을 구하는 방법

$y[0]$은 다음의 식으로 표시할 수 있다.

$$y[0]=\sum_{k=0}^{2} h[k]x[0-k]$$

$y[0]$을 구하기 위해서 $h[k]$와 $x[0-k]$의 신호가 필요하다. $h[k]$는 다음 그림과 같이 주어진 $h[n]$에서 n을 k로 변수를 치환하여 간단히 나타낼 수 있다. $x[0-k]$는 $x[-k]$이므로 우선 변수 치환으로 $x[n]$을 $x[k]$로 만든 후에 앞 절에서 논한 반사 연산을 통하여 나타낼 수 있다.

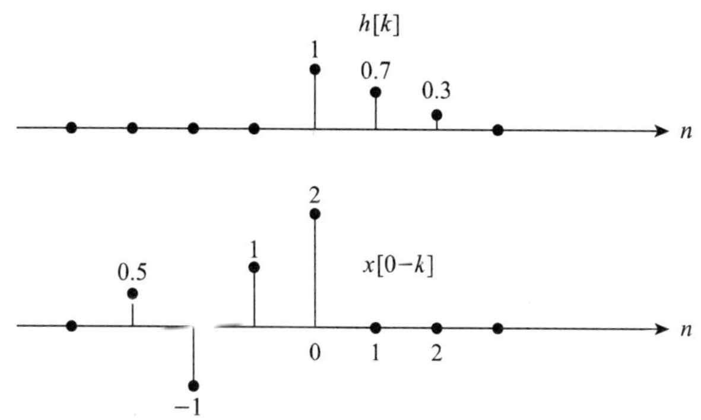

그림 2-19 $h[k]$와 $x[0-k]$의 그림

$y[0]$을 구하는 식은 위의 그림에서 두 신호의 곱을 구하여 합을 계산해야 함을 의미한다. 위의 그림에서 보듯이 곱의 값이 존재하는 경우는 $k=0$일 때뿐이므로 다음과 같이 구할 수 있다.

$$y[0]=1\times 2=2$$

ii) $y[1]$을 구하는 방법

$y[1]$은 다음의 식으로 표현된다.

$$y[1]=\sum_{k=0}^{2} h[k]x[1-k]$$

$y[1]$을 구하기 위해서는 새로 $x[1-k]$의 신호가 필요하며 이를 그림으로 나타내 보자. 변수 치환으로 $x[n]$을 $x[k]$로 만든 후에 반사 연산을 통하여 $x[-k]$를 만들고 최종적으로 우측으로 1만큼 쉬프트하여 다음의 그림 2-20과 같은 $x[1-k]$를 얻을 수 있다. 쉬프트를 먼저 연산하고 반사 연산을 수행하면 결과가 틀려지므로 주의하여야 한다.

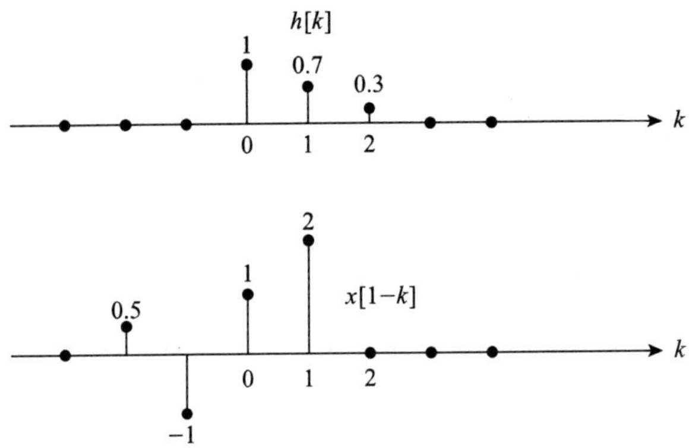

그림 2-20 $h[k]$와 $x[1-k]$의 그림

$y[1]$을 구하기 위하여 위의 그림 2-20에서 곱이 존재하는 점들을 살펴보자. 여기서 곱의 값이 존재하는 경우는 $k=0$과 $k=1$일 때뿐이므로 다음과 같이 $y[1]$을 구할 수 있다.

$$y[1] = (1 \times 1) + (0.7 \times 2) = 2.4$$

iii) $y[2]$를 구하는 방법

$y[2]$는 다음의 식으로 표현된다.

$$y[2] = \sum_{k=0}^{2} h[k]x[2-k]$$

$y[2]$를 구하기 위해서는 새로 $x[2-k]$의 신호가 필요한데, 이를 그림으로 나타내 보자. $x[2-k]$를 만드는 방법은 $x[1-k]$를 만드는 방법과 같다.

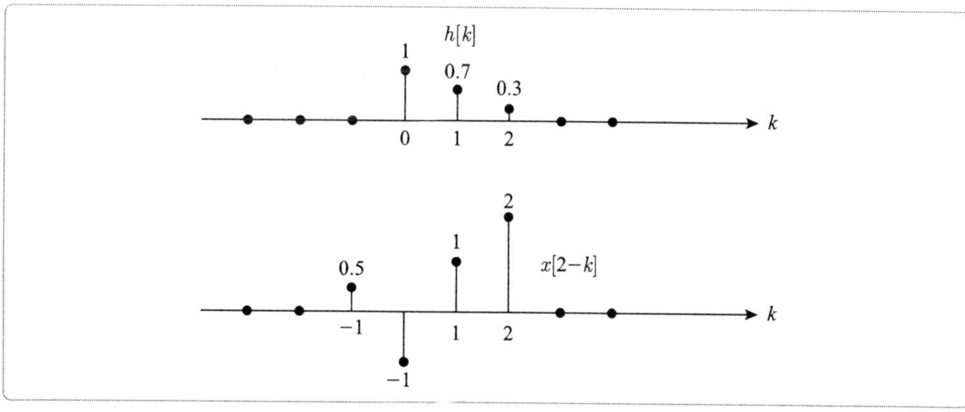

그림 2-21 $h[k]$와 $x[2-k]$의 그림

$y[2]$를 구하기 위하여 그림 2-21에서 곱이 존재하는 점들을 살펴보자. 여기서 곱의 값이 존재하는 경우는 $k=0$, 1, 2일 때이므로 다음과 같이 $y[2]$를 구할 수 있다.

$$y[2]=(1\times(-1))+(0.7\times1)+(0.3\times2)=0.3$$

iv) $y[3]$을 구하는 방법

$y[3]$은 다음의 식으로 표현된나.

$$y[3]=\sum_{k=0}^{2}h[k]x[3-k]$$

$y[3]$을 구하기 위해서는 새로 $x[3-k]$의 신호가 필요한데, 이를 그림으로 나타내 보자. $x[3-k]$를 만드는 방법은 $x[1-k]$를 만드는 방법과 같다.

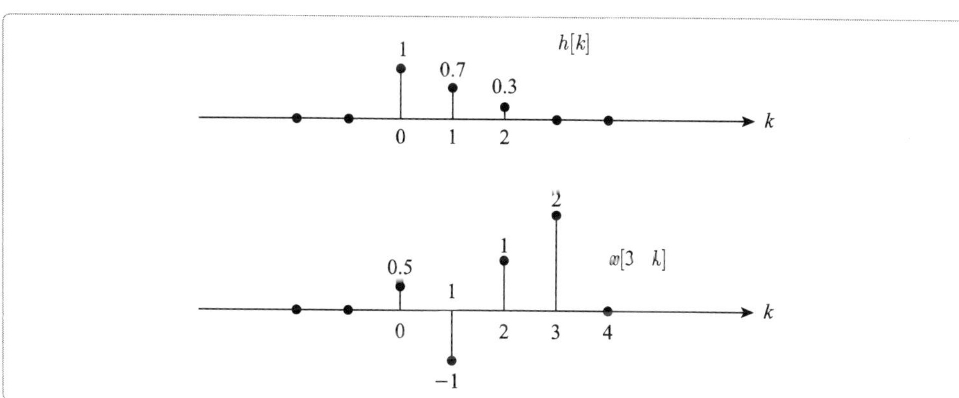

그림 2-22 $h[k]$와 $x[3-k]$의 그림

$y[3]$을 구하기 위하여 그림 2-22에서 곱이 존재하는 점들을 살펴보자. 여기서 곱의 값이 존재하는 경우는 $k=0$, 1, 2일 때이므로 다음과 같이 $y[3]$을 구할 수 있다.

$$y[3]=(1\times 0.5)+(0.7\times(-1))+(0.3\times 1)=0.1$$

v) $y[4]$를 구하는 방법

$y[4]$는 다음의 식으로 표현된다.

$$y[4]=\sum_{k=0}^{2}h[k]x[4-k]$$

$y[4]$를 구하기 위해서는 새로 $x[4-k]$의 신호가 필요한데, 이를 그림으로 나타내면 그림 2-23과 같다.

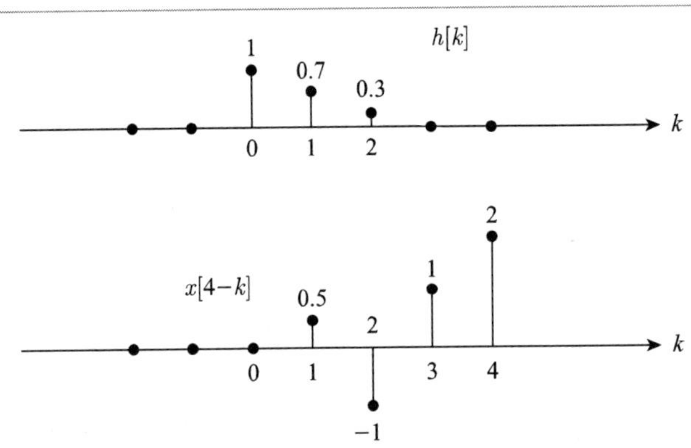

그림 2-23 $h[k]$와 $x[4-k]$의 그림

$y[4]$를 구하기 위하여 그림 2-23에서 곱이 존재하는 점들을 살펴보자. 여기서 곱의 값이 존재하는 경우는 $k=1$, 2일 때이므로 다음과 같이 $y[4]$를 구할 수 있다.

$$y[4]=(0.7\times 0.5)+(0.3\times(-1))=0.05$$

vi) $y[5]$를 구하는 방법

$y[5]$는 다음의 식으로 표현된다.

$$y[5]=\sum_{k=0}^{2}h[k]x[5-k]$$

$y[5]$를 구하기 위해서는 새로 $x[5-k]$의 신호가 필요한데 이는 그림 2-24와 같다.

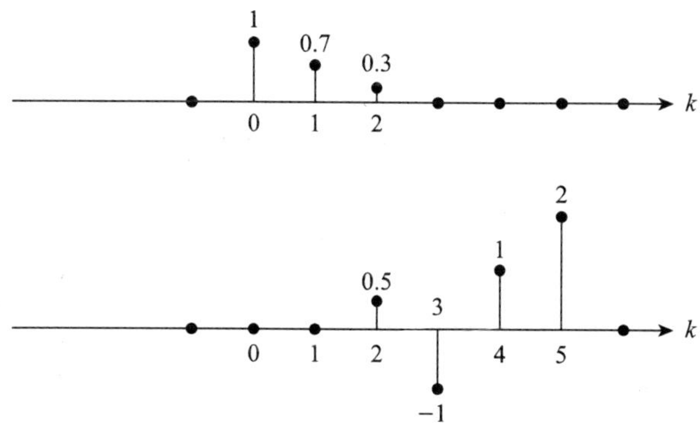

그림 2-24 $h[k]$와 $x[5-k]$의 그림

$y[5]$를 구하기 위하여 그림 2-24에서 곱이 존재하는 점들을 살펴보자. 여기서 곱의 값이 존재하는 경우는 $k=2$일 때뿐이므로 다음과 같이 $y[5]$를 구할 수 있다.

$$y[5] = 0.3 \times 0.5 = 0.15$$

$y[6]$부터는 곱의 값이 존재하는 k의 영역이 없다. 즉, $x[n-k]$를 오른쪽으로 계속 슬라이딩시켰을 때 곱의 값은 모든 k의 영역에서 0이므로 $y[n]$의 값도 0이 된다. 지금까지 구한 결과를 종합하여 $y[n]$을 나타내면 그림 2-25와 같다.

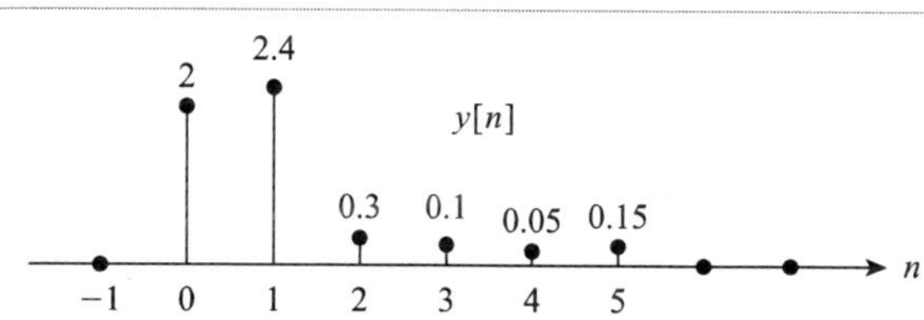

그림 2-25 슬라이딩 방법으로 구한 디지털 컨볼루션의 출력 $y[n]$

출력신호의 길이는 어떻게 정의될 수 있을까? 입력신호의 길이를 M, 임펄스 응답의 길이를 N, 출력신호의 길이를 L이라고 하면, 출력신호의 길이는 $L=M+N-1$로 구할 수 있다. 위의 예제에서는 $M=4$이고 $N=3$이므로 이 경우 출력신호의 길이

는 $L = M+N-1 = 4+3-1 = 6$이 됨을 알 수 있다. 슬라이딩 방법의 이해를 돕기 위하여 다음과 같은 현수교를 보자.

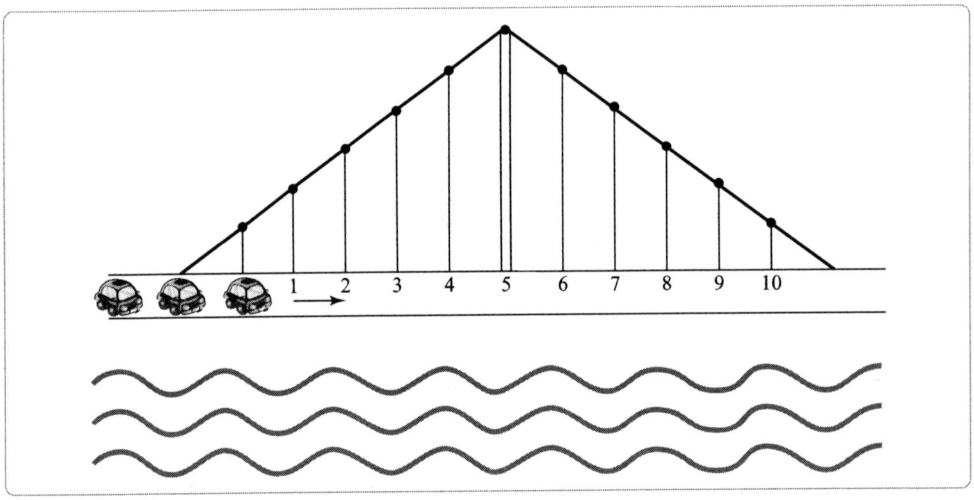

그림 2-26 슬라이딩 방법과 현수교의 비교

위의 현수교 그림에서 교량을 붙들고 있는 와이어들을 임펄스 응답으로 생각할 수 있으며, 좌에서 우로 운행하고 있는 차량들은 입력신호로 간주할 수 있다. 이때에 차량들이 와이어들을 한 칸씩 통과할 때마다 출력이 계산된다. 그리고 차량이 완전히 와이어를 빠져나가면 더 이상의 출력은 발생하지 않는다.

이와 같은 슬라이딩 방법은 표를 사용하여 더욱 간편하게 계산할 수 있다. 다음 표를 살펴보자.

표 2-1 표에 의한 슬라이딩 방법

$y[n]$				$y[0]=2$	$y[1]=2.4$	$y[2]=0.3$	$y[3]=0.1$	$y[4]=0.05$	$y[5]=0.15$
k	-3	-2	-1	0	1	2	3	4	5
$h[k]$				1	0.7	0.3			
$x[0-k]$	0.5	-1	1	2					
$x[1-k]$		0.5	-1	1	2				
$x[2-k]$			0.5	-1	1	2			
$x[3-k]$				0.5	-1	1	2		
$x[4-k]$					0.5	-1	1	2	
$x[5-k]$						0.5	-1	1	2

표를 작성할 때 먼저 k의 인덱스를 적는다. 그리고 $h[k]$를 기록한다. 오버랩이 가장 먼저 발생하는 $x[n-k]$를 기록하고 그때의 $y[n]$을 구한다. $x[n-k]$를 우측으로 쉬프트 시키면서 $y[n]$을 한 개씩 계산한다. 오버랩이 사라지면 $y[n]$의 계산도 끝나게 된다.

예제 2.3

어느 시스템의 입력과 임펄스 응답이 다음과 같을 때, 표를 사용한 슬라이딩 방법으로 출력을 구하시오.

$$x[n] = \{\underset{\uparrow}{2},\ 1, -1,\ 0.5\},\quad h[n] = \{1,\ \underset{\uparrow}{0.7},\ 0.3\}$$

풀이 슬라이딩 방식을 표로 나타내면 다음과 같다.

표 2-2 예제의 표에 의한 슬라이딩 방법

$y[n]$				$y[-1]=2$	$y[0]=2.4$	$y[1]=0.3$	$y[2]=0.1$	$y[3]=0.05$	$y[4]=0.15$
k	-4	-3	-2	-1	0	1	2	3	4
$h[k]$				1	0.7	0.3			
$x[-1-k]$	0.5	-1	1	2					
$x[0-k]$		0.5	-1	1	2				
$x[1-k]$			0.5	-1	1	2			
$x[2-k]$				0.5	-1	1	2		
$x[3-k]$					0.5	-1	1	2	
$x[4-k]$						0.5	-1	1	2

위의 예제에서 $h[k]$와 $x[n-k]$의 오버랩이 시작되는 인덱스 n은 -1이므로 출력도 $y[-1]$부터 0이 아닌 값을 갖기 시작한다.

2.6.2 임펄스 응답을 사용한 디지털 컨볼루션의 계산

이 방법도 슬라이딩 방식에서 사용했던 다음의 예를 사용하여 알아보자.

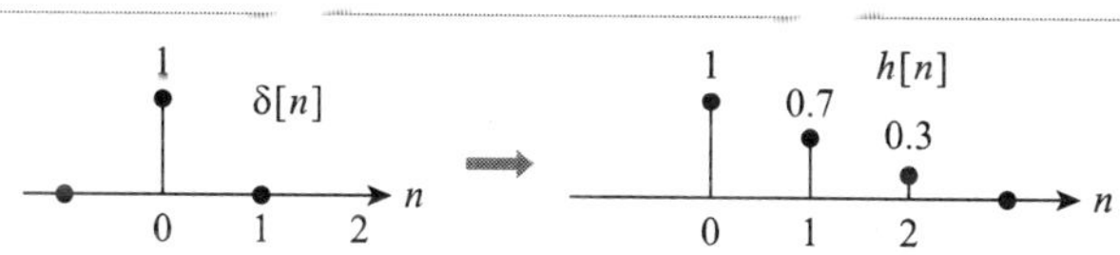

그림 2-27 이느 시스템의 입력신호와 임펄스 응답

디지털 컨볼루션의 식은 다음과 같다.

$$y[n] = \sum_{k=0}^{3} x[k]h[n-k]$$
$$= (2)h[n] + (1)h[n-1] + (-1)h[n-2] + (0.5)h[n-3]$$

입력신호의 길이가 $N=4$이므로 출력신호를 구하는 식은 위와 같이 k의 길이가 0에서 3까지 4개로 한정된다. 위의 식과 같이 출력 $y[n]$은 4개의 임펄스 응답들의 가중 합으로 표현할 수 있음을 알 수 있다. 4개의 임펄스 응답과 그들의 $y[n]$을 그림으로 나타내면 그림 2-28과 같다.

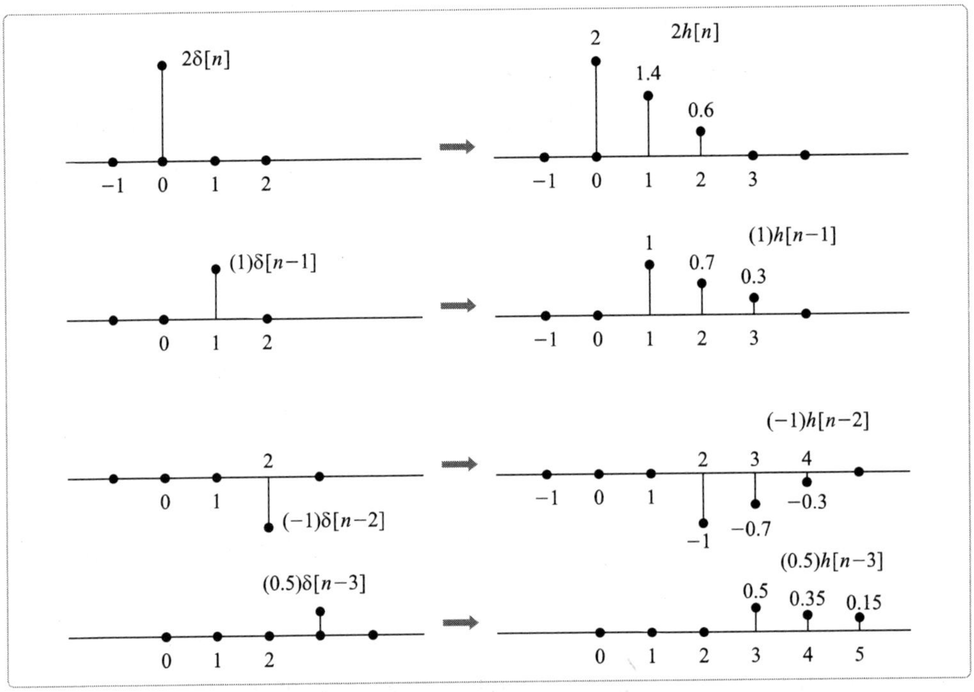

그림 2-28 임펄스 응답을 사용한 디지털 컨볼루션의 계산

입력신호 각각의 샘플에 대한 출력은 위 그림의 오른쪽에 구해졌다. 따라서 위 그림의 오른쪽 신호들을 모두 합하면 $y[n]$이 구해진다. 위의 결과와 슬라이딩 방법의 결과가 같음을 알 수 있다. 다음에서 보는 것처럼 이것을 표로 구하는 방법도 매우 편리하다.

| 표 2-3 |　표에 의한 임펄스 응답 방법

$y[n]$	$y[0]=2$	$y[1]=2.4$	$y[2]=0.3$	$y[3]=0.1$	$y[4]=0.05$	$y[5]=0.15$
n	0	1	2	3	4	5
$(2)h[n]$	2	1.4	0.6			
$(1)h[n-1]$		1	0.7	0.3		
$(-1)h[n-2]$			−1	−0.7	−0.3	
$(0.5)h[n-3]$				0.5	0.35	0.15

실제의 경우에는 입력신호의 길이가 긴 경우가 대부분이므로 슬라이딩 방법으로 출력신호를 구하는 경우가 많다.

2.7 시스템 구성의 기본소자와 시스템의 연결 방법

2.7.1 시스템 구성의 기본소자

앞에서 우리는 디지털 신호처리 시스템에서 입력과 임펄스 응답이 정해져 있으면 디지털 컨볼루션을 사용해 출력을 구할 수 있음을 살펴보았다. 디지털 컨볼루션을 반도체와 같은 하드웨어로 구현하면 어떤 입력이 들어가더라도 출력이 자동으로 계산될 수 있다. 이 디지털 컨볼루션을 구현하기 위한 기본소자에 대하여 알아보기로 하자. 임펄스 응답의 길이가 3인 디지털 컨볼루션의 방정식을 다시 보자.

$$y[n] = \sum_{k=0}^{2} h[k]x[n-k] = h[0]x[n] + h[1]x[n-1] + h[2]x[n-2]$$

위의 디지털 컨볼루션을 구현하기 위해서 첫째로 입력신호 $x[n]$을 지연시켜서 $x[n-1]$ 등을 만들기 위한 하드웨어가 필요한데, 이것을 **지연소자**(delay element)라고 부른다. 둘째로 $h[0]$과 같은 상수 계수와 $x[n]$이 신호를 곱하기 위한 소자가 필요한데, 이것을 **곱셈기**(multiplier)라고 부른다. 마지막으로 곱한 후의 값들을 더하기 위한 소자가 필요한데 이것을 **덧셈기**(adder)라고 부른다. 이 같은 지연소자, 곱셈기, 덧셈기를 그림으로 표시하면 그림 2-29와 같다.

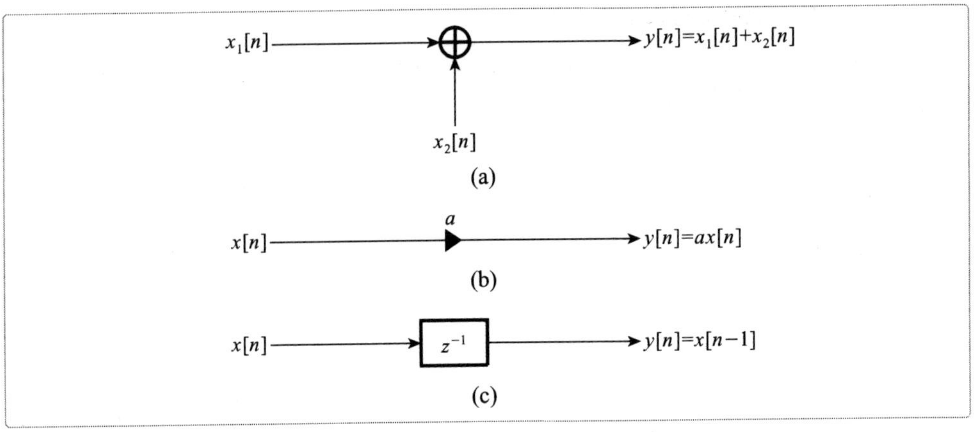

그림 2-29 (a) 덧셈기, (b) 곱셈기, (c) 지연소자

지연소자를 왜 z^{-1}로 표기하는지는 5장에서 설명하기로 한다. 이와 같은 3가지 소자를 사용하여 어떻게 시스템을 구현할 수 있는지를 다음의 예를 통하여 알아보자. 임펄스 응답이 다음과 같은 시스템을 구현해 보자.

$$h[n] = \{\underset{\uparrow}{0.9},\ 0.7, 0.3\}$$

이 시스템의 출력은 다음과 같이 표시된다.

$$y[n] = \sum_{k=0}^{2} h[k]x[n-k] = 0.9x[n] + 0.7x[n-1] + 0.3x[n-2]$$

이 식을 3가지 소자를 사용하여 구현하면 그림 2-30과 같다.

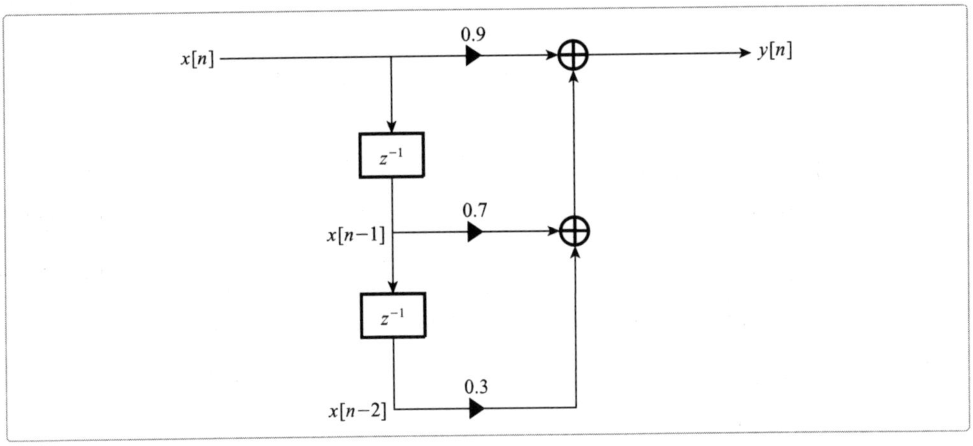

그림 2-30 덧셈기, 곱셈기, 지연소자를 사용한 시스템의 구현

앞의 그림에서 보듯이 지연소자 2개를 사용하여 $x[n-1]$과 $x[n-2]$를 만들고 0.9, 0.7, 0.3의 상수를 곱하기 위하여 3개의 곱셈기를 사용하며 이 곱셈기들의 출력들을 더하기 위하여 2개의 덧셈기를 사용한다.

임펄스 응답은 어떤 시스템을 규정하는 완전한 정보이다. 실제로 복잡한 디지털 신호 처리 시스템은 여러 개의 시스템이 종속으로 또는 병렬로 연결되어 구성되는 경우가 많다. 이런 경우에 전체적인 임펄스 응답을 어떻게 구할 수 있는지 알아보기로 하자.

2.7.2 직렬연결 방식

2개의 시스템이 그림 2-31과 같이 연결되었을 때, **직렬연결**이라고 부른다.

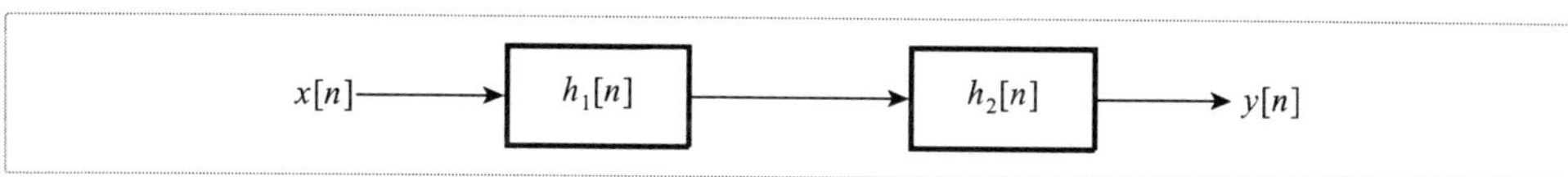

그림 2-31 시스템의 직렬연결

위의 직렬연결에서 전체 시스템의 임펄스 응답은 다음과 같이 구할 수 있다. 즉, 정의에 의해서 $x[n]=\delta[n]$일 때의 출력이 임펄스 응답이므로, $x[n]=\delta[n]$을 입력시켜 보자. 따라서 첫 번째 시스템의 출력은 $h_1[n]$이 된다. 이 $h_1[n]$이 두 번째 시스템의 입력이 되므로 두 번째 시스템의 출력은 $h_1[n]*h_2[n]$가 된다. 이 출력이 직렬연결 시스템의 전체 임펄스 응답이 된다. 또한 디지털 컨볼루션은 교환법칙의 성질을 갖고 있으므로 $h_2[n]*h_1[n]$으로 표현할 수도 있다. 따라서 그림 2-32는 모두 등가의 시스템이 된다.

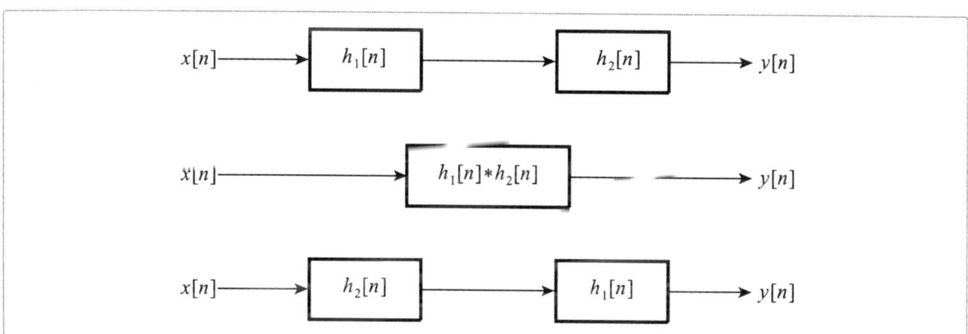

그림 2-32 직렬연결의 등가 시스템들

2.7.3 병렬연결 방식

그림 2-33과 같이 시스템이 연결되었을 때, **병렬연결**이라고 부른다.

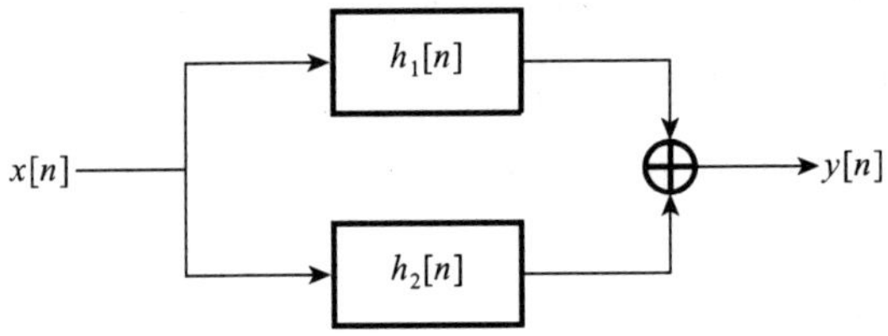

그림 2-33 시스템의 병렬연결

입력신호를 임펄스 신호로 가정하면 각각의 시스템 출력이 $h_1[n]$과 $h_2[n]$이 된다. 따라서 전체 시스템의 출력은 $h_1[n]+h_2[n]$이 되며, 이것이 병렬연결의 전체 임펄스 응답이 된다. 이 결과를 이용하면 병렬연결의 시스템은 그림 2-34와 같은 하나의 시스템으로 표현될 수 있다.

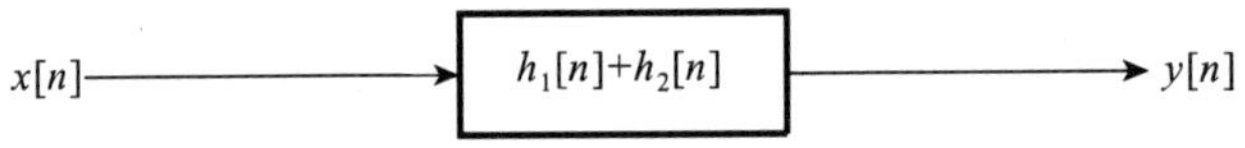

그림 2-34 병렬연결의 등가 시스템

예제 2.4

다음의 시스템에서 전체의 임펄스 응답을 구하시오.

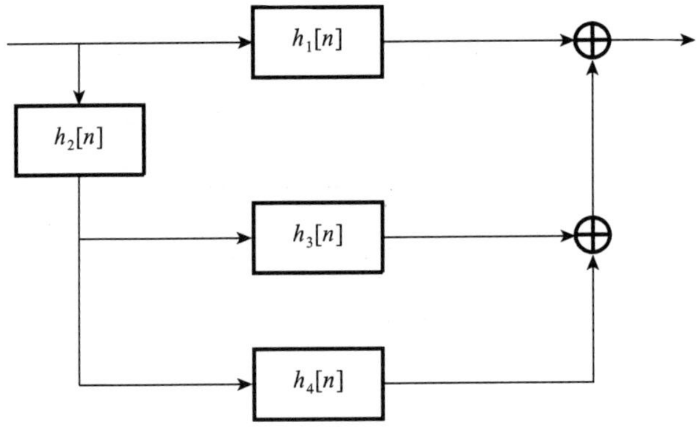

그림 2-35 [예제 2.4]의 직/병렬연결

이 시스템에서의 각각의 임펄스 응답은 다음과 같다.

$$h_1[n] = \delta[n] + 0.5\delta[n-1]$$

$$h_2[n] = 0.5\delta[n] - 0.25\delta[n-1]$$

$$h_3[n] = 2\delta[n]$$

$$h_4[n] = -2(0.5)^n u[n]$$

풀이 $h_2[n] * h_3[n] = \{0.5\delta[n] - 0.25\delta[n-1]\} * 2\delta[n] = \delta[n] - 0.5\delta[n-1]$

$$\begin{aligned} h_2[n] * h_4[n] &= \{0.5\delta[n] - 0.25\delta[n-1]\} * (-2)(0.5)^n u[n] \\ &= -(0.5)^n u[n] + (0.5)(0.5)^{n-1} u[n-1] \\ &= -(0.5)^n u[n] + (0.5)^n u[n-1] \\ &= -\delta[n] \end{aligned}$$

따라서 전체의 임펄스 응답은 다음과 같이 위의 두 결과와 $h_1[n]$의 병렬로 구성될 수 있음을 알 수 있다.

$$\begin{aligned} h[n] &= h_1[n] + h_2[n] * h_3[n] + h_2[n] * h_4[n] \\ &= \delta[n] + 0.5\delta[n-1] + \delta[n] - 0.5\delta[n-1] - \delta[n] \\ &= \delta[n] \end{aligned}$$

복잡한 시스템을 해석할 때에, 적당히 기본소자인 덧셈기, 곱셈기, 지연소자들을 묶어서 여러 개의 시스템으로 분해하여 해석하기도 한다. 또한 시스템을 구성할 때에도 각각의 특성을 갖는 시스템을 설계한 뒤 이들을 직렬연결과 병렬연결을 사용하여 복잡한 시스템을 구성하기도 한다.

2.8 선형 차분방정식

LSI 시스템의 입출력관계를 시간 영역에서 정의하는 유용한 방법인 디지털 컨볼루션은 시스템의 출력을 구하는 데 사용하기도 하고, 시스템을 구현하는 데 사용하기도 한다. 그러나 임펄스 응답이 무한개인 IIR 시스템에서는 이 디지털 컨볼루션을 사용하여 출력을 구하거나 구현하는 것이 불가능하다. 이와 같은 IIR 시스템에서도 효과적으로 출력을 계산하고 시스템을 구현하는 방법으로서 **선형 차분방정식**(linear difference equation)이 있다. m차의 차분방정식은 다음과 같이 나타낸다.

$$y[n]+a_1y[n-1]+\cdots+a_my[n-m]=b_0x[n]+b_1x[n-1]+\cdots+b_mx[n-m]$$

특히, 위의 식에서 보듯이 모든 계수가 상수계수를 사용하므로 **선형 상수계수 차분방정식**(Linear Constant Coefficient Difference Equation, LCCDE)이라고 한다. 차분방정식에서 출력신호 $y[n]$은 알고 있는 입력신호와 초기조건으로부터 귀납적으로 구할 수 있다. 차분방정식의 출력을 얻기 위해서는 다음과 같은 초기조건이 필요하다.

$$y[-1]=y_{-1},\ y[-2]=y_{-2},\ \cdots,\ y[-m]=y_{-m}$$

차분방정식의 일반해는 Zero-state 응답과 Zero-input 응답으로 구성되며, 각각의 물리적 의미는 다음과 같다. 즉, **Zero-state 응답**은 모든 초기조건을 0으로 가정하여 단지 주어진 입력신호로부터 출력신호를 구한다. 그리고 **Zero-input 응답**은 입력신호를 0으로 가정하고 단지 초기조건에 의한 출력신호를 구한다. 그리고 일반해는 이 두 응답을 더하면 된다. 그러나 일반적으로 디지털 신호처리 시스템을 해석할 때, Zero-state 응답만으로 시스템을 해석하게 된다. 즉, 앞으로 시스템에서 초기조건은 모두 0으로 가정하며 주어진 입력만으로 출력을 계산하면 된다.

2.8.1 FIR 시스템의 차분방정식

차분방정식에서 좌변의 항이 한 개인 경우에 다음과 같이 나타낼 수 있다.

$$y[n]=b_0x[n]+b_1x[n-1]+\cdots+b_mx[n-m]$$

FIR 시스템에서 임펄스 응답의 길이가 $m+1$개인 경우에 디지털 컨볼루션으로 나타내면 다음과 같다.

$$y[n]=h[0]x[n]+h[1]x[n-1]+\cdots+h[m]x[n-m]$$

위의 두 식을 비교해 보면 차분방정식의 상수계수가 FIR 시스템의 임펄스 응답과 같으면 디지털 컨볼루션이 됨을 알 수 있다. 즉, 위의 차분방정식은 상수계수가 임펄스 응답과 같으면 디지털 컨볼루션과 같다.

예제 2.5

다음의 차분방정식으로부터 디지털 컨볼루션과 임펄스 응답을 구하고 기본소자들을 사용하여 구현하시오.

$$y[n] = 2x[n] + 3x[n-1]$$

풀이 위의 식은 좌변의 항이 한 개인 차분방정식이므로 그대로 디지털 컨볼루션의 식이 된다. 따라서 상수계수 2와 3이 $h[0]=2$, $h[1]=3$이 되므로 임펄스 응답은 다음과 같이 나타낼 수 있다.

$$h[n] = 2\delta[n] + 3\delta[n-1]$$

$h[n]$을 구하는 또 다른 방법은, 정의에 의해서 입력으로서 $\delta[n]$을 입력시켜서 출력을 구하는 방법이다. 그러면 쉽게 위의 임펄스 응답을 구할 수 있다. 이 차분방정식을 기본소자들을 사용하여 구현하면 그림 2-36과 같다.

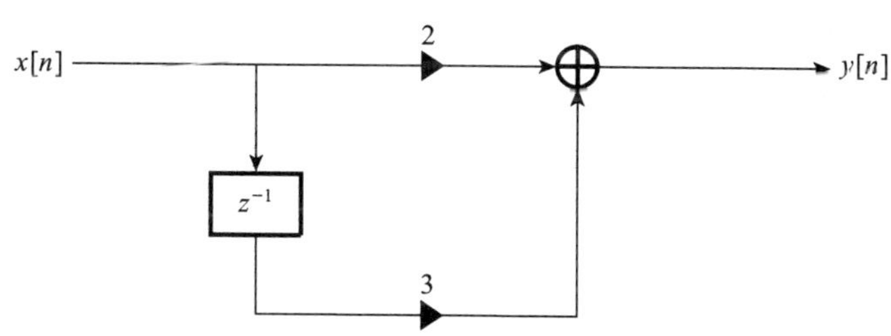

그림 2-36 [예제 2.5]의 구현

2.8.2 IIR 시스템의 차분방정식

일반적으로 IIR 시스템을 나타내는 차분방정식은 다음과 같다.

$$y[n] + a_1 y[n-1] + \cdots + a_m y[n-m] = b_0 x[n] + b_1 x[n-1] + \cdots + b_m x[n-m]$$

위와 같은 차분방정식의 효용성을 알아보기 위하여 먼저 다음의 차분방정식을 살펴보기로 하자.

$$y[n] = x[n] + 0.5x[n-1] + 0.5^2 x[n-2] + \cdots + 0.5^k x[n-k] + \cdots$$

위의 차분방정식은 항이 무한개이므로 기본소자들을 사용하여 구현할 수 없으며, 이 시스템의 임펄스 응답은 다음과 같다.

$$\begin{aligned} h[n] &= \delta[n] + 0.5\delta[n-1] + 0.5^2\delta[n-2] + \cdots + 0.5^k\delta[n-k] + \cdots \\ &= 0.5^n u[n] \end{aligned}$$

위의 임펄스 응답은 0.5의 지수 함수이므로 무한개의 길이이며 0이 되지 않는 IIR 시스템이다.

이제 다른 인과 시스템의 다음 차분방정식과 비교해 보기로 하자.

$$y[n] - 0.5y[n-1] = x[n]$$

임펄스 응답을 구하기 위해서 위의 식의 $x[n]$에 임펄스 신호를 대입하면 $y[n]$은 임펄스 응답 $h[n]$이므로 다음과 같이 나타낼 수 있다.

$$h[n] - 0.5h[n-1] = \delta[n], \quad \text{for all } n$$

인과 시스템이므로 $n < 0$에 대하여는 $h[n] = 0$이 된다. 따라서 위의 식으로부터 $n = 0$일 때부터 $h[n]$을 다음과 같이 구할 수 있다.

$$\begin{aligned} &n = 0, \ h[0] = 0.5h[-1] + \delta[0] = 1 \\ &n = 1, \ h[1] = 0.5h[0] + \delta[1] = 0.5 \\ &n = 2, \ h[2] = 0.5h[1] + \delta[2] = 0.5^2 \\ &\vdots \\ &h[n] = 0.5^n u[n] \end{aligned}$$

위의 임펄스 응답이 이전의 예제와 같음을 알 수 있다. 즉, 다음의 차분방정식은 같은 시스템을 규정하고 있음을 알 수 있다.

$$\begin{aligned} &y[n] = x[n] + 0.5x[n-1] + 0.5^2x[n-2] + \cdots + 0.5^kx[n-k] + \cdots \\ &y[n] - 0.5y[n-1] = x[n] \end{aligned}$$

위의 차분방정식들은 같은 임펄스 응답을 갖고 있는 같은 시스템인데, 하드웨어로 구현할 때에 어떤 식을 사용해야 할까? 위의 식 중에서 앞의 식은 무한개의 입력이 필요하므로 무한개의 지연소자, 무한개의 곱셈기, 무한개의 덧셈기가 필요하다. 따라서 실제로는 구현이 불가능하다. 그러나 앞의 식 중에서 뒤의 식은 다음과 같이 나타낼 수 있다.

$$y[n] = 0.5y[n-1] + x[n]$$

따라서 그림 2-37과 같이 출력을 지연시키기만 하면 쉽게 구현된다.

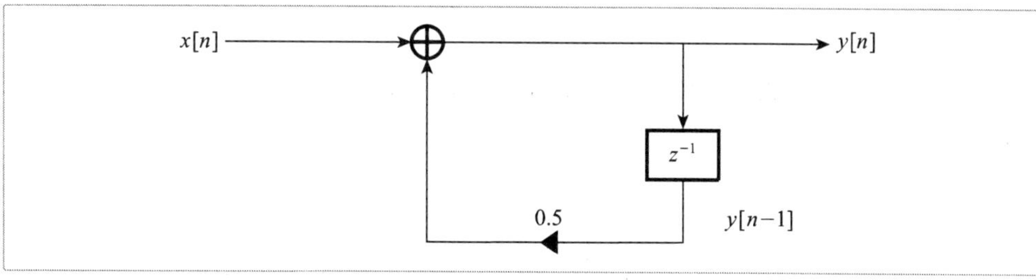

그림 2-37 차분방정식 $y[n]-0.5y[n-1]=x[n]$의 구현

위의 두 예제를 통하여 차분방정식이 IIR 시스템을 효과적으로 규정하는 방법임을 알 수 있다. 임펄스 응답이 유한한 FIR 시스템의 경우에는 출력을 계산하거나 구현할 때에 디지털 컨볼루션을 사용하는 것이 바람직하며, 임펄스 응답이 무한한 IIR 시스템의 경우에는 차분방정식을 사용하여 출력을 구하거나 시스템을 구현하는 것이 효과적이다. 원하는 사양을 만족하는 FIR 시스템의 디지털 컨볼루션을 찾거나, IIR 시스템의 차분방정식을 찾는 과정을 **시스템을 설계한다**고 한다. 설계에 대하여는 8장에서 자세히 살펴보기로 한다.

2.9 안정 시스템

2.9.1 입력과 출력으로 나타내는 안정 시스템

어떤 시스템에서, bounded input 신호에 대하여 bounded output 신호를 출력할 때, 이것을 **Bounded-Input Bounded-Output(BIBO)** 의미의 **안정 시스템**이라고 한다. 이것을 식으로 표시해 보자. 즉, 입력신호가 다음의 식

$$|x[n]| \leq B < \infty, \quad \text{for all } n$$

을 만족하는 **고정된 양의 유한값**(fixed positive finite value)이 존재하면 bounded라고 한다. 안정 시스템은 모든 bounded input에 대하여 다음의 식

$$|y[n]| \leqq B < \infty, \quad \text{for all } n$$

을 만족하는 고정된 양의 유한값이 존재하여야 한다.

예제 2.6

다음의 시스템이 안정 시스템이 아님을 보이시오.

$$y[n] = \sum_{k=-\infty}^{n} x[k]$$

풀이 이를 보이기 위해서는 어떤 bounded-input을 입력시켜서 출력이 bounded 되어 있지 않음을 보이면 된다. 이를 위하여 단위 계단 신호 $u[n]$을 입력시켜 보자. 그러면 출력신호는

$$y[n] = \sum_{k=-\infty}^{n} u[k] = \begin{cases} 0, & n < 0 \\ n+1, & n \geqq 0 \end{cases}$$

이 된다. 이 출력 $n+1$은 고정된 양의 유한값 B를 갖지 못하므로 안정 시스템이 아니다.

2.9.2 임펄스 응답으로 나타내는 안정 시스템

어떤 시스템에서 안정 시스템인지를 확인하기 위하여 입력과 출력 전체를 관찰하는 것은 쉽지 않다. 또한 모든 종류의 bounded input을 입력시켜 보는 것도 실제로 불가능하다. 따라서 좀 더 유용한 방법이 요구되는 데 임펄스 응답을 사용하는 방법과 z 변환을 사용하는 효율적인 방법들이 있다. 이 절에서는 임펄스 응답을 사용하는 방법을 알아보기로 한다. 먼저 다음과 같이 디지털 컨볼루션에 절댓값을 붙여서 시작한다.

$$|y[n]| = \left| \sum_{k=-\infty}^{\infty} h[k]x[n-k] \right|$$

위의 식에서 절댓값을 $\sum$의 안으로 들여보내면 등식은 다음과 같이 부등식으로 바뀐다.

$$|y[n]| \leqq \sum_{k=-\infty}^{\infty} |h[k]||x[n-k]|$$

위의 식에서 입력이 고정 양의 유한값 B로 bounded 되어 있으면 다음과 같이 입력을 B로 치환할 수 있다.

$$|y[n]| \leqq B \sum_{k=-\infty}^{\infty} |h[k]|$$

위의 식에서 $\sum_{k=-\infty}^{\infty} |h[k]| = \infty$ 이면 $|y[n]| < \infty$ 의 안정 시스템 조건에 위반된다. 그러므로 안정 시스템의 조건으로서 $\sum_{k=-\infty}^{\infty} |h[k]| < \infty$ 을 만족하여야 한다. 따라서 안정 시스템이 되기 위한 임펄스 응답 조건은 다음과 같다.

$$\sum_{n=-\infty}^{\infty} |h[n]| < \infty$$

위의 조건식과 같이 $h[n]$의 절댓값의 합이 존재하면(absolutely summable) 안정 시스템이라고 부른다.

예제 2.7

다음의 임펄스 응답을 보고 안정 시스템인지 아닌지를 판별하시오.

(a) $h_1[n] = 0.5^n u[n]$

(b) $h_2[n] = u[n]$

풀이 각각의 경우에 $h[n]$의 절댓값의 합이 존재하는지를 살펴보자. 먼저 (a)의 경우에는 다음과 같다.

$$\sum_{n=-\infty}^{\infty} |h[n]| = \sum_{n=-\infty}^{\infty} 0.5^n u[n] = \sum_{n=0}^{\infty} 0.5^n = \frac{1}{1-0.5} = 2$$

위와 같이 $h[n]$의 절댓값의 합이 존재하므로 안정 시스템이다. 이번에는 (b)를 살펴보자

$$\sum_{n=-\infty}^{\infty} |h[n]| = \sum_{n=-\infty}^{\infty} u[n] = \infty$$

위와 같이 $h[n]$의 절댓값의 합이 존재하지 않으므로 안정 시스템이 아니다.

연습문제

1. 다음의 괄호로 표현된 디지털 신호들을 그림과 임펄스 신호를 사용하여 각각 표현하시오.

(a) $x_1[n] = \{\underset{\uparrow}{1},\ 0.8,\ -0.4,\ 0.2\ \}$

(b) $x_2[n] = \{0.2,\quad \underset{\uparrow}{0.5},\quad 0.2\ \}$

(c) $x_3[n] = \{\underset{\uparrow}{1},\quad 0,\quad 0,\ -0.5\ \}$

2. 다음의 임펄스 신호로 표현된 디지털 신호들을 그림과 괄호를 사용하여 각각 표현하시오.

(a) $x_1[n] = \delta[n] + \delta[n-1] + \delta[n-2]$

(b) $x_2[n] = 0.5\delta[n+1] + 0.3\delta[n] + 0.2\delta[n-1]$

(c) $x_3[n] = -0.5\delta[n+2] + 0.8\delta[n] - 0.5\delta[n-2]$

3. 다음의 디지털 신호에 대하여 물음에 답하시오.

$$x[n] = \{\underset{\uparrow}{1},\ 0.8,\ -0.4,\ 0.2\ \}$$

(a) $x[n]$을 그리시오.

(b) $x[n-2]$를 그리시오(우로 2쉬프트연산).

(c) $x[-n]$을 그리시오(반사연산).

(d) $x[2-n]$을 그리시오(반사 후 우로 2쉬프트연산).

(e) $x[-n-2]$를 그리시오(우로 2쉬프트 후 반사연산).

4. 다음의 디지털 신호에 대하여 물음에 답하시오.

$$x_2[n] = \{0.2, \quad \underset{\uparrow}{0.5}, \quad 0.1\ \}$$

(a) $x[n]$을 그리시오.

(b) $x[n-3]$을 그리시오(우로 3쉬프트연산).

(c) $x[-n]$을 그리시오(반사연산).

(d) $x[3-n]$을 그리시오(반사 후 우로 3쉬프트연산).

(e) $x[-n-3]$를 그리시오(우로 3쉬프트 후 반사연산).

5. 다음 시스템에서 $v[n] = \sum_{k=0}^{\infty} 0.5^k x[n-k]$ 이다. 물음에 답하시오.

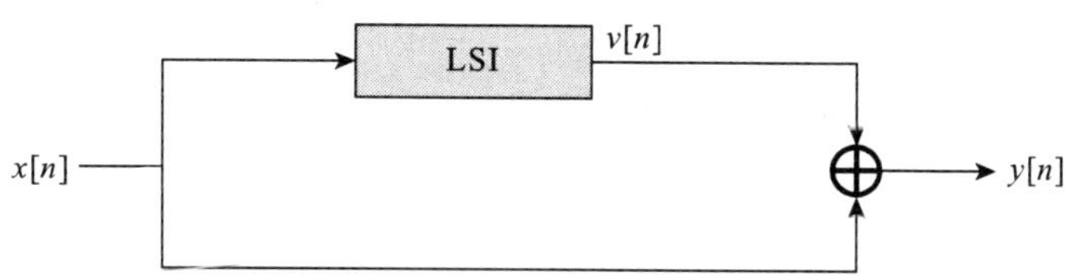

(a) 인과 시스템인가?

(b) 시스템은 안정한가?

(c) 시불변 시스템인가?

(d) 선형 시스템인가?

6. 어떤 디지털 시스템의 입력신호 $x[n]$과 임펄스 응답 $h[n]$이 다음과 같다.

$$x[n] = \{\underset{\uparrow}{0.5},\ 0.2, 0.7,\ 0.4\ \}, \quad h[n] = \{\underset{\uparrow}{0.2},\ 0.3, 0.3,\ 0.2\ \}$$

(a) 슬라이딩 방식을 사용하여 출력 $y[n]$을 구하시오.

(b) 임펄스 응답 방식을 사용하여 출력 $y[n]$을 구하시오.

7. 어떤 디지털 시스템의 입력신호 $x[n]$과 임펄스 응답 $h[n]$이 다음과 같다.

$$x[n] = \{\underset{\uparrow}{1},\ 2,\ 3,\ 1\ \}, \quad h[n] = \{1,\ \underset{\uparrow}{2},\ 1,\ -1\ \}$$

(a) 슬라이딩 방식을 사용하여 출력 $y[n]$을 구하시오.

(b) 임펄스 응답 방식을 사용하여 출력 $y[n]$을 구하시오.

8. 어떤 디지털 시스템의 입력신호 $x[n]$과 임펄스 응답 $h[n]$이 다음과 같다.

$$x[n]=\{-1,\ \underset{\uparrow}{2},\ -1,\ -2\},\quad h[n]=\{-2,\ \underset{\uparrow}{2},\ 0,-1,\ 1\}$$

(a) 슬라이딩 방식을 사용하여 출력 $y[n]$을 구하시오.

(b) 임펄스 응답 방식을 사용하여 출력 $y[n]$을 구하시오.

9. 어떤 LTI 시스템의 입력신호 $x[n]$과 임펄스 응답 $h[n]$이 다음과 같다.

$$x[n]=u[n],\qquad h[n]=a^n u[n],\ |a|<1$$

이 시스템의 출력 $y[n]$을 구하시오.

10. 어떤 LTI 시스템의 입력신호 $x[n]$과 임펄스 응답 $h[n]$이 다음과 같다.

$$x[n]=a^n u[n],\qquad h[n]=b^n u[n]$$

출력신호 $y[n]$을 계산하시오.

11. 어떤 LTI 시스템의 임펄스 응답 $h[n]$이 다음과 같다.

$$h[n]=\{\underset{\uparrow}{0.1},\ 0.3, 0.5,\ 0.4, 0.2\}$$

이 시스템을 덧셈기, 곱셈기, 지연소자를 사용하여 구현하시오.

12. 두 개의 시스템이 다음과 같이 직렬연결되어 있다.

각각의 시스템의 임펄스 응답은 다음과 같다.

$$h_1[n] = \delta[n] - a\delta[n-1], \quad h_2[n] = a^n u[n]$$

이 시스템 전체의 임펄스 응답을 구하시오.

13. 시스템이 다음과 같이 연결되어 있다.

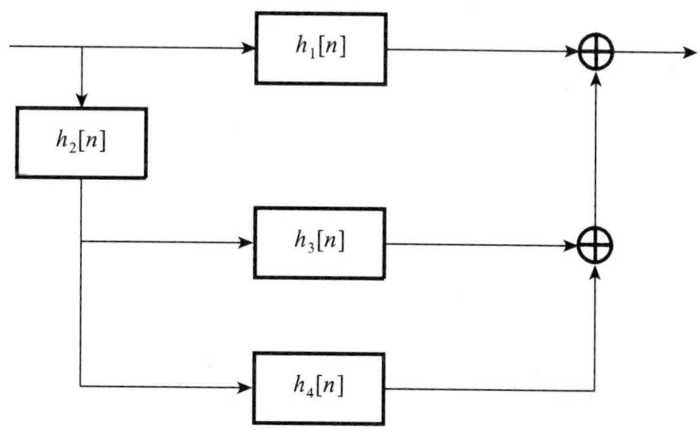

위의 그림에서 각각 시스템의 임펄스 응답은 다음과 같다. 전체 시스템의 임펄스 응답 $h[n]$을 구하시오.

$$h_1[n] = 3\delta[n] + 0.5\delta[n-1]$$

$$h_2[n] = 2\delta[n] + \delta[n-1]$$

$$h_3[n] = 2\delta[n-1]$$

$$h_4[n] = \delta[n] + 0.5\delta[n-2]$$

14. 두 개의 시스템이 다음과 같이 직렬연결되어 있다.

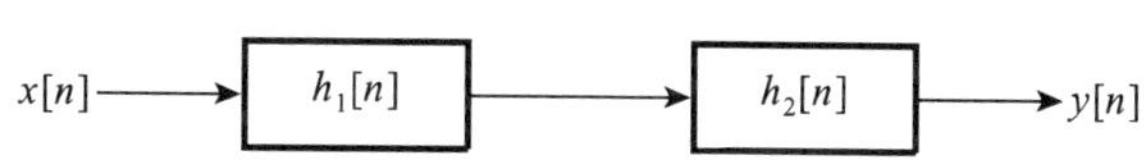

각각의 시스템의 임펄스 응답은 다음과 같다.

$$h_1[n] = 0.5^n u[n], \quad h_2[n] = 0.125^n u[n]$$

이 시스템 전체의 임펄스 응답을 구하시오.

15. 어떤 LTI 시스템의 차분방정식이 다음과 같다.

$$y[n]-0.4y[n-1]+0.2y[n-2]=0.1x[n]+0.5x[n-1]+0.3x[n-2]$$

이 시스템을 덧셈기, 곱셈기, 지연소자를 사용하여 구현하시오.

16. 다음의 임펄스 응답을 보고 안정 시스템인지 아닌지를 판별하시오.

(a) $h_1[n]=0.9^n u[n]$

(b) $h_2[n]=1.1^n u[n]$

17. 다음의 시스템에서 전체 임펄스 응답 $h[n]$을 구하시오.

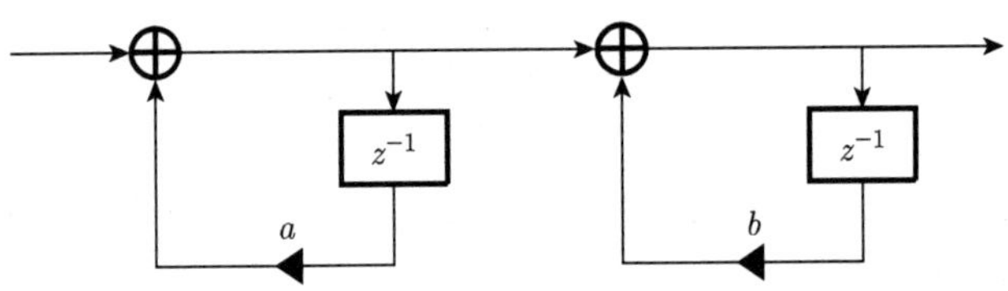

CHAPTER 03

시스템의 주파수 해석: DTFT

3.1 푸리에급수
3.2 연속시간 푸리에변환(CTFT)
3.3 이산시간 푸리에변환(DTFT)
3.4 주파수 응답
3.5 DTFT의 성질

2장에서 디지털 신호와 시스템을 시간 영역에서 해석하는 방법을 알아보았다. 이 장에서는 신호가 갖고 있는 주파수 성분을 분석함으로써 디지털 신호와 시스템을 효과적으로 해석할 수 있는 방법을 알아보기로 한다. 일반적으로 시간 영역에서 정의되는 신호들은 여러 가지 주파수의 가중 합으로 구성되어 있으며, 이 신호들의 주파수 성분을 **스펙트럼**이라고 한다. 아날로그 신호와 디지털 신호들에 대한 스펙트럼의 관계는 그림 3-1과 같다.

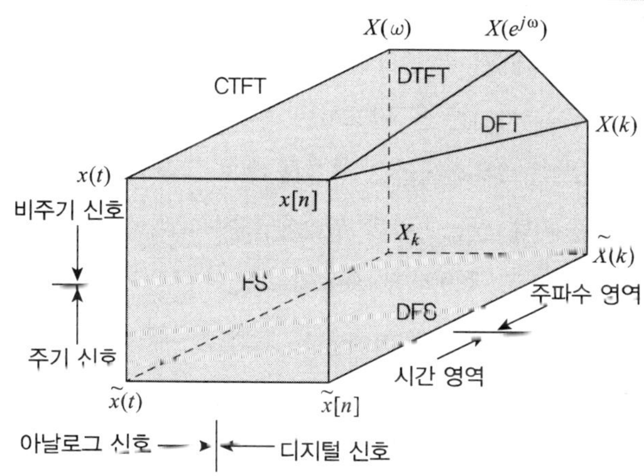

그림 3-1 여러 신호와 그 스펙트럼의 관계도

그림 3-1에서 보듯이 시간 영역에서 정의되는 신호는 아날로그와 디지털 신호, 주기와 비주기신호의 네 가지로 구분한다. 각각의 신호들에 대하여 스펙트럼을 정의하는 방법이 모두 다르며 다음과 같이 신호와 스펙트럼의 관계를 표시한다.

$$\tilde{x}(t) \xleftrightarrow{\text{FS}} X_k$$

$$x(t) \xleftrightarrow{\text{CTFT}} X(\omega), \qquad \tilde{x}[n] \xleftrightarrow{\text{DFS}} \tilde{X}(k)$$

$$x[n] \xleftrightarrow{\text{DTFT}} X(e^{j\omega}), \qquad x[n] \xleftrightarrow{\text{DFT}} X(k)$$

앞의 그림과 식을 좀 더 자세히 살펴보기로 하자. 아날로그 주기신호 $\tilde{x}(t)$에 대한 스펙트럼과의 관계를 **푸리에급수**(Fourier Series, FS)라고 한다. 그리고 아날로그 신호 $x(t)$에 대한 스펙트럼과의 관계를 **연속시간 푸리에변환**(Continuous Time Fourier Transform, CTFT)이라고 한다. 또한 이 책에서 다루는 디지털 신호 $x[n]$에 대한 스펙트럼과의 관계를 **이산시간 푸리에변환**(Discrete Time Fourier Transform, DTFT)이라고 한다. 이 장에서는 DTFT를 사용하여 디지털 신호와 시스템을 해석하는 방법을 다루게 되며 이와 같은 DTFT를 정확히 이해하기 위해서는 푸리에급수와 CTFT의 이해가 선행되어야 한다.

디지털 신호 $x[n]$에 대한 스펙트럼을 나타내는 방법은 두 가지가 있는데, 하나는 이 장에서 다루는 DTFT이고, 또 다른 하나는 DFT(Discrete Fourier Transform)이다. 앞의 그림과 식에서 보듯이 스펙트럼 해석의 시작점은 푸리에급수임을 알 수 있다.

프랑스의 수학자인 **푸리에**(J. B. J. Fourier, 1768~1830)는 **열전도론**(熱傳導論)을 연구하여 1807년 "열의 해석적 이론"을 발표하였고, 1822년 완성된 이 이론에는 "푸리에의 정리"가 포함되어 있으며, "푸리에급수"의 이론으로 그후의 수리물리학 발전에 크게 공헌하였다. 열전도론을 위해 만들어졌던 푸리에급수는 오늘날 신호처리와 통신분야 등의 정보통신공학 기본이론으로 중요하게 사용되고 있다.

이 장에서 다룰 내용은 첫째로 푸리에급수, 둘째로 $\tilde{x}(t)$와 $x(t)$의 관계에 의해 CTFT를 정의하는 방법, 셋째로 $x(t)$와 디지털 신호 $x[n]$의 관계에 의해 DTFT를 규정하는 방법, 넷째로 주파수 응답과 DTFT를 사용하여 시스템을 해석하는 방법이다.

3.1 푸리에급수

3.1.1 직교함수

임의의 아날로그 주기신호는 어떤 함수들의 가중 합으로 나타낼 수 있다. 그런데 그 함수가 바로 **직교함수**(orthogonal function)라는 제한이 있어야만 그 가중치 값을 쉽게 구할 수 있다. 따라서 우리가 이 책에서 다루는 푸리에급수나 푸리에변환은 모두 직교함수를 사용하여 임의의 함수를 표현한다. 직교함수의 정의는 다음과 같다.

신호들의 집합 ϕ_i(여기에서 $i=0,\ \pm 1,\ \pm 2,\ \cdots$)는 다음의 조건을 만족하면 구간 $(a,\ b)$에서 직교(orthogonal)한다고 한다.

$$\int_a^b \phi_l(t)\phi_k^*(t)dt = \begin{cases} E_k, & l=k \\ 0, & l \neq k \end{cases} = E_k\delta[l-k]$$

여기에서 $\phi_k^*(t)$는 $\phi_k(t)$ 신호에 대한 **공액복소함수**(complex conjugate function)이다. 그리고 $\delta[l-k]$는 **크로네커 델타 함수**(Kronecker delta function)라고 부르며 다음과 같이 정의한다.

$$\delta[l-k] = \begin{cases} 1, & l=k \\ 0, & l \neq k \end{cases}$$

직교함수의 물리적인 의미는 다음과 같다. 어떤 함수의 집합에서 한 함수와 또 다른 함수의 공액복소함수를 꺼내서 곱한 후에 적분하면 0이 되는 함수의 집합을 직교함수라고 한다. 그러나 한 함수와 자기 자신의 공액복소함수를 꺼내서 곱한 후에 적분하면 값을 갖게 된다.

먼저 신호처리에서 많이 사용되는 함수 중의 하나인 삼각함수가 직교함수인지 예제를 통하여 알아보기로 하자.

예제 3.1

$\phi_m(t)=\sin mt,\ \ m=1,\ 2,\ 3,\ \cdots$의 신호 집합은 $-\pi$에서 π의 구간에서 직교함수임을 보이시오.

풀이 $$\int_{-\pi}^{\pi}\phi_m(t)\phi_n^*(t)dt=\int_{-\pi}^{\pi}(\sin mt)(\sin nt)dt$$

$$=\int_{-\pi}^{\pi}\left\{\frac{1}{2}[\cos(m-n)t-\cos(m+n)t]\right\}dt$$

$$=\frac{1}{2}\int_{-\pi}^{\pi}\cos(m-n)tdt-\frac{1}{2}\int_{-\pi}^{\pi}\cos(m+n)tdt=A$$

i) $m\neq n,\ \ A=\frac{1}{2}\int_{-\pi}^{\pi}\cos lt\,dt-\frac{1}{2}\int_{-\pi}^{\pi}\cos kt\ \ dt=0-0=0$

ii) $m=n,\ \ A=\frac{1}{2}\int_{-\pi}^{\pi}dt-\frac{1}{2}\int_{-\pi}^{\pi}\cos 2mt\ \ dt=\frac{1}{2}\int_{-\pi}^{\pi}dt$

$$=\frac{1}{2}[t]_{\pi}^{\pi}=\frac{1}{2}[\pi-(-\pi)]=\pi$$

위의 i)과 ii)의 결과를 사용하여 다음과 같이 표현할 수 있다.

$$A=\begin{cases}\pi,\ m=n\\ 0,\ m\neq n\end{cases}=\pi\delta[m-n]$$

따라서 $\phi_m(t)=\sin mt$는 $-\pi$에서 π의 구간에서 직교함수이다.

이번에는 익스포넨셜 지수함수가 직교함수인지 다음의 예제를 통하여 알아보기로 하자.

예제 3.2

$\phi_k(t)=e^{j\frac{2\pi k}{T}t},\ \ k=0,\ \pm1,\ \pm2,\ \cdots$의 신호 집합은 $0<t<T$의 구간에서 직교함수임을 보이시오.

풀이 $$\int_0^T\phi_l(t)\phi_k^*(t)dt=\int_0^T e^{j\frac{2\pi l}{T}t}e^{-j\frac{2\pi k}{T}t}dt\ =\int_0^T e^{j\frac{2\pi(l-k)}{T}t}dt=A$$

i) $l\neq k,\ \ A=\int_0^T\cos\frac{2\pi(l-k)}{T}t\,dt+j\int_0^T\sin\frac{2\pi(l-k)}{T}t\,dt$

$$=0+j\,0=0$$

ii) $l=k,\ A=\int_0^T dt=[t]_0^T=T$

i)과 ii)의 결과를 사용하여 다음과 같이 표현할 수 있다.

$$A=\begin{cases}T,\ l=k\\0,\ l\neq k\end{cases}=T\,\delta[l-k]$$

따라서 신호 집합 $\phi_k(t)=e^{j\frac{2\pi k}{T}t}$는 $0<t<T$의 구간에서 직교함수이다.

3.1.2 삼각 푸리에급수

주기가 T인 주기함수 $\tilde{x}(t)$는 다음과 같이 삼각함수들의 가중 합으로 나타낼 수 있다. 이 식을 **삼각 푸리에급수**(trigonometric Fourier series)라고 한다. 앞 절에서 살펴보았듯이 삼각함수는 직교함수이다.

$$\tilde{x}(t)=a_0+\sum_{k=1}^{\infty}[a_k\cos k\omega_0 t\ +\ b_k\sin k\omega_0 t],\quad T=\frac{2\pi}{\omega_0}$$

위의 식에서 $k=1$일 때의 각주파수 ω_0를 **기본주파수**(fundamental frequency)라고 한다. 이 식에서 주기 T는 다음과 같이 구한다. 일반적으로 $\cos mt$에서 주기 T는 $mT=2\pi$의 식으로부터 $T=2\pi/m$를 구한다. 따라서 같은 방법으로 위의 식에서의 주기 T는 $\omega_0 T=2\pi$의 식으로부터 $T=2\pi/\omega_0$를 구할 수 있다.

이제 다음의 구형파를 삼각함수의 가중 합으로 표현할 수 있음을 직관적으로 이해해 보기로 하자. 이 구형파의 주기는 $T=2\pi$이며 그림 3-2에 한 주기만을 굵은 실선으로 나타냈다.

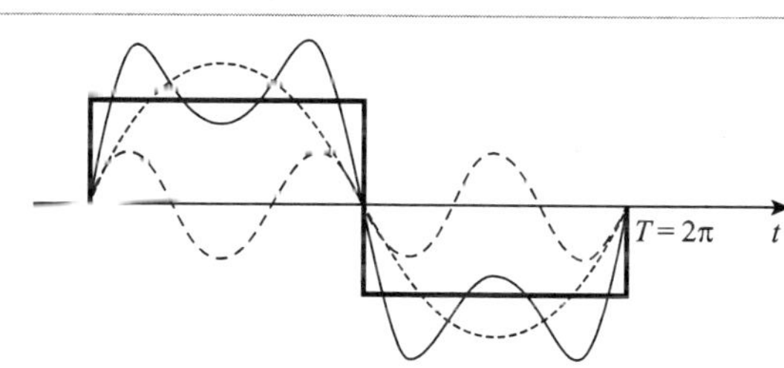

그림 3-2 구형파의 삼각 푸리에급수 표현

이 구형파를 한 개의 삼각함수만을 사용하여 근사적으로 표현하려면 그림 3-2의 짧은 점선과 같이 $b_1\sin t$를 사용하는 것이 가장 바람직함을 직관적으로 알 수 있다. 이때 b_1을 얼마로 정해야 하는지는 조금 후에 알아보기로 한다. 만일 2개의 삼각함수를 사용하여 근사적으로 나타내려면 그림 3-2의 긴 점선 $b_3\sin 3t$를 한 개 더 사용하여 $b_1\sin t$ 와 더하면 실선의 모양을 얻는다. 이 실선의 모양이 한 개의 삼각함수 $b_1\sin t$만을 사용한 것보다 더욱 구형파와 닮았음을 알 수 있을 것이다. 따라서 $b_5\sin 5t$를 한 개 더 사용한다면 구형파와 근사적으로 더욱 닮아진다는 것을 추측할 수 있다. 독자들은 $b_5\sin 5t$를 한 개 더 사용하여 확인해 보기 바란다.

예제 3.3

다음의 구형파 $\tilde{x}(t)$를 삼각 푸리에급수로 나타내시오.

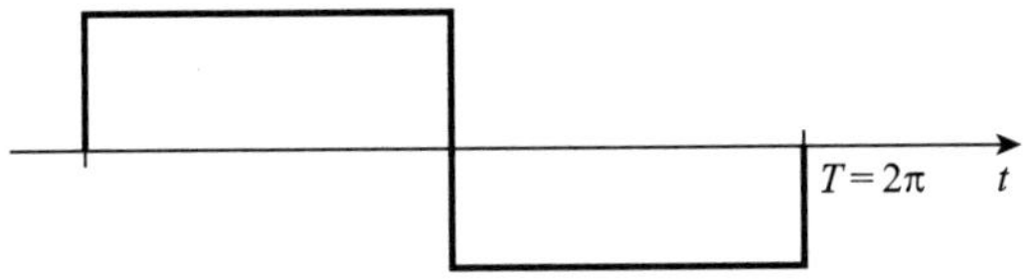

그림 3-3 [예제 3.3]의 구형파

풀이 먼저 $\tilde{x}(t)$를 삼각 푸리에급수로 나타내면 다음과 같다.

$$\tilde{x}(t) = a_0 + \sum_{k=1}^{\infty} [a_k \cos k\omega_0 t \ + \ b_k \sin k\omega_0 t]$$

위의 구형파는 직류성분을 갖고 있지 않으므로 a_0는 0임을 알 수 있다. 또한 코사인 함수는 우함수이므로 사용되어서는 안 된다. 또한 기본주파수 ω_0는 $T = 2\pi/\omega_0$로부터 $\omega_0 = 2\pi/T$를 구할 수 있다. 따라서 이 구형파는 사인파의 가중 합으로 표현할 수 있으며, 특히 다음 식과 같이 $b_1\sin t,\ b_3\sin 3t,\ b_5\sin 5t, \cdots$ 등의 홀수의 가중 합으로 나타낼 수 있음을 알 수 있다.

$$\tilde{x}(t) = a_0 + \sum_{k=1}^{\infty} [a_k \cos k\omega_0 t \ + \ b_k \sin k\omega_0 t] = \sum_{k=1}^{\infty} b_k \sin kt$$

$$= b_1 \sin t + b_3 \sin 3t + b_5 \sin 5t + \cdots$$

이제 이와 같은 삼각 푸리에급수의 가중치, 즉 삼각 푸리에급수 계수를 구하는 방법을 알아보기로 하자.

$$\begin{aligned}\int_{t_0}^{t_0+T} x(t)\cos n\omega_0 t\, dl &= \int_{t_0}^{t_0+T}\left\{a_0+\sum_{k=1}^{\infty}[a_k\cos k\omega_0 t \ + \ b_k\sin k\omega_0 t]\right\}\cos n\omega_0 t\, dt\\ &= a_0\int_{t_0}^{t_0+T}\cos n\omega_0 t\, dt+\sum_{k=1}^{\infty}a_k\left[\int_{t_0}^{t_0+T}\cos k\omega_0 t\cos n\omega_0 t\ \ dt\right]\\ &\quad+\sum_{k=1}^{\infty}b_k\left[\int_{t_0}^{t_0+T}\sin k\omega_0 t\cos n\omega_0 t\ \ dt\right]\\ &= a_n\frac{T}{2}\end{aligned}$$

$$\therefore\ a_n = \frac{2}{T}\int_{t_0}^{t_0+T} x(t)\cos n\omega_0 t\, dt$$

$$\begin{aligned}\int_{t_0}^{t_0+T} x(t)\sin n\omega_0 t\, dt &= \int_{t_0}^{t_0+T}\left\{a_0+\sum_{k=1}^{\infty}[a_k\cos k\omega_0 t \ + \ b_k\sin k\omega_0 t]\right\}\sin n\omega_0 t\, dt\\ &= a_0\int_{t_0}^{t_0+T}\sin n\omega_0 t\, dt+\sum_{k=1}^{\infty}a_k\left[\int_{t_0}^{t_0+T}\cos k\omega_0 t\sin n\omega_0 t\ \ dt\right]\\ &\quad+\sum_{k=1}^{\infty}b_k\left[\int_{t_0}^{t_0+T}\sin k\omega_0 t\sin n\omega_0 t\ \ dt\right]\\ &= b_n\frac{T}{2}\end{aligned}$$

$$\therefore\ b_n = \frac{2}{T}\int_{t_0}^{t_0+T} x(t)\sin n\omega_0 t\, dt$$

a_0는 다음과 같이 $\tilde{x}(t)$의 한 주기 동안의 평균이다.

$$a_0 = \frac{1}{T}\int_{t_0}^{t_0+T}\tilde{x}(t)dt$$

삼각 푸리에급수의 정의와 이에 대한 계수를 찾는 식을 정리하면 다음과 같다.

$$\tilde{x}(t) = a_0+\sum_{k=1}^{\infty}\left[a_k\cos k\omega_0 t \ + \ b_k\sin k\omega_0 t\right],\quad T=\frac{2\pi}{\omega_0}$$

$$a_0 = \frac{1}{T}\int_{t_0}^{t_0+T}\tilde{x}(t)dt$$

$$a_k = \frac{2}{T}\int_{t_0}^{t_0+T} \tilde{x}(t)\cos k\omega_0 t\,dt, \quad k = 1, 2, \cdots$$

$$b_k = \frac{2}{T}\int_{t_0}^{t_0+T} \tilde{x}(t)\sin k\omega_0 t\,dt, \quad k = 1, 2, \cdots$$

예제 3.4

다음 구형파의 주기함수를 삼각 푸리에급수로 나타내었을 때, $k = 0,\ 1,\ 2$까지의 삼각 푸리에급수 계수를 구하시오.

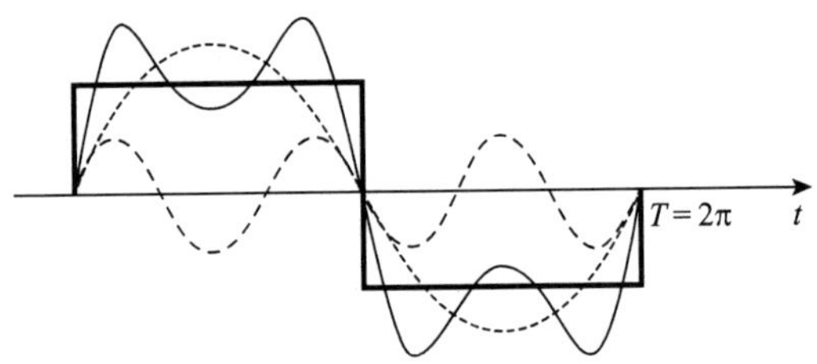

그림 3-4 [예제 3.4]의 구형파와 삼각 푸리에급수 표현

풀이 $x(t) = b_1 \sin t + b_3 \sin 3t$

$$\begin{aligned} b_k &= \frac{2}{T}\int_{t_0}^{t_0+T} x(t)\sin k\omega_0 t\,dt = \frac{1}{\pi}\int_0^{2\pi} x(t)\sin kt\,dt \\ &= \frac{1}{\pi}\left\{\int_0^{\pi} \sin kt\,dt - \int_{\pi}^{2\pi} \sin kt\,dt\right\} \\ &= \frac{4}{k\pi} \end{aligned}$$

$$\therefore\ b_1 = \frac{4}{\pi} = 1.273,\ \ b_3 = \frac{4}{3\pi} = 0.424$$

주기함수를 지수함수들의 가중 합으로 완벽하게 나타내기 위해서는 이론적으로 무한대의 주파수 성분까지 필요하다. 그러나 실제로는 무한대의 주파수를 사용할 수 없으므로 유한개의 k를 사용했을 때에, 어떤 현상이 나타나는지를 살펴보기로 하자. 앞에서 사용된 구형파에서 k를 증가시키면서 만들어지는 파형을 살펴보면 그림 3-5와 같다. 그림 3-5에서는 $k = 3,\ k = 7,\ k = 303$의 3가지 경우를 살펴보았는데, k를 증가시키면 구형파의 불연속점에서의 기울기는 점점 가파르게 되나 불연속점에서의 리플 크기는 작아지지 않는 현상을 관찰할 수 있다. 이 현상을 **깁스 현상**(Gibbs phenomenon)이라고 한다.

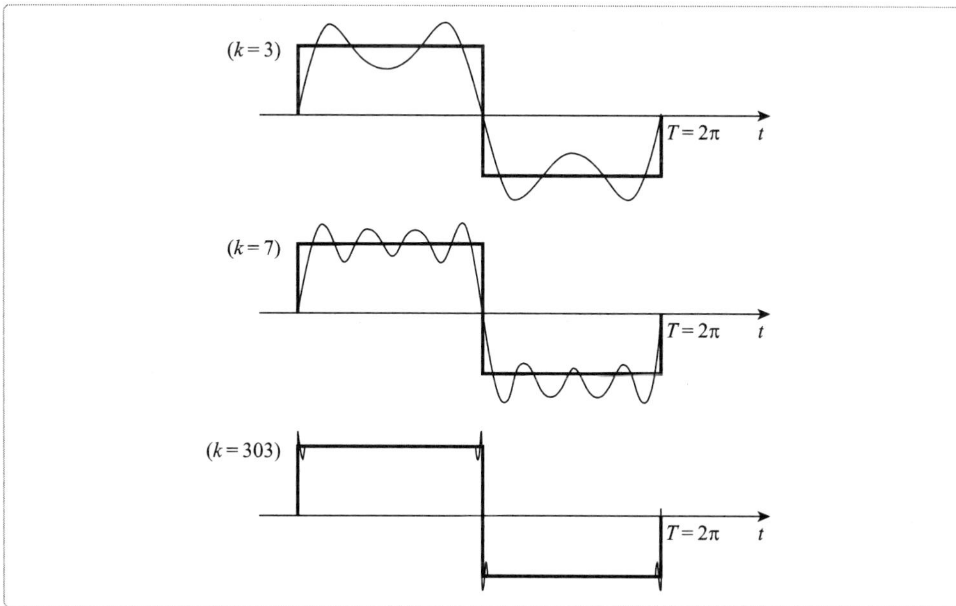

그림 3-5 구형파의 삼각 푸리에급수 표현에서의 깁스 현상

3.1.3 지수 푸리에급수

주기함수는 삼각 푸리에급수를 사용하여 표현할 수 있다. 특히, 실수의 주기함수 $\tilde{x}(t)$에 대하여 삼각 푸리에급수 계수 a_0, a_k, b_k는 역시 모두 실수인 장점을 갖고 있다. 즉, 삼각 푸리에급수는 한 개의 함수에 대하여 3가지의 계수를 따로 찾아야 하나, 이 절에서 논하게 될 **지수 푸리에급수**(exponential Fourier series)를 사용하여 주기함수를 표현하면 이런 단점을 없앨 수 있다.

삼각 푸리에급수는 어느 하나의 k에 대하여 두 가지의 계수의 가중 합이 존재하는데, 다음의 식과 같이 한 가지 종류의 가중 합으로 표현하는 것이 가능하다.

$$
\begin{aligned}
a_k \cos k\omega_0 t + b_k \sin k\omega_0 t &= a_k \frac{e^{jk\omega_0 t} + e^{-jk\omega_0 t}}{2} + b_k \frac{e^{jk\omega_0 t} - e^{-jk\omega_0 t}}{2j} \\
&= \frac{a_k - jb_k}{2} e^{jk\omega_0 t} + \frac{a_k + jb_k}{2} e^{-jk\omega_0 t} \\
&= X_k e^{jk\omega_0 t} + X_{-k} e^{-jk\omega_0 t}
\end{aligned}
$$

위의 시에서 보듯이 양수의 2개의 항이 1개의 양수 항과 1개의 음수 항으로 표현됨을 알 수 있다. 즉, a_k와 b_k의 2종류의 계수가 X_k의 한 종류의 계수로 표현될 수 있다. 따라서 앞의 식을 사용하면 삼각 푸리에급수를 다음 식과 같은 간단한 모양의 지수 푸리에급수로 표현할 수 있다.

$$\tilde{x}(t) = \sum_{k=-\infty}^{\infty} X_k e^{jk\omega_0 t}$$

위의 식에서 보듯이 지수 푸리에급수로 주기함수를 표현하면 삼각 푸리에급수의 a_0, a_k, b_k의 세 종류 계수를 한 종류의 계수 X_k로 나타낼 수 있다. 이때, 지수 푸리에급수 계수 X_k 는 다음과 같이 구할 수 있다.

$$\begin{aligned}\int_0^T \tilde{x}(t)e^{-jm\omega_0 t}\,dt &= \int_0^T \sum_{k=-\infty}^{\infty} X_k e^{j(k-m)\omega_0 t}\,dt \\ &= \sum_{k=-\infty}^{\infty} X_k \int_0^T e^{j(k-m)\omega_0 t}\,dt = \sum_{k=-\infty}^{\infty} X_k T\delta[k-m] = X_m T\end{aligned}$$

$$\therefore X_m = \frac{1}{T}\int_0^T \tilde{x}(t)e^{-jm\omega_0 t}\,dt$$

최종적으로 지수 푸리에급수와 지수 푸리에급수 계수를 정의하면 다음과 같다.

지수 푸리에급수	지수 푸리에급수 계수
$\tilde{x}(t) = \sum_{k=-\infty}^{\infty} X_k e^{jk\omega_0 t}$,	$X_k = \frac{1}{T}\int_0^T \tilde{x}(t)e^{-jk\omega_0 t}\,dt$

이와 같은 지수 푸리에급수 계수는 한 개의 주기함수에 대하여 한 종류의 계수 X_k로 스펙트럼을 나타낼 수 있는 장점이 있으나 이 값이 일반적으로 복소수이므로 그림으로 표현할 때에 하나의 그림으로 나타낼 수 없다. 지수 푸리에급수 계수가 복소수이므로 **직각형식**(rectangular form)이나 **극형식**(polar form)으로 나타낼 수 있는데, 극형식이 주로 사용되며 다음과 같이 표기한다.

$$X_k = |X_k| e^{j\angle X_k}$$

위의 식에서 $k\omega_0$에 대한 $|X_k|$의 그래프를 **진폭 스펙트럼**이라고 하며 $\tilde{x}(t)$를 구성하는

여러 주파수들의 진폭을 나타낸다. 또한 $k\omega_0$에 대한 $\measuredangle X_k$의 그래프를 **위상 스펙트럼**이라고 한다. 이와 같은 진폭 스펙트럼과 위상 스펙트럼들은 선으로 구성되므로 **선스펙트럼**(line spectra)이라고도 부른다.

예제 3.5

다음 주기함수 $\tilde{x}(t)$의 지수 푸리에급수 계수 X_k를 구하시오.

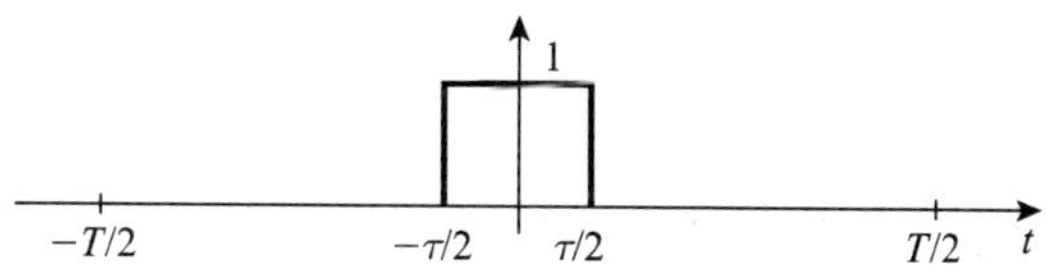

그림 3-6 [예제 3.5]의 주기함수

풀이

$$X_k = \frac{1}{T}\int_{-T/2}^{T/2} \tilde{x}(t) e^{-j\frac{2\pi}{T}kt}\, dt$$

$$= \frac{1}{T}\int_{-\tau/2}^{\tau/2} e^{-j\frac{2\pi}{T}kt}\, dt = \frac{1}{T}\left[\frac{e^{-j\frac{2\pi}{T}kt}}{-j\frac{2\pi}{T}k}\right]_{-\tau/2}^{\tau/2}$$

$$= \frac{1}{j2\pi k}\left[e^{j\frac{\pi k\tau}{T}} - e^{-j\frac{\pi k\tau}{T}}\right] = \frac{1}{\pi k}\sin\frac{\pi k\tau}{T}$$

예제 3.6

다음의 주기함수 $\tilde{x}(t)$는 위의 예제에서 $T=5$, $\tau=1$인 경우이다. 지수 푸리에급수 계수 $|X_k|$를 그리시오.

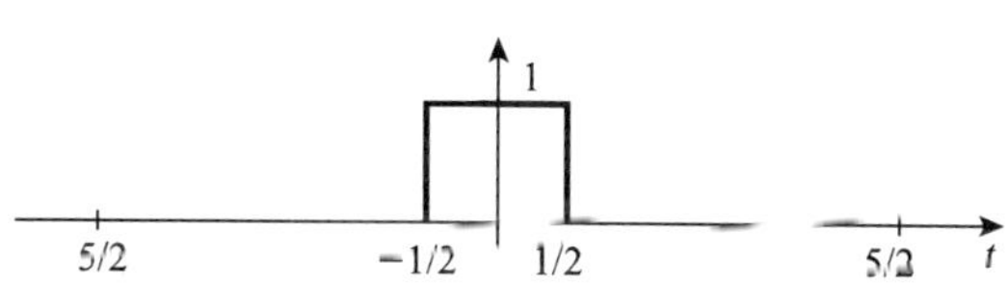

그림 3-7 [예제 3.6]의 주기함수

풀이 $X_k = \dfrac{1}{\pi k}\sin\dfrac{\pi k}{5}$

따라서 $|X_k|$를 그림으로 나타내면 다음과 같다.

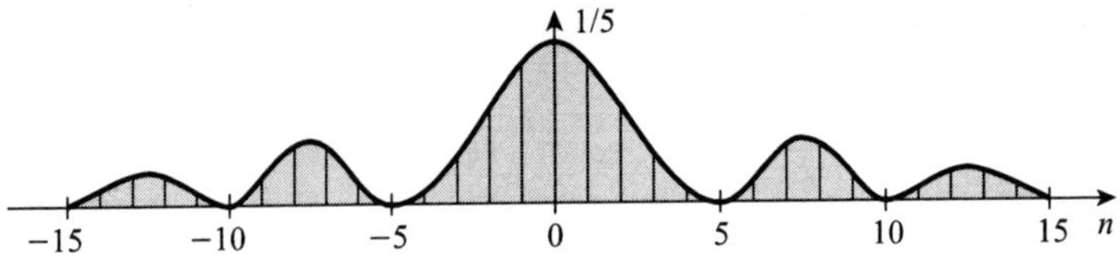

그림 3-8 [예제 3.6]의 푸리에급수 계수

3.2 연속시간 푸리에변환(CTFT)

아날로그 주기신호의 스펙트럼을 분석하기 위하여 푸리에급수가 사용된다. 그렇다면 비주기신호에 대한 스펙트럼은 어떻게 나타낼 수 있을까? 이를 알아보기 위해 먼저 다음과 같은 주기 $T=5$인 구형파 주기신호와 그 푸리에급수 계수 $|X_k|$를 그려보기로 하자. 이 경우에 푸리에급수 계수는 다음과 같으며 그림 3-9와 같이 나타낼 수 있다.

$$X_k = \frac{1}{\pi k}\sin\frac{\pi k}{5}$$

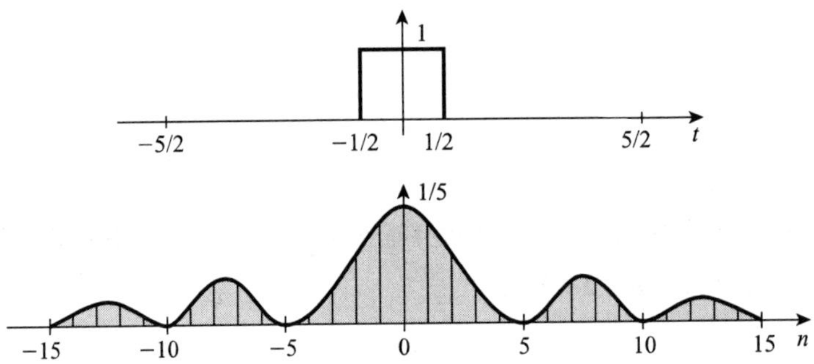

그림 3-9 $T=5$인 구형파 주기신호와 그 푸리에급수 계수 $|X_k|$

이번에는 주기 $T=10$인 구형파 주기신호의 푸리에급수 계수 $|X_k|$를 그려보기로 하자. 이 주기신호의 푸리에급수 계수는 다음의 식으로 표현할 수 있다.

$$X_k = \frac{1}{\pi k}\sin\frac{\pi k}{10}$$

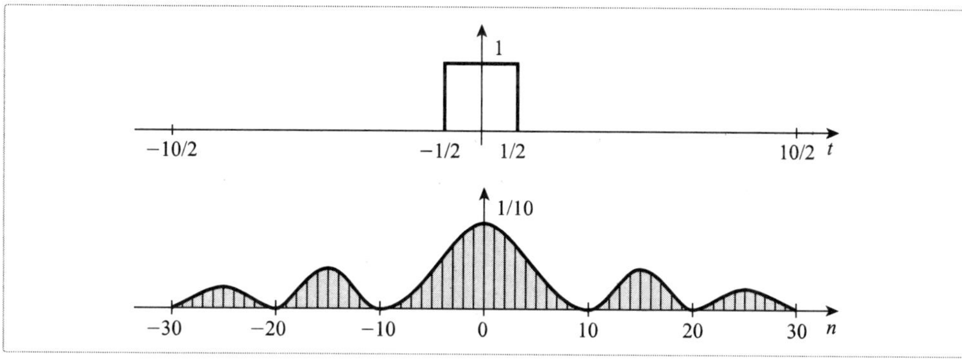

그림 3-10 $T=10$인 구형파 주기신호와 그 푸리에급수 계수 $|X_k|$

앞의 두 예에서 보듯이 $T=10$으로 주기가 늘어나면 스펙트럼은 처음으로 0이 되는 지점까지의 선스펙트럼의 수가 5개에서 10개로 늘어남을 볼 수 있다. 그렇다면 주기가 무한대가 되면 어떤 현상이 일어날까? 원점에서부터 처음 0이 되는 지점까지 선스펙트럼이 무한대로 증가해서 선스펙트럼이 연속 스펙트럼으로 나타나게 될 것이다. 이와 같은 개념으로 푸리에급수가 CTFT(연속시간 푸리에변환)로 확장될 수 있다. 이제 수학적으로 어떻게 변하는지 알아보기로 하자. 먼저 푸리에급수를 다시 불러보자.

푸리에급수	푸리에급수 계수
$\tilde{x}(t)=\sum_{k=-\infty}^{\infty} X_k e^{jk\omega_0 t}$	$X_k=\frac{1}{T}\int_0^T \tilde{x}(t)e^{-jk\omega_0 t}dt$

(1) 먼저 주기가 무한대가 되면 푸리에급수 계수 X_k가 어떻게 변하는지 알아보자. 주기가 무한대가 되면($T\rightarrow\infty$) 선스펙트럼의 주파수 간격 ω_0는 무한히 작아지므로 다음과 같이 $d\omega$가 된다.

$$\omega_0=\frac{2\pi}{T} \xrightarrow{T\rightarrow\infty} d\omega=\frac{2\pi}{T}$$

또한 주기가 무한대가 되면 선스펙트럼의 주파수 $k\omega_0$는 연속 변수가 된다. 즉,

$$k\omega_0 \xrightarrow{T\rightarrow\infty} \omega$$

따라서 푸리에급수 계수 X_k는 다음과 같이 표현될 수 있다.

$$X_k = \frac{d\omega}{2\pi}\int_0^T \tilde{x}(t)e^{-j\omega t}\,dt$$

(2) 이번에는 푸리에급수가 어떻게 변하는지 알아보자.

주기가 무한대가 되면 주기신호는 다음과 같이 표현할 수 있다.

$$\tilde{x}(t) \xrightarrow{T\to\infty} x(t), \qquad \sum_{k=-\infty}^{\infty} \xrightarrow{T\to\infty} \int_{\omega=-\infty}^{\infty}$$

이 식들을 푸리에급수 식에 대입하면 다음과 같다.

$$\begin{aligned} x(t) &= \int_{\omega=-\infty}^{\infty} \frac{d\omega}{2\pi}\int_{t=-\infty}^{\infty} x(t)e^{-jk\omega t}\,dt\; e^{j\omega t} \\ &= \frac{1}{2\pi}\int_{\omega=-\infty}^{\infty}\left\{\int_{t=-\infty}^{\infty} x(t)e^{-jk\omega t}\,dt\right\} e^{j\omega t}\,d\omega \end{aligned}$$

위의 결과로부터 다음의 CTFT가 정의된다.

$$\begin{aligned} X(\omega) &= \int_{-\infty}^{\infty} x(t)e^{-j\omega t}dt \\ x(t) &= \frac{1}{2\pi}\int_{-\infty}^{\infty} X(\omega)\,e^{j\omega t}\,d\omega \end{aligned}$$

CTFT는 다음과 같이 표기한다.

$$x(t) \xleftrightarrow{\text{CTFT}} X(\omega)$$

이 식에서 CTFT의 변수를 $j\omega$를 사용하기도 한다. 그 이유는 CTFT $X(j\omega)$가 복소함수이기 때문이다. 즉, 직각좌표(rectangular coordinate)로 나타내는 복소함수 $X(\sigma + j\omega)$에서 CTFT는 $\sigma = 0$인 $j\omega$축에서만 정의되므로 $X(j\omega)$로 표기하기도 한다.

참고 아날로그 신호처리에서 사용되는 라플라스 변환 $X(s)$는 직각좌표로 나타내는 복소수에서 정의되므로 $X(\sigma + j\omega)$를 사용하는데, $s = \sigma + j\omega$의 치환을 사용하여 한 개의 변수 $X(s)$로 표현한다. 따라서 라플라스 변환은 CTFT의 일반화로 간주할 수 있다.

예제 3.7

$\delta(t)$의 CTFT를 구하시오.

풀이 $\displaystyle\int_{-\infty}^{\infty}\delta(t)e^{-j\omega t}dt = 1$

따라서 다음과 같이 표현한다.

$\delta(t) \quad \leftrightarrow \quad 1$

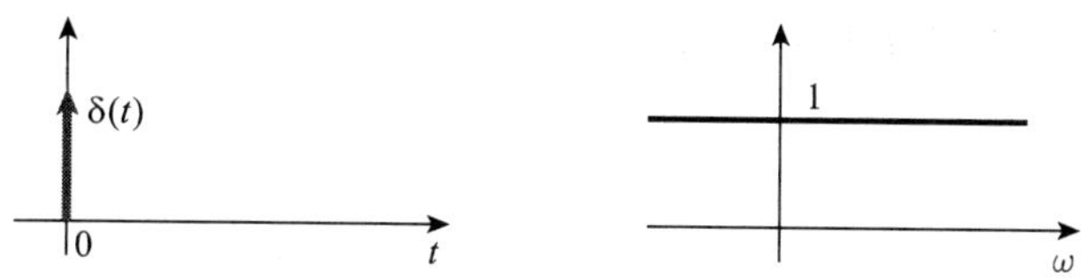

그림 3-11 $\delta(t)$와 그 CTFT

예제 3.8

$\delta(\omega)$의 역 푸리에변환을 구하시오.

풀이 $\displaystyle\frac{1}{2\pi}\int_{-\infty}^{\infty}\delta(\omega)e^{j\omega t}d\omega = \frac{1}{2\pi}$

따라서 다음과 같이 표현한다.

$1 \quad \leftrightarrow \quad 2\pi\delta(\omega)$

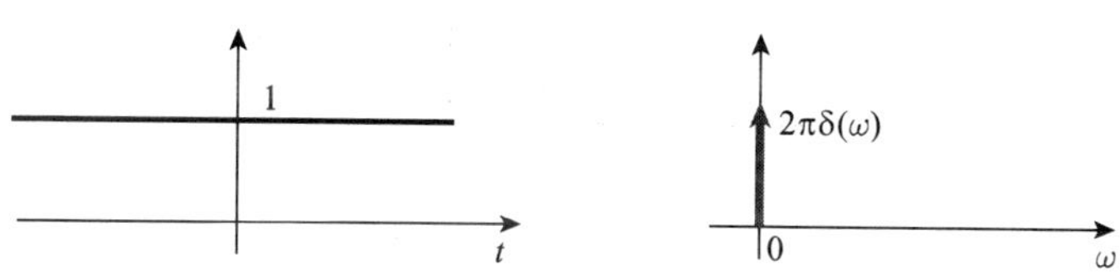

그림 3-12 $\delta(\omega)$와 그 역 CTFT

예제 3.9

$x(t) = e^{-3t}u(t)$의 푸리에변환을 구하시오.

풀이 $\displaystyle X(\omega) = \int_{-\infty}^{\infty}e^{-3t}u(t)e^{-j\omega t}dt = \int_{0}^{\infty}e^{-(3+j\omega)t}dt$

$$= \left[\frac{e^{-(3+j\omega)t}}{-(3+j\omega)}\right]_0^{\infty} = \frac{1}{3+j\omega}$$

3.3 이산시간 푸리에변환(DTFT)

3.3.1 DTFT

앞 절에서 연속신호의 스펙트럼을 정의하였다. 이번 절에서는 연속신호의 스펙트럼으로부터 디지털 신호의 스펙트럼을 정의하는 방법을 알아보기로 하자. 디지털 신호는 연속신호에서 샘플링을 통하여 얻을 수 있다. 디지털 신호의 스펙트럼을 정의하기 위해서 샘플링을 다음 그림과 같이 모델링하면 편리하다.

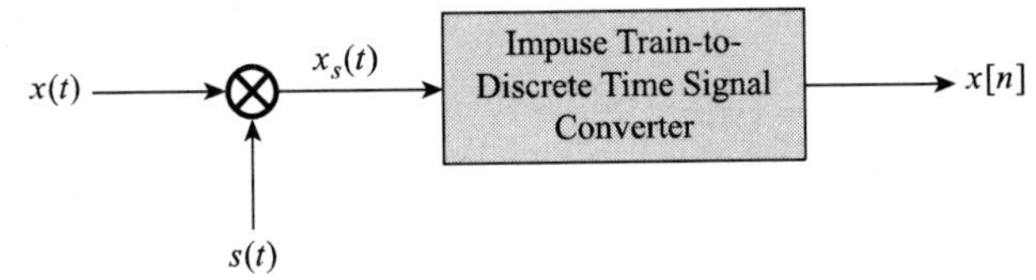

그림 3-13 디지털 신호의 스펙트럼을 정의하기 위한 샘플링의 모델

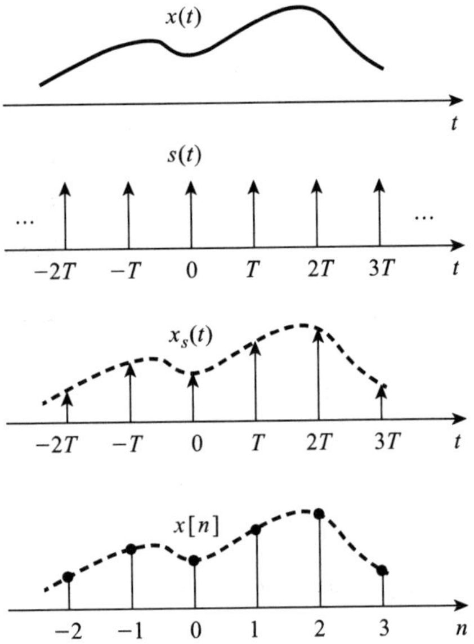

그림 3-14 그림 3-13에서의 아날로그 신호와 디지털 신호

그림 3-13의 모델은 디지털 신호의 스펙트럼을 정의하기 위한 샘플링의 모델이며 실제로 디지털 신호를 얻을 때 사용하는 샘플링이 아님을 주의하여야 한다. 즉, A/D 변환기(analog-to-digital converter)에서는 샘플 유지 회로를 사용하여 디지털 신호를 얻으며 위 모델의 단계로 얻어지는 것이 아니다. 그림 3-14에서 첫 번째 신호의 스펙트럼은 이미 CTFT로서 정의하였으며, 나머지 신호들의 스펙트럼을 유도함으로써 최종적으로 디지털 신호 $x[n]$의 스펙트럼을 정의할 수 있게 될 것이다.

먼저 그림 3-14의 세 번째 신호인 임펄스 트레인 신호는 다음과 같은 식으로 나타낼 수 있다.

$$x_s(t) = x(t)s(t)$$

두 연속신호의 곱은 주파수 영역에서는 두 스펙트럼의 아날로그 컨볼루션으로 다음과 같이 나타낼 수 있다.

$$x_s(t) = x(t)s(t) \xleftrightarrow{\text{CTFT}} X_s(\omega) = \frac{1}{2\pi} X(\omega) * S(\omega)$$

이의 주파수 영역 컨볼루션에서 원래의 연속신호의 스펙트럼 $X(\omega)$는 이미 알고 있는 스펙트럼이므로 $S(\omega)$를 구해 보기로 하자. 우선 $s(t)$는 다음과 같이 임펄스 신호의 트레인으로 나타낼 수 있다.

$$s(t) = \sum_{n=-\infty}^{\infty} \delta(t - nT) = \tilde{\delta}(t)$$

이 임펄스 트레인 $s(t)$는 주기가 T인 주기신호이므로 푸리에급수를 사용하여 다음과 같이 표현할 수 있다.

$$\tilde{\delta}(t) = \sum_{k=-\infty}^{\infty} X_k e^{jk\omega_0 t}$$

임펄스 트레인 $s(t)$의 주기가 T이므로 기본주파수 ω_0는 $\omega_0 = 2\pi/T$로 정의된다. 이 푸리에급수의 계수는 다음과 같이 구할 수 있다.

$$X_k = \frac{1}{T} \int_{-T/2}^{T/2} \tilde{\delta}(t) e^{-jk\omega_0 t} dt = \frac{1}{T}$$

이 계수를 푸리에급수에 다시 대입하면 임펄스 트레인 $s(t)$는 다음과 같이 지수함수의 합으로 나타낼 수 있다.

$$s(t)=\sum_{n=-\infty}^{\infty}\delta(t-nT)=\frac{1}{T}\sum_{k=-\infty}^{\infty}e^{jk\omega_0 t}$$

이 지수함수의 푸리에변환은 다음과 같이 구할 수 있으므로 지수함수들의 합에 대한 푸리에변환도 다음과 같이 표현할 수 있다.

$$1\leftrightarrow 2\pi\delta(\omega)$$

$$e^{jk\omega_0 t}\leftrightarrow 2\pi\delta(\omega-\omega_0)$$

$$s(t)=\frac{1}{T}\sum_{k=-\infty}^{\infty}e^{jk\omega_0 t}\leftrightarrow\frac{2\pi}{T}\sum_{k=-\infty}^{\infty}\delta(\omega-k\omega_0)=\omega_0\sum_{k=-\infty}^{\infty}\delta(\omega-k\omega_0)=S(\omega)$$

이와 같이 임펄스 주기함수 $s(t)$의 스펙트럼은 역시 임펄스 주기함수임을 알 수 있다. 이때 이 임펄스 주기함수의 주기는 ω_0이다.

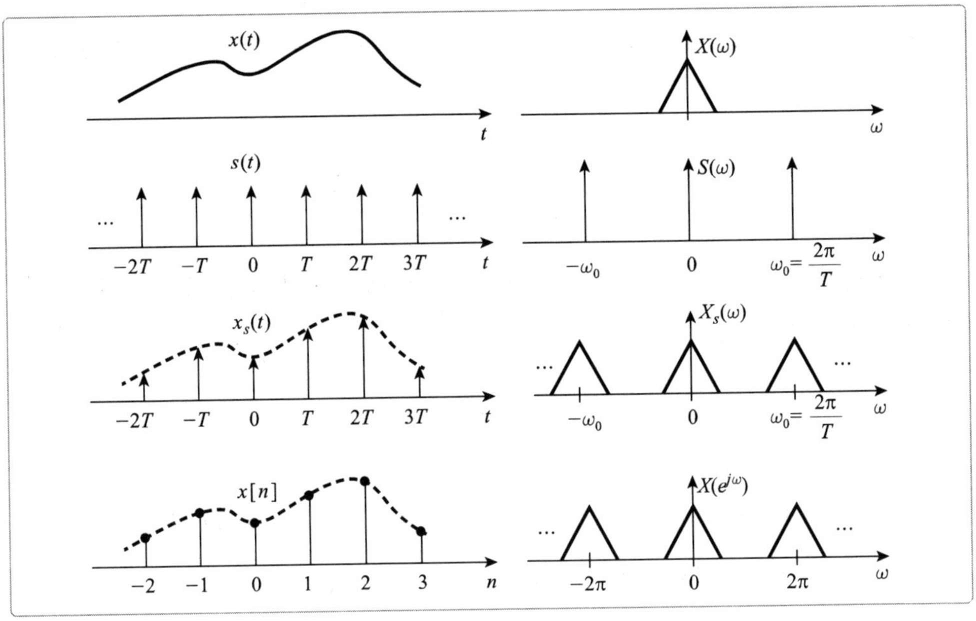

그림 3-15 아날로그 신호와 디지털 신호의 스펙트럼 관계

이제 원 신호의 스펙트럼과 지금 구한 스펙트럼을 아날로그 컨볼루션해 보자.

$$\begin{aligned} X_s(\omega) &= \frac{1}{2\pi} X(\omega) * S(\omega) \\ &= \frac{1}{2\pi} X(\omega) * \frac{2\pi}{T} \sum_{k=-\infty}^{\infty} \delta(\omega - k\omega_0) = \frac{1}{T} \sum_{k=-\infty}^{\infty} X(\omega - k\omega_0) \end{aligned}$$

위의 식에서 보듯이 연속신호 $x(t)$를 임펄스 트레인 신호 $x_s(t)$로 만들었을 때, 그 스펙트럼은 원 스펙트럼의 반복으로 나타남을 알 수 있다. 즉, 원 신호 $x(t)$의 스펙트럼 $X(\omega)$를 알고 있을 때 임펄스 트레인에 대한 스펙트럼은 $X(\omega)$의 반복으로 나타낼 수 있게 된다. 단, 크기만 $1/T$이 된다.

이제부터는 네 번째 그림인 $x[n]$과 $X(e^{j\omega})$의 그림에 대하여 설명하기로 한다. 이 그림은 CTFT의 스케일링 성질을 이용하여 이해할 수 있다. $x_s(t)$와 $x[n]$의 관계는 시간축에서 nT가 n으로 스케일링되었으므로 $x[n] = x_s(nT)$이다. 따라서 CTFT의 스케일링 성질을 이용하면 $x[n]$의 스펙트럼은 다음과 같다.

$$\frac{1}{T} X_s\left(\frac{\omega}{T}\right)$$

예를 들어 음성신호의 경우에 $T = 1/8000$을 사용하므로 스펙트럼은 다음과 같다.

$$8000 X_s(8000\omega)$$

따라서 $X_s(\omega)$의 $\omega_0 = 2\pi/T = 16000\pi$가 $x[n]$의 스펙트럼에서는 2π로 매핑된다.

이제 $x_s(t)$와 $X_s(\omega)$를 수학적으로 표현해 보기로 한다. 먼저 $x_s(t)$는 다음과 같이 나타낼 수 있다.

$$x_s(t) = x(t)s(t) = x(t) \sum_{n=-\infty}^{\infty} \delta(t - nT) = \sum_{n=-\infty}^{\infty} x(nT)\delta(t - nT)$$

따라서 $X_s(\omega)$는 다음과 같다.

$$X_s(\omega) = \sum_{n=-\infty}^{\infty} x(nT) e^{-j\omega nT}$$

위의 식의 nT를 n으로 치환하면 다음의 스펙트럼 식을 얻을 수 있다. 이 식이 그림 우측의 네 번째 그림에 대한 스펙트럼 식이다.

$$X(e^{j\omega}) = \sum_{n=-\infty}^{\infty} x[n]e^{-j\omega n}$$

아날로그 영역에서의 변수 nT가 디지털 영역에서 변수 n으로 바뀌었다. 위의 식은 $e^{j\omega}$의 함수이므로 $X(e^{j\omega})$라고 표현하며 이를 디지털 신호에 대한 DTFT로 정의한다. DTFT는 $-\pi$에서 π까지의 모양이 계속 주기적으로 반복됨을 알 수 있다. 또한 0에서 $-\pi$까지의 스펙트럼은 0에서 π까지의 스펙트럼과 대칭이므로 실제로 스펙트럼의 정보는 0에서 π까지 나타내는 것이 일반적이다.

예제 3.10

$x[n] = \delta[n]$의 스펙트럼을 구하시오.

풀이 $\delta[n]$을 DTFT의 정의에 대입하면 다음과 같다.

$$X(e^{j\omega}) = \sum_{n=-\infty}^{\infty} \delta[n]e^{-j\omega n} = 1$$

이를 그림으로 표현하면 다음 그림과 같다.

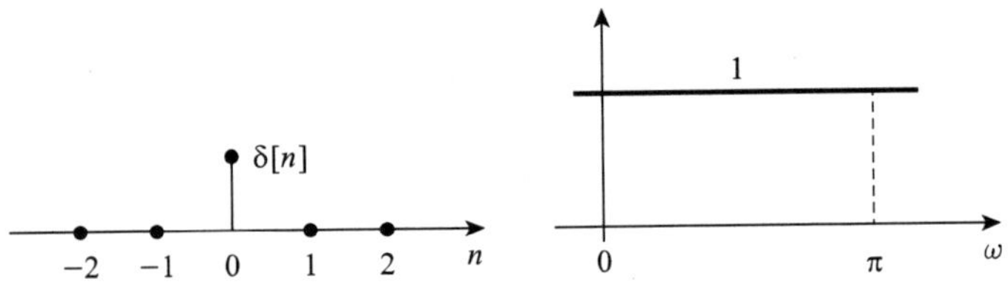

그림 3-16 임펄스 신호의 스펙트럼

예제 3.11

$x[n] = \delta[n-3]$의 스펙트럼을 구하시오.

풀이 DTFT의 정의에 대입하면 다음과 같다.

$$X(e^{j\omega}) = \sum_{n=-\infty}^{\infty} \delta[n-3]e^{-j\omega n} = e^{-j3\omega}$$

위의 예제에서 보듯이 DTFT는 복소함수이다. 따라서 그림으로 표현하기 위해서는 스펙트럼을 다음과 같이 극형으로 나타낸다.

$$X(e^{j\omega}) = |X(e^{j\omega})| e^{j\measuredangle X(e^{j\omega})}$$

위의 식에서 $|X(e^{j\omega})|$를 **진폭 스펙트럼**(magnitude spectrum)이라고 하고, $\measuredangle X(e^{j\omega})$를 **위상 스펙트럼**(phase spectrum)이라고 부른다.

예제 3.12

$x[n] = \delta[n-3]$의 진폭 스펙트럼과 위상 스펙트럼을 구하시오.

풀이 DTFT의 정의에 대입하면 다음과 같다.

$$X(e^{j\omega}) = \sum_{n=-\infty}^{\infty} \delta[n-3] e^{-j\omega n} = e^{-j3\omega}$$

위의 식으로부터 진폭 스펙트럼과 위상 스펙트럼은 다음과 같이 구할 수 있다.

$$|X(e^{j\omega})| = 1, \quad \measuredangle X(e^{j\omega}) = -3\omega$$

3.3.2 역 DTFT

DTFT에 대한 역 변환을 **역 DFFT**(Inverse DTFT)라고 하며 다음과 같이 정의한다.

$$x[n] = \frac{1}{2\pi} \int_{-\pi}^{\pi} X(e^{j\omega}) e^{j\omega n} d\omega$$

역 DTFT를 증명해 보기로 하자.

증명 역 DTFT의 식에 다음과 같이 DTFT를 대입하여 그 결과가 $x[n]$이 됨을 보임으로써 증명한다.

$$\frac{1}{2\pi} \int_{-\pi}^{\pi} \left\{ \sum_{m=-\infty}^{\infty} x[m] e^{-j\omega m} \right\} e^{j\omega n} d\omega = \hat{x}[n]$$

위의 $\hat{x}[n]$이 $x[n]$과 같음을 증명해 보자. 위의 식에서 $\int$과 $\sum$의 위치가 서로 교환될 수 있으므로 다음과 같이 나타낼 수 있다.

$$\hat{x}[n] = \sum_{m=-\infty}^{\infty} x[m] \left\{ \frac{1}{2\pi} \int_{-\pi}^{\pi} e^{j\omega(n-m)} d\omega \right\}$$

앞의 식에서 대괄호의 값이 크로네커 델타 함수(Kronecker delta function)가 되어 결과 값이 $x[n]$이 된다. 크로네커 델타 함수가 되는 증명은 다음과 같다.

$$\frac{1}{2\pi}\int_{-\pi}^{\pi} e^{j\omega(n-m)}d\omega = \frac{1}{2\pi}\left[\frac{e^{j\omega(n-m)}}{j(n-m)}\right]_{-\pi}^{\pi}$$

$$= \frac{1}{2\pi}\frac{e^{j\pi(n-m)} - e^{-j\pi(n-m)}}{j(n-m)} = \frac{\sin\pi(n-m)}{\pi(n-m)}$$

위의 결과식은 n과 m이 서로 다른 정수이면 분자가 0이 되므로 0이 되고, n과 m이 같을 때는 부정형이므로 미분하여 값을 구하면 다음과 같이 1이 된다.

i) $n \neq m,\quad \frac{\sin\pi(n-m)}{\pi(n-m)} = 0$

ii) $n = m,\quad \frac{\sin\pi(n-m)}{\pi(n-m)} = 1$

위의 식으로부터 다음과 같이 나타낼 수 있다.

$$\frac{\sin\pi(n-m)}{\pi(n-m)} = \delta[n-m]$$

이 결과를 대입하면 다음과 같이 증명된다.

$$\hat{x}[n] = \sum_{m=-\infty}^{\infty} x[m]\delta[n-m] = x[n]$$

3.4 주파수 응답

2장에서는 디지털 신호와 디지털 신호처리 시스템을 해석할 때, 시간 영역에서만 신호를 다루어 왔다. 이 절에서는 신호와 시스템의 주파수영역 해석 방법에 대하여 알아보기로 한다. 시스템에서 입력, 출력, 임펄스 응답에 대한 DTFT를 그림 3-17과 같이 나타낸다.

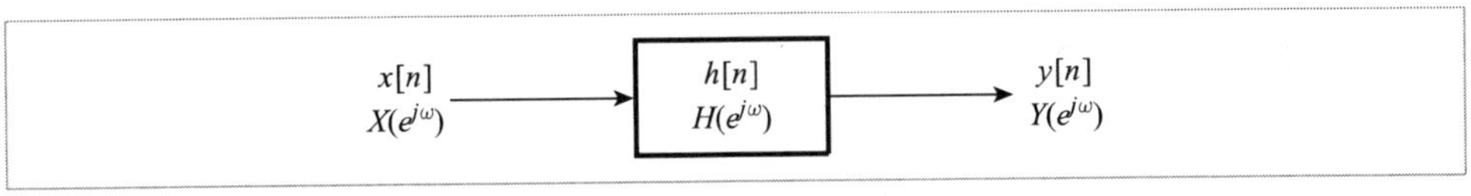

그림 3-17 시스템에서의 스펙트럼 표현

그림 3-17에서 임펄스 응답의 DTFT를 주파수 응답이라고 한다.

$$H(e^{j\omega}) = \sum_{n=-\infty}^{\infty} h[n]e^{-j\omega n}$$

주파수 응답을 정의하는 다른 방법도 있다. 이 방법은 시스템의 입력으로서 $e^{j\omega n}$을 입력시켜서 출력을 관찰하는 방법이다. 즉, $e^{j\omega n}$을 입력시켰을 때 출력은 이 입력과 $e^{j\omega}$의 함수와의 곱으로 나타낼 수 있으며, 이 $e^{j\omega}$의 함수를 주파수 응답으로 정의한다. $e^{j\omega n}$을 입력시켰을 때의 출력을 디지털 컨볼루션으로 구해 보자.

$$\begin{aligned} y[n] &= \sum_{k=-\infty}^{\infty} h[k]x[n-k] = \sum_{k=-\infty}^{\infty} h[k]e^{j\omega(n-k)} \\ &= e^{j\omega n}\sum_{k=-\infty}^{\infty} h[k]e^{-j\omega k} = H(e^{j\omega})e^{j\omega n} \end{aligned}$$

위의 식에서의 주파수 응답의 정의도 DTFT의 정의와 같음을 알 수 있다. 이 주파수 응답을 관찰하면 임의의 주파수의 입력신호에 대한 출력의 반응 정도를 관찰할 수 있다. 디지털 시스템에서는 주파수 응답이 복소평면의 **단위원**(unit circle)에서 정의되므로 복소평면에서 단위원을 나타내는 $e^{j\omega}$를 사용하여 $H(e^{j\omega})$로 표현한다.

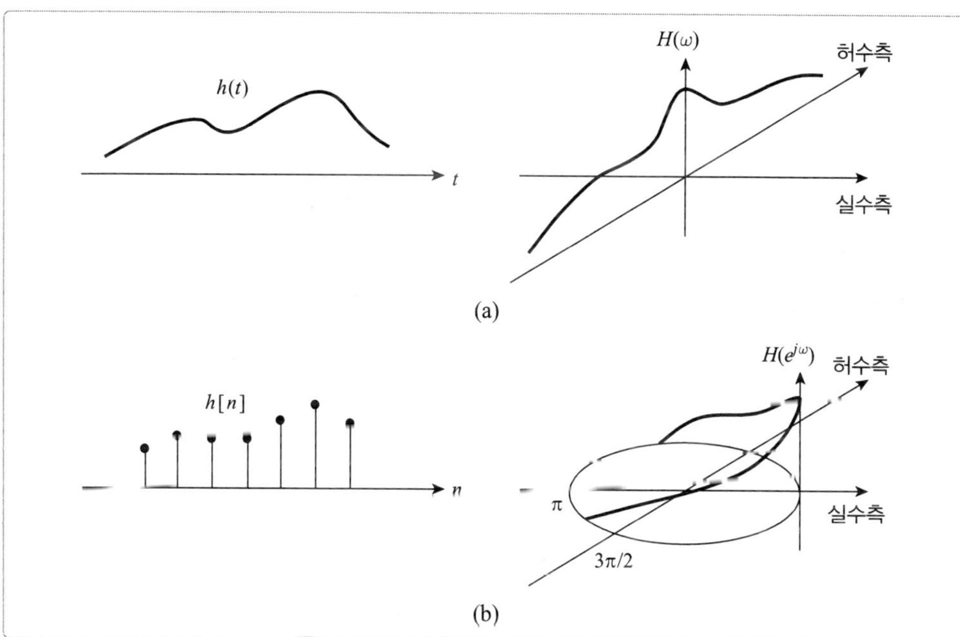

그림 3-18 (a) 아날로그 시스템의 주파수 응답, (b) 디지털 시스템의 주파수 응답

디지털 신호처리 시스템에서 주파수 응답은 앞의 그림과 같이 복소평면 중에서 단위원(unit circle)에서만 정의된다. 복소평면에서는 단위원을 나타내기 위해서 $e^{j\omega}$의 극좌표를 사용한다. 즉, 극좌표(polar coordinate)로 나타내는 복소함수 $H(re^{j\omega})$에서 주파수 응답은 $r=1$인 $e^{j\omega}$(단위원)에서만 정의되므로 $H(e^{j\omega})$로 표현하는 것이 일반적이다. 위의 그림에서 보듯이 아날로그 시스템의 주파수 응답 $H(\omega)$는 복소평면의 허수 축을 따라 주파수가 무한하게 분포할 수 있으나, 디지털 시스템의 주파수 응답 $H(e^{j\omega})$는 2π를 주기로 반복됨을 알 수 있다. 주파수 응답을 2차원의 평면에 펼쳐서 그리면 다음 그림과 같다.

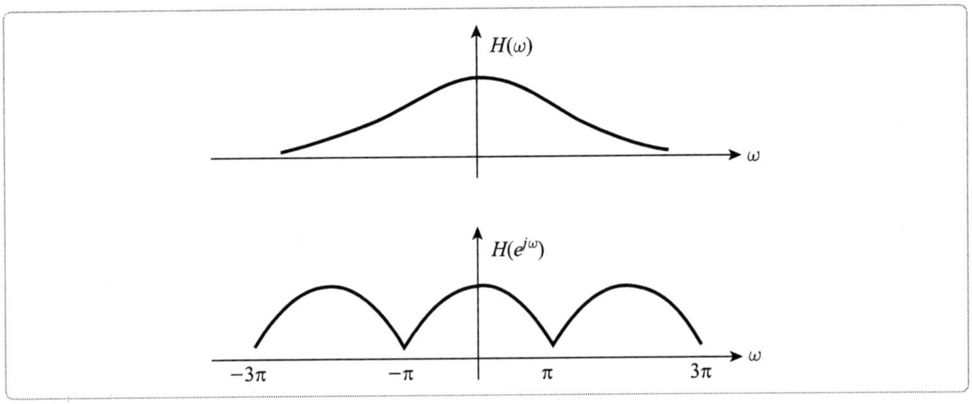

그림 3-19 주파수 응답의 2차원 표현

그러나 위의 그림은 주파수 응답의 개념을 이해하기 위해서 실수(real number)로 가정하고 그린 것이고 일반적으로 주파수 응답은 복소수이므로 위와 같이 그릴 수 없다. 따라서 일반적으로 임의의 주파수 응답을 정량적으로 나타내기 위해서는 다음과 같이 **진폭 응답**(magnitude response) $|H(e^{j\omega})|$과 **위상 응답**(phase response) $\measuredangle H(e^{j\omega})$으로 나누어서 표시한다.

$$H(e^{j\omega}) = |H(e^{j\omega})| e^{j\measuredangle H(e^{j\omega})}$$

예제 3.13

어느 시스템의 임펄스 응답은 다음과 같다. 진폭 응답과 위상 응답을 구하시오.

$$h[n] = \frac{1}{3}\{\delta[n] + \delta[n-1] + \delta[n-2]\}$$

풀이 주파수 응답은 다음과 같다.

$$\begin{aligned} H(e^{j\omega}) &= \sum_{n=-\infty}^{\infty} \frac{1}{3}\{\delta[n] + \delta[n-1] + \delta[n-2]\}e^{-j\omega n} \\ &= \frac{1}{3}(1 + e^{-j\omega} + e^{-j2\omega}) \\ &= \frac{1}{3}[e^{-j\omega}(e^{j\omega} + e^{-j\omega}) + e^{-j\omega}] \\ &= \frac{1}{3}(2\cos\omega + 1)e^{-j\omega} \end{aligned}$$

위의 주파수 응답에서 진폭 응답과 위상 응답을 다음과 같이 구할 수 있다.

$$|H(e^{j\omega})| = \left|\frac{1}{3}(2\cos\omega + 1)\right|, \quad \measuredangle H(e^{j\omega}) = -\omega$$

진폭 응답과 위상 응답을 그림으로 나타내면 그림 3-20과 같다.

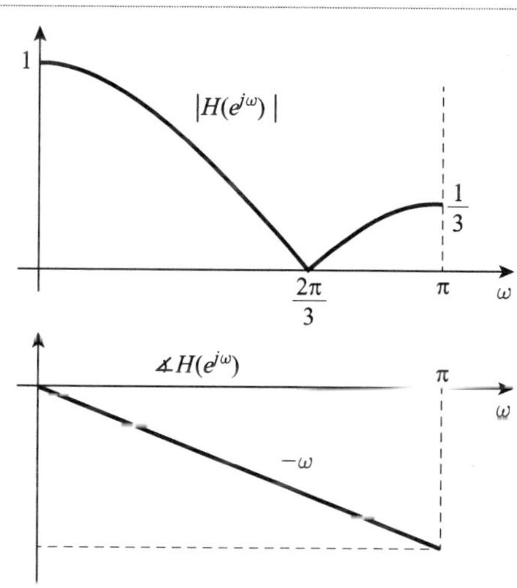

그림 3-20 [예제 3.13]의 진폭 응답과 위상 응답

예제 3.14

어느 시스템의 임펄스 응답은 다음과 같다.

$$h[n]=\{\underset{\uparrow}{1/9},\ 1/9,1/9,1/9,1/9,1/9,1/9,1/9,1/9\}$$

진폭 응답과 위상 응답을 구하시오.

풀이 주파수 응답은 다음과 같다.

$$\begin{aligned}H(e^{j\omega}) &= \sum_{n=-\infty}^{\infty}\frac{1}{9}\{\delta[n]+\delta[n-1]+\delta[n-2]+\cdots+\delta[n-8]\}e^{-j\omega n}\\ &= \frac{1}{9}(1+e^{-j\omega}+e^{-j2\omega}+\cdots+e^{-j8\omega})\\ &= \frac{1}{9}[e^{-j4\omega}(e^{j4\omega}+e^{-j4\omega})+e^{-j4\omega}(e^{j3\omega}+e^{-j3\omega})\\ &\quad +e^{-j4\omega}(e^{j2\omega}+e^{-j2\omega})+e^{-j4\omega}(e^{j\omega}+e^{-j\omega})+e^{-j4\omega}]\\ &= \frac{1}{9}(2\cos 4\omega+2\cos 3\omega+2\cos 2\omega+2\cos\omega+1)e^{-j4\omega}\end{aligned}$$

위의 주파수 응답에서 진폭 응답과 위상 응답을 다음과 같이 구할 수 있다.

$$|H(e^{j\omega})|=\left|\frac{1}{9}(2\cos 4\omega+2\cos 3\omega+2\cos 2\omega+2\cos\omega+1)\right|$$

$$\measuredangle H(e^{j\omega})=-\omega$$

이와 같은 진폭 응답을 그리는 도구로서 신호처리용 S/W 도구를 사용하는 것이 편리하다. 이 예제의 진폭 응답과 위상 응답을 MATLAB을 사용하여 그리면 그림 3-21과 같다.

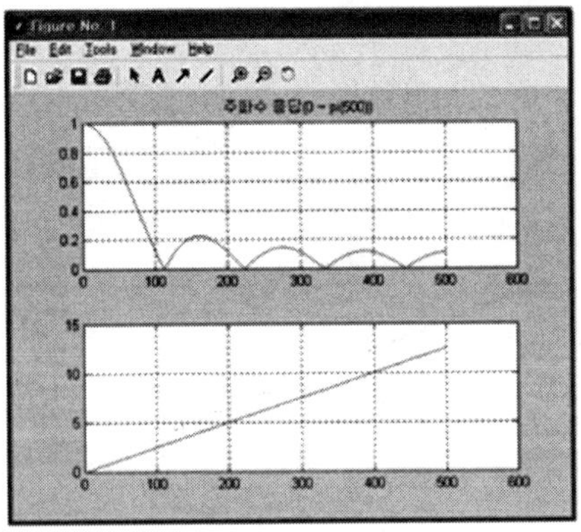

그림 3-21 [예제 3.14]의 진폭 응답과 위상 응답

이 예제의 MATLAB 프로그램은 그림 3-22와 같다.

```
w=[0:1:500]*pi/500;
H=1/9*(2*cos(4*w)+2*cos(3*w)+2*cos(2*w)+2*
cos(w)+1);
subplot(2, 1, 1);
plot(abs(H));
grid;
title('주파수 응답(0~pi(500))');

E=(-j*4*w);
subplot(2, 1, 2);
plot(abs(E));
grid;
```

그림 3-22 [예제 3.14]의 진폭 응답과 위상 응답용 MATLAB 프로그램

위의 진폭 응답에서 보듯이 디지털 신호처리 시스템의 스펙트럼은 보통 0에서 π까지 표시한다. 실수로 표현되는 디지털 신호의 스펙트럼은 우함수이므로 0에서 $-\pi$의 스펙트럼은 0에서 π까지의 스펙트럼과 대칭이기 때문이다. 이 스펙트럼에서 0의 주파수 부분을 **저주파수 대역**(low frequency band)이라고 하고, π의 주파수 부분을 **고주파수 대역**(high frequency band)이라고 한다. 예를 들면, 0에서부터 4000 Hz의 주파수 성분을 갖고 있는 아날로그 신호를 1초에 8000개씩 샘플링을 했다고 가정하면 4000 Hz의 고주파수가 π로 매핑된다. 임펄스 응답을 DTFT한 주파수 응답도 같은 방법으로 해석할 수 있다. 따라서 주파수 응답의 그림에서 π의 주파수가 의미하는 정확한 고주파수의 의미는 그 시스템에서 사용하는 샘플링 주파수를 알아야 한다. 음성 신호처리에서는 8000 Hz의 샘플링 주파수를 사용하므로 π는 4000 Hz의 아날로그 주파수를 나타내며, 오디오 신호처리에서는 44100 Hz의 샘플링 주파수를 사용하므로 π는 22050 Hz의 아날로그 주파수를 나타낸다.

그림 3-20의 진폭 응답을 보면 저주파수 대역의 이득은 매우 크고 고주파수 대역의 이득은 상대적으로 매우 작음을 관찰할 수 있다. 이와 같은 필터를 **저역통과 필터**(Low-Pass Filter, LPF)라고 부른다. 일반적으로 시스템과 필터는 같은 의미로 사용된다.

예제 3.15

어느 시스템의 임펄스 응답과 입력은 다음과 같다.

$$h[n] = \{\underset{\uparrow}{1/3},\ 1/3, 1/3\}$$

$$x[n] = \{\underset{\uparrow}{1},\ 1/2,\ 1,\ 1/2,\ 1, 1/2,\ \cdots\}$$

출력을 구하시오.

풀이 입력신호는 직류성분의 저주파수와 고주파수 성분을 갖고 있다. 슬라이딩 방식을 표를 사용하여 적용하면 다음과 같다.

| 표 3-1 | 예제의 출력

$y[n]$	1/3	1/2	5/6	4/6	5/6	4/6	5/6	4/6	5/6	4/6	5/6	4/6	5/6
k	0	1	2	3	4	5	6	7	8	9	10	11	12
$h[k]$	1/3	1/3	1/3										
$x[0-k]$	1												
$x[1-k]$	1/2	1											
$x[2-k]$	1	1/2	1										
$x[3-k]$	1/2	1	1/2	1									
$x[4-k]$	1	1/2	1	1/2	1								
$x[5-k]$	1/2	1	1/2	1	1/2	1							
$x[6-k]$	1	1/2	1	1/2	1	1/2	1						
$x[7-k]$	1/2	1	1/2	1	1/2	1	1/2	1					
$x[8-k]$	1	1/2	1	1/2	1	1/2	1	1/2	1				
$x[9-k]$	1/2	1	1/2	1	1/2	1	1/2	1	1/2	1			
$x[10-k]$	1	1/2	1	1/2	1	1/2	1	1/2	1	1/2	1		
$x[11-k]$	1/2	1	1/2	1	1/2	1	1/2	1	1/2	1	1/2	1	
$x[12-k]$	1	1/2	1	1/2	1	1/2	1	1/2	1	1/2	1	1/2	1

이 출력을 그림으로 나타내면 다음 그림 3-23과 같다.

그림에서 보듯이 0.75의 입력 직류성분은 출력에서도 0.75이므로 이득이 1임을 알 수 있다. 그러나 진폭이 0.25인 입력의 고주파수 성분은 출력에서는 진폭이 0.0833 (5/6−

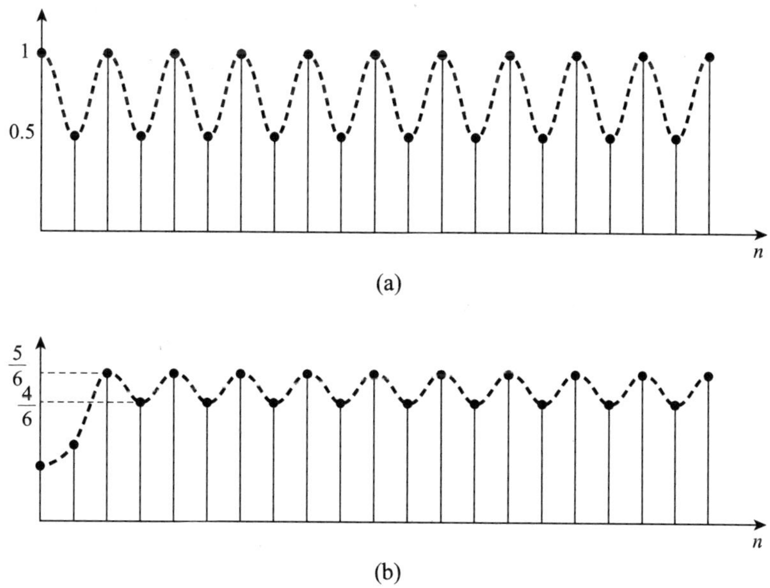

그림 3-23 [예제 3.15]의 (a) 입력, (b) 출력

$4/6 = 1/6$, $1/6 \times 1/2 = 0.0833$)으로 줄었으므로 이득이 0.33이다. 따라서 이 임펄스 응답은 저역통과 필터임을 알 수 있으며 주파수 응답은 그림 3-20과 같다. 그림 3-23의 출력을 관찰하면 정상상태의 5/6과 4/6의 출력이 나올 때까지 2개의 과도 상태가 출력되고 있음을 관찰할 수 있다.

다음 그림과 같은 주파수 응답을 **이상적인 저역통과 필터**(ideal LPF)라고 한다.

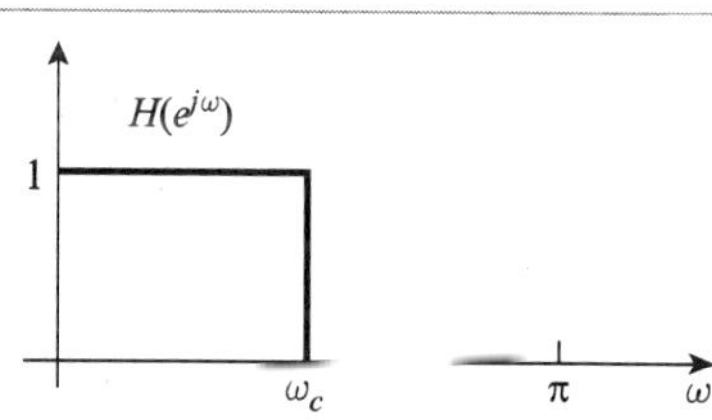

그림 3-24 이상적인 저역통과 필터의 주파수 응답

그림에서 필터 이득이 1인 0부터 ω_c까지의 주파수 대역을 **통과대역**(pass band)이라고 하고, 필터 이득이 0인 ω_c부터 π까지의 주파수 대역을 **저지대역**(stop band)이라고

한다. 그림 3-24는 통과대역 이득과 저지대역 이득이 완전한 1과 0이며 통과대역에서 저지대역으로의 기울기가 90도이므로 이상적인 저역통과 필터라고 부른다. 이 주파수 응답은 다음의 식으로 나타낼 수 있다.

$$H(e^{j\omega}) = \begin{cases} 1, & |\omega| < \omega_c \\ 0, & \omega_c < |\omega| \le \pi \end{cases}$$

이 주파수 응답을 역 DTFT하면 임펄스 응답을 구할 수 있다. 위의 이상적인 저역통과 필터의 주파수 응답을 만족하는 임펄스 응답을 구해 보기로 한다.

$$\begin{aligned} h[n] &= \frac{1}{2\pi}\int_{-\pi}^{\pi} H(e^{j\omega})e^{j\omega n}d\omega \\ &= \frac{1}{2\pi}\int_{-\omega_c}^{\omega_c} e^{j\omega n}d\omega = \frac{1}{2\pi}\left[\frac{e^{j\omega n}}{jn}\right]_{-\omega_c}^{\omega_c} \\ &= \frac{1}{\pi n}\frac{e^{j\omega_c n} - e^{-j\omega_c n}}{2j} = \frac{\sin\omega_c n}{\pi n}, \ -\infty < n < \infty \end{aligned}$$

위의 필터에서 통과대역 주파수가 $\omega_c = \pi/2$ 인 경우에 이 임펄스 응답을 그려보면 다음 그림과 같다.

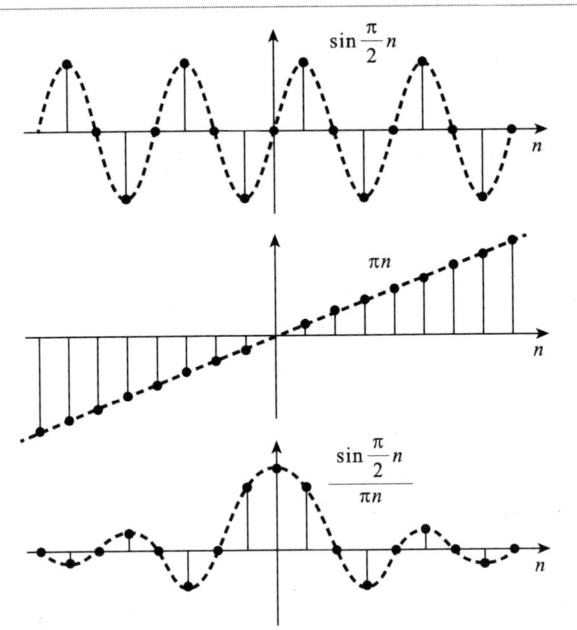

그림 3-25 이상적인 저역통과 필터의 임펄스 응답($\omega_c = \pi/2$)

이와 같은 이상적인 저역통과 필터의 임펄스 응답은 길이가 무한대이므로 구현할 수 없다. 또한 $n<0$일 때에도 임펄스 응답이 있으므로 인과 시스템이 아니다. 따라서 구현 가능한 인과 시스템으로 만들기 위해서 위의 임펄스 응답의 길이를 $-M$에서 M까지 제한한 다음에 우측으로 M만큼 쉬프트해서 사용한다. M이 5인 경우에 임펄스 응답은 다음 그림과 같다.

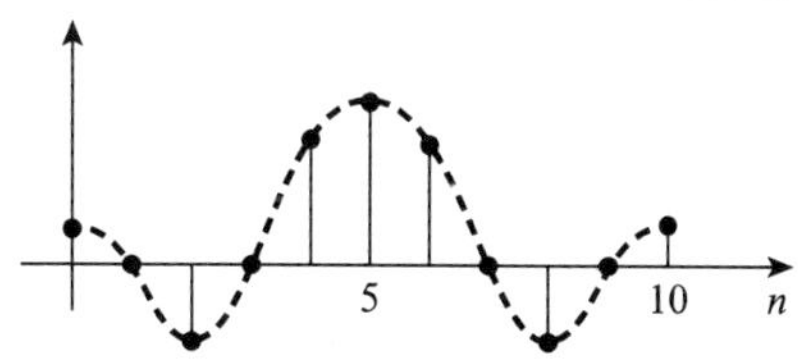

그림 3-26 $M=10$인 저역통과 필터의 임펄스 응답($\omega_c=\pi/5$)

예제 3.16

어느 시스템의 임펄스 응답은 다음과 같다.

$$h[n]=\frac{1}{3}\{-\delta[n]+\delta[n-1]-\delta[n-2]\}$$

진폭 응답과 위상 응답을 구하시오.

풀이 주파수 응답은 다음과 같다.

$$\begin{aligned}H(e^{j\omega})&=\sum_{n=-\infty}^{\infty}\frac{1}{3}\{-\delta[n]+\delta[n-1]-\delta[n-2]\}e^{-j\omega n}\\&=\frac{1}{3}\{-1+e^{-j\omega}-e^{-j2\omega}\}\\&=\frac{1}{3}\{-e^{-j\omega}(e^{j\omega}+e^{-j\omega})+e^{-j\omega}\}\\&=\frac{1}{3}\{-2\cos\omega+1\}e^{-j\omega}\end{aligned}$$

위의 주파수 응답으로부터 진폭 응답과 위상 응답을 다음과 같이 나누어 구할 수 있다.

$$|H(e^{j\omega})|=\left|\frac{1}{3}\{-2\cos\omega+1\}\right|$$

$$\angle H(e^{j\omega})=-\omega$$

진폭 응답과 위상 응답을 그림으로 나타내면 그림 3-27과 같다.

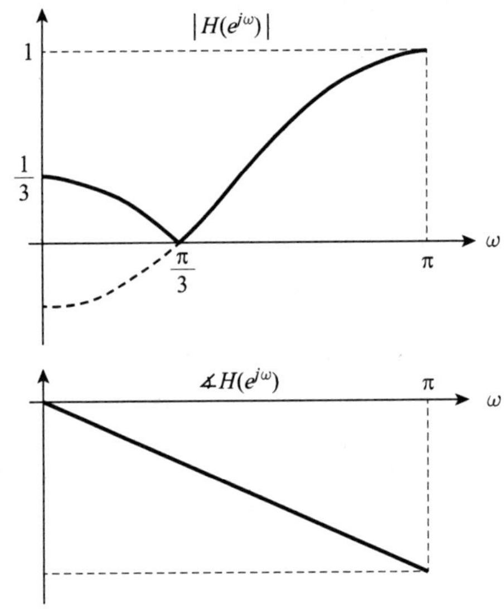

그림 3-27 [예제 3.16]의 (a) 진폭 응답, (b) 위상 응답

그림 3-27의 진폭 응답을 보면 저주파수 대역의 이득은 매우 작고 고주파수 대역의 이득은 상대적으로 매우 큼을 관찰할 수 있다. 이와 같은 시스템을 **고역통과 필터**(High-Pass Filter, HPF)라고 부른다.

예제 3.17

어느 시스템의 임펄스 응답과 입력은 다음과 같다.

$$h[n] = \{-\underset{\uparrow}{1/3},\ 1/3,\ -1/3\}$$

$$x[n] = \{\underset{\uparrow}{1},\ 1/2,\ 1,\ 1/2,\ 1, 1/2,\ \cdots\}$$

출력을 구하시오.

풀이 입력신호는 직류성분의 저주파수와 고주파수 성분을 갖고 있다. 슬라이딩 방식을 표를 사용하여 적용하면 다음과 같다.

| 표 3-2 |　예제의 출력

$y[n]$	$-1/3$	$1/6$	$-1/2$	0	$-1/2$	0	$-1/2$	0	$-1/2$	0	$-1/2$	0	$-1/2$
k	0	1	2	3	4	5	6	7	8	9	10	11	12
$h[k]$	$-1/3$	$1/3$	$-1/3$										
$x[0-k]$	1												
$x[1-k]$	1/2	1											
$x[2-k]$	1	1/2	1										
$x[3-k]$	1/2	1	1/2	1									
$x[4-k]$	1	1/2	1	1/2	1								
$x[5-k]$	1/2	1	1/2	1	1/2	1							
$x[6-k]$	1	1/2	1	1/2	1	1/2	1						
$x[7-k]$	1/2	1	1/2	1	1/2	1	1/2	1					
$x[8-k]$	1	1/2	1	1/2	1	1/2	1	1/2	1				
$x[9-k]$	1/2	1	1/2	1	1/2	1	1/2	1	1/2	1			
$x[10-k]$	1	1/2	1	1/2	1	1/2	1	1/2	1	1/2	1		
$x[11-k]$	1/2	1	1/2	1	1/2	1	1/2	1	1/2	1	1/2	1	
$x[12-k]$	1	1/2	1	1/2	1	1/2	1	1/2	1	1/2	1	1/2	1

이 출력을 그림으로 나타내면 그림 3-28과 같다.

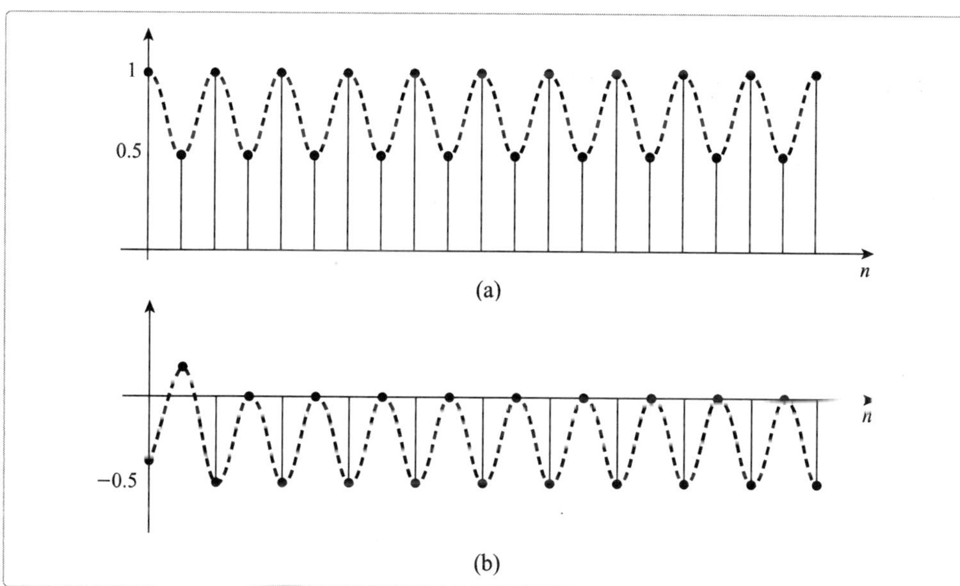

그림 3-28 [예제 3.17]의 입력과 출력

그림에서 보듯이 0.75의 입력 직류성분은 출력에서는 0.25로 이득이 0.33임을 알 수 있다. 그러나 진폭이 0.25인 입력의 고주파수 성분은 출력에서는 진폭이 0.25이므로 이득이 1이다. 따라서 이 임펄스 응답은 고역통과 필터임을 알 수 있다.

3.5 DTFT의 성질

이 절에서는 DTFT가 디지털 신호처리 시스템에서 유용하게 사용되기 위하여 어떤 중요한 성질들을 갖고 있는지 알아보도록 한다.

3.5.1 선형성

2개의 신호 $x_1[n]$과 $x_2[n]$에 대한 DTFT를 각각 $X_1(e^{j\omega})$, $X_2(e^{j\omega})$라고 하자. 이때 두 신호의 가중 합에 대한 DTFT는 다음과 같다.

$$ax_1[n]+bx_2[n] \longleftrightarrow aX_1(e^{j\omega})+bX_2(e^{j\omega})$$

위의 성질을 DTFT의 **선형성**(linearity)이라고 한다. 위의 식에서 a와 b는 상수의 계수들이다.

3.5.2 시간 쉬프팅(time shifting)

어느 디지털 신호 $x[n]$에 대한 DTFT를 $X(e^{j\omega})$라고 하자. 이때 $x[n]$의 신호를 우측으로 k만큼 쉬프트시킨 신호인 $x[n-k]$의 DTFT는 다음과 같다.

$$x[n-k] \longleftrightarrow e^{-j\omega k}X(e^{j\omega})$$

증명

$$\begin{aligned}\sum_{n=-\infty}^{\infty} x[n-k]e^{-j\omega n} &= \sum_{m=-\infty}^{\infty} x[m]e^{-j\omega(m+k)} \\ &= e^{-j\omega k}\sum_{m=-\infty}^{\infty} x[m]e^{-j\omega m} \\ &= e^{-j\omega k}X(e^{j\omega})\end{aligned}$$

3.5.3 주파수 쉬프팅(frequency shifting)

어느 디지털 신호 $x[n]$에 대한 DTFT를 $X(e^{j\omega})$라고 하자. 이때 $X(e^{j\omega})$의 스펙트럼을 우측으로 ω_0만큼 쉬프트시킨 $X(e^{j(\omega-\omega_0)})$의 역 DTFT는 다음과 같다.

$$e^{j\omega_0 n}x[n] \longleftrightarrow X(e^{j(\omega-\omega_0)})$$

시간 쉬프팅과 주파수 쉬프팅의 성질에서 보듯이 어느 한쪽에서 주파수가 곱해지면 다른 영역에서는 쉬프트가 일어남을 알 수 있다.

3.5.4 모듈레이션 성질

어느 디지털 신호 $x[n]$에 대한 DTFT를 $X(e^{j\omega})$라고 하자. 이때 $x[n]$의 신호를 $\cos\omega_0 n$으로 모듈레이션시킨 신호의 스펙트럼은 다음과 같다.

$$x[n]\cos\omega_0 n \longleftrightarrow \frac{1}{2}X(e^{j(\omega+\omega_0)})+\frac{1}{2}X(e^{j(\omega-\omega_0)})$$

증명 $x[n]\cos\omega_0 n$은 다음과 같이 나타낼 수 있다.

$$x[n]\cos\omega_0 n = x[n]\frac{e^{j\omega_0 n}+e^{-j\omega_0 n}}{2}$$

위의 식에 주파수 쉬프팅을 적용하면 위의 모듈레이션 성질을 얻을 수 있다.

3.5.5 컨볼루션 성질

어느 시스템에서 입력 $x[n]$과 임펄스 응답 $h[n]$이 주어지면 출력 $y[n]$은 다음과 같이 디지털 컨볼루션으로 표현된다.

$$y[n] = h[n]*x[n]$$

이때 $x[n]$, $h[n]$, $y[n]$의 DTFT를 각각 $X(e^{j\omega})$, $H(e^{j\omega})$, $Y(e^{j\omega})$라고 하면 스펙트럼들 사이에 다음의 관계가 성립한다.

$$Y(e^{j\omega}) = H(e^{j\omega})X(e^{j\omega})$$

증명

$$\begin{aligned} Y(e^{j\omega}) &= \sum_{n=-\infty}^{\infty} y[n]e^{-j\omega n} = \sum_{n=-\infty}^{\infty}\left\{\sum_{k=-\infty}^{\infty} h[k]x[n-k]\right\}e^{-j\omega n} \\ &= \sum_{k=-\infty}^{\infty} h[k]\left\{\sum_{n=-\infty}^{\infty} x[n-k]e^{-j\omega n}\right\} \\ &= \sum_{k=-\infty}^{\infty} h[k]\left\{\sum_{m=-\infty}^{\infty} x[m]e^{-j\omega(k+m)}\right\} \\ &= \sum_{k=-\infty}^{\infty} h[k]e^{-j\omega k}\left\{\sum_{m=-\infty}^{\infty} x[m]e^{-j\omega m}\right\} = H(e^{j\omega})X(e^{j\omega}) \end{aligned}$$

위의 식으로부터 두 신호의 디지털 컨볼루션은 주파수 영역에서 곱으로 표시됨을 알 수 있다. 다음의 예제를 통하여 주파수 영역에서 출력이 어떻게 표현되는지 알아보자.

예제 3.18

다음의 주어진 입력 스펙트럼과 주파수 응답으로부터 출력신호의 스펙트럼을 구하시오.

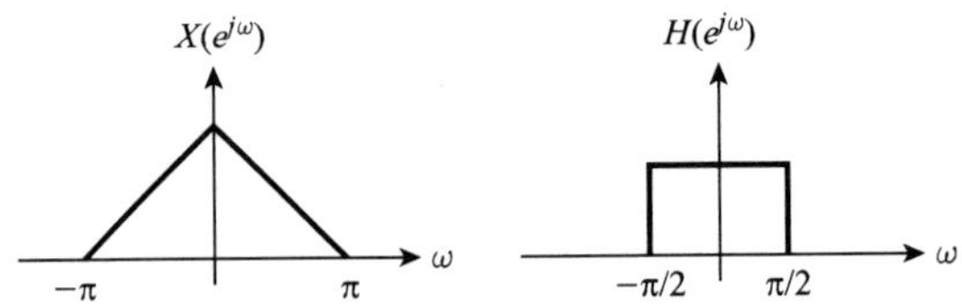

그림 3-29 [예제 3.18]의 입력 스펙트럼과 주파수 응답

풀이 출력의 스펙트럼은 다음과 같이 입력 스펙트럼과 주파수 응답의 곱으로 구할 수 있다.

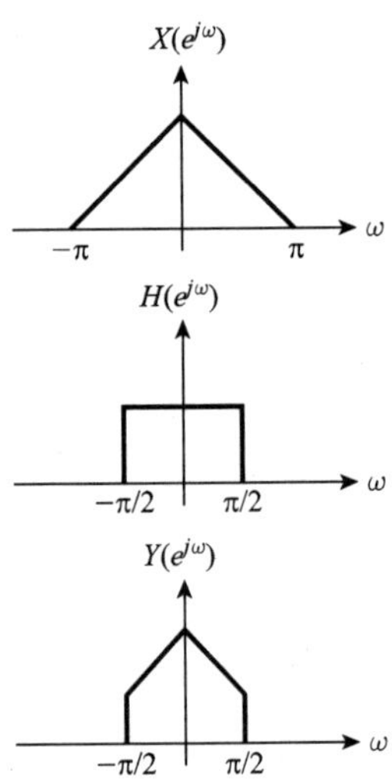

그림 3-30 [예제 3.18]의 출력 스펙트럼

앞의 예제에서 보듯이 어떤 신호에서 특정한 주파수 대역을 뽑아내는 필터의 개념은 주파수 영역에서 스펙트럼으로 이해하는 것이 편리하다. 이 예제에서 필터는 0에서 $\pi/2$ 까지의 주파수를 걸러내고 있음을 볼 수 있다. 필터는 위와 같이 DTFT를 사용하면 이해하기 쉬우나 실제 출력을 구하는 처리는 시간 영역에서 디지털 컨볼루션을 사용하는 것이 일반적이다. 따라서 실제로는 위의 주파수 응답을 갖는 임펄스 응답이 필요하다.

3.5.6 Windowing theorem

디지털 신호 $x[n]$의 어느 구간을 선택하기 위하여 다음과 같이 $w[n]$을 곱하는 연산을 **windowing**이라고 한다.

$$y[n] = x[n]w[n]$$

이때 $x[n]$, $w[n]$, $y[n]$의 DTFT를 각각 $X(e^{j\omega})$, $W(e^{j\omega})$, $Y(e^{j\omega})$라고 하면 스펙트럼들 사이에 다음의 관계가 성립한다.

$$Y(e^{j\omega}) = \frac{1}{2\pi} X(e^{j\omega}) * W(e^{j\omega})$$

증명

$$\begin{aligned}
Y(e^{j\omega}) &= \sum_{n=-\infty}^{\infty} y[n]e^{-j\omega n} = \sum_{n=-\infty}^{\infty} x[n]w[n]e^{-j\omega n} \\
&= \sum_{n=-\infty}^{\infty} \left\{ \frac{1}{2\pi} \int_{-\pi}^{\pi} X(e^{j\theta})e^{j\theta n} \right\} w[n]e^{-j\omega n} \\
&= \frac{1}{2\pi} \int_{-\pi}^{\pi} X(e^{j\theta}) \left\{ \sum_{n=-\infty}^{\infty} w[n]e^{-j(\omega-\theta)n} \right\} d\theta \\
&= \frac{1}{2\pi} \int_{-\pi}^{\pi} X(e^{j\theta})\, W(e^{j(\omega-\theta)}) d\theta \\
&= \frac{1}{2\pi} X(e^{j\omega}) * W(e^{j\omega})
\end{aligned}$$

위의 **windowing theorem**과 컨볼루션 성질을 비교해 보면 어느 한 영역에서 곱의 연산이 다른 영역에서 컨볼루션이 됨을 알 수 있다. 그러나 $X(e^{j\omega})$와 $W(e^{j\omega})$의 스펙트럼은 연속함수이므로 아날로그 컨볼루션이 됨을 주의하여야 한다.

참고 아날로그 신호를 처리하는 시스템에서 입력과 임펄스 응답을 각각 $x(t)$와 $h(t)$라고 하면 출력 $y(t)$는 다음과 같이 아날로그 컨볼루션으로 구한다.

$$y(t) = h(t)*x(t) = \int_{-\infty}^{\infty} h(\tau)x(t-\tau)d\tau$$

위의 식을 **아날로그 컨볼루션**이라고 정의한다.

3.5.7 Parseval's theorem

어느 디지털 신호 $x[n]$에 대한 DTFT를 $X(e^{j\omega})$라고 하자. 이때 신호 $x[n]$의 에너지는 다음과 같이 스펙트럼의 에너지의 $1/2\pi$과 같다.

$$\text{신호의 에너지} = \sum_{n=-\infty}^{\infty} |x[n]|^2 = \frac{1}{2\pi}\int_{-\pi}^{\pi} |X(e^{j\omega})|^2 d\omega$$

증명

$$\sum_{n=-\infty}^{\infty} |x[n]|^2 = \sum_{n=-\infty}^{\infty} x[n]x^*[n] = \sum_{n=-\infty}^{\infty} x[n]\left\{\frac{1}{2\pi}\int_{-\pi}^{\pi} X(e^{j\omega})e^{j\omega n}d\omega\right\}^*$$

$$= \sum_{n=-\infty}^{\infty} x[n]\left\{\frac{1}{2\pi}\int_{-\pi}^{\pi} X^*(e^{j\omega})e^{-j\omega n}d\omega\right\}$$

$$= \frac{1}{2\pi}\int_{-\pi}^{\pi} X^*(e^{j\omega})\left\{\sum_{n=-\infty}^{\infty} x[n]e^{-j\omega n}\right\}d\omega$$

$$= \frac{1}{2\pi}\int_{-\pi}^{\pi} X^*(e^{j\omega})X(e^{j\omega})d\omega$$

예제 3.19

신호 $x[n] = \delta[n]$의 에너지와 그 스펙트럼 $X(e^{j\omega})$의 에너지가 Parseval's theorem을 만족함을 보이시오.

풀이 임펄스 신호의 에너지와 그 스펙트럼의 에너지는 각각 다음과 같다.

$$\text{신호의 에너지} = \sum_{n=-\infty}^{\infty} |\delta[n]|^2 = 1$$

$$X(e^{j\omega}) = \sum_{n=-\infty}^{\infty} \delta[n]e^{-j\omega n} = 1$$

$\therefore$ 스펙트럼의 에너지$= \int_{-\pi}^{\pi} |X(e^{j\omega})|^2 d\omega = 2\pi$

따라서 스펙트럼 에너지의 $1/2\pi$이 신호의 에너지와 같음을 알 수 있다.

지금까지 알아본 DTFT의 여러 성질 이외에 다음과 같은 몇 가지 중요한 DTFT 쌍이 있다.

$$\delta[n] \xleftrightarrow{\text{DTFT}} 1$$

$$\delta[n-k] \xleftrightarrow{\text{DTFT}} e^{j\omega k}$$

$$1(-\infty < n < \infty) \xleftrightarrow{\text{DTFT}} \sum_{k=-\infty}^{\infty} 2\pi\delta(\omega + 2\pi k)$$

$$a^n u[n](|a| < 1) \xleftrightarrow{\text{DTFT}} \frac{1}{1 - ae^{-j\omega}}$$

연습문제

1. 어떤 LTI 시스템의 임펄스 응답이 $g[n]$이며 주파수 응답은 다음과 같다.

$$G(e^{j\omega}) = \begin{cases} 1, & |\omega| < \pi/4 \\ 0, & \pi/4 < |\omega| \le \pi \end{cases}$$

또 다른 어느 시스템의 임펄스 응답은 다음과 같다. 즉,

$$h[n] = (-1)^n g[n]$$

그리고 이 시스템으로 입력되는 입력신호의 DTFT는 다음과 같다.

$$X(e^{j\omega}) = 1 - \frac{|\omega|}{2\pi} \quad \text{for } |\omega| \le \pi$$

이 시스템의 출력신호 $y[n] = h[n] * x[n]$의 DTFT $Y(e^{j\omega})$를 그리시오.

2. 다음과 같은 신호가 있다.

$$x[n] = 0.25^n u[n+2]$$

(a) 위 신호의 DTFT인 $X(e^{j\omega})$를 구하시오.

(b) $\int_{-\pi}^{\pi} X(e^{j\omega})d\omega$를 구하시오.

(c) $\int_{-\pi}^{\pi} |X(e^{j\omega})|^2 d\omega$를 구하시오.

3. 어떤 LTI 시스템의 임펄스 응답 $h[n]$이 다음과 같다.

$$h[n] = \frac{1}{3}(\delta[n] + \delta[n-1] + \delta[n-2])$$

진폭 응답 $|H(e^{j\omega})|$를 그리시오($\omega = 0$과 $\omega = \pi$에서의 값을 표시하시오).

4. 어떤 LTI 시스템의 임펄스 응답 $h[n]$은 다음과 같다.

$$h[n] = 0.5\delta[n] - 0.5\delta[n-1]$$

진폭 응답 $|H(e^{j\omega})|$를 그리시오($\omega = 0$과 $\omega = \pi$에서의 값을 표시하시오).

5. 어느 LTI 시스템의 임펄스 응답 $h[n]$은 다음과 같다.

$$h[n] = 0.5\delta[n] - 0.5\delta[n-2]$$

진폭 응답 $|H(e^{j\omega})|$를 그리시오($\omega = 0$과 $\omega = \pi$에서의 값을 표시하시오).

6. 어느 LTI 시스템의 임펄스 응답 $h[n]$은 다음과 같다.

$$h[n] = 0.5\delta[n] - 0.5\delta[n-4]$$

진폭 응답 $|H(e^{j\omega})|$를 그리시오($\omega = 0$과 $\omega = \pi$에서의 값을 표시하시오).

7. 어느 LTI 시스템의 주파수 응답이 다음과 같다.

$$H(e^{j\omega}) = \begin{cases} 1, & |\omega| < \pi/3 \\ 0, & \pi/3 < |\omega| \le \pi \end{cases}$$

이 시스템의 임펄스 응답을 구하고 그리시오.

8. 어느 LTI 시스템의 주파수 응답이 다음과 같다.

$$H(e^{j\omega}) = \begin{cases} 1, & |\omega| < \pi/4 \\ 0, & \pi/4 < |\omega| \le \pi \end{cases}$$

이 시스템의 임펄스 응답을 구하고 그리시오.

9. 어떤 아날로그 신호 $x(t)$의 최대 주파수가 4000 Hz이다. 이 아날로그 신호를 디지털 신호로 만들기 위해서 8000 Hz로 샘플링하였다. 물음에 답하시오.

(a) 최대 주파수 4000 Hz의 주파수 성분이 샘플링된 후의 디지털 신호 $x_\pi[n]$을 구하시오.

(b) 2000 Hz의 주파수 성분이 샘플링된 후의 디지털 신호 $x_{\pi/2}[n]$을 구하시오.

10. 어떤 아날로그 신호 $x(t)$의 최대 주파수가 24000 Hz이다. 이 아날로그 신호를 디지털 신호로 만들기 위해서 48000 Hz로 샘플링하였다. 물음에 답하시오.

(a) 최대 주파수 24000 Hz의 주파수 성분이 샘플링된 후의 디지털 신호 $x_{\pi}[n]$을 구하시오.

(b) 12000 Hz의 주파수 성분이 샘플링된 후의 디지털 신호 $x_{\pi/2}[n]$을 구하시오.

11. 어떤 LTI 시스템의 임펄스 응답 $h[n]$이 다음과 같다.

$$h[n] = \frac{1}{3}\{\delta[n] + \delta[n-1] + \delta[n-2]\}$$

(a) 진폭 응답 $|H(e^{j\omega})|$를 그리고 $\omega = 0.5\pi$에서의 이득을 구하시오.

(b) 다음과 같은 $\omega = 0.5\pi$의 주파수 성분의 신호가 입력되었다.

$$x[n] = \{\underset{\uparrow}{1},\ 0,\ -1,\ 0,\ 1,\ 0,\ -1,\ 0,\ \cdots\}$$

출력신호를 10개까지 구하시오.

(c) (a)에서 구한 진폭 응답의 이득과 일치하는지 기술하시오.

12. 어떤 LTI 시스템의 임펄스 응답 $h[n]$이 다음과 같다.

$$h[n] = \frac{1}{3}\{\delta[n] + \delta[n-1] + \delta[n-2]\}$$

(a) 진폭 응답 $|H(e^{j\omega})|$를 그리고 $\omega = 0.25\pi$에서의 이득을 구하시오.

(b) 다음과 같은 $\omega = 0.25\pi$의 주파수 성분의 신호가 입력되었다.

$$x[n] = \{\underset{\uparrow}{1},\ 0.707, 0,\ -0.707,\ -1,\ -0.707,\ 0,\ 0.707,\ \cdots\}$$

출력신호를 10개까지 구하시오.

(c) (a)에서 구한 진폭 응답의 이득과 일치하는지 기술하시오.

13. 어떤 LTI 시스템의 임펄스 응답 $h[n]$과 입력신호가 다음과 같다.

$$h[n] = \frac{1}{3}\{\delta[n] + \delta[n-1] + \delta[n-2]\}$$

$$x[n] = \frac{1}{3}\{\delta[n] + \delta[n-1] + \delta[n-2]\}$$

주파수 응답 $H(e^{j\omega})$, 입력 스펙트럼 $X(e^{j\omega})$를 구하고 이들을 곱하여 출력 스펙트럼 $Y(e^{j\omega})$를 구하시오.

14. 연습문제 3-13의 임펄스 응답 $h[n]$과 입력신호에서 컨볼루션을 사용하여 출력 $y[n]$을 구하고, DTFT를 사용하여 출력 스펙트럼 $Y(e^{j\omega})$를 구하시오. 이 스펙트럼이 연습문제 3-13의 결과와 일치하는지 기술하시오.

CHAPTER 04

이산 푸리에변환(DFT)

4.1 이산 푸리에변환의 정의
4.2 이산 푸리에변환의 성질
4.3 원형 컨볼루션을 이용한 필터링
4.4 고속 푸리에변환(Fast Fourier Transform, FFT)
4.5 역 고속 푸리에변환(Inverse Fast Fourier Transform, IFFT)
4.6 FFT 응용: LTE OFDM 통신 단말기

4.1 | 이산 푸리에변환의 정의

디지털 신호 $x[n]$에 대한 주파수 성분을 나타내는 방법은 두 가지가 있는데, 하나는 **DTFT**(Discrete Time Fourier Transform)이고 다른 하나는 **DFT**(Discrete Fourier Transform)이다. 다른 점은 DFT는 주파수 축의 표기가 k인 이산신호이며, DTFT는 주파수 축의 표기가 ω인 연속신호이다. 디지털 신호에 대한 주파수 성분을 정확히 나타내기 위해서는 DTFT가 더 바람직하지만 DTFT는 아날로그 데이터이기 때문에 보관이나 디지털 방식으로 처리하기가 어렵다. 이와 비교하여 DFT는 디지털 데이터이므로 보관이나 신호처리가 편리해서 널리 사용되고 있다. 이 장에서는 DFT에 대하여 알아보기로 한다. $x[n]$과 $X(k)$의 관계인 DFT는 다음과 같이 표현한다.

$$x[n] \overset{\text{DFT}}{\longleftrightarrow} X(k)$$

이 변환 관계에서 DFT와 IDFT는 다음과 같이 정의된다.

$$\text{DFT:} \quad X(k) = \sum_{n=0}^{N-1} x[n]\, W_N^{kn}, \qquad k = 0,\ 1,\ \cdots,\ N-1$$

$$\text{IDFT: } x[n] = \frac{1}{N}\sum_{n=0}^{N-1} X(k)\, W_N^{-kn}, \quad n = 0,\ 1,\ \cdots,\ N-1$$

앞의 식에서 $W_N = e^{-j2\pi/N}$이다. 이 절에서는 다음의 DFT와 DTFT의 정의를 통하여 DFT의 의미를 알아보기로 한다.

$$\text{DFT: } \quad X(k) = \sum_{n=0}^{N-1} x[n] e^{-j\frac{2\pi}{N}kn}$$

$$\text{DTFT: } X(e^{j\omega}) = \sum_{n=0}^{N-1} x[n] e^{-j\omega n}$$

위의 식을 비교해보면 DTFT에서 $\omega = 2\pi k/N$일 때 DFT와 같아짐을 알 수 있다. 즉, 다음의 관계식을 유도할 수 있다.

$$X(k) = \begin{cases} X(e^{j\omega})|_{\omega = 2\pi k/N} & 0 \le k \le N-1 \\ 0 & \text{otherwise} \end{cases}$$

위의 관계를 그림으로 표현하면 그림 4-1과 같다.

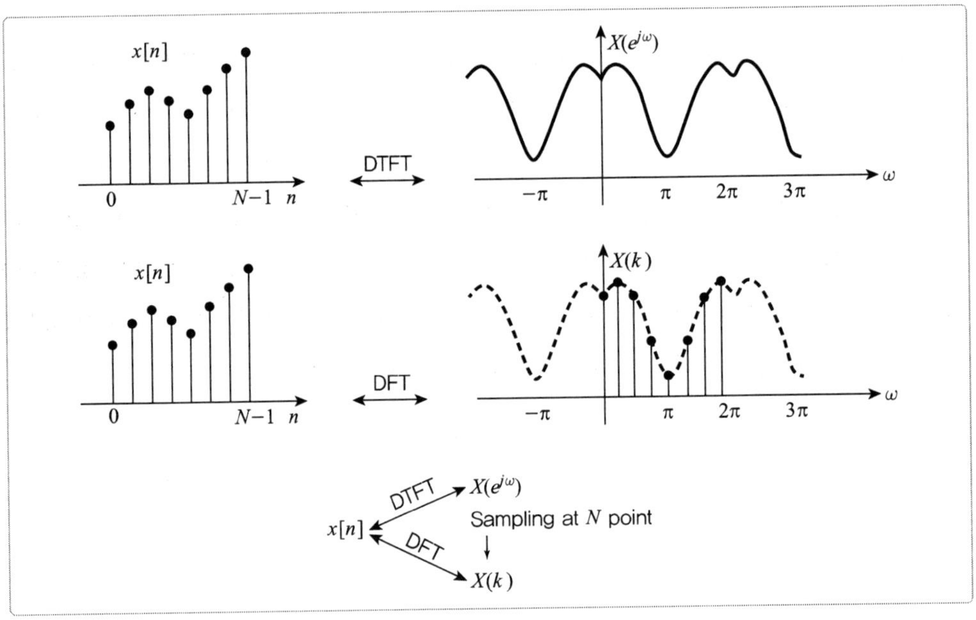

그림 4-1 DFT와 DTFT의 관계도

DFT는 유한개의 이산신호에 대한 주파수 성분을 이산값으로 표현하므로 디지털 신호 처리에서 널리 사용된다. DFT 연산 또는 IDFT 연산에는 많은 곱셈기와 덧셈기가 필요하다. 특히, 곱셈기는 덧셈기에 비해서 VLSI(very large scaled integrator)로 구현할 때에 매우 넓은 영역을 필요로 하므로 곱셈기의 수를 줄이는 알고리즘이 필요하다. 먼저 $W_N = e^{-j2\pi/N}$으로 정의하면 N-point DFT의 정의는 다음과 같다.

$$X(k) = \sum_{n=0}^{N-1} x[n]\, W_N^{kn}, \quad k = 0,\ 1,\ \cdots,\ N-1$$

이 식의 N-point DFT 계산에는 N^2의 곱셈이 필요함을 알 수 있다. 예를 들어, 1024-point DFT의 연산에는 1,048,576개의 곱셈연산이 필요하다. 이와 같은 DFT의 계산에서 곱셈 연산의 수를 감소시키는 알고리즘을 **고속 푸리에변환**(Fast Fourier Transform, FFT)이라고 한다.

예제 4.1

다음 그림 4-2의 디지털 신호 $x[n]$에 대한 DTFT $|X(e^{j\omega})|$를 $0 \le \omega \le 2\pi$의 구간에서 그리시오. 또한 3-point DFT $|X(k)|$를 구하고 DTFT와 DFT의 관계를 설명하시오.

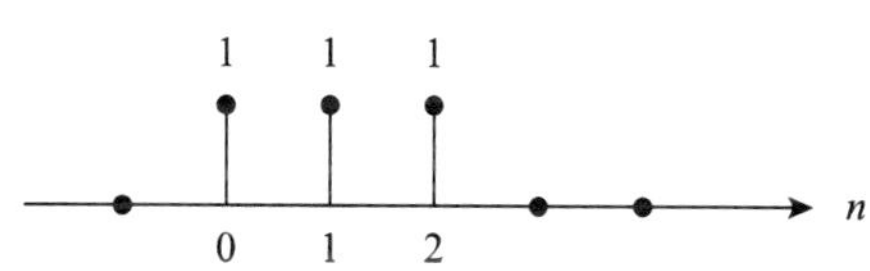

그림 4-2 예제를 위한 이산신호

풀이 DTFT를 구하면 다음과 같다.

$$X(e^{j\omega}) = \sum_{n=0}^{2} x[n] e^{-j\omega n}$$

$$= 1 + e^{-j\omega} + e^{-j2\omega} = e^{-j\omega}(e^{j\omega} + e^{-j\omega}) + e^{-j\omega}$$

$$= 2\cos\omega e^{-j\omega} + e^{-j\omega} = (2\cos\omega + 1)e^{-j\omega}$$

따라서 진폭 스펙트럼 $|X(e^{j\omega})|$는 다음과 같다.

$$|X(e^{j\omega})| = |2\cos\omega + 1|$$

진폭 스펙트럼 $|X(e^{j\omega})|$은 다음 그림과 같다.

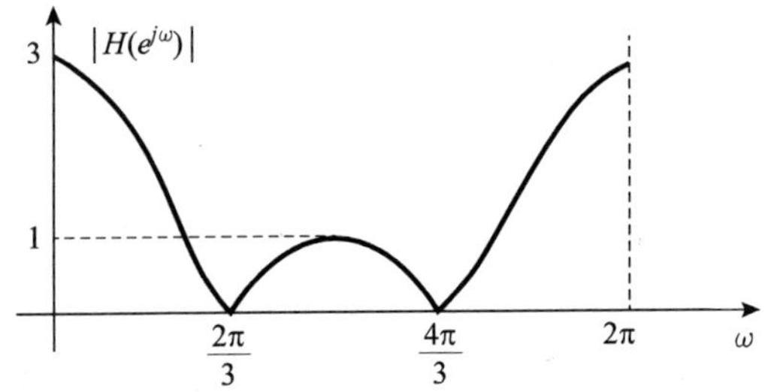

그림 4-3 예제의 DTFT의 진폭 스펙트럼

이제 3-point DFT는 $N=3$이므로 다음과 같다.

$$X(k)=\sum_{n=0}^{2}x[n]e^{-j\frac{2\pi}{3}kn},\qquad k=0,1,2$$

$k=0,\ 1,\ 2$인 경우를 각각 구해 보자.

i) $k=0,\ X(0)=\sum_{n=0}^{2}x[n]=1+1+1=3$

ii) $k=1,\ X(1)=\sum_{n=0}^{2}x[n]e^{-j\frac{2\pi}{3}n}=1+e^{-j\frac{2\pi}{3}}+e^{-j\frac{2\pi}{3}2}$

$$=e^{-j\frac{2\pi}{3}}(e^{j\frac{2\pi}{3}}+e^{-j\frac{2\pi}{3}})+e^{-j\frac{2\pi}{3}}$$

$$=2\cos\frac{2\pi}{3}e^{-j\frac{2\pi}{3}}+e^{-j\frac{2\pi}{3}}=(2\cos\frac{2\pi}{3}+1)e^{-j\frac{2\pi}{3}}$$

$$\therefore |X(1)|=\left|2\cos\frac{2\pi}{3}+1\right|=0$$

iii) $k=2,\ X(2)=\sum_{n=0}^{2}x[n]e^{-j\frac{4\pi}{3}n}=1+e^{-j\frac{4\pi}{3}}+e^{-j\frac{4\pi}{3}2}$

$$=e^{-j\frac{4\pi}{3}}(e^{j\frac{4\pi}{3}}+e^{-j\frac{4\pi}{3}})+e^{-j\frac{4\pi}{3}}$$

$$=2\cos\frac{4\pi}{3}e^{-j\frac{4\pi}{3}}+e^{-j\frac{4\pi}{3}}=(2\cos\frac{4\pi}{3}+1)e^{-j\frac{4\pi}{3}}$$

$$\therefore |X(2)|=\left|2\cos\frac{4\pi}{3}+1\right|=0$$

3-point DFT에 대한 진폭 스펙트럼 $|X(k)|$의 그림은 그림 4-4와 같다.

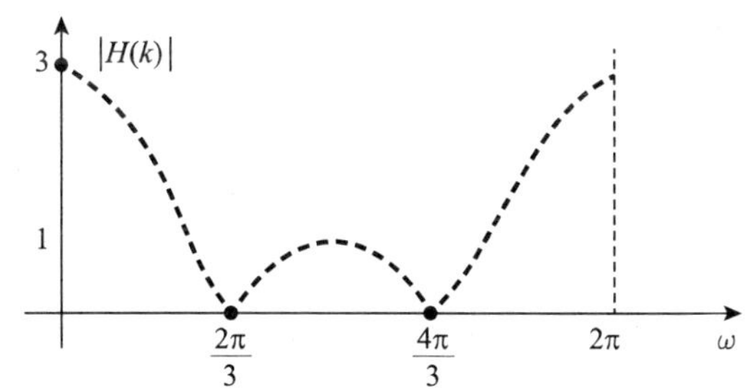

그림 4-4 예제의 DFT의 진폭 스펙트럼

두 그림에서 보듯이 3-point DFT는 DTFT의 표본값임을 알 수 있다.

위의 그림에서 알 수 있듯이 DTFT $|X(e^{j\omega})|$에서 DFT $|X(k)|$를 구할 경우에 $|X(e^{j\omega})|$의 표본값을 이용할 수 있다.

4.2 이산 푸리에변환의 성질

4.2.1 선형성

2개의 이산신호와 그들의 DFT가 다음과 같다.

$$x_1[n] \overset{\text{DFT}}{\longleftrightarrow} X_1(k), \qquad x_2[n] \overset{\text{DFT}}{\longleftrightarrow} X_2(k)$$

이와 같은 2개의 이산신호의 **선형합**(linear combination)에 대한 DFT는 다음과 같으며 이를 **선형성**(linearity)이라고 한다.

$$ax_1[n] + bx_2[n] \overset{\text{DFT}}{\longleftrightarrow} aX_1(k) + bX_2(k)$$

위의 관계식에서 $x_1[n]$의 길이와 $x_2[n]$의 길이가 다른 경우에는 주의를 요한다. 즉, $x_1[n]$의 길이가 N_1이고 $x_2[n]$의 길이가 N_2인 경우에 위의 관계식이 성립하기 위해서는 길이가 긴 것으로 통일시켜야 한다. $N_1 > N_2$인 경우에는 $x_2[n]$의 길이가 짧기 때문에 0을 삽입하여 길이를 N_1으로 만들어야 한다. 따라서 0이 삽입된 $x_2[n]$을 사용하여 N_1-point DFT하여야 한다.

4.2.2 원형 컨볼루션

두 이산신호의 이산 컨볼루션(또는 컨볼루션)에 대한 스펙트럼의 관계는 각각의 DTFT의 곱으로 표현된다. 그렇다면 두 DFT의 곱은 시간 영역에서 어떤 관계가 있을까? 두 개의 이산신호에 대한 각각의 DFT를 곱하면 시간 영역에서는 다음과 같은 원형 컨볼루션(circular convolution)의 관계가 성립한다.

$$x_1[n] \circledn x_2[n] \xleftrightarrow{\text{DFT}} X_1(k)X_2(k)$$

위의 원형 컨볼루션은 이산 시스템에서 출력을 계산할 때에, 컨볼루션을 대신하여 사용될 수 있는 방식이기도 하다. 두 개의 이산신호의 원형 컨볼루션을 개념적으로 설명해 보기로 한다. 각각의 길이가 8인 두 개의 이산신호 $x_1[n]$과 $x_2[n]$을 원형 컨볼루션해 보기로 하자. 먼저 다음 그림과 같이 원통의 둘레에 8개의 표본값을 표시한다.

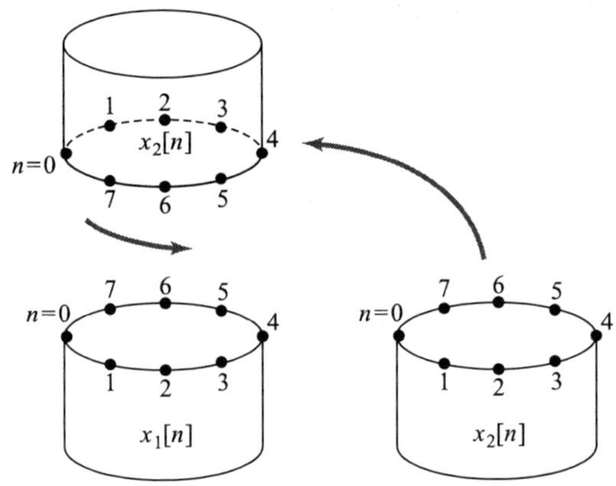

그림 4-5 원형 컨볼루션을 통한 $y[0]$의 계산

위의 그림과 같이 $x_1[n]$의 원통에 $x_2[n]$의 원통을 엎혀놓고 오버랩되는 값들끼리 곱하여 더하는 것이 원형 컨볼루션의 원리이다. 원형 컨볼루션의 결과인 $y[n]$을 구해 보자.

$$y[0] = x_1[0] \ ⑧ \ x_2[0] = x_1[0]x_2[0] + x_1[1]x_2[7] + x_1[2]x_2[6] + x_1[3]x_2[5] + x_1[4]x_2[4] + x_1[5]x_2[3] + x_1[6]x_2[2] + x_1[7]x_2[1]$$

위의 식과 같이 원형 컨볼루션을 이용하여 $y[0]$을 구한다. 그리고 $y[1]$을 구하기 위하여 업혀놓은 $x_2[n]$의 원통을 다음 그림과 같이 시계 반대방향으로 1만큼 이동시키고 같은 동작을 반복하면 된다.

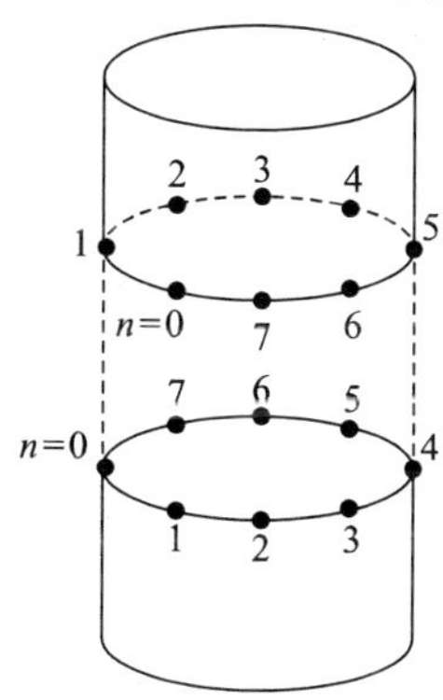

그림 4-6 원형 컨볼루션을 통한 $y[1]$의 계산

따라서 $y[1]$은 다음과 같이 구할 수 있다.

$$y[1] = x_1[1] \ ⑧ \ x_2[1] = x_1[0]x_2[1] + x_1[1]x_2[0] + x_1[2]x_2[7] + x_1[3]x_2[6] + x_1[4]x_2[5] + x_1[5]x_2[4] + x_1[6]x_2[3] + x_1[7]x_2[2]$$

$y[2]$부터 $y[7]$까지의 원형 컨볼루션 결과도 같은 방법으로 구할 수 있다.

4.3 원형 컨볼루션을 이용한 필터링

4.3.1 원형 컨볼루션과 컨볼루션의 관계

먼저 원형 컨볼루션이 어떤 경우에 컨볼루션과 계산 결과가 같은지를 알아보기로 하자. 입력신호와 임펄스 응답이 각각 $x[n]$, $h[n]$인 디지털 시스템을 살펴본다. 임펄스 응답과 입력신호의 길이는 각각 N_1과 N_2이며 출력을 구하기 위한 컨볼루션의 식은 다음과 같다.

$$y[n] = \sum_{k=0}^{N_1-1} h[k]x[n-k]$$

이를 그림으로 표현하면 다음과 같다.

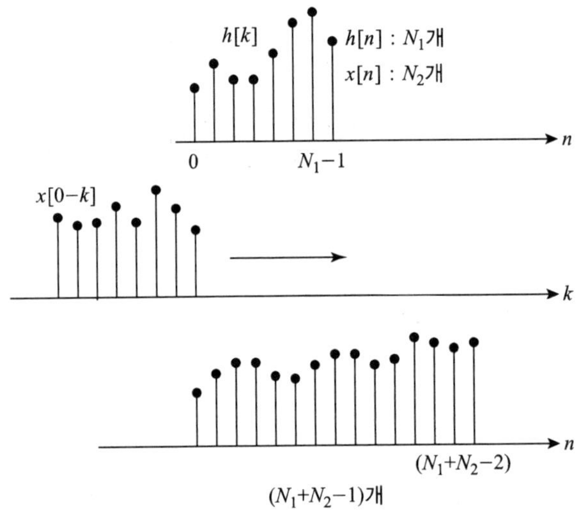

그림 4-7 컨볼루션을 통한 출력 계산

원형 컨볼루션을 사용하여 컨볼루션과 같은 결과를 얻기 위해서는 다음과 같이 0을 삽입하여 계산하면 된다. 즉, 입력신호와 임펄스 응답이 각각 N_1+N_2-1의 길이가 되도록 0을 삽입한 후에 원형 컨볼루션을 수행하면 다음 그림과 같은 결과를 얻을 수 있다.

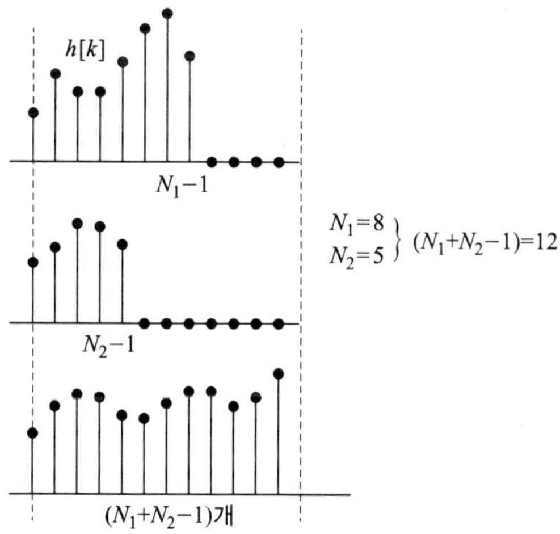

그림 4-8 원형 컨볼루션을 통한 출력 계산

임펄스 응답이 길이가 $N_1 = 8$이고 입력신호의 길이가 $N_2 = 5$일 때 $N_1 + N_2 - 1 = 12$이므로 각각의 길이가 12가 되도록 임펄스 응답은 4개의 0을 삽입하고, 입력신호는 7개의 0을 삽입해야 한다. 만일 충분히 0을 삽입하지 않고 원형 컨볼루션을 수행하면 컨볼루션 결과와 다른 결과를 얻게 된다. 다음의 예제를 통하여 결과가 어떻게 다른지 알아보기로 한다.

예제 4.2

다음 그림의 임펄스 응답과 입력신호를 컨볼루션하시오.

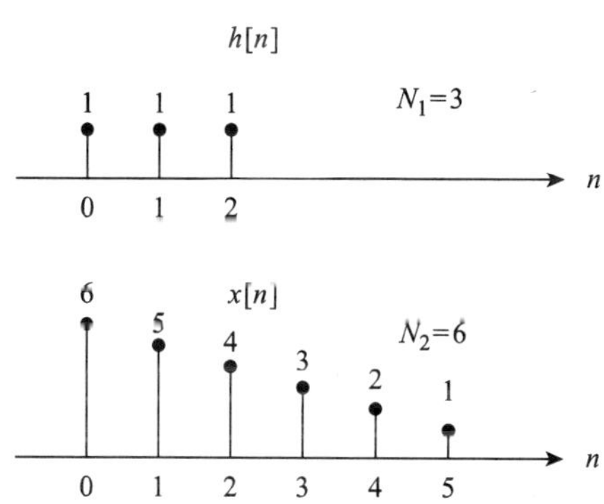

그림 4-9 예제의 임펄스 응답과 입력신호

풀이 컨볼루션의 결과는 다음 그림과 같다.

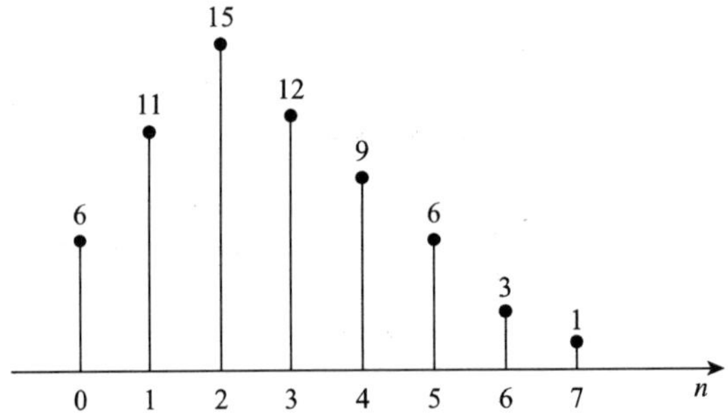

그림 4-10 예제의 컨볼루션 결과

예제 4.3

앞의 예제에서 $N=8$의 길이로 원형 컨볼루션하시오.

풀이 원형 컨볼루션의 결과는 다음 그림과 같다.

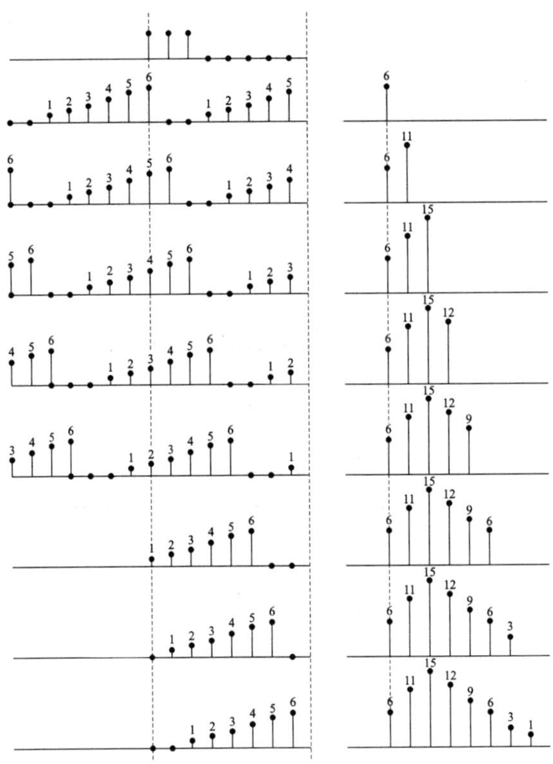

그림 4-11 예제의 원형 컨볼루션 결과

예제 4.4

앞의 예제에서 $N=6$의 길이로 원형 컨볼루션하시오.

풀이 원형 컨볼루션의 결과는 다음 그림과 같다.

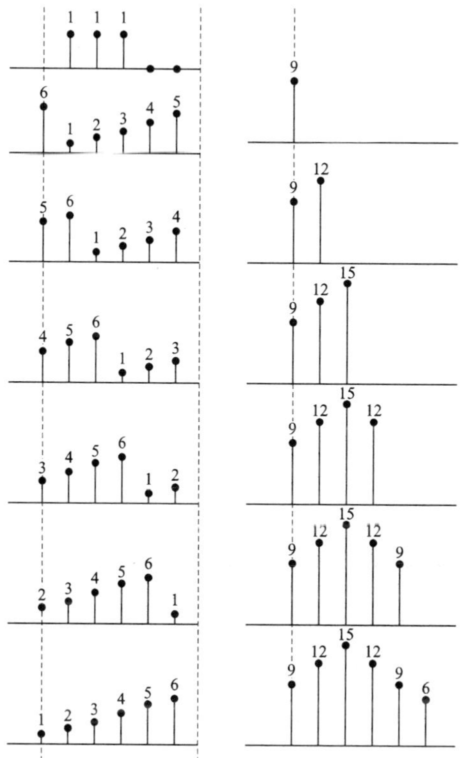

그림 4-12 예제의 원형 컨볼루션 결과

위의 예제에서 보듯이 $y[n]$에는 $n=0$일 때와 $n=1$일 때에 에러가 포함되는 것을 볼 수 있다. 지금까지 원형 컨볼루션을 사용하여 컨볼루션을 수행하는 방법을 알아보았다. 이번에는 DFT를 사용하여 주파수 영역에서 컨볼루션을 수행하는 방법을 알아보기로 하자.

[방법]

i) $x_1[n]$과 $x_2[n]$의 DFT를 각각 구한다.

이때 $x_1[n]$의 길이 N_1과 $x_2[n]$의 길이 N_2를 N_1+N_2-1의 길이가 되도록 0을

삽입하여 DFT한다.

ii) 각각의 DFT $X_1(k)$과 $X_2(k)$를 곱하여 $Y(k)$를 구한다.

iii) 역 DFT를 수행하여 $y[n]$을 구한다. 이렇게 구한 $y[n]$은 컨볼루션한 결과와 같다. 이를 그림으로 표현하면 다음과 같다.

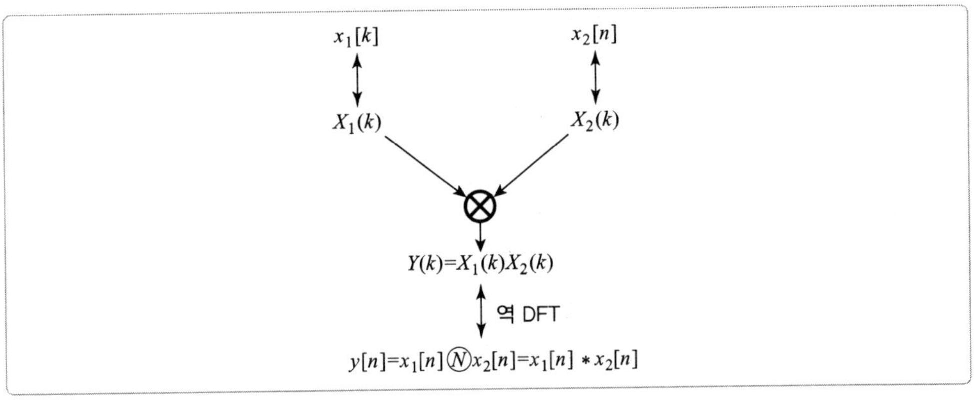

그림 4-13 DFT를 사용한 시스템의 출력 계산

4.3.2 Overlap-Add 방식을 사용한 컨볼루션

앞 절에서 원형 컨볼루션이 컨볼루션을 계산하는 데 사용될 수 있음을 알아보았다. 이 절에서는 실질적으로 원형 컨볼루션을 사용하여 컨볼루션을 계산하는 방법을 알아보기로 하자. 일반적으로 FIR 시스템의 출력을 구하기 위해서 컨볼루션이 가장 많이 사용되는데, 이 방법은 출력신호를 한 개씩 구하는 방법이다. 그러나 원형 컨볼루션을 사용하면 출력신호를 블록으로 몇 개씩 한꺼번에 구할 수 있다. 이와 같은 출력신호를 구하는 방법을 **블록처리 방식**이라고 부른다. 이 절에서는 블록처리 방식의 하나인 **overlap-add 방식**을 알아보기로 하자. 먼저 긴 입력신호를 다음 그림 4-14와 같이 N개의 길이로 자른다.

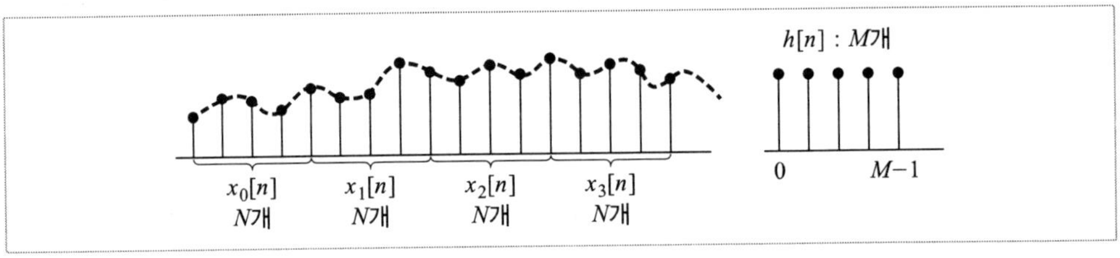

그림 4-14 입력신호의 블록화

앞의 그림에서 입력신호는 다음 식과 같이 블록신호의 합으로 표현할 수 있으므로 출력신호도 블록신호의 합으로 표현할 수 있다.

$$x[n] = \sum_{k=0}^{K-1} x_k[n]$$

$$y[n] = h[n]*x[n] = \sum_{k=0}^{K-1} h[n]*x_k[n] = \sum_{k=0}^{K-1} y_k[n]$$

위의 식과 같이 출력을 블록 단위로 구해서 이를 더하는 방법이다. 이때 더하는 과정에서 overlap되는 부분만을 더하므로 overlap-add라는 이름을 갖는다. 이와 같은 overlap- add 방식을 그림으로 표현하면 다음과 같다.

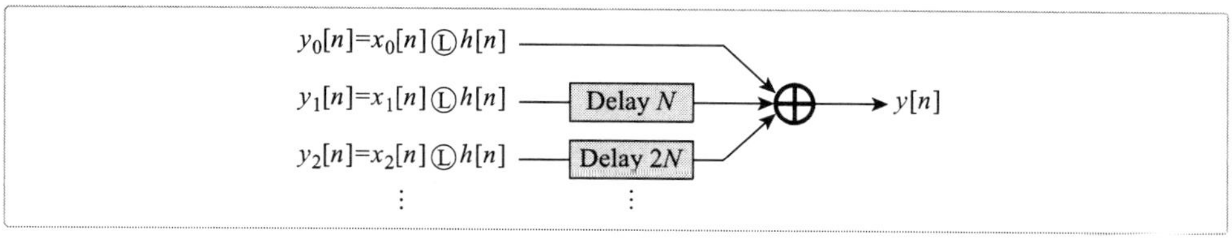

그림 4-15 overlap-add 방식을 사용한 컨볼루션

위의 그림에서 원형 컨볼루션의 길이 L은 $L = N + M - 1$의 크기로 정해야 에러가 생기지 않는다. 또 한 가지 주의할 점은 각 출력의 블록을 더할 때에 N만큼씩 지연시켜서 더해야 한다. 다음 예제를 통하여 overlap-add 방식을 사용하여 실제 출력신호를 구해 보도록 하자.

예제 4.5

overlap-add 방식을 사용하여 시스템의 출력을 구하시오. 입력신호와 임펄스 응답은 그림 4-16과 같고 입력신호는 2개씩 잘라서 블록신호로 만드시오.

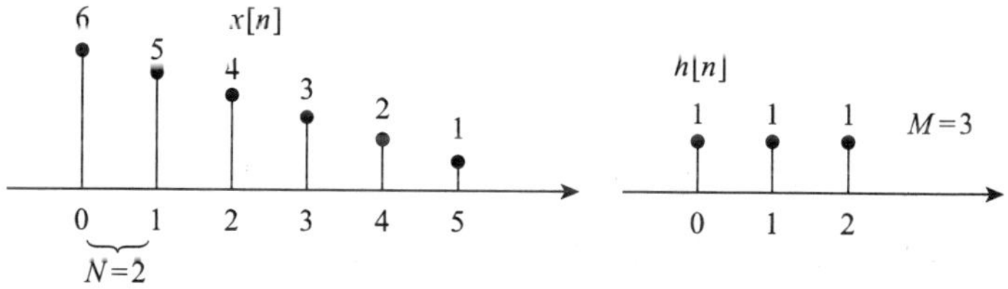

그림 4-16 예제의 입력신호와 임펄스 응답

풀이 2개 길이의 블록 입력신호와 3개 길이의 임펄스 응답과 원형 컨볼루션을 수행해야 하므로 에러가 생기지 않기 위해서 $2+3-1=4$의 길이로 만들어서 수행한다. 각각의 출력 블록과 이들을 더하는 방식은 다음 그림과 같다.

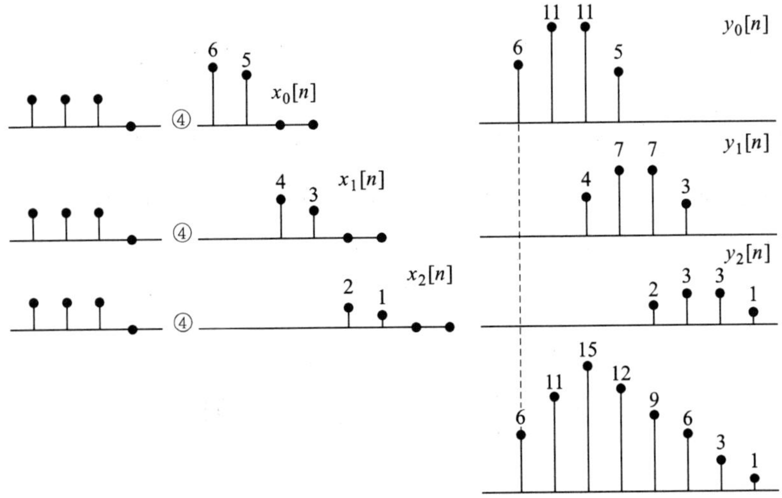

그림 4-17 예제의 overlap-add 결과

위의 그림에서 보듯이 각각의 블록 출력을 $N=2$만큼씩 지연시켜서 더하면 최종의 출력을 구할 수 있다.

4.3.3 Overlap-Save 방식을 사용한 컨볼루션

이 절에서 다루게 될 overlap-save 방식은 에러가 발생하도록 원형 컨볼루션을 수행하나 에러가 생긴 부분을 버리고 저장하는 방식이므로 **overlap-save 방식**이라는 이름을 갖는다. 다음 예제를 통하여 overlap-save 방식을 사용하여 실제 출력신호를 구해 보도록 하자.

예제 4.6

overlap-save 방식을 사용하여 시스템의 출력을 구하시오. 입력신호와 임펄스 응답은 그림 4-18과 같고 입력신호는 4개씩 잘라서 블록신호로 만드시오. 블록 처리할 때에 4개 길이의 원형 컨볼루션을 사용하시오.

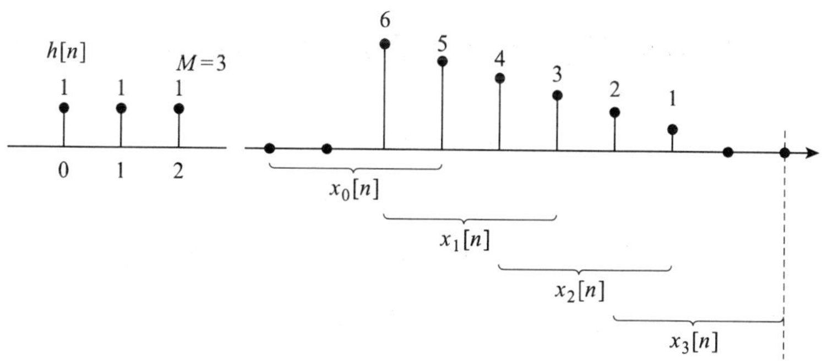

그림 4-18 예제의 입력신호와 임펄스 응답

풀이 $M=3$의 임펄스 응답과 $N=4$의 블록 입력신호를 사용하므로 에러가 생기지 않도록 하려면 $3+4-1=6$의 블록처리를 해야 한다. 그러나 문제에서 블록처리의 크기를 4로 하는 원형 컨볼루션을 사용한다. 따라서 4개의 블록 출력신호 중에서 앞의 2개는 에러가 포함되므로 버린다. 각각의 출력 블록과 이들을 더하는 방식은 다음 그림과 같다.

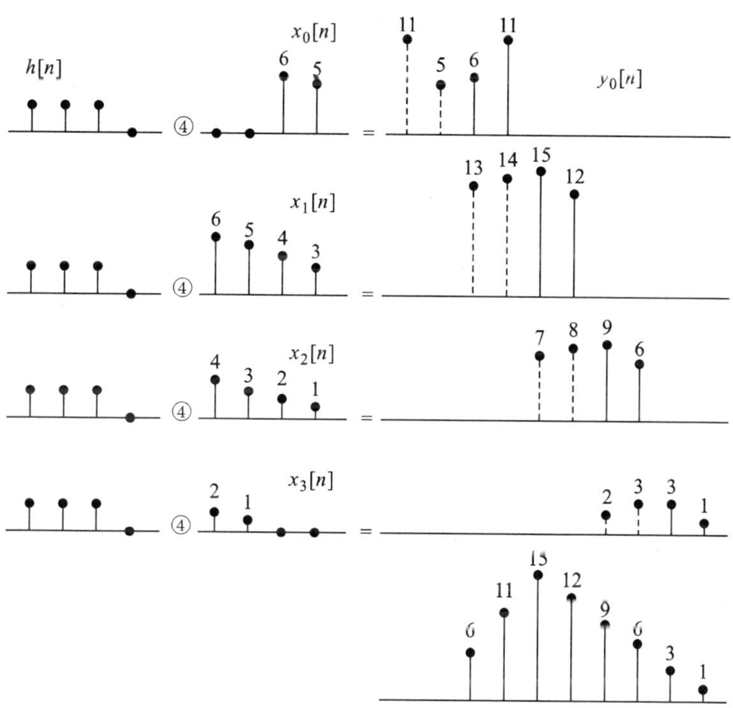

그림 4-19 예제의 overlap-save 결과

4.4 고속 푸리에변환(Fast Fourier Transform, FFT)

DFT를 수행하거나 역 DFT를 수행할 때에 많은 곱셈기와 덧셈기가 필요하다. 특히, 곱셈기는 덧셈기에 비해서 VLSI(Very Large Scaled Integrator)로 구현할 때에 매우 넓은 영역을 필요로 하므로 곱셈기의 수를 줄이는 알고리즘이 필요하다. 먼저 $W_N = e^{-j2\pi/N}$ 으로 정의하면 4-point DFT의 정의는 다음과 같다.

$$X(k) \ = \sum_{n=0}^{3} x[n]\, W_4^{kn}, \quad k = 0,1,2,3$$

길이가 $N=4$인 DTF 변환식을 행렬로 표현하면 다음과 같다.

$$\begin{bmatrix} X(0) \\ X(1) \\ X(2) \\ X(3) \end{bmatrix} = \begin{bmatrix} W_4^0 & W_4^0 & W_4^0 & W_4^0 \\ W_4^0 & W_4^1 & W_4^2 & W_4^3 \\ W_4^0 & W_4^2 & W_4^4 & W_4^6 \\ W_4^0 & W_4^3 & W_4^6 & W_4^9 \end{bmatrix} \begin{bmatrix} x[0] \\ x[1] \\ x[2] \\ x[3] \end{bmatrix}$$

위의 식에서 W_4^n과 $x[n]$을 곱하는 동작을 1개의 곱셈이 필요한 것으로 정의하면 $X(0)$부터 $X(3)$까지의 DFT를 수행하는 데 총 16개의 곱셈이 필요하다. 따라서 N-point DFT 계산에는 N^2의 곱셈이 필요함을 알 수 있다. 그러나 실제로 필요한 정확한 곱셈의 수를 계산하려면 다음의 두 가지를 고려하여야 한다. 첫 번째 고려사항은 $W_N^0 = 1$이므로 곱셈이 필요 없다. 두 번째 고려사항은 W_N^n이 복소수이므로 실제 구현에서는 더 많은 곱셈기가 필요하다. 즉,

$$W_N^1 = e^{-j\frac{2\pi}{N}} = \cos\frac{2\pi}{N} - j\sin\frac{2\pi}{N} = p + jq$$

이므로 실수부와 허수부를 나누어서 곱해주어야 하므로 곱셈기가 더 늘어난다. 다시 N-point DFT 변환식을 보자.

$$X(k) \ = \sum_{n=0}^{N-1} x[n]\, W_N^{kn}, \quad k = 0,\ 1,\ \cdots,\ N-1$$

이 식의 N-point DFT 계산에는 N^2의 곱셈이 필요함을 알 수 있다. 예를 들어, 1024-point DFT의 연산에는 1,048,576개의 곱셈연산이 필요하다. 이와 같은 DFT의 계산에서 곱셈 연산의 수를 감소시키는 알고리즘을 **고속 푸리에변환**(Fast Fourier Transform, FFT)이라고 한다. 다음 절에서 고속 푸리에변환의 대표적인 방법인 DIT(Decimation-In-Time) 방식과 DIF(Decimation-In-Frequency) 방식을 알아보기로 한다.

4.4.1 DIT 방식

DFT의 정의에서 $N=2N_1$으로 놓으면 $X(k)$는 다음과 같이 이산신호를 짝수항과 홀수항으로 분해할 수 있다.

$$X(k)=\sum_{n=0}^{N-1}x[n]\,W_N^{kn}=\sum_{n:\,even}x[n]\,W_N^{kn}+\sum_{n:\,odd}x[n]\,W_N^{kn}$$

$$=\sum_{r=0}^{N_1-1}x[2r]\,W_N^{2rk}+\sum_{r=0}^{N_1-1}x[2r+1]\,W_N^{(2r+1)k}$$

위의 식에서 $x[2r]$과 $x[2r+1]$은 이산신호 $x[n]$의 짝수 신호와 홀수 신호이다. 이 짝수 신호와 홀수 신호를 각각 다음과 같이 정의하자.

$$y[r]=x[2r],\quad z[r]=x[2r+1]$$

W_N^2는 다음과 같이 나타낼 수 있다.

$$W_N^2=e^{-j\frac{2\pi}{N}2}=e^{-j\frac{2\pi}{N_1}}=W_{N_1}$$

따라서 $X(k)$는 다음과 같이 2개의 N_1-point DFT 식으로 나타낼 수 있다.

$$X(k)=\sum_{r=0}^{N_1-1}y[r]\,W_{N_1}^{rk}+W_N^k\sum_{r=0}^{N_1-1}z[r]\,W_{N_1}^{rk}$$

$$=Y(k)+W_N^k\,Z(k),\qquad k=0,\,1,\,\cdots,\,N_1-1$$

위의 식에서 보듯이 N-point DFT $X(k)$는 N_1-point DFT인 $Y(k)$와 $Z(k)$로 나타낼 수 있음을 알 수 있다. 그러나 위의 식에서 $Y(k)$와 $Z(k)$는 길이가 N_1이므로 N의 길

이를 갖는 $X(k)$를 모두 구할 수 없다. 즉, 위의 식으로는 $X(k)$의 0에서 N_1-1까지의 값을 구할 수 있다. N_1부터 $N-1$까지의 $X(k+N_1)$은 다음과 같이 구한다.

$$\begin{aligned} X(k+N_1) &= Y(k+N_1) + W_N^{(k+N_1)} Z(k+N_1) \\ &= Y(k+N_1) - W_N^k Z(k+N_1) \end{aligned}$$

위의 식에서 $Y(k+N_1)$은 다음과 같이 나타낼 수 있다.

$$Y(k+N_1) = \sum_{r=0}^{N_1-1} y[r]\, W_{N_1}^{r(k+N_1)} = \sum_{r=0}^{N_1-1} y[r]\, W_{N_1}^{rk} = Y(k)$$

따라서 다음의 결과를 얻을 수 있다.

$$Z(k+N_1) = Z(k)$$

이 두 결과 식으로부터 다음의 결과를 얻는다.

$$X(k+N_1) = Y(k) - W_N^k Z(k)$$

지금까지 얻은 DIT의 결과를 다시 나타내면 다음과 같다.

$$\begin{aligned} X(k) &= Y(k) + W_N^k Z(k), \qquad k=0,\ 1,\ \cdots,\ N_1-1 \\ X(k+N_1) &= Y(k) - W_N^k Z(k), \qquad k=0,\ 1,\ \cdots,\ N_1-1 \end{aligned}$$

따라서 DIT의 원리를 정리하면 N-point DFT는 2개의 N_1-point DFT로 구현할 수 있다는 것이다. 여기에서 $X(k)$의 앞의 N_1개와 뒤의 N_1을 구하는 식이 조금 다르다는 것을 주의할 필요가 있다.

8-point DFT를 2개의 4-pont DFT로 구현하는 구조는 다음 그림과 같다.

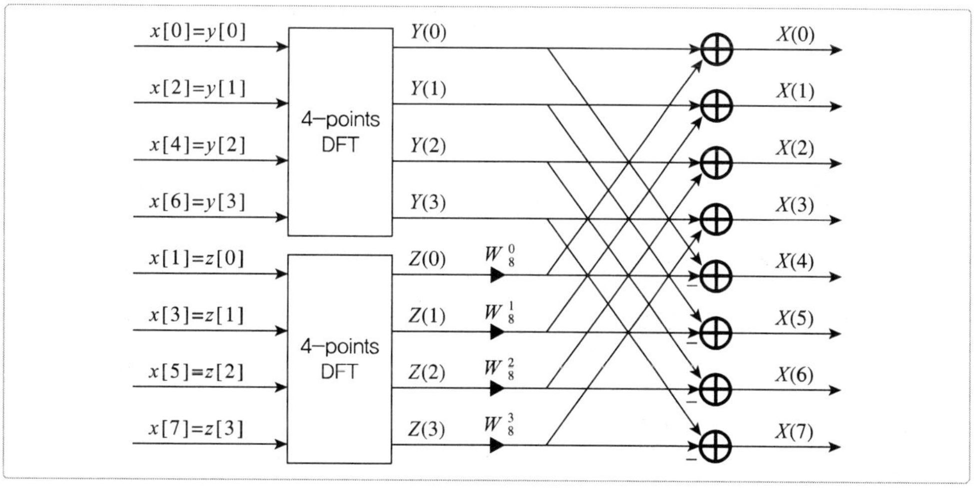

그림 4-20 DIT 구조(4–point DFT를 사용한 8–point DFT)

위의 구조에서 위쪽의 4-point DFT는 다시 다음 그림과 같은 2개의 2-point DFT로 분해될 수 있다.

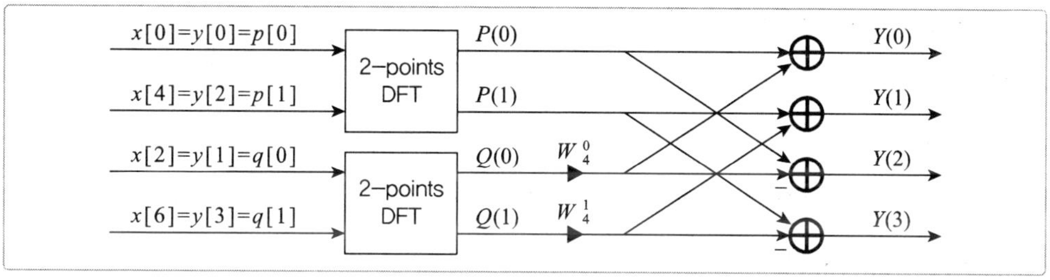

그림 4-21 DIT 구조(2–point DFT를 사용한 4–point DFT)

위의 구조에서 위쪽의 2-point DFT는 다음 그림과 같다.

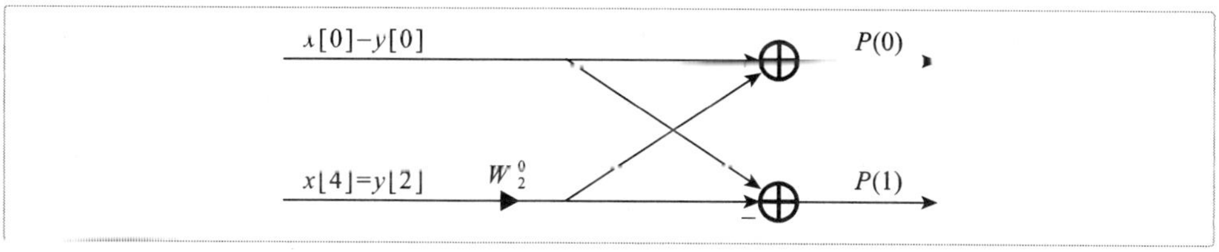

그림 4-22 2 point DFT 구조

지금까지의 분해 과정을 종합하여 8-point DFT를 DIT 방식으로 나타낸 최종의 구조는 다음 그림과 같다.

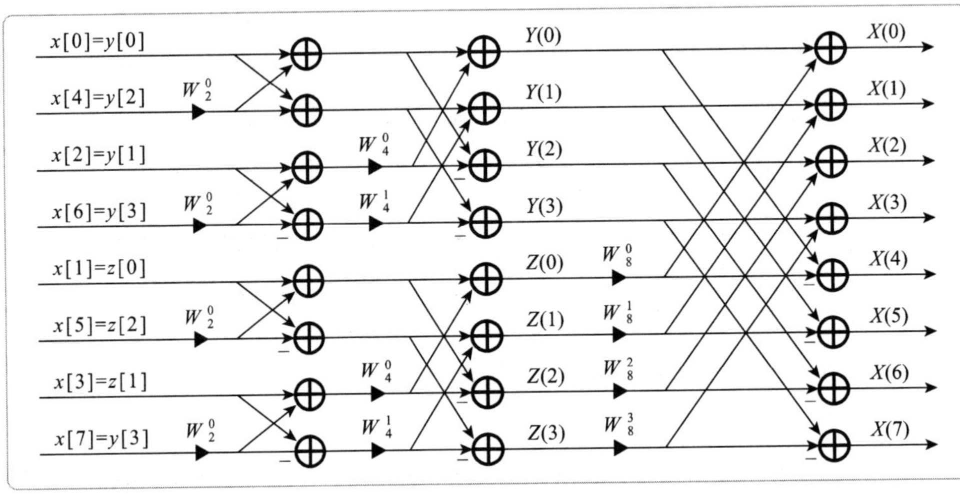

그림 4-23 8-point DFT의 DIT 구조

먼저 DIT 구조의 총 곱셈의 수를 살펴보기로 한다. 곱셈 연산의 수를 위의 8-point DIT 구조에서 살펴보자. 8-point DIT 구조에는 3개의 스테이지가 있고, 각 스테이지에는 W_N^n이 4개씩 있으므로 곱셈은 3×4=12개가 필요하다. 따라서 N-point DFT의 경우에는 스테이지의 수가 $\log_2 N$이고, 각 스테이지의 곱셈의 수는 $N/2$이므로 총 곱셈 연산의 수는 다음과 같다.

$$\text{총 곱셈의 수} = \text{각 스테이지의 곱셈의 수} \times \text{스테이지의 수} = \frac{N}{2}\log_2 N$$

DIT 알고리즘의 시간 영역의 신호가 일반적인 내림차순이 아닌 점을 살펴보기로 한다. 위의 8-point DIT 구조에서 보듯이 주파수 영역 신호인 $X(k)$는 순서가 오름차순으로 정렬되어 있는 데 반하여, 시간 영역의 신호인 $x[n]$은 데시메이션(decimation)되어 있으므로 이 구조를 **DIT**(Decimation-In-Time)라고 부른다. DIT 구조에서 데시메이션되어 있는 순서를 **역비트순**(bit-reversed order)이라고 하며 역비트순의 과정은 다음과 같다.

[1단계] $x[n]$의 n을 2진수로 나타낸다. 이때 총 비트의 수는 N에 의해 결정한다. 예를 들면, $N=8$인 경우에는 총 비트수가 3이 된다.

[2단계] 비트의 순서를 역으로 한다.

[3단계] 비트를 다시 $x[n]$으로 나타낸다.

8-point DIT 경우를 역비트순으로 나타내 보자.

| 표 4-1 | 역비트순의 과정

$x[0]$	000	000	$x[0]$
$x[1]$	001	100	$x[4]$
$x[2]$	010	010	$x[2]$
$x[3]$	011	110	$x[6]$
$x[4]$	100	001	$x[1]$
$x[5]$	101	101	$x[5]$
$x[6]$	110	011	$x[3]$
$x[7]$	111	111	$x[7]$
[1단계]	[2단계]	[3단계]	

이 DIT 구조는 이산신호의 길이가 2의 승수로 표현되는 경우에만 구조가 가능하다.

4.4.2 DIF 방식

DFT의 정의에서 $N=2N_1$인 경우에 이산신호를 앞의 N_1개와 뒤의 N_1개로 나누어 표현할 수 있다.

$$\begin{aligned}X(k) &= \sum_{n=0}^{N-1} x[n]\,W_N^{kn} = \sum_{n=0}^{N_1-1} x[n]\,W_N^{kn} + \sum_{n=N_1}^{N-1} x[n]\,W_N^{kn} \\ &= \sum_{n=0}^{N_1-1} x[n]\,W_N^{nk} + \sum_{m=0}^{N_1-1} x[m+N_1]\,W_N^{(m+N_1)k} \\ &= \sum_{n=0}^{N_1-1} x[n]\,W_N^{nk} + W_N^{N_1k} \sum_{n=0}^{N_1-1} x[n+N_1]\,W_N^{nk} \\ &= \sum_{n=0}^{N_1-1} (x[n]+(-1)^k x[n+N_1])\,W_N^{nk}\end{aligned}$$

위의 식에서 보듯이 k가 짝수일 때와 홀수일 때에 결과 값이 달라지는 것을 알 수 있다. 따라서 $X(k)$를 $X(2r)$의 짝수 DFT와 홀수 DFT로 나누어 값을 구해 보도록 하자. 먼저 짝수 DFT는 다음과 같이 구할 수 있다.

$$X(2r) = \sum_{n=0}^{N_1-1} (x[n] + x[n+N_1])\, W_N^{2rn}$$

$$= \sum_{n=0}^{N_1-1} (x[n] + x[n+N_1])\, W_{N_1}^{rn}$$

$$= \sum_{n=0}^{N_1-1} y[n]\, W_{N_1}^{rn} = Y(r) \quad \text{여기에서} \quad y[n] = x[n] + x[n+N_1]$$

홀수 DFT는 다음과 같이 구할 수 있다.

$$X(2r+1) = \sum_{n=0}^{N_1-1} (x[n] - x[n+N_1])\, W_N^{(2r+1)n}$$

$$= \sum_{n=0}^{N_1-1} W_N^n (x[n] - x[n+N_1])\, W_{N_1}^{rn}$$

$$= \sum_{n=0}^{N_1-1} z[n]\, W_{N_1}^{rn} = Z(r) \quad \text{여기에서} \quad z[n] = W_N^n (x[n] - x[n+N_1])$$

이 식에서 보듯이 N-point DFT는 2개의 N_1-point DFT 식으로 구현할 수 있으며 8-point DFT의 경우에 적용하면 다음 그림과 같다.

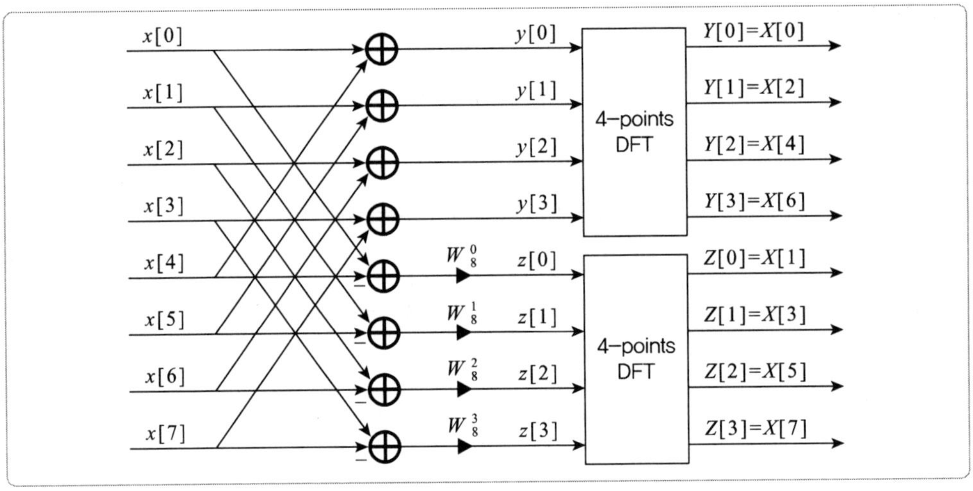

그림 4-24 DIF 구조(4-point DFT를 사용한 8-point DFT)

앞의 구조에는 오른쪽에 2개의 4-point DFT가 있으며, 이 2개의 4-point DFT는 다시 2-point DFT로 같은 방식으로 분해할 수 있다. 이와 같은 분해과정을 종합하여 8-point DFT를 DIF 방식으로 나타낸 최종의 구조는 다음 그림과 같다.

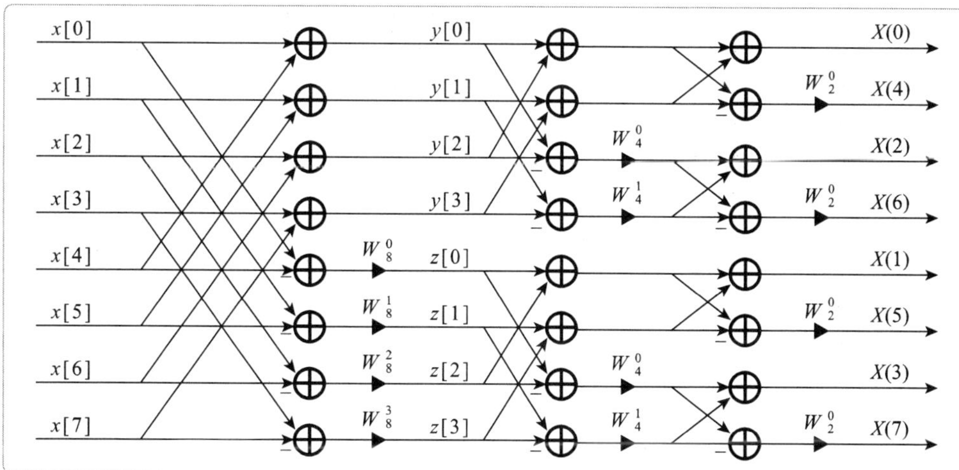

그림 4-25 8-point DFT의 DIF 구조

위의 8-point DIF 구조에서 보듯이 8-point DIT 구조와 곱셈의 수가 같음을 알 수 있다. 따라서 N-point DFT의 경우에 총 곱셈의 수는 $\frac{N}{2}\log_2 N$이다. 또한 8-point DIF 구조에서 보듯이 시간 영역 신호인 $x[n]$은 순서가 오름차순으로 정렬되어 있는 데 반하여, 주파수 영역의 신호인 $X(k)$가 데시메이션되어 있으므로 이 구조를 **DIF**(Decimation-In-Frequency)라고 부른다. DIF 구조에서의 주파수 영역 신호 $X(k)$의 데시메이션되어 있는 순서도 DIT 구조와 마찬가지로 역비트순이다.

다음 그림은 32-point Radix-2 DIF 알고리즘을 보여준다.

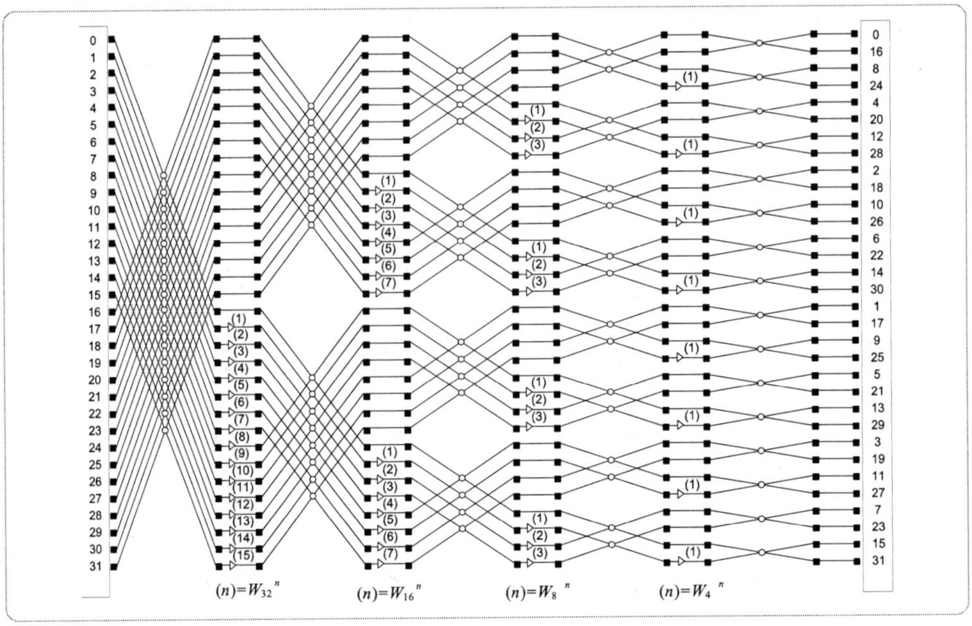

그림 4-26 32-point DFT의 DIF 구조

다음 그림은 64-point Radix-2 DIF 알고리즘을 보여준다.

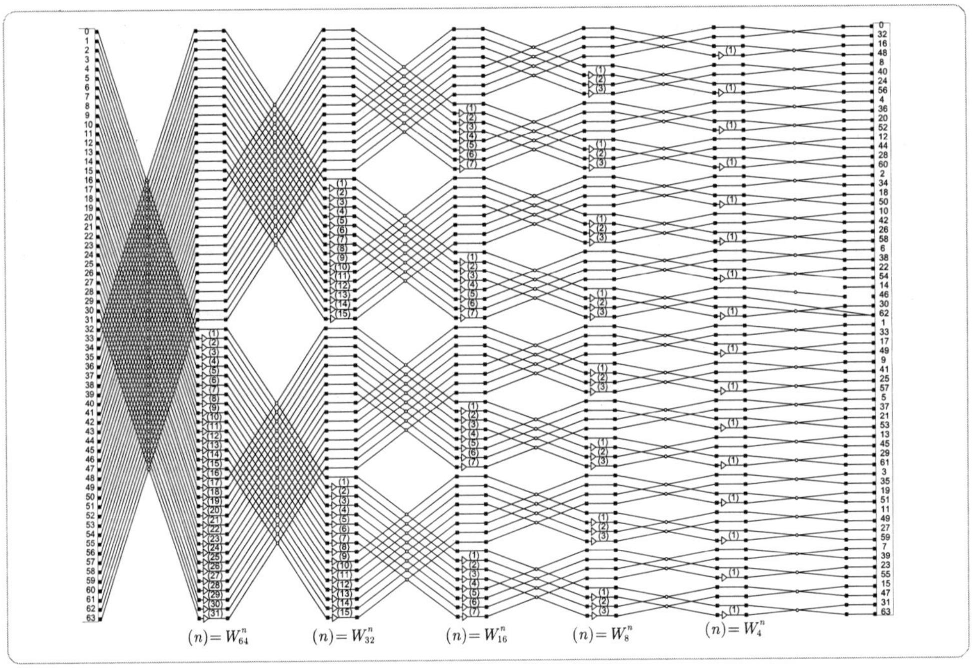

그림 4-27 64-point DFT의 DIF 구조

4.5 역 고속 푸리에변환(Inverse Fast Fourier Transform, IFFT)

IFFT도 FFT와 마찬가지로 DIT와 DIF 등의 고속 변환 구조를 갖는다. 이를 알아보기 위하여 DFT와 IDFT의 식을 다시 보기로 한다.

$$\text{DFT}: \quad X(k) = \sum_{n=0}^{N-1} x[n] W_N^{kn}$$

$$\text{IDFT}: \quad x[n] = \frac{1}{N} \sum_{k=0}^{N-1} X(k) W_N^{-kn}$$

위의 식을 살펴보면 $X(k)$를 구하는 FFT 방식인 DIT나 DIF 구조가 IDFT의 경우에도 그대로 적용될 수 있음을 알 수 있다. 즉, $x[n]$과 $X(k)$의 자리만 바꾸고 곱셈계수 W_N^{kn}을 W_N^{-kn}으로 바꾸면 되므로 DIT나 DIF의 구조를 그대로 사용하면 된다. 스케일 인수 $1/N$은 각 스테이지에서 1/2의 곱을 수행하는 것이 일반적인 방법이다. 이것은 곱셈의 하드웨어를 필요로 하지 않으며, 비트로 구성된 수를 한 비트만큼 우측으로 쉬프트시켜서 값을 반으로 줄이는 방법을 사용하면 된다.

4.6 FFT 응용: LTE OFDM 통신

4.6.1 OFDM 통신 개요

OFDM(Orthogonal Frequency Division Multiplexing, 직교 주파수분할 다중화) **통신 방식**은 다음과 같은 통신 시스템 표준에 사용되고 있는 중요한 통신 방식이다.

- LTE(Long Term Evolution)

그림 4-28 LTE 스마트폰

- WiFi
- DMB(Digital Multimedia Broadcasting)

그림 4-29 DMB

- WiBro

이 OFDM 방식은 **FDM**(Frequency Division Multiplexing, 주파수분할 다중화) **방식**과 비교하여 다음과 같은 특징이 있다.

OFDM과 FDM의 비교

- 두 방식은 모두 주파수 대역에 정보를 실어 보낸다는 공통점이 있다.
- FDM 방식은 보통 수 개의 부반송파를 사용하며 각각의 부반송파도 비교적 넓은 대역폭을 사용한다. 예를 들면, 20 MHz의 WCDMA FDM 방식에서는 4개의 부반송파를 사용하며 각 부반송파의 대역폭은 5 MHz의 대역을 갖고 있다. 이와 비교하여 OFDM 방식은 보통 수백 개의 부반송파를 사용하며 각각의 부반송파의 대역폭이 좁다.
- FDM 방식에서는 신호를 다중화하는 반면에 OFDM 방식에서는 샘플(변조 심볼)을 다중화하는 점도 다르다.

OFDM 통신의 일반적인 블록도는 다음 그림과 같다.

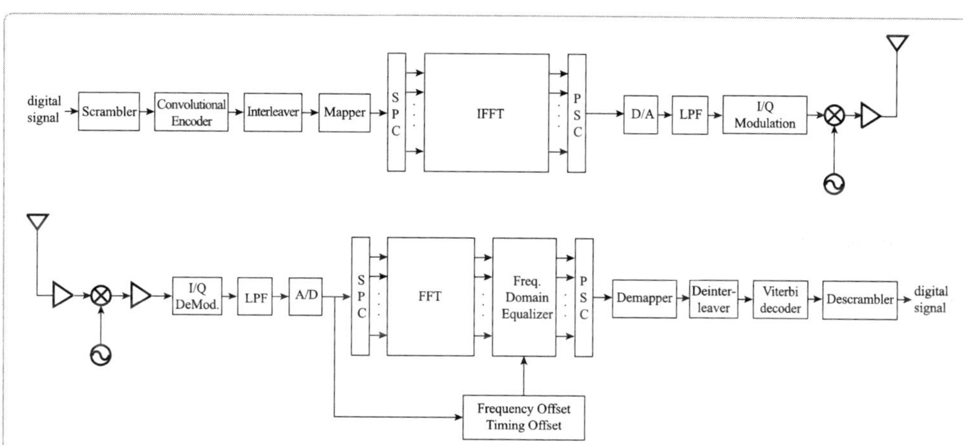

그림 4-30 OFDM 통신 시스템의 블록도

OFDM 방식을 사용하는 LTE, WiFi, DMB 등 각각의 표준마다 사양이 다르지만 위의 그림은 일반적인 OFDM 통신 시스템의 블록도이다. 송신부로 입력되는 신호는 음성, 오디오, 사진, 동영상 등의 멀티미디어 데이터이다.

4.6.2 OFDM 송수신 모델

OFDM 통신 시스템의 송수신 블록도는 다음 그림과 같다.

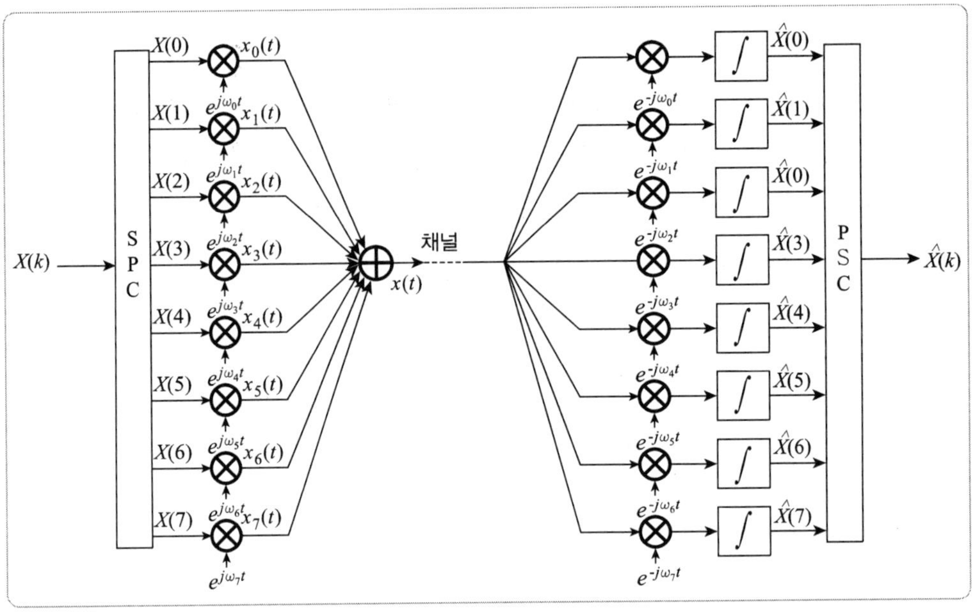

그림 4-31 OFDM 변복조 모델

위의 그림의 OFDM 변복조 모델에서 어떻게 데이터가 전송되는지 알아보기로 한다. 주파수 영역 복소 샘플 $X(k)$는 SP 변환기를 통해 병렬화된다. 실제 OFDM에서는 64에서 8192까지 넓게 병렬화되지만 그림에서는 8개로 병렬화하였다. 따라서 k번째 채널의 출력은 다음과 같이 나타내어진다.

$$x_k(t) = X(k)e^{j\omega_k t}$$

변조기의 최종 출력신호 $x(t)$는 다음과 같이 나타낼 수 있다.

$$x(t) = \sum_{k=0}^{N-1} x_k(t) = \sum_{k=0}^{N-1} X(k)e^{j\omega_k t}$$

이제 이 신호가 복조기에서 어떻게 복조되는지 알아보기로 한다. 복조기의 첫 번째 적분기 출력은 다음과 같이 나타낼 수 있다.

$$\widehat{X}(0)=\int_0^{T_u}\sum_{k=0}^{N-1}X(k)e^{j\omega_k t}e^{-j\omega_0 t}dt=\sum_{k=0}^{N-1}X(k)\int_0^{T_u}e^{j\omega_k t}e^{-j\omega_0 t}dt=X(0)$$

위의 식에서 ω_k는 ω_0의 체배 주파수이다. 따라서 $e^{j\omega_k t}$는 직교함수이므로 적분값은 k와 0일 때만 값을 갖는다. 따라서 l번째 적분기 출력은 다음과 같다.

$$\widehat{X}(l)=\int_0^{T_u}\sum_{k=0}^{N-1}X(k)e^{j\omega_k t}e^{-j\omega_l t}dt=\sum_{k=0}^{N-1}X(k)\int_0^{T_u}e^{j\omega_k t}e^{-j\omega_l t}dt=X(l)$$

송수신 블록도에서 보듯이 샘플들이 직교성을 이용하여 송수신됨을 알 수 있다.

4.6.3 FFT를 사용한 OFDM 시스템 구현

그림 4-31의 OFDM 블록을 통하여 정보신호의 샘플들이 수신부에서 완벽하게 복원되는 것은 보았지만 의문이 남는다. 즉, "왜 송신부에서 정보신호(1 또는 0으로 생각해도 된다)들을 병렬화하여 각각을 변조한 후에 다시 합쳐서 송신하는가?" 하는 의문이다. 이와 같이 변환시킨 신호는 각 정보신호 간에 간섭이 없는 신호로 바뀌기 때문이다. 즉, 그림 4-31의 시스템은 IFFT라고 불리는 변환을 통하여 정보신호 간에 간섭이 없는 내우 효율적인 신호로 변환된다. 이를 요약하면 다음과 같다.

- 그림 4-31의 OFDM 통신 시스템은 정보 샘플의 완전 복원 시스템이다.
- 디지털 샘플들이 송신이 용이한 아날로그 신호로 변환된다.
- IFFT와 D/A 변환기를 사용하여 쉽게 구현된다.
- 송신부의 변환을 통하여 샘플 간 간섭이 없는 강인한 신호로 변환된다.

그림 4-31의 OFDM 블록도가 어떻게 IFFT를 사용하여 구현되는지 알아본다. 먼저 변조기 출력 $x(t)$의 샘플링 버전을 살펴보자. 즉, $x(t)$의 원 식에 $t=nT_s$, $\omega_k=2\pi k\Delta f$를 대입하면 다음의 샘플링 버전 출력을 얻는다.

$$x(nT_s)=\sum_{k=0}^{N-1}X(k)e^{j2\pi k\Delta f n T_s}$$

이 식에서 다음의 관계식을 얻는다.

$$\Delta f\,T_s=\frac{\Delta f}{f_s}=\frac{1}{N}$$

예를 들어, f_s가 10.24 MHz이고 Δf가 10 KHz이면 N은 1024가 된다. 이 관계식을 대입하면 다음과 같다.

$$x(nT_s) = \sum_{k=0}^{N-1} X(k) e^{j2\pi k \Delta f n T_s} = \sum_{k=0}^{N-1} X(k) e^{j\frac{2\pi}{N}kn}$$

이 식은 IDFT의 정의와 같다. 즉, $X(k)$를 IFFT를 사용하여 $x(nT_s)$를 얻고 D/A 변환기를 사용하여 최종 출력 $x(t)$를 얻을 수 있다. 따라서 변조기 OFDM 블록의 출력신호는 IFFT와 D/A 변환기로 효과적으로 구현됨을 알 수 있다.

이 개념을 그림을 통해서 알아보기로 한다. SP 변환기를 통해 병렬화된 복소 샘플 $X(k)$는 매퍼 블록의 출력이다. 이 매퍼 출력 $X(0)$부터 $X(7)$까지의 신호는 펄스신호로 간주할 수 있으며, 따라서 이 펄스의 스펙트럼은 sinc 함수가 된다. 이 펄스의 주파수 shifting 성질은 다음과 같다.

$$x(t)e^{j\omega_0 t} \leftrightarrow X(\omega - \omega_0)$$

이 성질과 같이 sinc 함수의 스펙트럼이 ω_0만큼 오른쪽으로 쉬프트된다. 따라서 8개의 채널에서 $e^{j\omega_0 t}$부터 $e^{j\omega_7 t}$로 변조시키면 스펙트럼의 모양은 다음과 같다.

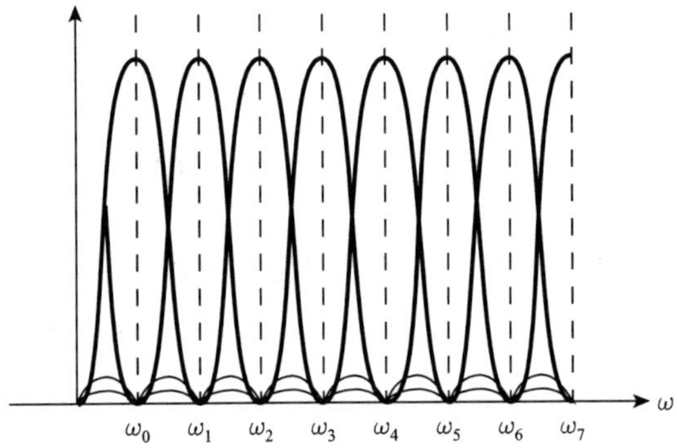

그림 4-32 OFDM 변조기 출력의 스펙트럼

이 스펙트럼을 살펴보면 sinc 함수의 zero crossing 지점에서는 서로 간섭이 없음을 볼 수 있다. 즉, IFFT를 사용하여 $2\pi/N$ 지점에서만 샘플하면 간섭이 전혀 없음을 알 수 있다.

복조기에서는 수신된 $x(t)$를 A/D 변환기를 사용하여 $x(nT_s)$를 얻고 DFT를 통해 다음과 같이 $X(k)$를 얻는다.

$$X(k) = \sum_{k=0}^{N-1} x(nT_s) e^{-j\frac{2\pi}{N}kn}$$

이 식에서도 알 수 있듯이 복조기의 OFDM 블록은 A/D 변환기와 FFT 블록을 사용하여 효과적으로 구현된다. 그림 4-31의 OFDM 변복조 모델은 다음 그림과 같이 IFFT와 FFT 그리고 A/D 변환기와 D/A 변환기 등을 사용하여 구현되어진다.

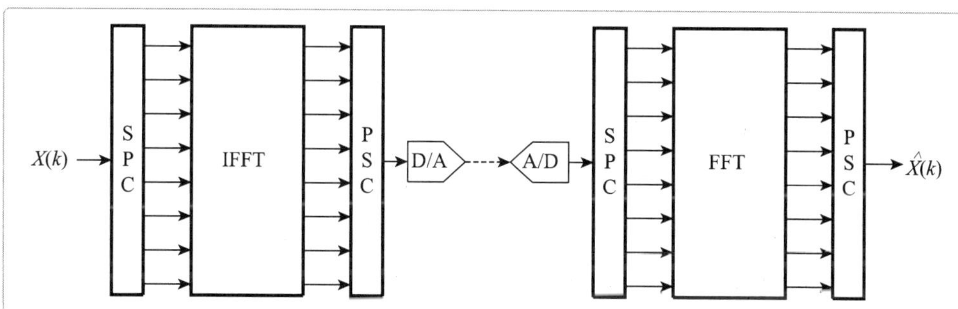

그림 4-33 OFDM 변복조기의 IFFT/FFT 구현

연습문제

1. 다음과 같이 길이가 4인 두 개의 신호가 있다.

$$x[n] = \cos\frac{n\pi}{2}, \qquad n = 0,\ 1,\ 2,\ 3$$
$$h[n] = 2^n, \qquad n = 0,\ 1,\ 2,\ 3$$

(a) 원형 컨볼루션을 통하여 $y[n] = h[n] \textcircled{4} x[n]$을 계산하시오.

(b) $x[n]$의 4-point DFT $X(k)$를 계산하시오.

(c) $h[n]$의 4-point DFT $H(k)$를 계산하시오.

(d) $H(k)$와 $X(k)$를 곱하여 $Y(k)$를 계산하시오.

(e) $Y(k)$의 역 DFT를 통하여 $y[n]$을 계산하시오.

2. 이산신호 $x[n] = 0.5^n u[n]$의 DTFT를 $X(e^{j\omega})$라고 하자. 그리고 $y[n]$은 길이가 10인 이산신호이다(즉, $y[n] = 0,\ \text{for}\ n < 0,\ n \geq 10$). 이 $y[n]$의 10-point DFT인 $Y(k)$는 $X(e^{j\omega})$의 0에서 2π까지의 등 간격 표본이다. 즉,

$$Y(k) = X(e^{j\frac{2\pi}{10}k}), \quad k = 0,\ 1,\ \cdots,\ 9$$

$y[n]$을 구하시오.

3. 길이가 6인 2개의 이산신호 $x[n]$과 $y[n]$이 있다(즉, $x[n] = y[n] = 0,\ \text{for}\ n < 0,\ n \geqq 6$). 이 두 신호의 6-point DFT를 각각 $X(k)$와 $Y(k)$라고 하자. 그리고 이 두 DFT의 곱인 $U(k) = X(k)Y(k)$의 역 DFT $u[n]$은 다음과 같다.

$$u[n] = 21, \quad \text{for}\ n = 0,\ 1,\ 2,\ 3,\ 4,\ 5$$

그리고 $x[n]$과 $y[n]$의 9-point DFT를 각각 $X_1(k)$와 $Y_1(k)$라고 하자. 이 두 DFT의 곱인 $U_1(k) = X_1(k)Y_1(k)$의 역 DFT $u_1[n]$은 다음과 같다.

$$u_1[n] = \{\underset{\uparrow}{9},\ 12,\ 15,\ 18,\ 20, 21,\ 15,\ 10,\ 6\ \}$$

위의 $u[n]$과 $u_1[n]$을 사용하여 $x[n]$과 $y[n]$의 컨볼루션 $w[n]$을 구하시오.

4. 다음과 같이 길이가 4인 이산신호 $x[n]$이 있다.

$$x[n] = \{\underset{\uparrow}{0},\ a,\ b,\ c\ \}$$

위의 $x[n]$을 4-point DFT한 것이 $X(k)$이다. $Y(k) = \{X(k)\}^2$이라고 정의한다. 이 $Y(k)$의 역 DFT는 $y[n]$이며 다음과 같다. $x[n]$을 구하시오.

$$y[n] = \{\underset{\uparrow}{5},\ 2,\ 5,\ 4\ \}$$

5. DIT 구조를 사용하여 8-point 역 DFT 구조를 만드시오(즉, 구조의 오른쪽에 $x[n]$을 위치시키고 왼쪽으로 진행하면서 구조를 만드시오).

6. DIT 구조를 사용하여 8-point 역 DFT 구조를 만드시오(즉, 구조의 왼쪽에 $X(k)$를 위치시키고 오른쪽으로 진행하면서 구조를 만드시오).

7. 어느 디지털 시스템의 입력신호 $x[n]$과 임펄스 응답 $h[n]$은 다음과 같다. Overlap-add 방식을 사용하여 출력을 구하려고 한다. 물음에 답하시오.

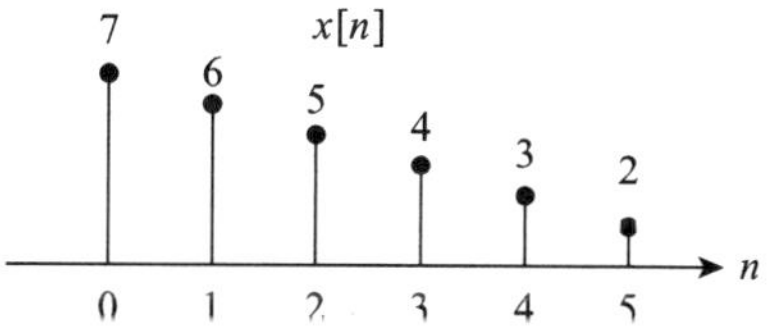

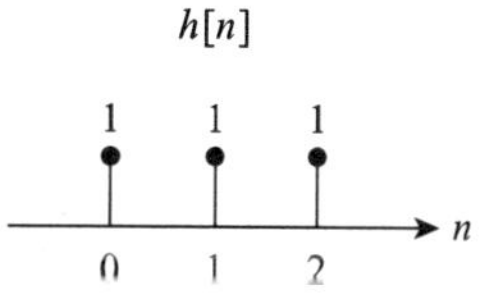

(a) $x[n]$을 2개씩 잘라서 overlap-add 방식을 적용하려고 한다. 각각의 입력신호 $x_0[n]$, $x_1[n]$, $x_2[n]$과 $h[n]$의 원형 컨볼루션한 출력신호 $y_0[n]$, $y_1[n]$, $y_2[n]$을 구하고 그리시오.

(b) 전체 출력 $y[n]$을 $y_0[n]$, $y_1[n]$, $y_2[n]$을 사용하여 구하시오.

8. 어느 디지털 시스템의 입력신호 $x[n]$과 임펄스 응답 $h[n]$은 연습문제 4-7과 같다. Overlap-save 방식을 사용하여 출력을 구하려고 한다. 물음에 답하시오.

(a) $x[n]$을 4개씩 사용하여 overlap-save 방식을 적용하려고 한다. 각각의 입력신호 $x_0[n]$, $x_1[n]$, $x_2[n]$과 $h[n]$의 원형 컨볼루션한 출력신호 $y_0[n]$, $y_1[n]$, $y_2[n]$을 구하고 그리시오.

(b) 전체 출력 $y[n]$을 $y_0[n]$, $y_1[n]$, $y_2[n]$을 사용하여 구하시오.

9. 다음과 같이 길이가 4인 디지털 신호 $x[n]$이 있다. 물음에 답하시오.

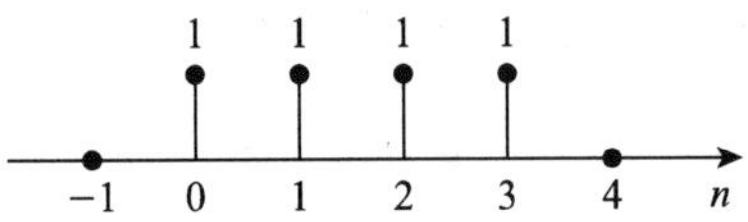

(a) 진폭 스펙트럼 $|X(e^{j\omega})|$를 구하고 그리시오(0에서 2π까지 그리시오).

(b) $x[n]$에 대한 4-point DFT의 스펙트럼 $|X(k)|$를 구하고 그리시오($k=0$, 1, 2, 3).

(c) 위의 경우를 보고 DTFT와 DFT의 관계를 기술하시오.

10. $x[0]$부터 $x[15]$의 신호를 16-point DFT를 하기 위해서 DIT의 FFT를 사용하였다. 변환된 DFT 계수 $X(0)$부터 $X(15)$의 순서를 기술하시오.

11. 512개의 디지털 신호 샘플이 있다. 물음에 답하시오.

(a) DFT를 수행하는 데 몇 개의 곱셈이 필요한가?

(b) DIT의 FFT를 수행하는 데 몇 개의 곱셈이 필요한가?

(c) DIT를 사용하면 곱셈을 몇 % 감소시킬 수 있는가?
(단, 1도 한 개의 곱셈으로 간주하고, 복소수 곱셈을 한 개의 곱셈으로 간주하시오.)

12. OFDM 통신 시스템의 송수신 모델은 다음 그림과 같다.

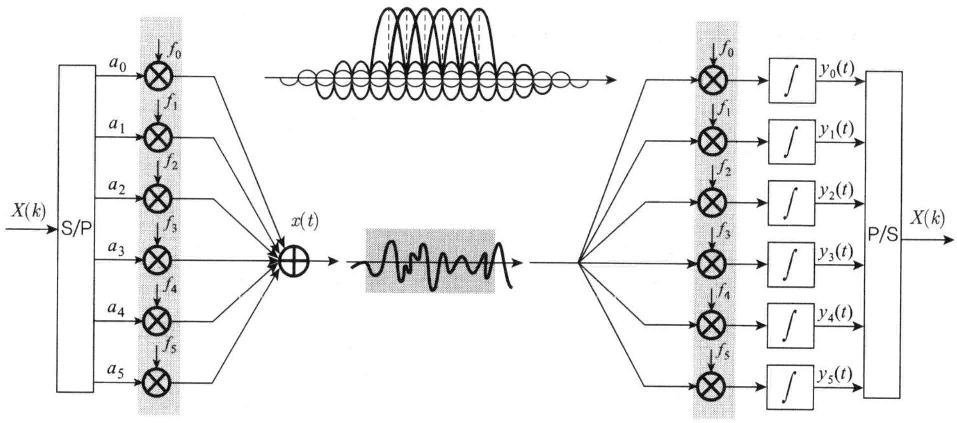

송신단 a_k의 모양과 그 스펙트럼의 모양은 다음 그림과 같다.

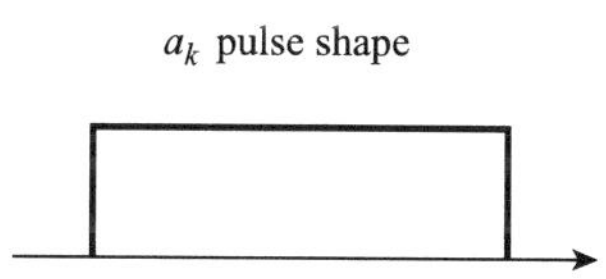

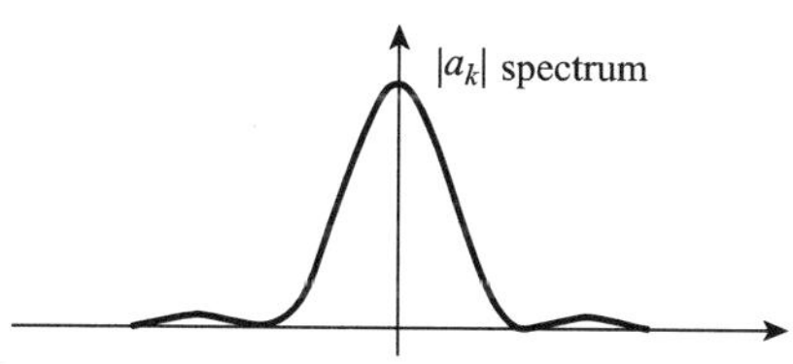

변조된 송신신호 $x(t)$는 다음과 같이 나타낼 수 있다(송신단의 $f_k = e^{j\omega_k t}$).

$$x(t) = \sum_{k=0}^{5} x_k(t) = \sum_{k=0}^{5} a_k e^{j\omega_k t}$$

수신신호 $y_0(t)$, $y_1(t)$, $y_2(t)$, $y_3(t)$, $y_4(t)$, $y_5(t)$를 구하시오(수신단의 $f_k = e^{-j\omega_k t}$).

13. FFT 블록은 OFDM 통신 시스템의 한 블록이다. 다음과 그림과 같은 DIF 방식의 8-point FFT 블록을 보고 물음에 답하시오($W_N = e^{-j\frac{2\pi}{N}}$).

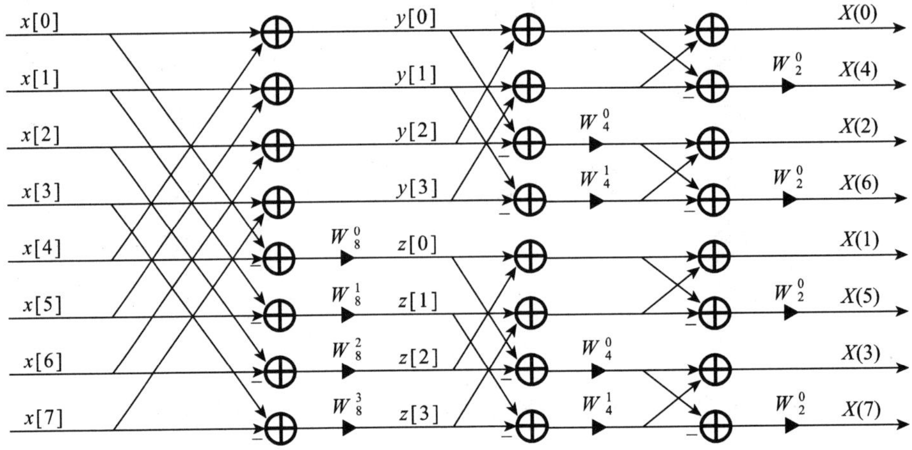

입력신호는 다음과 같다.

$$x[0]=5,\ x[1]=4,\ x[2]=3,\ x[3]=2,$$

$$x[4]=4,\ x[5]=3,\ x[6]=2,\ x[7]=1$$

$X(0)$부터 $X(7)$까지의 출력을 구하시오.

CHAPTER 05

z 변환

5.1 z 변환의 정의
5.2 유한 길이 신호의 z 변환 해석: 극점과 영점과 수렴영역
5.3 무한 길이 신호의 z 변환 해석: 극점과 영점과 수렴영역
5.4 z 변환의 성질
5.5 역 z 변환
5.6 z 변환의 용도

z 변환은 디지털 신호처리 시스템의 주파수 영역 해석에 사용되는 중요한 도구이며 DTFT를 일반화시킨 주파수 영역 변환 방법이다. 따라서 DTFT로 변환되지 못하는 디지털 신호들까지 주파수 영역으로 변환시킴으로써 디지털 신호처리 분야에서 DTFT보다 더 많이 사용되며 다음과 같은 용도가 있다.

- 필터의 안정도를 판별하는 데 사용한다.
- 필터의 종류를 판별하는 데 사용한다.
- 다양한 디지털 필터 구조를 만드는 데 사용한다.
- 필터 구조에서 전달함수를 찾을 때에 사용한다.
- 전달함수에서 차분방정식을 찾을 때에 사용한다.
- 필터의 출력을 계산하는 데 사용한다.

이와 같은 z 변환의 용도는 5.6절에서 자세히 알아보기로 한다.

5.1 z 변환의 정의

5.1.1 DTFT의 일반화에 의한 정의

3장에서 신호가 가지고 있는 주파수 성분을 분석하여 시스템을 해석하는 방법을 살핀 바 있다. 그러나 모든 디지털 신호가 스펙트럼, 즉 DTFT를 갖는 것은 아니기 때문에 스펙트럼을 사용해서 시스템을 해석하는 데에는 한계가 있다. 그러나 z 변환은 모든 디지털 신호에 대하여 주파수 영역을 표현하는 도구이므로 매우 유용하게 사용된다. 먼저 DTFT를 갖는 디지털 신호와 DTFT를 갖지 않는 디지털 신호를 비교하여 z 변환의 필요성을 알아보자. 임펄스 응답도 디지털 신호이므로 다음과 같은 임펄스 응답을 보자.

$$h_1[n] = 0.5^n u[n]$$

위의 임펄스 응답에 대한 DTFT는 다음과 같다.

$$H_1(e^{j\omega}) = \sum_{n=0}^{\infty} 0.5^n e^{-j\omega n} = \sum_{n=0}^{\infty} \{0.5e^{-j\omega}\}^n$$

위의 식은 등비수열임을 알 수 있다. 따라서 위의 수열이 합을 갖기 위해서는 공비의 절댓값이 1보다 작아야 하므로 이를 검사해 보면 다음과 같다.

$$|0.5(e^{j\omega})^{-1}| = \left|\frac{0.5}{e^{j\omega}}\right| = \left|\frac{0.5}{\cos\omega + j\sin\omega}\right|$$

위의 식에서 보듯이 $\cos\omega + j\sin\omega$는 복소평면 가운데 단위원을 의미하므로 절댓값은 항상 1이다. 따라서 위 식의 절댓값은 0.5이므로 $H_1(e^{j\omega})$를 다음과 같이 등비수열의 합을 구하는 식을 이용하여 구할 수 있다.

$$H_1(e^{j\omega}) = \sum_{n=0}^{\infty} \{0.5e^{-j\omega}\}^n = \frac{1}{1-0.5e^{-j\omega}}$$

위의 식은 예제의 디지털 신호가 복소평면의 단위원에서 정의되는 스펙트럼으로 변환되었음을 의미한다. 이번에는 다음과 같은 디지털 신호를 살펴보자.

$$h_2[n] = 2^n u[n]$$

위의 임펄스 응답을 DTFT의 정의에 넣어보면 다음과 같다.

$$H_2(e^{j\omega}) = \sum_{n=0}^{\infty} 2^n e^{-j\omega n} = \sum_{n=0}^{\infty} \{2\ e^{-j\omega}\}^n$$

위의 식도 등비수열이므로 합을 갖기 위해서는 공비의 절댓값이 1보다 작아야 하므로 이를 검사해 보면 다음과 같다.

$$|2(e^{j\omega})^{-1}| = \left|\frac{2}{e^{j\omega}}\right| = \left|\frac{2}{\cos\omega + j\sin\omega}\right|$$

위의 식에서 $\cos\omega + j\sin\omega$의 절댓값은 항상 1이므로 위 식의 절댓값은 2가 된다. 공비가 2인 등비수열은 합을 구할 수 없으므로 DTFT가 존재하지 않음을 알 수 있다. 디지털 신호처리에서는 항상 **안정 시스템**(stable system)만을 다루는 것이 아니므로 위와 같은 **불안정 시스템**(unstable system)의 임펄스 응답에 대한 주파수 해석도 필요하다. 위의 등비수열이 합을 갖게 하기 위해서 공비를 다음과 같은 방법으로 1보다 작게 할 수 있다.

$$|2(re^{j\omega})^{-1}| = \left|\frac{2}{re^{j\omega}}\right| = \left|\frac{2}{r(\cos\omega + j\sin\omega)}\right|$$

위의 식에서 $\cos\omega + j\sin\omega$의 절댓값은 항상 1이므로 r의 값이 2보다 크면 공비가 1보다 작아짐을 알 수 있다. 이와 같은 방법으로 발산하는 디지털 신호에 대하여도 주파수 영역의 변환이 가능하다. 이를 구하면 다음과 같다.

$$H_2(re^{j\omega}) = \sum_{n=0}^{\infty} 2^n (re^{j\omega})^{-n} = \sum_{n=0}^{\infty} \{2\ (re^{j\omega})^{-1}\}^n = \frac{1}{1-2(re^{j\omega})^{-1}}$$

위의 두 예제를 통하여 불안정 시스템의 임펄스 응답도 주파수 영역의 변환이 가능함을 보았다. 디지털 신호를 복소평면이 단위원인 $e^{j\omega}$에서의 복소함수로 변환시키는 것을 DTFT라고 하는데, DTFT를 갖지 못하는 디지털 신호도 복소평면 $re^{j\omega}$로 변환시키는 것은 가능하다. 이는 DTFT의 일반화로 간주할 수 있으며 $z = re^{j\omega}$를 사용하여 z 변환이라고 부른다.

$$\text{DTFT}\quad : x[n] \xleftrightarrow{\text{DTFT}} X(e^{j\omega}) = \sum_{n=-\infty}^{\infty} x[n]e^{-j\omega n}$$

$$z \text{ 변환: } x[n] \overset{z}{\longleftrightarrow} X(z) = \sum_{n=-\infty}^{\infty} x[n] z^{-n}$$

아날로그 신호 $x(t)$의 라플라스 변환인 $X(s)$에서는 $s = \sigma + j\omega$로서 직각좌표의 복소함수로 나타내는 데 반하여, 디지털 신호 $x[n]$의 z 변환인 $X(z)$에서는 $z = re^{j\omega}$로서 극좌표의 복소함수로 변환되는 차이를 볼 수 있다.

5.1.2 전달함수에 의한 정의

DTFT를 정의할 때에, 임펄스 응답 $h[n]$의 주파수 응답을 정의한 후에 일반 디지털 신호들에 대한 DTFT의 정의와 성질을 알아보았다. DTFT의 일반화인 z 변환도 마찬가지로 우선 $h[n]$의 z 변환인 **전달함수**(transfer function)에 대해서 정의한 후에 일반 디지털 신호에 대한 z 변환으로 넘어가는 방법이 많이 사용된다. 따라서 다음 그림 5-1과 같은 디지털 신호처리 시스템에서 전달함수가 어떻게 정의되는지를 먼저 알아보기로 한다.

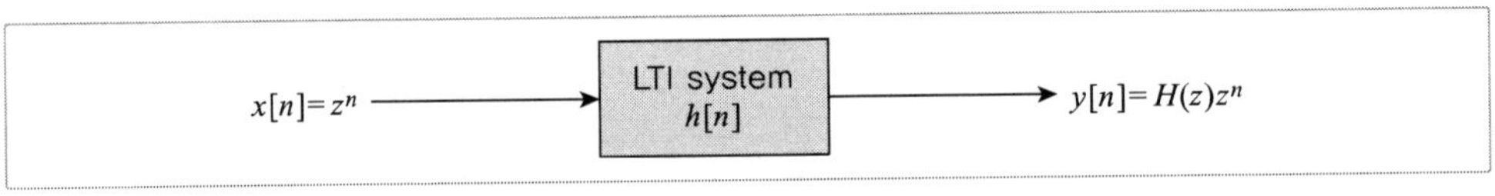

그림 5-1 디지털 신호처리 시스템의 블록도

주파수 응답을 정의할 때, 시스템의 입력으로 $e^{j\omega n}$을 사용하였다. 그림 5-1에서는 입력을 더욱 일반화시켜서 z^n을 입력시켜 보자. z^n의 신호는 전달함수를 정의하기 위한 수단이며 실제로 디지털 신호처리에서 사용되는 신호는 아니다. LTI시스템에서 출력은 디지털 컨벌루션으로 구할 수 있으므로 출력 $y[n]$은 다음과 같다.

$$\begin{aligned} y[n] &= \sum_{k=-\infty}^{\infty} h[k] x[n-k] = \sum_{k=-\infty}^{\infty} h[k] z^{(n-k)} \\ &= z^n \sum_{k=-\infty}^{\infty} h[k] z^{-k} \\ &= H(z) z^n \end{aligned}$$

위의 식에서 보듯이 출력신호 $y[n]$은 입력신호 z^n과 $H(z)$의 곱으로 표시될 수 있다.

이 $H(z)$를 시스템의 전달함수라고 부르며 다음과 같이 정의한다.

$$H(z) = \sum_{n=-\infty}^{\infty} h[n]z^{-n}$$

이와 같은 임펄스 응답에 대한 변환을 모든 디지털 신호에 대하여도 적용할 수 있으며, 위의 $h[n]$ 대신에 일반 디지털 신호가 들어가면 z 변환이라고 부른다. z 변환은 아날로그 신호처리 시스템을 해석하는 일반화된 방법인 라플라스 변환에 해당하는 디지털 신호처리 시스템의 변환 방법이며, 다음의 표 5-1을 통하여 관계를 요약한다.

| 표 5-1 | 아날로그 신호와 디지털 신호의 주파수 영역 변환

	아날로그 신호 $x(t)$	디지털 신호 $x[n]$
푸리에변환	CTFT: $X(\omega)$ ($h(t)$의 CTFT를 주파수 응답 $H(\omega)$로 정의)	DTFT: $X(e^{j\omega})$ ($h[n]$의 DTFT를 주파수 응답 $H(e^{j\omega})$로 정의)
푸리에변환의 일반화	라플라스 변환: $X(s)$ ($h(t)$의 라플라스 변환을 전달함수 $H(s)$로 정의)	z 변환: $X(z)$ ($h[n]$의 z 변환을 전달함수 $H(z)$로 정의)

5.2 | 유한 길이 신호의 z 변환 해석: 극점과 영점과 수렴영역

유한 길이의 신호에 대한 z 변환을 통하여 신호와 시스템을 해석하는 방법을 알아보자. 유한 길이의 신호가 다음과 같을 때에, z 변환을 구해 보자.

$$x[n] = \frac{1}{3}\delta[n] + \frac{1}{3}\delta[n-1] + \frac{1}{3}\delta[n-2]$$

특히, 위의 유한 길이의 신호가 임펄스 응답인 경우에는, 3장에서 주파수 응답을 분석하였으며 저역통과 필터임을 이미 알고 있다. 이 유한 길이의 신호에 대한 z 변환은 다음과 같다.

$$X(z) = \sum_{n=-\infty}^{\infty} x[n]z^{-n} = \frac{1}{3}(1 + z^{-1} + z^{-2}) = \frac{z^2 + z^1 + 1}{3z^2}$$

이와 같이 z 변환은 분자 다항식과 분모 다항식의 비로 표시된다. 이 z 변환의 분자 다항식을 0으로 만드는 복소평면의 좌표를 **영점**(zero)이라고 하며, 분모 다항식을 0으로 만드는 복소평면의 좌표를 **극점**(pole)이라고 부른다. 극점의 물리적인 의미는 z 변환의 함수 값이 무한대가 되는 복소평면의 좌표이다. 영점의 의미는 역시 마찬가지로 z 변환의 함수 값이 0이 되는 z 평면의 좌표이다. 위의 z 변환의 영점과 극점을 구해보면 다음과 같다.

- 영점: $z=-0.5 \pm j\ 0.866$
- 극점: $z=0$

이와 같이 구한 영점과 극점을 복소평면에 표기할 때에, 다음 그림 5-2와 같이 영점은 ●로 극점은 ×로 표기한다.

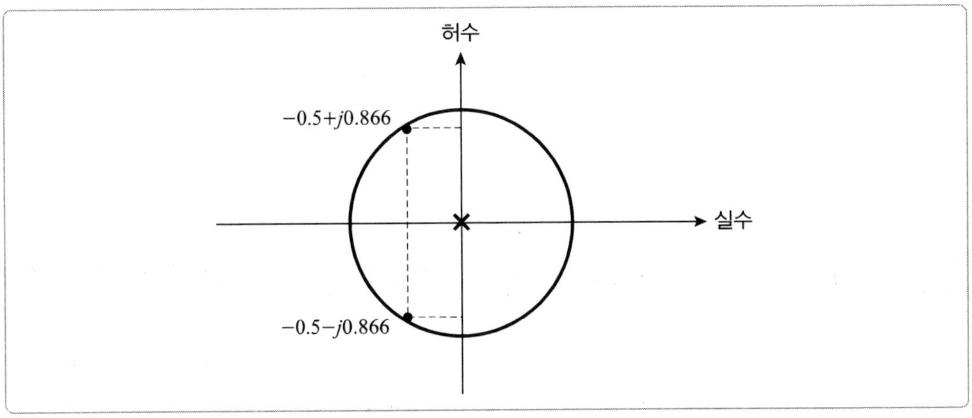

그림 5-2 예제의 영점, 극점, 수렴영역

위의 z 변환은 극점을 제외한 모든 복소평면에서 그 값을 구할 수 있다. 이와 같이 z 변환이 존재하는 복소평면의 영역을 **수렴영역**(Region Of Convergence, ROC)이라고 정의하며 그림 5-2에서 빗금으로 표기된 원점을 제외한 전 복소평면이 여기에 해당한다. 디지털 신호에 대한 z 변환은 신호를 복소평면의 3차원 형상으로 변환시키는데, 2차원 평면에 그 정보를 표현하기 위해서 영점, 극점, 그리고 수렴영역을 사용하는 것이 편리하다.

위의 극점-영점도에서 저역통과 필터의 주파수 응답을 상상할 수 있다. $z=1(\omega=0)$

인 점과 $z=-1(\omega=\pi)$인 점에서의 z 변환의 값을 구해보면 각각 1과 1/3임을 알 수 있다. 위의 극점-영점도를 이용하면 다음과 같은 중요한 세 점의 값을 알 수 있다.

$$\omega = 0 : H(z) = 1$$

$$\omega = \frac{2\pi}{3} : H(z) = 0$$

$$\omega = \pi : H(z) = 1/3$$

위의 세 점에서의 값은 주파수 응답의 세 점에서의 값과 일치한다. 이와 같이 임펄스 응답의 z 변환인 전달함수에서 극점-영점도를 관찰하면 쉽게 필터의 종류를 판단할 수 있다.

그러나 요즈음은 컴퓨터 그래픽의 발전으로 z 변환을 직접 3차원 형상으로 표현하는 경우도 많다. 즉, z 변환은 복소평면에서 정의되는 복소함수이므로 3차원 형상으로 $|X(z)|$를 나타낼 수 있다. 예제의 $|X(z)|$는 그림 5-3과 같다.

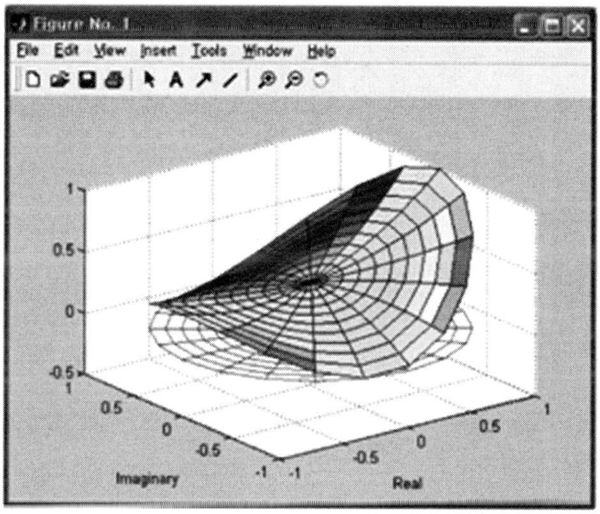

그림 5-3 예제의 $|X(z)|$

위의 $|X(z)|$를 그리기 위한 MATLAB 프로그램은 다음과 같다.

```
z=cplxgrid(10);
cplmap(z, (1/3) + (1/3 *z.^1)+(1/3 * z.^2));
xlabel('Real', 'FontSize', 10);
ylabel('Imaginary', 'FontSize', 10);
```

5.3 무한 길이 신호의 z 변환 해석: 극점과 영점과 수렴영역

무한 길이의 신호는 **우측신호**(right side 신호), **좌측신호**(left side 신호), 그리고 **양측신호**(two side 신호)로 나눌 수 있다. 이와 같은 신호들의 z 변환을 통하여 극점, 영점, 수렴영역을 해석하는 방법을 알아보자.

5.3.1 우측신호의 z 변환

그림 5-4와 같은 우측신호에 대한 z 변환을 구해 보자.

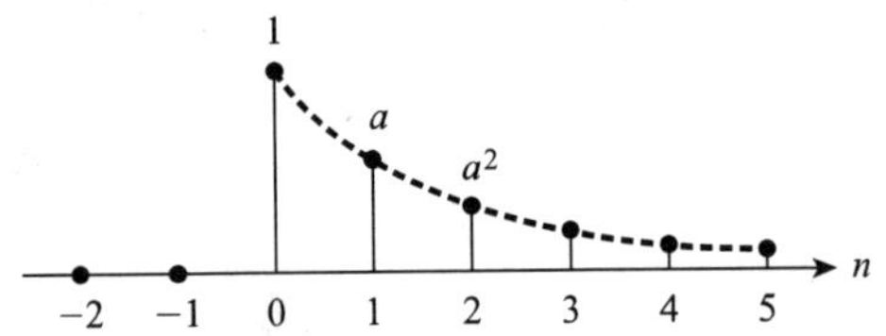

그림 5-4 예제의 우측신호

이 우측신호는 다음 식으로 표현된다.

$$x_1[n] = a^n u[n], \quad |a| < 1$$

z 변환의 정의에 대입하면 다음과 같다.

$$X_1(z) = \sum_{n=0}^{\infty} a^n z^{-n} = \sum_{n=0}^{\infty} (az^{-1})^n$$

위의 등비수열의 합이 존재하는 수렴영역을 먼저 구해 보자. 위의 예제의 경우에는 공비의 절댓값이 1보다 작아야 수렴하므로 다음과 같이 수렴영역을 구할 수 있다.

$$|az^{-1}| < 1 \quad \rightarrow |z| > |a|$$

위의 수렴영역에서 z 변환은 다음과 같이 구할 수 있다.

$$X_1(z) = \sum_{n=0}^{\infty} (az^{-1})^n = \frac{1}{1-az^{-1}} = \frac{z}{z-a}$$

위의 z 변환의 극점은 $z = a$이 된다. 이와 같이 구한 극점과 수렴영역은 그림 5-5와 같다.

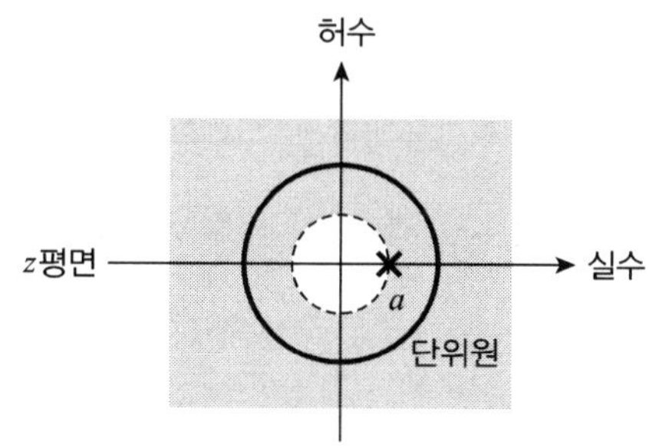

그림 5-5 우측신호의 극점과 수렴영역

그림 5-5에서 보듯이 우측신호의 수렴영역은 $z = \infty$를 포함하고 있음을 알 수 있다. 수렴영역과 비수렴영역의 경계선을 실선이 아닌 쇄선으로 표시한 까닭은 쇄선은 수렴영역에 포함되지 않음을 나타내기 위함이다. 또한 극점은 당연히 수렴영역에 포함되지 않음을 볼 수 있다.

5.3.2 좌측신호의 z 변환

이번에는 다음 그림 5-6과 같은 좌측신호에 대한 z 변환을 구해 보자.

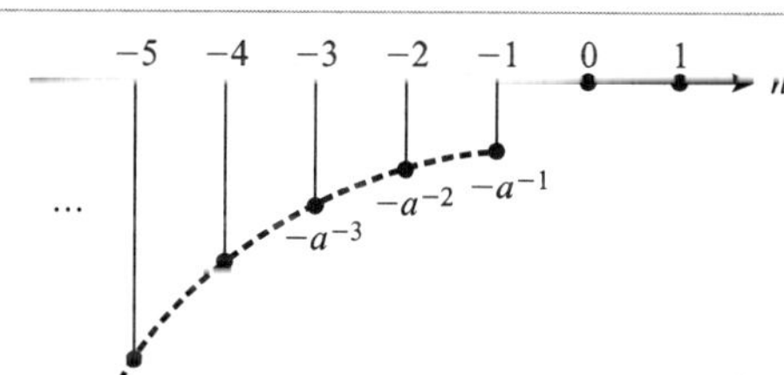

그림 5-6 예제의 좌측신호

이 좌측신호를 식으로 표현하면 다음과 같다.

$$x_2[n] = -a^n u[-n-1], \quad |a| < 1$$

z 변환의 정의에 대입하면 다음과 같다.

$$X_2(z) = -\sum_{n=-\infty}^{\infty} a^n u[-n-1] z^{-n} = -\sum_{n=-\infty}^{-1} a^n z^{-n} = -\sum_{m=1}^{\infty} (a^{-1}z)^m$$

위의 등비수열의 합이 존재하는 수렴영역은 공비의 절댓값이 1보다 작아야 하므로 다음과 같이 수렴영역을 구할 수 있다.

$$|a^{-1}z| < 1 \quad \rightarrow |z| < |a|$$

위의 수렴영역에서 z 변환은 다음과 같이 구할 수 있다.

$$X_2(z) = -\sum_{m=1}^{\infty} (a^{-1}z)^m = \frac{-a^{-1}z}{1-a^{-1}z} = \frac{z}{z-a}$$

위의 z 변환은 앞의 우측신호의 z 변환과 같음을 알 수 있다. 이와 같이 두 디지털 신호에 대한 z 변환이 같으므로 수렴영역으로 구분하여야 한다. 이와 같이 z 변환이 $X(z) = z/(z-a)$일 때에, 이에 해당하는 디지털 신호는 우측신호와 좌측신호 두 개가 있다.

위의 z 변환의 극점은 앞 절의 예제와 같이 $z = a$가 된다. 이와 같이 구한 극점과 수렴영역은 그림 5-7과 같다.

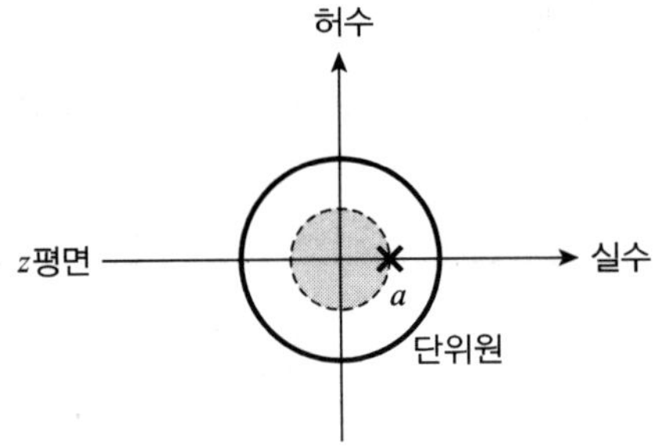

그림 5-7 좌측신호의 극점과 수렴영역

그림 5-7에서 보듯이 좌측신호의 수렴영역은 $z=0$을 포함하고 있음을 알 수 있다.

5.3.3 양측신호의 z 변환

이번에는 그림 5-8과 같은 양측신호에 대한 z 변환을 구해 보자.

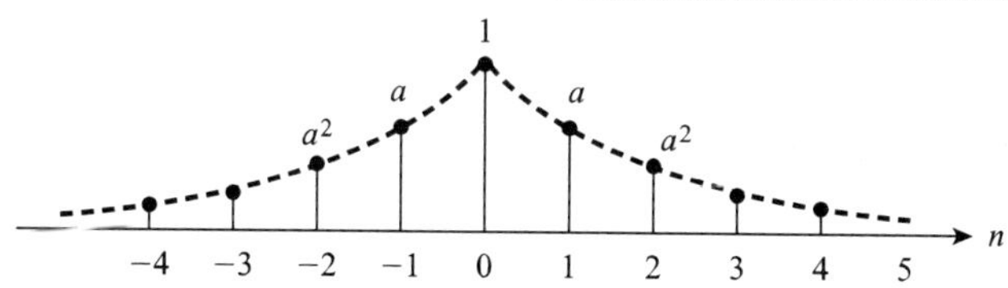

그림 5-8 예제의 양측신호

이 양측신호를 식으로 표현하면 다음과 같다.

$$x_3[n] = a^n u[n] + a^{-n} u[-n-1], \quad |a| < 1$$

z 변환의 정의에 대입하면 다음과 같다.

$$\begin{aligned} X_3(z) &= \sum_{n=-\infty}^{\infty} a^n u[n] z^{-n} + \sum_{n=-\infty}^{\infty} a^{-n} u[-n-1] z^{-n} \\ &= \sum_{n=0}^{\infty} a^n z^{-n} + \sum_{n=-\infty}^{-1} a^{-n} z^{-n} \\ &= \sum_{n=0}^{\infty} (az^{-1})^n + \sum_{m=1}^{\infty} (az)^m \\ &= \frac{z}{z-a} - \frac{z}{z-a^{-1}} = \frac{(a-a^{-1})z}{(z-a)(z-a^{-1})} \end{aligned}$$

위의 식에서 수렴영역은 두 개의 등비수열의 공비의 절댓값이 모두 1보다 작아야 하므로 다음과 같이 구할 수 있다.

$$|az^{-1}| < 1, \ |az| < 1 \quad \rightarrow |a| < |z| < \frac{1}{|a|}$$

위의 z 변환의 극점은 $z=a$와 $z=a^{-1}$이 된다. 이와 같이 구한 극점과 수렴영역은 그림 5-9와 같다.

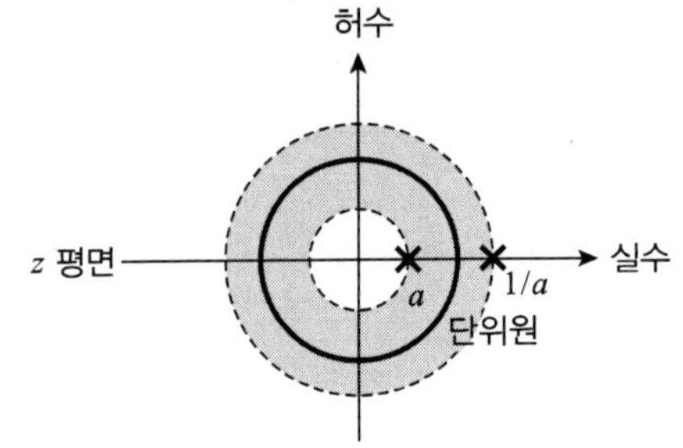

그림 5-9 양측신호의 극점과 수렴영역

그림 5-9에서 보듯이 양측신호의 수렴영역은 반지 모양이다. 지금까지 3개의 예제를 통하여 알 수 있듯이 신호에 따른 수렴영역은 다음과 같다.

- 우측신호의 수렴영역은 $z=\infty$를 포함한다.
- 좌측신호의 수렴영역은 $z=0$을 포함한다.
- 양측신호의 수렴영역은 반지 모양이다.

5.3.4 IIR 시스템의 안정도 판별

IIR 시스템에서 z 변환의 극점과 수렴영역을 사용하여 안정도를 판별하는 방법을 알아보기로 한다. 임펄스 응답이 우측신호인 경우와 좌측신호인 경우로 나누어서 살펴보자.

(1) 임펄스 응답이 우측신호인 경우

임펄스 응답이 $n=0$부터 시작되는 우측신호인 경우는 **인과 시스템**(causal system)이다. 먼저 다음과 같은 안정시스템의 임펄스 응답을 살펴보자.

$$h_1[n] = a^n u[n], \quad |a| < 1$$

이 임펄스 응답의 z 변환과 극점과 수렴영역을 구해 보자.

$$H_1(z) = \frac{z}{z-a}, \ |z| > a$$

이 임펄스 응답과 극점과 수렴영역은 그림 5-10(a)와 같다.

이번에는 다음과 같은 불안정 시스템의 임펄스 응답을 살펴보자.

$$h_2[n] = b^n u[n], \quad |b| > 1$$

이 임펄스 응답의 z 변환과 극점과 수렴영역을 구해 보자.

$$H_2(z) = \frac{z}{z-b}, \ |z| > |b|$$

이 임펄스 응답과 극점과 수렴영역은 그림 5-10(b)와 같다.

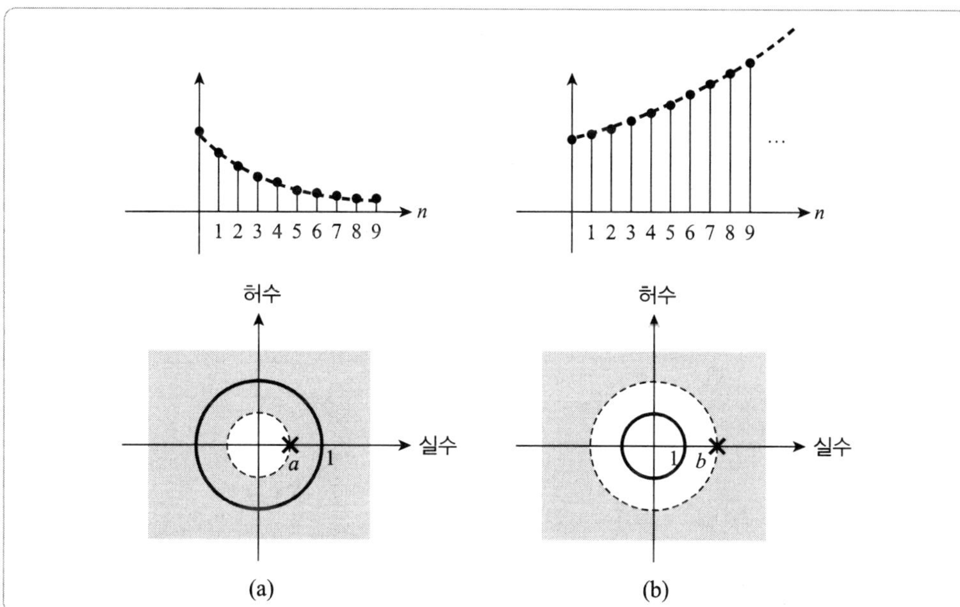

그림 5-10 우측신호의 임펄스 응답, 극점과 수렴영역. (a) 안정 시스템, (b) 불안정 시스템

위의 두 결과로부터 임펄스 응답이 우측신호인 경우에 다음과 같은 결론을 유도할 수 있다.

- 극점이 단위원 안에 있으면 안정 시스템이다.
- 수렴영역이 단위원을 포함하면 안정 시스템이다.

(2) 임펄스 응답이 좌측신호인 경우

임펄스 응답이 좌측신호인 경우는 이론적으로만 가능한 **비인과 시스템**(non-causal system)이다. 먼저 다음과 같은 안정 시스템의 임펄스 응답을 살펴보자.

$$h_3[n] = a^n u[-n-1], \quad |a| > 1$$

이 임펄스 응답의 z 변환과 극점과 수렴영역을 구해 보자.

$$H_3(z) = \frac{-z}{z-a}, \quad |z| < a$$

이 임펄스 응답과 극점과 수렴영역은 다음 그림 5-11(a)와 같다.

이번에는 다음과 같은 불안정 시스템의 임펄스 응답을 살펴보자.

$$h_4[n] = b^n u[-n-1], \quad |b| < 1$$

이 임펄스 응답의 z 변환과 극점과 수렴영역을 구해 보자.

$$H_4(z) = \frac{-z}{z-b}, \quad |z| < b$$

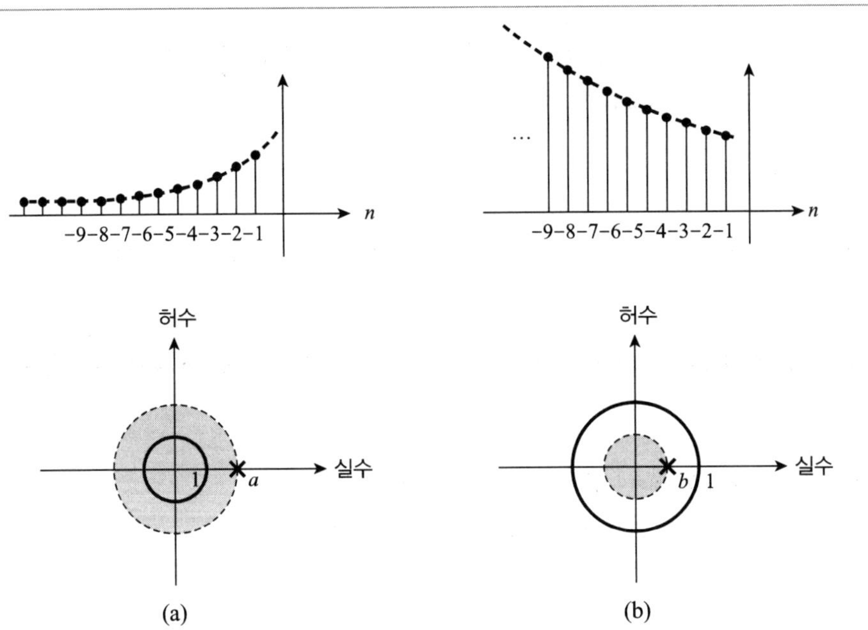

그림 5-11 좌측신호의 임펄스 응답, 극점과 수렴영역. (a) 안정 시스템, (b) 불안정 시스템

이 임펄스 응답과 극점과 수렴영역은 그림 5-11(b)와 같다. 이 두 결과로부터 임펄스 응답이 좌측신호인 경우에 다음과 같은 결론을 유도할 수 있다.

- 극점이 단위원 밖에 있으면 안정 시스템이다.
- 수렴영역이 단위원을 포함하면 안정 시스템이다.

임펄스 응답이 우측신호인 경우와 좌측신호인 경우를 나누어 살펴보았는데, 어느 경우나 수렴영역이 단위원을 포함하면 안정 시스템임을 알 수 있다. 극점으로 안정도를 판별하는 경우에는 주의를 요하는데, 임펄스 응답이 우측신호(주로 인과 시스템)인 경우에는 극점이 단위원 안에 있으면 안정 시스템으로 판별하면 된다.

예제 5.1

어느 두 인과 시스템의 전달함수가 각각 다음과 같다. 안정도를 판별하시오.

(a) $H_1(z) = \dfrac{1}{1 - z^{-1} + 0.5z^{-2}}$, (b) $H_2(z) = \dfrac{1}{1 - 2z^{-1} + 2z^{-2}}$

풀이 (a)에서의 극점은 다음과 같다.

$$H_1(z) = \frac{1}{1 - z^{-1} + 0.5z^{-2}} = \frac{z^2}{z^2 - z + 0.5}, \quad z = 0.5 \pm j\ 0.5$$

(b)에서의 극점은 다음과 같다.

$$H_2(z) = \frac{1}{1 - 2z^{-1} + 2z^{-2}} = \frac{z^2}{z^2 - 2z + 2}, \quad z = 1 \pm j$$

이 두 전달함수의 극점은 다음 그림 5-12와 같다.

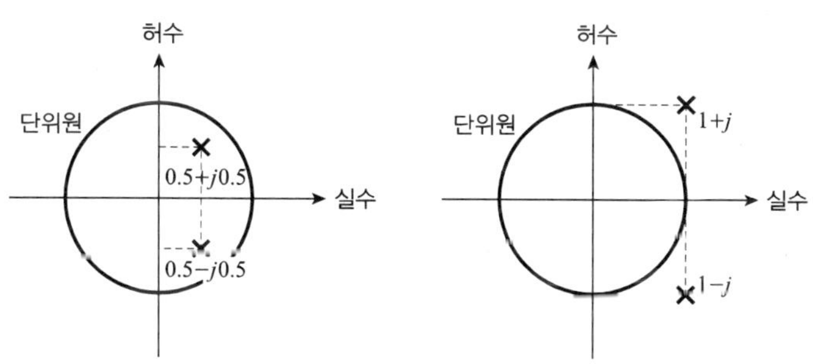

그림 5-12 예제의 극점

위의 그림 5-12로부터 (a)는 안정 시스템이며, (b)는 불안정 시스템임을 판별할 수 있다.

5.4 | z 변환의 성질

디지털 신호처리 시스템의 분석에 유용하게 사용되는 z 변환의 성질들을 알아보기로 하자.

5.4.1 컨볼루션

디지털 신호처리 시스템의 출력은 입력신호와 임펄스 응답의 디지털 컨볼루션으로 구할 수 있다. 그러면 그 신호들의 z 변환들의 관계는 다음과 같이 나타낸다.

$$y[n] = h[n]*x[n], \ \leftrightarrow Y(z) = H(z)X(z)$$

이 성질은 다음과 같이 유도할 수 있다.

$$\begin{aligned} Y(z) &= \sum_{n=-\infty}^{\infty} y[n]z^{-n} = \sum_{n=-\infty}^{\infty} \left\{ \sum_{k=-\infty}^{\infty} h[k]x[n-k] \right\} z^{-n} \\ &= \sum_{k=-\infty}^{\infty} h[k] \left\{ \sum_{n=-\infty}^{\infty} x[n-k]z^{-n} \right\} \\ &= \sum_{k=-\infty}^{\infty} h[k] \left\{ \sum_{m=-\infty}^{\infty} x[m]z^{-m-k} \right\} \\ &= \sum_{k=-\infty}^{\infty} h[k]z^{-k} \left\{ \sum_{m=-\infty}^{\infty} x[m]z^{-m} \right\} \\ &= H(z)X(z) \end{aligned}$$

이 관계식은 LTI시스템에서 매우 중요한 역할을 수행한다. 입력과 임펄스 응답의 z 변환을 알면 그들의 곱으로 쉽게 $Y(z)$를 구할 수 있고 역 z 변환을 통하여 출력을 구할 수 있다. $H(z)$, 즉 전달함수에 대해 종합해 보면 다음과 같은 3가지의 의미가 있다.

(1) $H(z) = \sum_{n=-\infty}^{\infty} h[n]z^{-n}$

(2) $y[n] = H(z)z^n$

(3) $H(z) = \dfrac{Y(z)}{X(z)}$

위의 식에서 보듯이 $H(z)$는 (1) 임펄스 응답의 z 변환, (2) z^n이 입력되었을 때의 전달함수, (3) 입력의 z 변환과 출력의 z 변환의 비로 해석될 수 있다.

5.4.2 선형성

두 디지털 신호에 대한 z 변환이 다음과 같을 때,

$$x_1[n] \leftrightarrow X_1(z), \quad x_2[n] \leftrightarrow X_2(z)$$

이 두 신호의 가중합에 대한 z 변환은 다음과 같다.

$$ax_1[n] + bx_2[n] \leftrightarrow aX_1(z) + bX_2(z)$$

이 성질을 **선형성**(linearity)이라고 부르며, 이 가중합에 대한 z 변환의 수렴영역은 각각의 수렴영역의 교집합이 된다.

5.4.3 시간 쉬프트

디지털 신호 $x[n]$의 z 변환이 $X(z)$일 때, $x[n]$을 k만큼 지연시킨 신호의 z 변환은 다음과 같다.

$$x[n-k] \leftrightarrow z^{-k}X(z)$$

이 성질을 **시간 쉬프트**(time shifting) 성질이라고 부르며 다음과 같이 증명할 수 있다.

$$\begin{aligned} x[n-k] \leftrightarrow \sum_{n=-\infty}^{\infty} x[n-k]z^{-n} &= \sum_{m=-\infty}^{\infty} x[m]z^{-m-k} \\ &= z^{-k} \sum_{m=-\infty}^{\infty} x[m]z^{-m} \\ &= z^{-k}X(z) \end{aligned}$$

디지털 신호 $x[n]$의 z 변환이 $X(z)$일 때, 이 신호를 1만큼 지연시킨 $x[n-1]$의 z 변환은 시간 쉬프트 성질을 이용하면 $z^{-1}X(z)$가 된다. 신호처리에서 지연소자를 네모 상자 안에 z^{-1}로 표기하는 이유가 이 때문이다.

예제 5.2

다음 차분방정식에서 전달함수 $H(z)$를 구하시오.

$$y[n]-0.7y[n-1]-0.3y[n-2]=0.5x[n]+0.4x[n-1]+0.2x[n-2]$$

풀이 시간 쉬프트를 이용하여 z 변환을 하면 다음과 같다.

$$\begin{aligned}&Y(z)-0.7z^{-1}Y(z)-0.3z^{-2}Y(z)\\&\quad=0.5X(z)+0.4z^{-1}X(z)+0.2z^{-2}X(z)\end{aligned}$$

따라서 전달함수는 다음과 같다.

$$Y(z)(1-0.7z^{-1}-0.3z^{-2})=X(z)(0.5+0.4z^{-1}+0.2z^{-2})$$

$$\therefore\ H(z)=\frac{Y(z)}{X(z)}=\frac{0.5+0.4z^{-1}+0.2z^{-2}}{1-0.7z^{-1}-0.3z^{-2}}$$

5.4.4 지수신호의 곱

어느 디지털 신호 $x[n]$의 z 변환이 $X(z)$이고 수렴영역이 $r_1<|z|<r_2$일 때에, 지수신호를 곱하면 z 변환과 수렴영역은 다음과 같다.

$$a^n x[n]\leftrightarrow X\left(\frac{z}{a}\right),\ \text{수렴영역 : } |a|r_1<|z|<|a|r_2$$

위의 성질은 a가 복소수일 때도 성립한다.

증명

$$a^n x[n]\leftrightarrow\sum_{n=-\infty}^{\infty}a^n x[n]z^{-n}=\sum_{n=-\infty}^{\infty}x[n](a^{-1}z)^{-n}=X(\frac{z}{a})$$

$X(z)$의 수렴영역이 $r_1<|z|<r_2$이므로 $X(z/a)$의 수렴영역은 $|a|r_1<|z|<|a|r_2$가 된다.

예제 5.3

$x[n]=u[n]$**일 때,** z **변환과 수렴영역은 다음과 같다.**

$$X(z)=\sum_{n=-\infty}^{\infty}u[n]z^{-n}=\sum_{n=0}^{\infty}z^{-n}=\frac{1}{1-z^{-1}},\ \text{수렴영역 : } |z|>1$$

$x[n]$**에** 0.5^n**을 곱한 신호의** z **변환과 수렴영역을 구하시오.**

풀이 z 변환과 수렴영역은 다음과 같다.

$$0.5^n u[n] \leftrightarrow X\left(\frac{z}{0.5}\right) = \frac{1}{1-0.5z^{-1}}, \text{ 수렴영역 : } |z| > 0.5$$

5.4.5 미분 성질

어느 디지털 신호 $x[n]$의 z 변환이 $X(z)$일 때, $X(z)$의 미분의 관계는 다음과 같다.

$$nx[n] \leftrightarrow -z\frac{dX(z)}{dz}$$

증명 $X(z) = \sum_{n=-\infty}^{\infty} x[n]z^{-n}$의 양변을 z로 미분하면 다음과 같다.

$$\frac{dX(z)}{dz} = \sum_{n=-\infty}^{\infty} x[n](-n)z^{-n-1} = -z^{-1}\sum_{n=-\infty}^{\infty}(nx[n])z^{-n}$$

$$\therefore -z\frac{dX(z)}{dz} = \sum_{n=-\infty}^{\infty}(nx[n])z^{-n}$$

예제 5.4

$x[n] = u[n]$**일 때,** z **변환과 수렴영역은 다음과 같다.**

$$X(z) = \sum_{n=-\infty}^{\infty} u[n]z^{-n} = \sum_{n=0}^{\infty} z^{-n} = \frac{1}{1-z^{-1}}, \text{ 수렴영역 : } |z| > 1$$

$nu[n]$**에 대한** z **변환과 수렴영역을 구하시오.**

풀이 z 변환과 수렴영역은 다음과 같다.

$$\nu[n] \leftrightarrow -z\frac{d}{dz}\left(\frac{z}{z-1}\right) = -z\frac{(z-1)-z}{(z-1)^2} = \frac{z}{(z-1)^2},$$

수렴영역 : $|z| > 1$

5.5 역 z 변환

z 변환된 함수로부터 원래의 디지털 신호를 찾는 것을 **역 z 변환**(inverse z transform)이라고 한다. 유한 길이의 신호에 대한 z 변환에서 원래의 디지털 신호를 찾는 것은 매우 간단하다. 이 절에서 주로 다루게 될 역 z 변환은 무한 길이 신호의 z 변환으로부터 원래의 디지털 신호를 찾는 방법에 대한 것이며, 무한 길이 신호의 대표적인 예가 IIR 필터의 임펄스 응답이다. 그러나 실무에서 IIR 필터 설계는 보통 차분방정식으로 만들어지므로 전달함수를 역 z 변환하여 임펄스 응답을 구하는 경우는 드물다.

5.5.1 유한 길이 신호의 z 변환과 역 z 변환

유한 길이 신호의 z 변환은 분모 다항식이 1로 간주할 수 있다. 따라서 역 z 변환은 간단히 구할 수 있다. 다음의 z 변환을 보자.

$$X(z) = b_0 + b_1 z^{-1} + b_2 z^{-2} + \cdots + b_N z^{-N}$$

1의 역 z 변환이 $\delta[n]$이므로 시간 쉬프트 성질을 사용하면 역 z 변환은 다음과 같이 쉽게 구할 수 있다.

$$x[n] = b_0\delta[n] + b_1\delta[n-1] + b_2\delta[n-2] + \cdots + b_N\delta[n-N]$$

위의 관계에서 보듯이 z 변환의 분자 다항식의 계수가 그대로 디지털 신호의 샘플 값이 됨을 알 수 있다.

예제 5.5

다음의 z 변환을 역 z 변환하시오.

$X(z) = 1 + 0.7z^{-1} + 0.3z^{-2}$

풀이 1의 역 z 변환이 $\delta[n]$이므로 시간 쉬프트 성질을 사용하면 역 z 변환은 다음과 같다.

$$x[n] = \delta[n] + 0.7\delta[n-1] + 0.3\delta[n-2]$$

5.5.2 무한 길이 신호의 z 변환과 역 z 변환

무한 길이 신호의 z 변환으로부터 역 z 변환을 구하는 방법은 **부분분수 전개**(partial fraction expansion)를 사용하는 방법과 **Cauchy Integral Theorem**을 사용하는 방법이 있다. 이 책에서는 부분분수 전개를 이용하는 방법을 다룬다.

일반적으로 무한 길이 신호의 z 변환은 다음과 같이 z^{-1}의 다항식의 비로 표시된다.

$$X(z)=\frac{b_0+b_1z^{-1}+\ \cdots\ +b_Mz^{-M}}{1+a_1z^{-1}+\ \cdots\ +a_N\,z^{-N}}$$

부분분수 전개법을 적용하기 위해서는 먼저 위의 분모 다항식을 인수분해하여 다음과 같이 부분분수의 합으로 나타내어야 한다. 단, 다음과 같이 부분분수의 합으로 나타내기 위해서는 분모다항식의 차수가 분자다항식의 차수와 같거나 커야 한다.

$$X(z)=\sum_{k=1}^{N}\frac{A_k\ z}{z-d_k}$$

고차의 분모다항식을 인수분해하는 경우에, 실수 범위 내에서는 2차 다항식까지 인수분해가 가능하며 위의 식과 같이 1차 다항식으로 인수분해하면 일반적으로 d_k는 허수가 된다.

우리는 이미 앞 절에서 다음의 역 z 변환을 알고 있다.

$$\frac{z}{z-d_k}\leftrightarrow(d_k)^n u[n]$$

따라서 계수 A_k만 구하면 위의 역 z 변환을 구할 수 있다. 계수 A_k를 구하기 위해서는 식의 양변에 $z-d_k$를 곱하고 $z=d_k$에서 함수 값을 구하면 찾을 수 있다.

$$A_k=(z-d_k)X(z)|_{z=d_k}$$

(1) 분모다항식이 실근을 갖는 경우

어느 인과 시스템의 전달함수가 다음과 같을 때 역 z 변환을 통하여 임펄스 응답을 구해 보자.

$$H(z) = \frac{z^{-1} + 2z^{-2}}{1 - 3.5z^{-1} + 1.5z^{-2}}$$

부분분수 전개를 이용하기 위해서 인수분해하면 다음과 같다.

$$H(z) = \frac{z^{-1} + 2z^{-2}}{1 - 3.5z^{-1} + 1.5z^{-2}} = \frac{z+2}{z^2 - 3.5z + 1.5} = \frac{z+2}{(z-0.5)(z-3)}$$

다음으로 위의 식을 z로 나눈 후에 다음과 같이 부분분수의 합으로 표현한다.

$$\frac{H(z)}{z} = \frac{z+2}{z(z-0.5)(z-3)} = \frac{A_1}{z} + \frac{A_2}{z-0.5} + \frac{A_3}{z-3}$$

위와 같이 $H(z)$를 z로 나누는 것은 나중에 z를 곱하여 $z/(z-d_k)$의 형태를 얻기 위해서이다. 이제 계수들을 구할 수 있다. 먼저 A_1을 구하려면 양변에 z를 곱한 후에 $z = 0$을 대입하면 다음과 같이 구해진다.

$$A_1 + \frac{A_2 z}{z-0.5} + \frac{A_3 z}{z-3} = \frac{z+2}{(z-0.5)(z-3)}$$

$$\therefore A_1 = \left.\frac{z+2}{(z-0.5)(z-3)}\right|_{z=0} = \frac{4}{3}$$

같은 방법으로 A_2와 A_3를 구하면 다음과 같다.

$$A_2 = \left.\frac{z+2}{z(z-3)}\right|_{z=0.5} = -2$$

$$A_3 = \left.\frac{z+2}{z(z-0.5)}\right|_{z=3} = \frac{2}{3}$$

지금까지 구한 계수들을 대입하여 $H(z)$를 정리하면 다음과 같다.

$$H(z) = \frac{4}{3} - \frac{2z}{z-0.5} + \frac{2/3z}{z-3}$$

위의 전달함수는 인과 시스템의 전달함수이므로 다음과 같이 역 z 변환된다.

$$h[n] = \frac{4}{3}\delta[n] - 2(0.5)^n u[n] + \frac{2}{3}3^n u[n]$$

앞의 전달함수에서 만일 인과 시스템이라는 제한이 없는 경우에는 수렴영역에 따라서 역 z 변환이 다음과 같이 3가지로 구분됨을 주의하여야 한다.

- 수렴영역: $|z| > 3$, $h[n] = \frac{4}{3}\delta[n] - 2(0.5)^n u[n] + \frac{2}{3}3^n u[n]$
- 수렴영역: $0.5 < |z| < 3$, $h[n] = \frac{4}{3}\delta[n] - 2(0.5)^n u[n] - \frac{2}{3}3^n u[-n-1]$
- 수렴영역: $|z| < 0.5$, $h[n] = \frac{4}{3}\delta[n] + 2(0.5)^n u[-n-1] - \frac{2}{3}3^n u[-n-1]$

(2) 분모다항식이 중근을 갖는 경우

z 변환의 분모다항식을 인수분해하는 과정에서 중근을 갖는 경우가 있다. 이 경우에 역 z 변환하는 방법을 알아보자. 인과 시스템의 전달함수가 다음과 같을 때 역 z 변환을 통하여 임펄스 응답을 구해 보자.

$$H(z) = \frac{1}{1 - z^{-1} - z^{-2} + z^{-3}}$$

부분분수 전개를 이용하기 위해서 인수분해하면 다음과 같다.

$$H(z) = \frac{z^3}{z^3 - z^2 - z + 1} = \frac{z^3}{(z+1)(z-1)^2}$$

위의 식을 z로 나눈 후에 다음과 같이 부분분수의 합으로 표현한다.

$$\frac{H(z)}{z} = \frac{z^2}{(z+1)(z-1)^2} = \frac{A_1}{z+1} + \frac{A_2}{z-1} + \frac{A_3}{(z-1)^2}$$

이제 계수들을 구할 수 있다. 먼저 A_1을 구하려면 양변에 z를 곱한 후에 $z=0$을 대입하면 다음과 같이 구해진다.

$$\left\{A_1 + \frac{A_2(z+1)}{z-1} + \frac{A_3(z+1)}{(z-1)^2}\right\}\Bigg|_{z=-1} = \frac{z^2}{(z-1)^2}\Bigg|_{z=-1} \qquad \therefore A_1 = \frac{1}{4}$$

같은 방법으로 A_3를 구하면 다음과 같다.

$$\left\{\frac{A_1(z-1)^2}{z+1}+\frac{A_2(z-1)^2}{z-1}+A_3\right\}\Bigg|_{z=1}=\frac{z^2}{z+1}\Bigg|_{z=1}\quad \therefore A_3=\frac{1}{2}$$

A_2는 다음과 같이 미분하여 구한다.

$$\frac{d}{dz}\left\{\frac{A_1(z-1)^2}{z+1}+\frac{A_2(z-1)^2}{z-1}+A_3\right\}\Bigg|_{z=1}=\frac{d}{dz}\left\{\frac{z^2}{z+1}\right\}\Bigg|_{z=1}$$

$$\left\{\frac{2A_1(z-1)}{z+1}-\frac{A_1(z-1)^2}{(z+1)^2}+A_2\right\}\Bigg|_{z=1}=\left\{\frac{2z(z+1)-z^2}{(z+1)^2}\right\}\Bigg|_{z=1}\quad \therefore A_2=\frac{3}{4}$$

지금까지 구한 계수들을 대입하여 $H(z)$를 정리하면 다음과 같다.

$$H(z)=\frac{0.25z}{z+1}+\frac{0.75z}{z-1}+\frac{0.5z}{(z-1)^2}$$

위의 전달함수는 인과 시스템의 전달함수이므로 다음과 같이 역 z 변환된다.

$$h[n]=0.25(-1)^n u[n]+0.75u[n]+0.5n\,u[n]$$

위의 식에서 3번째 항은 미분 성질을 이용하여 구한 것이다.

(3) 분모다항식이 허근을 갖는 경우

2차 IIR 시스템의 전달함수를 역 z 변환할 때에, 일반적으로 분모다항식은 허근을 갖는다. 즉, 고차의 다항식을 1차 다항식으로 인수분해하면 1차 다항식의 계수는 일반적으로 허수이다. 이와 같은 경우에 역 z 변환하는 방법을 알아보자.

$$H(z)=\frac{1+z^{-1}}{1-z^{-1}+0.5z^{-2}}$$

부분분수 전개를 이용하기 위해서 인수분해하면 다음과 같다.

$$H(z)=\frac{1+z^{-1}}{1-z^{-1}+0.5z^{-2}}=\frac{z^2+z}{z^2-z+0.5}=\frac{z^2+z}{(z-p_1)(z-p_2)}$$

$$p_1=0.5+j0.5,\quad p_2=0.5-j0.5$$

부분분수의 형으로 나타내기 위해서 앞의 식을 z로 나눈 후에 다음과 같이 부분분수의 합으로 표현한다.

$$\frac{H(z)}{z}=\frac{A_1}{z-p_1}+\frac{A_2}{z-p_2}=\frac{z+1}{(z-p_1)(z-p_2)}$$

이제 계수들을 구하면 다음과 같다.

$$A_1+\frac{A_2(z-p_1)}{z-p_2}=\frac{z+1}{z-p_2}\qquad \therefore A_1=\left.\frac{z+1}{z-p_2}\right|_{z=p_1}=0.5-j1.5$$

$$\frac{A_1(z-p_2)}{z-p_1}+A_2=\frac{z+1}{z-p_1}\qquad \therefore A_2=\left.\frac{z+1}{z-p_1}\right|_{z=p_2}=0.5+j1.5$$

구한 계수들을 대입하여 $H(z)$를 정리하면 다음과 같다.

$$H(z)=\frac{(0.5-j1.5)z}{z-p_1}+\frac{(0.5+j1.5)z}{z-p_2}$$

위의 전달함수는 인과 시스템의 전달함수이므로 다음과 같이 역 z 변환된다.

$$h[n]=(0.5-j1.5)(0.5+j0.5)^n u[n]+(0.5+j1.5)(0.5-j0.5)^n u[n]$$

위의 역 z 변환된 임펄스 응답은 허수인 것처럼 보이나, $n=0$부터 구해보면 실수가 된다.

5.6 z 변환의 용도

5.6.1 필터의 안정도 판별

가장 중요한 전달함수의 용도 중의 하나는 디지털 필터의 안정도를 판별하는 것이다. FIR 필터는 항상 안정하므로 IIR 필터의 경우에 안정도를 고려하게 된다. 실제로 사용하는 필터는 임펄스 응답이 우측신호의 형태이므로 다음과 같은 5.3.4절의 결과를 이용하여 안정도를 판별한다.

- 극점이 단위원 안에 있으면 안정 시스템이다(단위원은 포함되지 않음).

다음의 차분방정식을 보자.

$$y[n]+1.2732y[n-1]+0.81y[n-2]=x[n-1]+x[n-2]$$

이 차분방정식의 전달함수와 극점은 다음과 같다.

$$H(z)=\frac{z^{-1}+z^{-2}}{1+1.2732z^{-1}+0.81z^{-2}}$$

$$\text{극점: } -0.636\pm j\ 0.636,\ \text{영점: } -1$$

따라서 극점과 영점은 다음 그림 5.13과 같다.

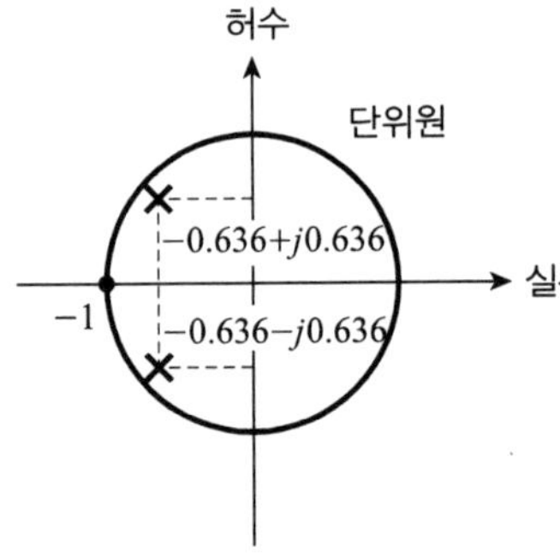

그림 5-13 예제의 극점의 위치

극점이 단위원 안에 있으므로 안정 시스템이다. 이 시스템의 주파수 응답과 전달함수 $|H(z)|$를 MATLAB을 사용하여 그리면 다음 그림과 같다.

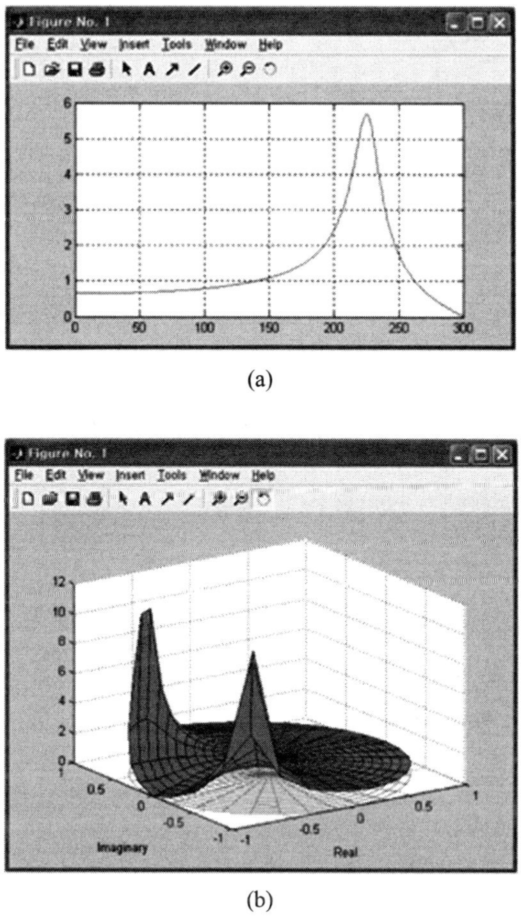

그림 5-14 (a) 주파수 응답, (b) $|H(z)|$

$|H(z)|$를 그리기 위한 MATLAB 프로그램은 다음과 같다.

```
% --------H(z)----------------------------------------------------
b=[0, 1, 1];
a=[1, 1.2732, 0.81];
h=freqz(b, a, 300);

% -------- |H(ejw)| ----------------------------------------------
subpolt(2, 1, 1);
plot(abs(h));
grid;
%x=[1 zeros(1, 10)];

% -------- |h(z)| -------------------------------------------------
subplot(2, 1, 2);
z=cplxgrid(15);
cplxmap(z, abs((z+1)./((1*z.^2)+(1.2732*z)+0.81)));
xlabel('Real', 'FontSize', 10);
ylabel('Imaginary', 'FontSize', 10);
```

원래 안정하게 설계된 IIR 필터도 구현과정에서 계수 양자화의 영향으로 차분방정식 계수에 양자화 에러가 포함된다. 이런 경우에 전달함수의 극점을 구하여 안정도를 판별할 수 있다. 다음의 차분방정식을 보자.

$$y[n]-1.8y[n-1]+0.82y[n-2]=x[n]$$

이 차분방정식의 전달함수와 극점은 다음과 같다.

$$Y(z)(1-1.8z^{-1}+0.82z^{-2})=X(z)$$

$$\therefore H(z)=\frac{1}{1-1.8z^{-1}+0.82z^{-2}},\ \text{극점: } 0.9\pm j\ 0.1$$

극점은 다음 5-15(a)와 같이 단위원 안에 있으므로 안정 시스템이다.

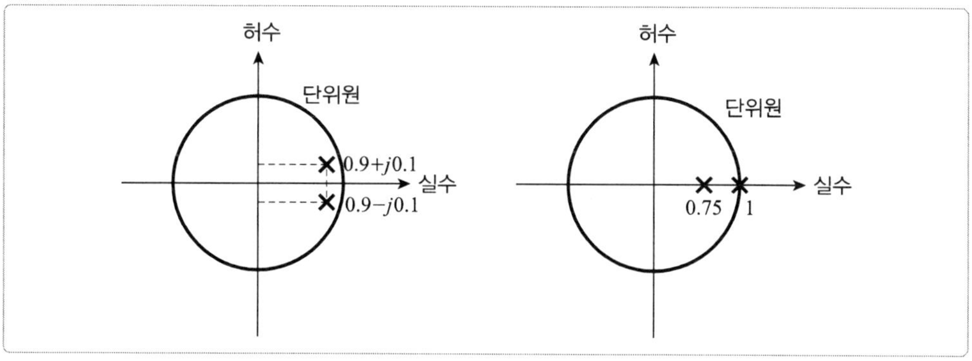

그림 5-15 예제의 극점의 위치. (a) 원래의 극점, (b) 양자화 후의 극점

이 주어진 차분방정식을 양자화 계단크기 Δ가 0.25인 시스템으로 구현하는 경우에는 차분방정식이 다음과 같이 양자화된다.

$$y[n]-1.75y[n-1]+0.75y[n-2]=x[n]$$

양자화된 차분방정식의 전달함수는 다음과 같고 극점도 다음과 같이 이동한다.

$$Y(z)(1-1.75z^{-1}+0.75z^{-2})=X(z),$$

$$\therefore \hat{H}(z)=\frac{1}{1-1.75z^{-1}+0.75z^{-2}},\ \text{극점: } 1,\ 0.75$$

극점 중의 하나가 그림 5-15(b)와 같이 단위원 위에 있으므로 불안정 시스템으로 변하였다. 즉, 양자화로 인하여 불안정 시스템으로 된 경우이다.

5.6.2 필터의 종류 판별

(1) FIR 필터의 종류 판별

전달함수의 영점을 관찰하면 FIR 필터의 종류를 판별할 수 있다. 다음의 두 FIR 필터의 전달함수의 영점을 비교해 보자.

$$H_1(z)=1+z^{-1}+z^{-2},\ \text{영점: } -0.5\pm j\ 0.866$$

$$H_2(z)=1-z^{-1}+z^{-2},\ \text{영점: } 0.5\pm j\ 0.866$$

이 필터들의 영점과 주파수 응답은 다음 그림과 같다.

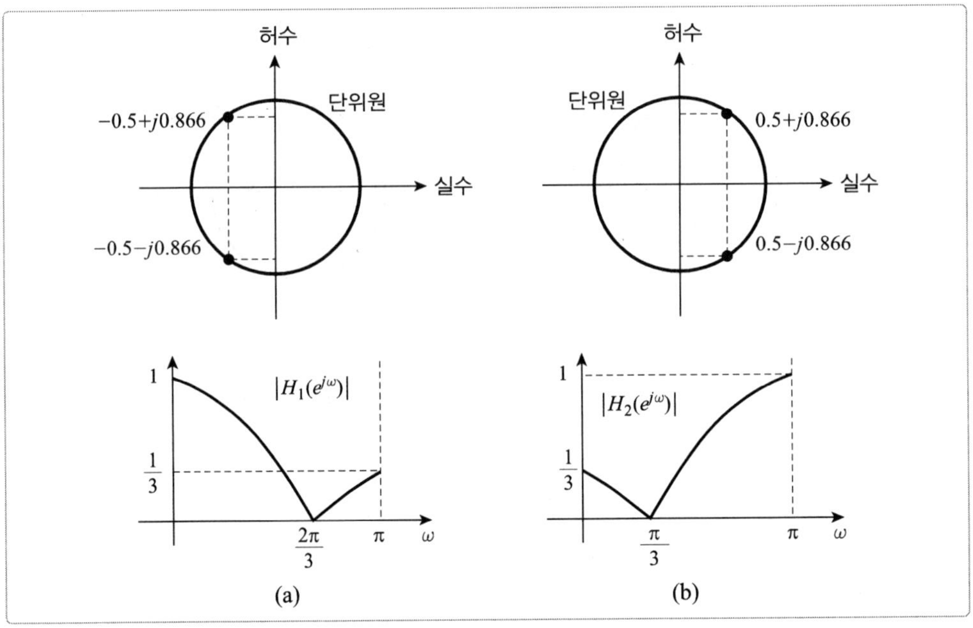

그림 5-16 예제의 두 FIR 필터의 영점과 주파수 응답. (a) $H_1(z)$, (b) $H_2(z)$

위의 관계에서 보듯이, 영점이 2와 3사분면에 있으면 저역통과 필터이고 1과 4사분면에 있으면 고역통과 필터가 됨을 알 수 있다.

(2) IIR 필터의 종류 판별

전달함수의 극점을 관찰하면 IIR 필터의 종류를 판별할 수 있다. 다음의 두 IIR 필터의 전달함수의 극점을 비교해 보자.

$$H_1(z) = \frac{1}{1 - z^{-1} + 0.5z^{-2}}, \text{ 극점: } 0.5 \pm j\ 0.5$$

$$H_2(z) = \frac{1}{1 + z^{-1} + 0.5z^{-2}}, \text{ 극점: } -0.5 \pm j\ 0.5$$

이 필터들의 극점과 주파수 응답은 다음 그림과 같다.

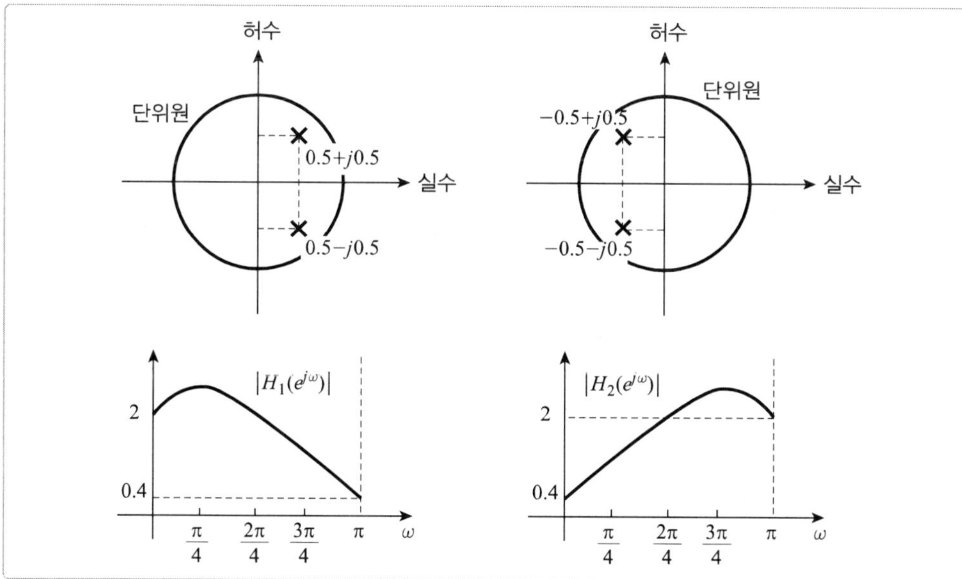

그림 5-17 예제의 두 IIR 필터의 극점과 주파수 응답. (a) $H_1(z)$, (b) $H_2(z)$

위의 관계에서 보듯이, 극점이 1과 4사분면에 있으면 저역통과 필터이고 2와 3사분면에 있으면 고역통과 필터가 됨을 알 수 있다.

5.6.3 다양한 디지털 필터 구조를 만드는 데 사용

디지털 신호처리 시스템을 디지털 신호처리 필터 또는 디지털 필터라고 부른다. 전달함수를 사용하면 하나의 전달함수로부터 다양한 필터 구조를 만들 수 있는데, 이와 같은 다양한 필터 구조 제작이 z 변환의 가장 중요한 응용분야 중의 하나이다. 다양한 필터 구조를 만드는 이유는 각각의 필터 구조마다 **유한 정세도 특성**(finite precision characteristics)이 다르기 때문이다(또는 **유한어장 특성**(finite wordlength characteristics)이라고도 한다). 다양한 필터 구조의 제작 방법에 대해서는 6장에서 자세히 다루기로 한다.

이 절에서는 다음의 차분방정식 예제를 통하여 어떻게 다른 구조가 만들어지는지를 간단히 알아본다.

$$y[n] = x[n] - 0.75x[n-1] + 0.125x[n-2]$$

이 식을 단위지연소자, 곱셈기, 덧셈기를 사용하여 만들어진 구조는 다음 그림과 같다.

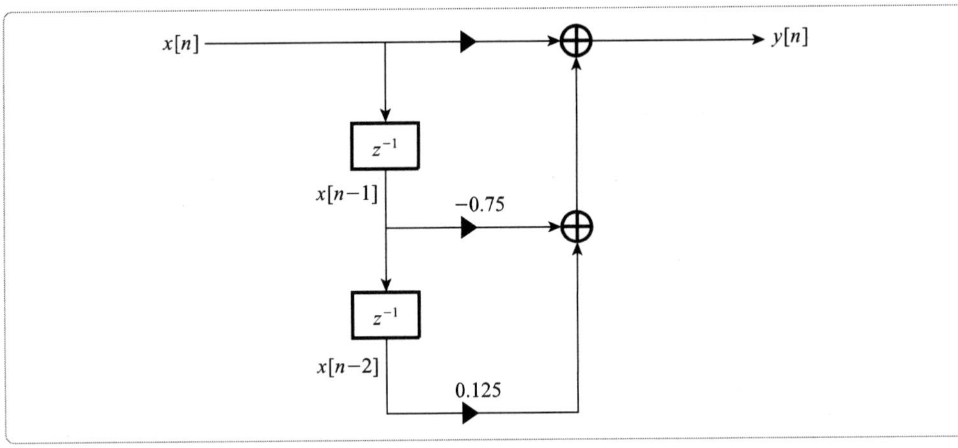

그림 5-18 예제의 필터 구조

위의 차분방정식을 z 변환하면 다음과 같이 전달함수를 얻는다.

$$Y(z) = (1 - 0.75z^{-1} + 0.125z^{-2})X(z), \quad \therefore H(z) = 1 - 0.75z^{-1} + 0.125z^{-2}$$

이 전달함수는 2차 다항식이므로 다음과 같이 1차 다항식으로 인수분해될 수 있다.

$$H(z) = (1 - 0.5z^{-1})(1 - 0.25z^{-1}) = H_1(z)H_2(z)$$

여기에서, $H_1(z) = 1 - 0.5z^{-1}$, $H_2(z) = 1 - 0.25z^{-1}$

따라서 이 필터는 두 개의 필터의 직렬연결로 구성될 수 있으며, 각각의 필터구조는 다음 그림과 같다.

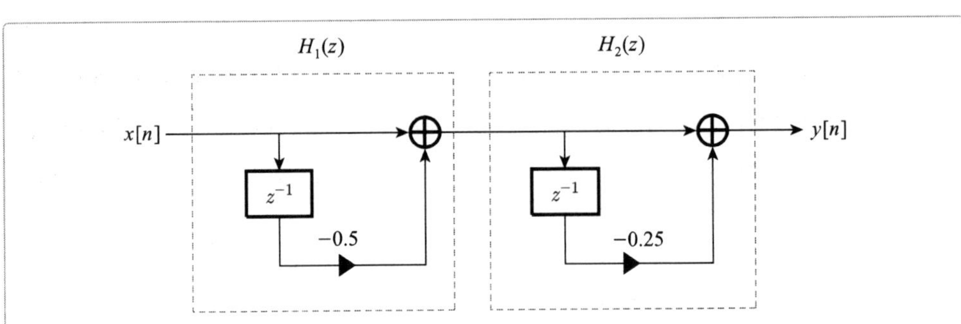

그림 5-19 전달함수의 인수분해를 이용한 직렬 필터구조

이와 같이 임펄스 응답의 z 변환인 전달함수를 이용하면 여러 가지 필터 구조를 제작할 수 있다.

5.6.4 필터 구조에서 전달함수를 찾을 때에 사용

임의의 필터 구조에서 전달함수를 얻어야 할 필요가 있는데, 이 절에서는 그 방법을 알아본다. 5.1.2절에서 논의하였듯이 임의의 필터에 z^n의 입력이 들어가면 출력은 전달함수와 z^n의 곱이 된다는 것을 이용하여 전달함수를 찾을 수 있다.

(1) FIR 필터 구조에서 전달함수를 찾는 방법

먼저 FIR 필터 구조에서 $H(z)$를 구하는 방법을 알아보자. 주어진 필터 구조에서 입력을 z^n이라고 가정하고 구조의 노드를 따라가면 출력을 z^n과 함수의 곱으로 나타낼 수 있다. 이때 이 함수가 정의에 의해서 전달함수가 된다.

다음 그림의 FIR 필터에서 $H(z)$를 구해 보자.

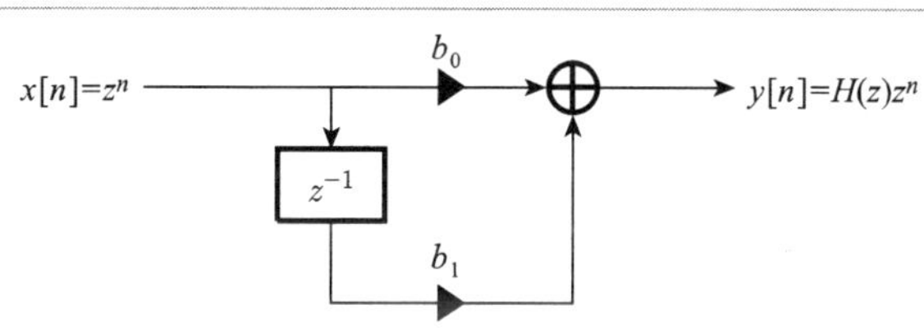

그림 5-20 주어진 FIR 필터 구조

위의 필터 구조에서 각 노드의 신호는 곱셈기와 지연소자 그리고 덧셈기에 의해서 표현되므로 전달함수 $H(z)$는 다음과 같은 방법으로 얻어진다.

$$H(z)z^n = b_0 z^n + b_1 z^{n-1} = (b_0 + b_1 z^{-1}) z^n$$

$$\therefore \quad H(z) = b_0 + b_1 z^{-1}$$

예제 5.6

다음 그림 5-21의 FIR 필터에서 전달함수 $H(z)$를 구하시오.

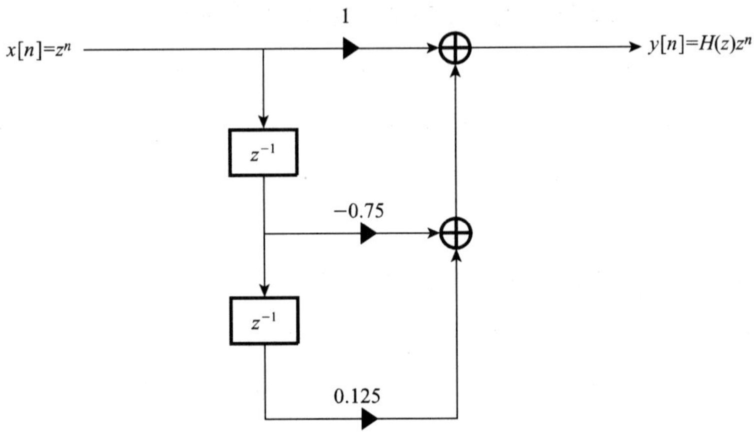

그림 5-21 주어진 FIR 필터 구조

풀이 위의 필터 구조에서 $H(z)$는 다음과 같다.

$$H(z)z^n = z^n - 0.75z^{n-1} + 0.125z^{n-2} = (1 - 0.75z^{-1} + 0.125z^{-2})z^n$$

$$\therefore H(z) = 1 - 0.75z^{-1} + 0.125z^{-2}$$

(2) IIR 필터 구조에서 전달함수를 찾는 방법

이번에는 IIR 필터 구조에서 $H(z)$를 구하는 방법을 알아보자. 주어진 필터 구조에서 입력을 z^n이라고 가정하고 구조의 노드를 따라가면 출력을 z^n과 함수의 곱으로 나타내는 방법은 FIR 필터의 경우와 같다.

다음 그림의 IIR 필터에서 $H(z)$를 구해 보자.

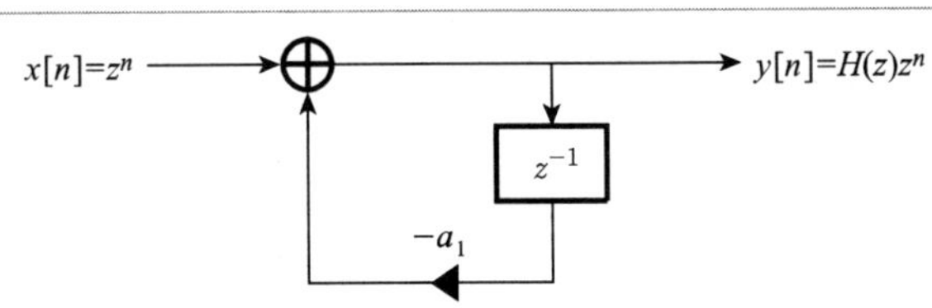

그림 5-22 주어진 IIR 필터 구조

위의 필터 구조에서 전달함수 $H(z)$는 다음과 같이 얻을 수 있다.

$$H(z)z^n = z^n - a_1 H(z) z^{n-1}, \quad \rightarrow H(z)z^n(1 + a_1 z^{-1}) = z^n$$

$$\therefore \ H(z) = \frac{1}{1 + a_1 z^{-1}}$$

예제 5.7

다음 그림 5-23의 IIR 필터에서 전달함수 $H(z)$를 구하시오.

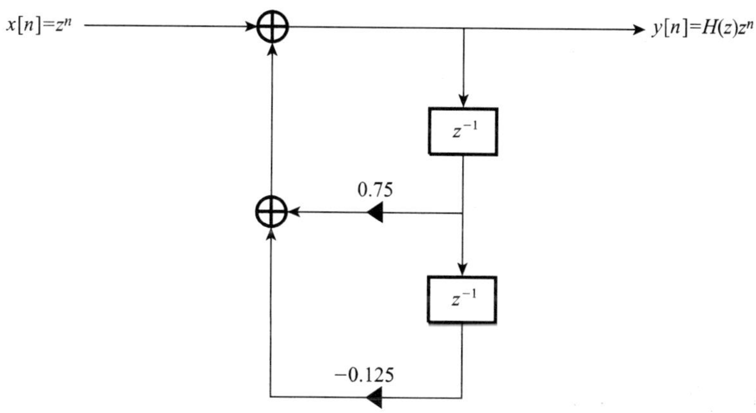

그림 5-23 주어진 IIR 필터 구조

풀이 위의 필터 구조에서 $H(z)$는 다음과 같다.

$$H(z)z^n = z^n + 0.75H(z)z^{n-1} - 0.125H(z)z^{n-2}$$

$$H(z)z^n(1 - 0.75z^{-1} + 0.125z^{-2}) = z^n$$

$$\therefore \ H(z) = \frac{1}{1 - 0.75z^{-1} + 0.125z^{-2}}$$

5.6.5 전달함수로부터 차분방정식

전달함수가 주어졌을 때, 차분방정식을 구할 수 있다. 다음의 전달함수를 예로 들어 보자.

$$H(z) = \frac{b_0 + b_1 z^{-1} + b_2 z^{-2}}{1 + a_1 z^{-1} + a_2 z^{-2}} = \frac{Y(z)}{X(z)}$$

다음과 같이 시간 쉬프트를 이용하여 차분방정식을 구할 수 있다.

$$Y(z)(1 + a_1 z^{-1} + a_2 z^{-2}) = X(z)(b_0 + b_1 z^{-1} + b_2 z^{-2})$$

$$y[n] + a_1 y[n-1] + a_2 y[n-2] = b_0 x[n] + b_1 x[n-1] + b_2 x[n-2]$$

예제 5.8

다음의 전달함수에서 차분방정식을 구하시오.

$$H(z) = \frac{1 + 0.5z^{-1}}{1 - 0.7z^{-1} + 0.3z^{-2}} = \frac{Y(z)}{X(z)}$$

풀이 $Y(z)(1 - 0.7z^{-1} + 0.3z^{-2}) = X(z)(1 + 0.5z^{-1})$

$$y[n] - 0.7y[n-1] + 0.3y[n-2] = x[n] + 0.5x[n-1]$$

5.6.6 필터의 출력 계산

시스템의 전달함수와 입력의 z 변환이 주어진 경우에 출력의 z 변환을 컨볼루션 성질을 이용하여 구할 수 있다. 따라서 역 z 변환을 통하여 출력을 계산할 수 있다. 다음의 예제를 통하여 출력을 구해 보자.

예제 5.9

어느 시스템의 전달함수와 입력의 z 변환은 다음과 같다. 출력을 구하시오.

$$H(z) = 1 - 0.5z^{-1}, \quad X(z) = 1 - z^{-2}$$

풀이 출력의 z 변환은 다음과 같이 구할 수 있다.

$$Y(z) = H(z)X(z) = (1 - 0.5z^{-1})(1 - z^{-2}) = 1 - 0.5z^{-1} - z^{-2} + 0.5z^{-3}$$

위의 z 변환을 역 z 변환하면 다음과 같이 출력을 구할 수 있다.

$$y[n] = \delta[n] - 0.5\delta[n-1] - \delta[n-2] + 0.5\delta[n-3]$$

연습문제

1. 어떤 LTI 시스템의 임펄스 응답이 다음과 같다.

$$h[n] = 0.9^{n}u[n] + 0.9^{-n}u[-n-1]$$

(a) 전달함수 $H(z)$를 구하고, 수렴영역을 구하시오.

(b) 극점과 영점을 그리시오.

(c) 또한 주파수 응답 $H(e^{j\omega})$를 간단히 그리시오($\omega = 0$과 $\omega = \pi$의 값들을 표기해서 그리시오).

2. 안정 시스템에서 입력신호 $x[n]$과 출력신호 $y[n]$의 z 변환 $Y(z)$는 각각 다음과 같다.

$$x[n] = 2(0.5)^{|n|}, \quad Y(z) = \frac{3z^2}{(z-0.5)(z-2)(z-4)}, \quad 0.5 < |z| < 2$$

(a) $X(z)$와 $X(z)$의 수렴영역을 구하시오.

(b) 시스템이 인과성인지 아닌지를 답하시오.

(c) 임펄스 응답 $h[n]$을 구하시오.

3. 어떤 인과 시스템의 전달함수가 다음과 같다.

$$H(z) = \frac{1+0.5z^{-1}}{1-z^{-1}+0.5z^{-2}}$$

(a) 임펄스 응답 $h[n]$을 구하시오.

(b) $h[0]$과 $h[1]$을 구하시오.

4. 다음 시스템을 보고 물음에 답하시오.

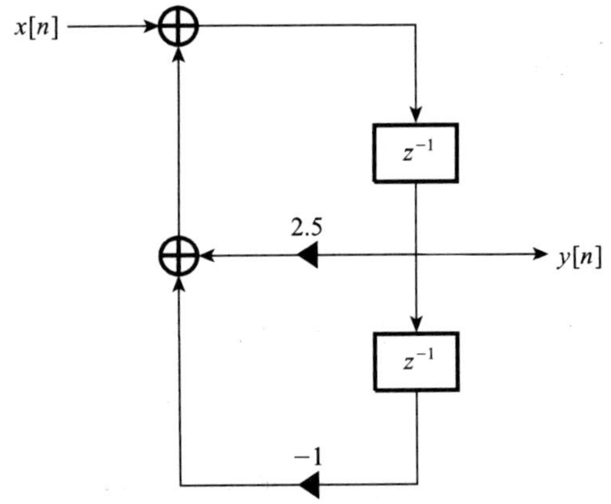

(a) 전달함수 $H(z)$를 구하시오.

(b) 차분방정식을 구하시오.

(c) 임펄스 응답 $h[n]$을 구하시오.

5. 어떤 인과 시스템의 전달함수가 다음과 같다.

$$H(z) = \frac{z^{-2}}{1 - 1.7z^{-1} + 0.72z^{-2}}$$

임펄스 응답 $h[n]$을 구하시오.

6. 어떤 인과 시스템의 차분방정식이 다음과 같다.

$$y[n] - 0.75y[n-1] + 0.125y[n-2] = x[n-1]$$

이 시스템의 임펄스 응답 $h[n]$을 구하시오.

7. 어떤 인과 시스템의 전달함수가 다음과 같다. 임펄스 응답을 구하고 임펄스 응답의 처음 3개의 값을 구하시오.

$$H(z) = \frac{1}{1 - 1.4z^{-1} + 0.58z^{-2}}$$

8. 다음 시스템을 보고 물음에 답하시오.

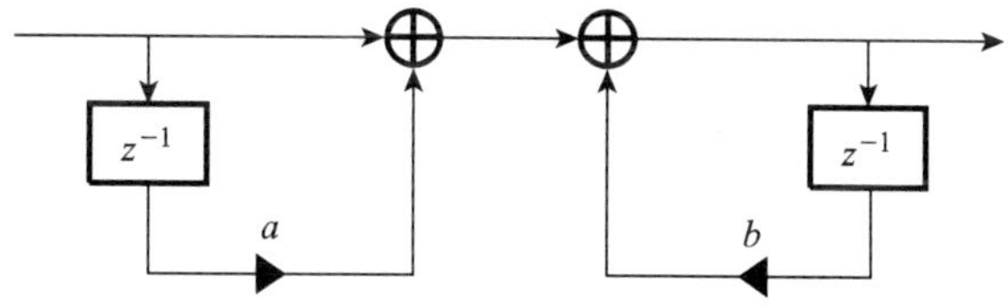

(a) 전달함수 $H(z)$를 구하시오.

(b) 시스템이 안정하기 위한 조건을 구하시오.

(c) 시스템이 안정의 저역통과 필터가 되기 위한 극점과 영점의 조건을 간단히 그리시오.

(d) 시스템이 안정의 고역통과 필터가 되기 위한 극점과 영점의 조건을 간단히 그리시오.

9. 어느 LTI 시스템에서 입력신호 $x[n]$과 출력신호 $y[n]$이 다음과 같다.

$$x[n] = 3\delta[n] - 3\delta[n-1] + \delta[n-2] + 2\delta[n-3] + 4\delta[n-5] + 5\delta[n-6] - 6\delta[n-7]$$

$$y[n] = \delta[n] + \frac{1}{3}\delta[n-2] + \delta[n-4] + 2\delta[n-5] + 3\delta[n-6] + \delta[n-7] - \frac{1}{3}\delta[n-8] - 2\delta[n-9]$$

임펄스 응답 $h[n]$을 구하시오.

10. 어느 LTI 시스템의 임펄스 응답 $h[n]$은 다음과 같다.

$$h[n] = \frac{1}{3}\delta[n] + \frac{1}{3}\delta[n-1] + \frac{1}{3}\delta[n-2]$$

(a) 곱셈기, 덧셈기, 지연소자를 사용하여 구현하시오.

(b) 전달함수 $H(z)$를 구하시오.

(c) 영점을 그리시오.

(d) 진폭응답 $|H(e^{j\omega})|$를 그리시오($\omega = 0$과 $\omega = \pi$에서의 값을 표시하시오).

11. 다음 차분방정식을 보고 물음에 답하시오.

$$y[n]-y[n-1]+0.5y[n-2]=0.25x[n]+0.25x[n-1]$$

(a) 곱셈기, 덧셈기, 지연소자를 사용하여 구현하시오

(b) 전달함수 $H(z)$를 구하시오.

(c) 극점과 영점을 그리시오.

(d) 이 시스템은 안정한가?

12. 어느 LTI 시스템의 임펄스 응답 $h[n]$은 다음과 같다.

$$h[n]=0.5\delta[n]-0.5\delta[n-1]$$

(a) 곱셈기, 덧셈기, 지연소자를 사용하여 구현하시오.

(b) 전달함수 $H(z)$를 구하시오.

(c) 영점을 그리시오.

(d) 진폭응답 $|H(e^{j\omega})|$를 그리시오($\omega=0$과 $\omega=\pi$에서의 값을 표시하시오).

13. 어느 LTI 시스템의 임펄스 응답 $h[n]$은 다음과 같다.

$$h[n]=0.5\delta[n]-0.5\delta[n-2]$$

(a) 곱셈기, 덧셈기, 지연소자를 사용하여 구현하시오

(b) 전달함수 $H(z)$를 구하시오.

(c) 영점을 그리시오.

(d) 진폭응답 $|H(e^{j\omega})|$를 그리시오($\omega=0$과 $\omega=\pi$에서의 값을 표시하시오).

14. 어느 LTI 시스템의 임펄스 응답 $h[n]$은 다음과 같다.

$$h[n]=0.5\delta[n]-0.5\delta[n-4]$$

(a) 곱셈기, 덧셈기, 지연소자를 사용하여 구현하시오.

(b) 전달함수 $H(z)$를 구하시오.

(c) 영점을 그리시오.

(d) 진폭응답 $|H(e^{j\omega})|$를 그리시오($\omega=0$과 $\omega=\pi$에서의 값을 표시하시오).

15. 다음 임펄스 응답에서 전달함수와 차분방정식을 구하시오.

(a) $h[n] = 0.2\delta[n] + 0.5\delta[n-2] + 0.3\delta[n-2]$

(b) $h[n] = -0.3\delta[n] + 0.7\delta[n-1] - 0.5\delta[n-2]$

16. 다음 전달함수에서 임펄스 응답과 차분방정식을 구하시오.

(a) $H(z) = 0.8 + 0.5z^{-1} + 0.4z^{-2}$

(b) $H(z) = -0.5 + 0.4z^{-1} - 0.3z^{-2}$

17. 다음 차분방정식에서 전달함수와 임펄스 응답을 구하시오.

(a) $y[n] = 0.9x[n] + 0.8x[n-1] + 0.7x[n-2]$

(b) $y[n] = -0.1x[n] + 0.7x[n-1] - 0.2x[n-2]$

18. 다음 임펄스 응답에서 전달함수와 차분방정식을 구하시오.

(a) $h[n] = 0.8^n u[n]$

(b) $h[n] = (-0.7)^n u[n]$

19. 다음 전달함수에서 차분방정식과 임펄스 응답을 구하시오.

(a) $H(z) = \dfrac{1}{1 - 0.7z^{-1} + 0.12z^{-2}}$

(b) $H(z) = \dfrac{1}{1 + 1.5z^{-1} + 0.56z^{-2}}$

20. 다음 차분방정식에서 전달함수를 구하시오.

(a) $y[n] - 0.8y[n-1] + 0.6y[n-2] = x[n] + 0.5x[n-1]$

(b) $y[n] + 0.4y[n-1] + 0.2y[n-2] = 0.2x[n] + 0.3x[n-1] + 0.2x[n-2]$

CHAPTER 06

하드웨어 구현

6.1 A/D 변환기
6.2 샘플링 주파수
6.3 양자화
6.4 D/A 변환기
6.5 디지털 신호처리 소자의 구현

신호처리를 해야 하는 대상의 신호는 아날로그 신호인 경우가 대부분이다. 사람이 만들어내는 음성 신호나 악기가 만들어내는 오디오 신호, 사람의 눈에 보이는 영상의 흐름 등은 모두 아날로그 신호들이다. 이런 신호들을 처리하기 위해서 디지털 신호로 만들어 주는 **A/D 변환기**(analog-to-digital converter)가 필요하고, 이런 신호들을 처리한 후에 다시 듣거나 보기 위해서는 **D/A 변환기**(digital-to-analog converter)가 필수적이다. 이와 같은 아날로그 신호의 디지털 신호처리는 다음 그림 6-1과 같이 나타낸다.

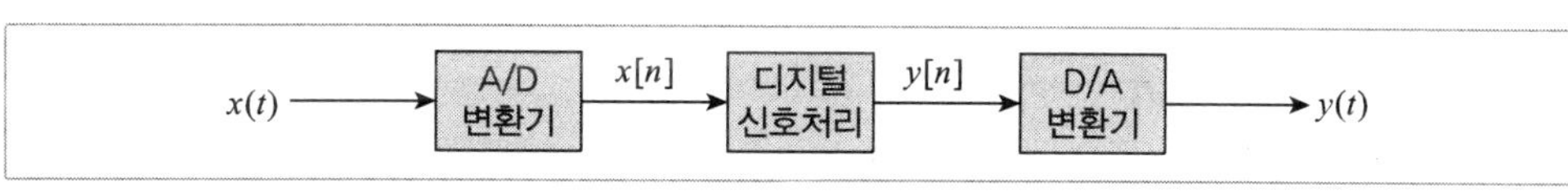

그림 6-1 A/D 변환기, 디지털 신호처리, D/A 변환기

이 장에서는 먼저 A/D 변환기의 원리를 알아본 후에 A/D 변환기에서 중요하게 고려하여야 할 샘플링 주기와 양자화에 대하여 살펴보고, D/A 변환기의 원리를 구현 하드웨어를 통하여 살펴본다. 마지막으로 덧셈기, 곱셈기, 지연소자의 하드웨어 구현을 게이트 레벨에서 살펴보고 이와 같은 게이트가 트랜지스터 레벨과 실제 layout 레벨에서 어떻게 구현되는지 살펴본다.

6.1 A/D 변환기

아날로그 신호를 비트로 구성되는 디지털 신호로 변환하는 A/D 변환기에는 **카운터형 A/D 변환기**, **시그마-델타 A/D 변환기** 등 여러 가지 방식이 있다. 원리를 이해하기 위하여 다음 그림 6-2의 카운터형 A/D 변환기를 살펴보기로 하자.

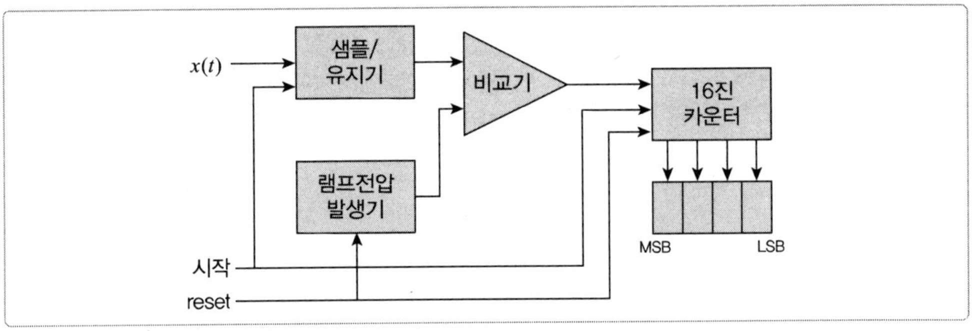

그림 6-2 카운터형 A/D 변환기

그림 6-2에서 아날로그 신호 $x(t)$가 입력되면 **샘플/유지기**(sample-hold)는 샘플한 신호를 샘플링 주기 T_s 동안 유지하게 된다. 따라서 샘플/유지기의 출력은 다음 그림 6-3의 횡직선 $x_q(t)$와 같다.

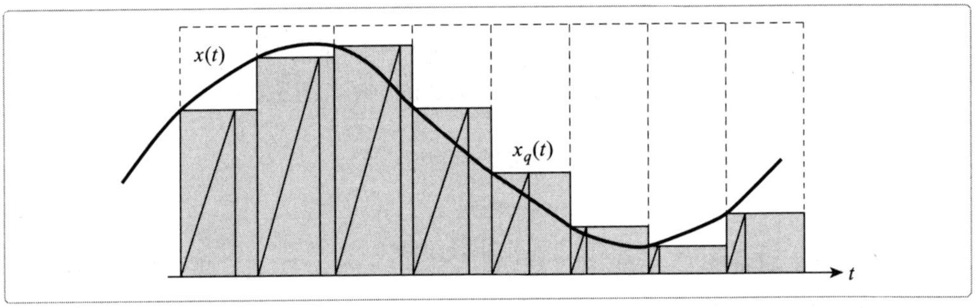

그림 6-3 샘플/유지기 출력과 램프전압 발생기의 출력

램프전압 발생기는 샘플링 구간의 시작점에서 0볼트로부터 시작하여 직선으로 증가하는 램프전압을 발생시킨다. 램프전압 발생기는 다음의 그림 6-4와 같은 연산 증폭기를

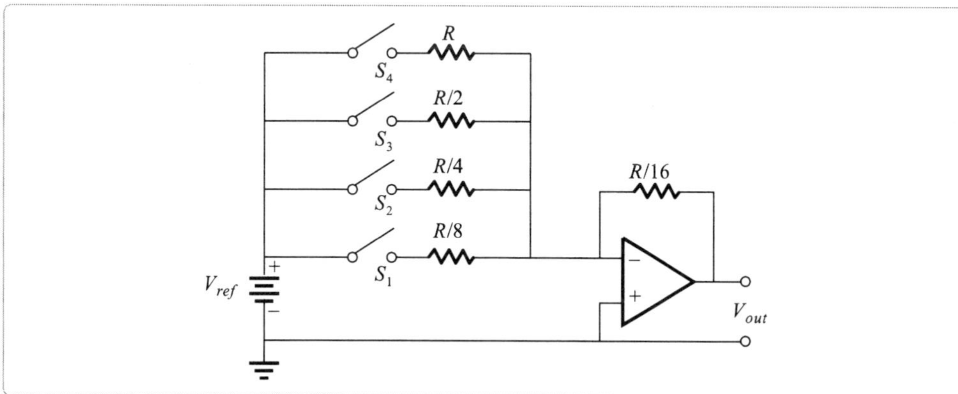

그림 6-4 연산 증폭기를 사용한 램프전압 발생기

이용한 하드웨어를 사용하여 구현할 수 있다.

위의 램프전압 발생기에서 연산 증폭기의 증폭도는 증폭기 입력부의 저항과 귀환부의 저항의 비이며, 다음과 같이 결정된다.

$$\frac{V_{out}}{V_{ref}} = \frac{R_f}{R_{input}}$$

위의 식에서 V_{ref}와 R_f를 고정시키고 디지털 신호의 크기에 의한 R_{input}을 조정하면 디지털 신호의 크기에 비례하는 V_{out}의 아날로그 신호를 얻을 수 있다. 위의 램프전압 발생기에서 V_{ref}는 1볼트로 고정하고 입력은 4비트로 표현된 2진 코드로 가정해 보자. 따라서 0000이 가장 작은 입력이고 1111이 가장 큰 입력이다.

이때에 1000이 입력되면 램프전압 발생기의 출력은 어떻게 되는지 살펴보자. 입력의 MSB(Most Significant Bit)가 위의 램프전압 발생기의 S1에 연결되어 1이면 스위치를 닫게 만들고 0이면 스위치를 열도록 조정한다. 이런 방식으로 스위치를 조정하므로 입력의 LSB(Least Significant Bit)는 S4의 스위치를 조정한다. 따라서 1000의 디지털 신호가 입력되면 S1의 스위치만 닫히고 S2부터 S4까지의 스위치는 모두 열리게 된다. 따라서 입력부의 저항 R_{input}은 $R/8$이 된다. 입력부의 저항이 정해졌으므로 램프전압 발생기의 출력은 다음과 같다.

$$V_{out} = \frac{R_f}{R_{input}} V_{ref} = \frac{R/16}{R/8} = 8/16 = 0.5 \text{ volt}$$

그림 6-4의 램프전압 발생기에서 4비트의 입력을 0000부터 1111까지 차례로 증가시키면 램프전압 발생기의 출력은 다음 표 6-1과 같이 0부터 0.9375볼트까지 순차로 증가한다.

| 표 6-1 | 그림 6-4의 4비트 램프전압 발생기의 출력

MSB			LSB	램프전압 발생기의 출력
S1	S2	S3	S4	
1	1	1	1	0.9375
1	1	1	0	0.875
1	1	0	1	0.8125
1	1	0	0	0.75
1	0	1	1	0.6875
1	0	1	0	0.625
1	0	0	1	0.5625
1	0	0	0	0.5
0	1	1	1	0.4375
0	1	1	0	0.375
0	1	0	1	0.3125
0	1	0	0	0.25
0	0	1	1	0.1875
0	0	1	0	0.125
0	0	0	1	0.0625
0	0	0	0	0.0

위의 표 6-1에서 보듯이 4비트로 표현된 디지털 신호는 0~1 volt를 16으로 균등하게 구분한 어느 한 레벨로 변환된다. 16으로 구분하였으므로 17개의 레벨이 생기게 된다. 따라서 17번째의 레벨인 1 volt는 어떤 경우에도 만들어지지 않는다. 그러나 비트의 수가 증가하면 이는 큰 문제가 되지 않는다. 램프전압 발생기의 S1부터 S4까지의 스위치에 증가 카운터(up counter)를 사용하여 입력 비트를 0000부터 1111까지 증가하도록 제어하면 표 6-1의 차례로 증가하는 램프전압 출력을 얻을 수 있다. 이 출력이 바로 그림 6-3의

사선으로 증가하는 램프신호가 된다. 즉, 그림 6-4의 램프전압 발생기에서 0000부터 1111까지를 차례로 입력시키면 출력은 0볼트부터 0.9375볼트($\simeq$ 1볼트)까지의 램프전압을 발생시킬 수 있다.

예제 6.1

그림 6-2의 A/D 변환기에서 디지털 입력 샘플이 1100이다. 이때의 출력이 0.75 볼트가 됨을 보이시오.

풀이 입력부의 저항은 다음과 같이 구할 수 있다.

$$\frac{1}{R_{input}} = \frac{1}{R/8} + \frac{1}{R/4} = \frac{8}{R} + \frac{4}{R} = \frac{12}{R}$$

$$\therefore R_{input} = R/12$$

따라서 아날로그 출력은 다음과 같다.

$$V_{out} = \frac{R_f}{R_{input}} V_{ref} = \frac{R/16}{R/12} = 12/16 = 0.75$$

이렇게 만들어진 샘플/유지기의 출력과 램프전압 발생기의 출력이 비교기의 입력으로 들어간다. 비교기는 기준 전압인 샘플/유지기의 전압과 램프전압 발생기의 출력 값을 비교하여 램프전압 발생기의 출력 값이 샘플/유지기의 전압과 같아지는 순간에 2진 계수기를 중지시키는 펄스를 발생시킨다. 그림 6-2의 16진 카운터는 0000부터 1111까지 16 단계를 증가하는 카운터이며 비교기가 발생시킨 중지 펄스에 의해서 중지된다. 이 중지된 순간의 카운터 값이 비트로 표현된 디지털 신호가 된다. 따라서 카운터의 출력은 $x_q(t)$의 레벨에 비례하는 양자화된 디지털 신호가 된다. 이와 같은 A/D 변환기를 설계할 때에 두 가지를 특히 고려해야 하는데, 첫 번째는 샘플링 주기이며 두 번째는 이 신호를 나타내는 비트의 크기, 즉 양자화의 크기이다.

6.2 | 샘플링 주파수

6.2.1 나이퀴스트 샘플링 주파수

아날로그 신호 $x(t)$를 샘플링할 때에 그 샘플링 주기는 어떻게 결정해야 할까? 3장의 스펙트럼 분석에서 보았듯이 아날로그 신호 $x(t)$를 샘플링하여 디지털 신호 $x[n]$을 얻을 때에 샘플링의 모델은 다음 그림 6-5와 같다.

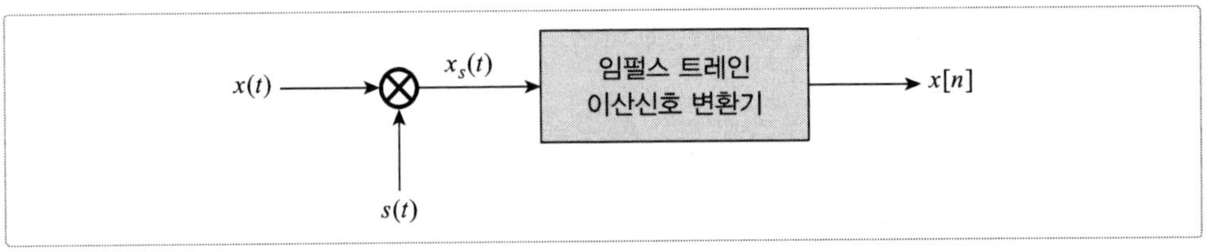

그림 6-5 샘플링의 모델

샘플링 후의 스펙트럼은 그림 3-15와 같이 아날로그의 스펙트럼이 반복됨을 보았다. 다음 그림 6-6(a)와 같은 최대 주파수가 4000 Hz인 음성의 아날로그 신호와 그 스펙트럼을 다시 살펴보기로 하자.

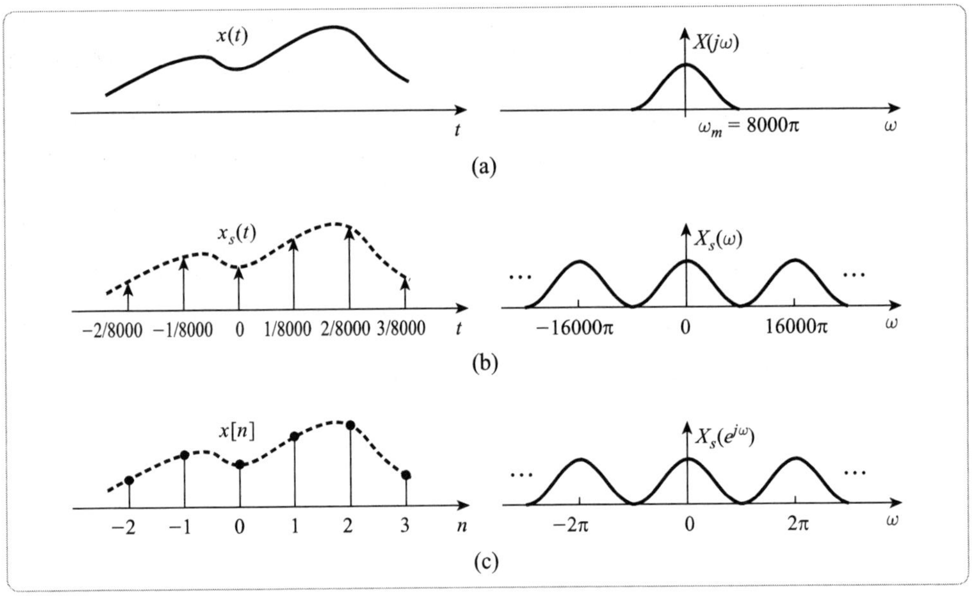

그림 6-6 음성신호의 샘플링 주기 결정

그림 6-6(a)에서 최대 주파수는 $f_m = 4000$ Hz이므로 각주파수로 표현하면 $\omega_m = 2\pi f_m = 8000\pi$가 된다. 이 아날로그 신호를 디지털 신호로 만들기 위한 중간 단계인 임펄스 트레인 신호로 표현하기 위해서 샘플링 주기를 최대 주파수의 2배인 8000 Hz의 임펄스 트레인을 곱해 보자(이때에 Hz의 단위에 대해서 주의해야 한다. 즉, 아날로그 신호의 주파수 표현단위도 Hz이고, 디지털 신호로 만들기 위해서 샘플링하는 주기의 단위도 Hz이다. 샘플링 주기에서 사용하는 Hz는 1초에 8000번을 샘플링한다는 의미이다). 따라서 샘플링 주기는 $T = 1/8000$초이다.

아날로그 신호를 임펄스 트레인 신호로 표현하면 그 스펙트럼은 그림 6-6(b)와 같이 반복되며 주기는 $\omega_0 = 2\pi/T = 16000\pi$가 된다. 이 임펄스 트레인 신호를 디지털 신호로 표현하면 주파수 축은 $1/T$로 스케일링되어 그림 6-6(c)와 같게 된다. 그림 6-6(b)와 6-6(c)에서 보듯이 아날로그 신호의 스펙트럼 정보가 그대로 유지되고 있음을 볼 수 있다. 이와 같이 어느 아날로그 신호의 최대 주파수 성분을 알고 있을 때 그 주파수의 두 배 이상으로 샘플링하면 원래의 주파수 스펙트럼이 보존됨을 알 수 있다.

$$f_0 \geq 2f_m$$

이 식에서 $2f_m$을 **나이퀴스트 샘플링 주파수**(Nyquist sampling frequency)라고 부른다. 그림 6-6(c)에서 보듯이 아날로그 주파수인 4000 Hz의 최대 주파수 성분이 디지털 주파수 π로 매핑되고 있다. 따라서 디지털 신호의 스펙트럼을 관찰할 때에 π지점의 정확한 의미는 원래의 아날로그 신호에 대한 샘플링 주파수를 알아야 결정된다.

6.2.2 에일리어싱

아날로그 신호로부터 디지털 신호를 얻을 때, 주파수 영역에서는 원래의 스펙트럼의 반복이 나타남을 알았다. 따라서 임의의 아날로그 신호의 스펙트럼이 무한대의 고주파수 성분을 포함하고 있으면, 샘플링하여 디지털 신호를 얻을 때에 주파수 영역에서의 반복되는 성분과의 겹치는 현상을 피할 수 없다. 이러한 현상을 **에일리어싱**(aliasing)이라고 부른다. 다음 그림 6-7과 같이 무한대의 고주파수 성분을 포함하는 신호를 샘플링하는 경우에 에일리어싱이 어떻게 생기는지 살펴보자.

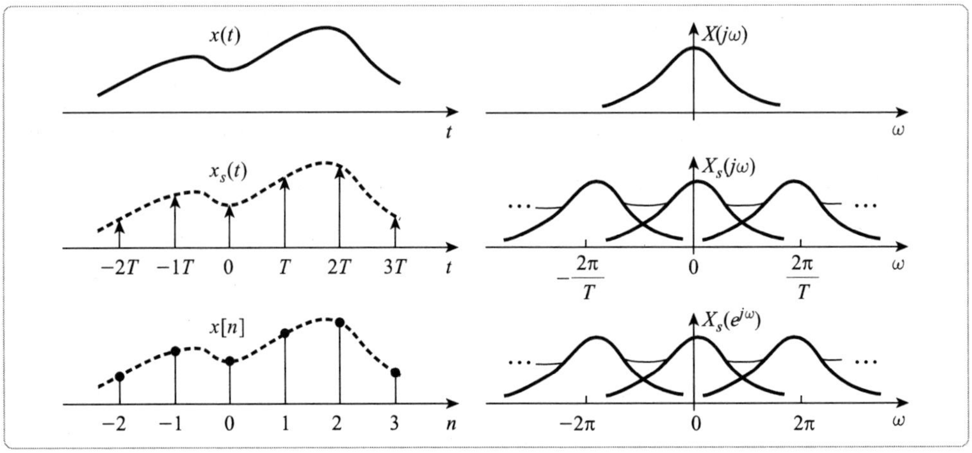

그림 6-7 무한대의 주파수 성분을 갖는 신호의 에일리어싱

위의 그림 6-7에서 샘플링 각주파수 $\omega_0 = 2\pi/T$를 어떻게 결정하더라도 원래의 아날로그 신호 스펙트럼은 겹쳐지며 에일리어싱이 발생한다. 이와 같이 에일리어싱으로 왜곡된 스펙트럼으로부터 원래의 아날로그 신호를 복원하기 어렵게 된다.

무한대의 고주파수 성분을 포함하는 신호를 샘플링하는 경우 외에 나이퀴스트 샘플링 주파수보다 낮은 주파수로 샘플링하는 경우에도 에일리어싱이 생기게 된다. 즉, 최대 주파수 성분이 4 kHz인 신호를 8 kHz보다 낮은 샘플링 주파수로 샘플링하는 경우에도 에일리어싱이 발생한다.

따라서 샘플링 주파수가 결정된 경우에 에일리어싱이 생기지 않도록 하기 위해서는 원래의 아날로그 신호를 대역제한(band limited)시킨 후에 샘플링하여야 한다. 예를 들어서, 최대 주파수가 4 kHz인 신호에서 6 kHz의 샘플링 주파수로 샘플링해야 한다면 아날로그 신호의 최대 주파수가 3 kHz가 되도록 먼저 대역제한시킨 후에 샘플링하여야 한다.

에일리어싱이 발생하지 않는 가장 낮은 샘플링 주파수인 나이퀴스트 샘플링 주파수로 샘플링하는 것이 가장 경제적인 샘플링임을 알 수 있다. 나이퀴스트 샘플링 주파수보다 낮게 샘플링하면 에일리어싱의 발생으로 원래의 신호를 복원할 수 없게 되고, 나이퀴스트 샘플링 주파수보다 높게 샘플링하면 샘플링의 수가 많아져서 비경제적이 되기 때문이다.

6.3 양자화

6.3.1 2의 보수형 양자화기

아날로그 신호는 다음 그림 6-8과 같이 샘플링을 통하여 이산신호가 되며 양자화기를 통하여 디지털 신호로 변환되는 것으로 묘사할 수 있다. 그러나 이것은 개념적인 모델이며 실제로 A/D 변환기에서는 그림 6-8처럼 두 개의 블록으로 나누어서 변환되는 것은 아니다.

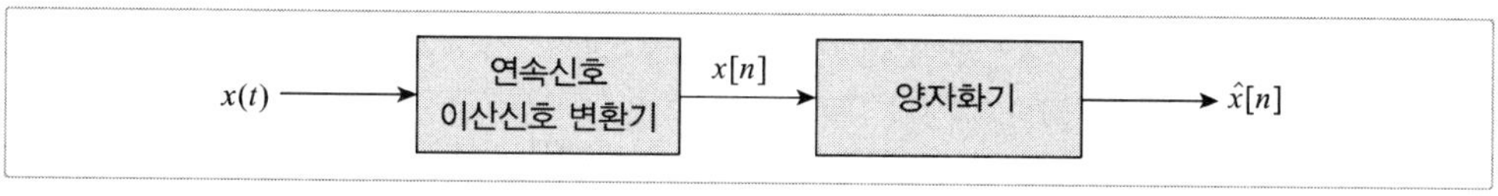

그림 6-8 아날로그 신호로부터 디지털 신호를 얻는 수학적 모델

위의 양자화기에서 **양자화 샘플**(quantized sample)은 다음과 같이 나타낸다.

$$\hat{x}[n] = Q(x[n])$$

일반적으로 이산신호 $x[n]$의 범위를 $-X_m$에서 X_m으로 표현한다. 그러나 보통 −1.0에서 1.0까지의 값을 갖는 것으로 간주하는 것이 편리하다. 이제 −1.0에서 1.0까지의 값을 갖는 이산신호 $x[n]$을 3비트의 디지털 신호로 나타내는 경우를 살펴보자. 3비트로 나타낼 수 있는 종류는 8개이므로 양자화 **계단크기**(step size) Δ는 2/8=0.25가 된다. 따라서 다음 표 6-2와 같이 −1.0부터 1.0까지를 0.25의 계단크기로 분할하여 000부터 111까지의 2의 보수형 2진 코드를 할당하게 된다.

실제로 오디오 신호를 A/D 변환하는 경우를 살펴보면, 양자화기에서는 보통 16비트 정도를 사용해서 디지털 신호로 변환한다. 즉, 1000 0000 0000 0000(=−1)부터 0111 1111 1111 1111(≃1)의 2의 보수형 2진 비트로 변환된다. 그러나 이와 같은 2진 부호 표현은 너무 길기 때문에 hexa-decimal 표현을 사용하여 8000(=−1)부터 7fff(≃1)의 2의 보수형 2진 비트 표기가 많이 사용된다.

| 표 6-2 | 버림 양자화(3비트의 2의 보수형)

이산신호 값	2진 코드		
$0.75 \leq x[n] < 1.0$	0	1	1
$0.5 \leq x[n] < 0.75$	0	1	0
$0.25 \leq x[n] < 0.5$	0	0	1
$0.0 \leq x[n] < 0.25$	0	0	0
$-0.25 \leq x[n] < 0.0$	1	1	1
$-0.5 \leq x[n] < -0.25$	1	1	0
$-0.75 \leq x[n] < -0.5$	1	0	1
$-1.0 \leq x[n] < -0.75$	1	0	0

$B+1$비트의 2진 부호를 사용하면 2^{B+1}개의 레벨을 나타낼 수 있다. 따라서 $-X_m$에서 X_m까지의 값을 갖는 이산신호를 $B+1$비트로 양자화하면 양자화 계단크기 Δ는 다음과 같이 나타낼 수 있다.

$$\Delta = \frac{2X_m}{2^{B+1}} = \frac{X_m}{2^B}$$

표 6-2와 같이 양자화된 코드는 다시 D/A 변환될 때에 표 6-3의 값을 의미한다.

| 표 6-3 | 2진 코드의 값($B=2$인 경우)

2진 코드			2진 코드의 값
0	1	1	0.75
0	1	0	0.5
0	0	1	0.25
0	0	0	0.0
1	1	1	−0.25
1	1	0	−0.5
1	0	1	−0.75
1	0	0	−1.0

위의 표에서 보듯이 −1.0에서 1까지의 레벨은 9개이나 2진 코드로 나타낼 수 있는 종류는 9개이므로 1.0의 값은 복원시킬 수 없게 된다. 2진 코드의 비트 수를 늘이면 이

영향은 매우 작아진다. $(B+1)$비트의 2의 보수형 수를 다음과 같이 나타내보자.

$$a_0 a_1 a_2 a_3 \cdots a_B$$

이 2의 보수형 수는 다음의 값을 의미한다.

$$-a_0 2^0 + a_1 2^{-1} + a_2 2^{-2} + a_3 2^{-3} + \cdots + a_B 2^{-B}$$

예제 6.1

다음의 2의 보수형 수의 값을 구하시오.

(a) 0111

(b) 1111

풀이 (a) 0111 = (1)(0.5)+(1)(0.25)+(1)(0.125) = 0.5+0.25+0.125 = 0.875

(b) 111 = −(1)(1)+(1)(0.5)+(1)(0.25)+(1)(0.125)

= −1+0.5+0.25+0.125 = −0.125

버림 양자화의 경우에 이산신호에 대한 디지털 신호의 변환 함수는 그림 6-9와 같다.

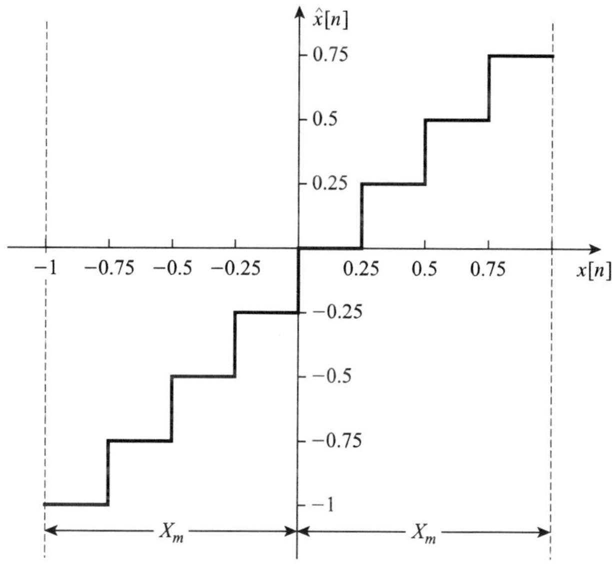

그림 6-9 3비트($B=2$) 버림 양자화 변환 함수

앞의 양자화기에서는 0~0.25는 000(=0)으로 변환하였으나 −0.125~0.125를 000(=0)으로 매핑하는 경우도 있다. 이와 같은 양자화기를 **반올림 양자화기**(rounding quantizer)라고 하며 다음 표 6-4와 같이 −1.0부터 1.0까지를 0.25의 계단크기로 분할하여 000부터 111까지의 비트를 할당하게 된다.

| 표 6-4 | 반올림 양자화(3비트의 2의 보수형)

이산신호 값	2진 코드		
$0.625 \le x[n] < 1.0$	0	1	1
$0.375 \le x[n] < 0.625$	0	1	0
$0.125 \le x[n] < 0.375$	0	0	1
$-0.125 \le x[n] < 0.125$	0	0	0
$-0.375 \le x[n] < -0.125$	1	1	1
$-0.625 \le x[n] < -0.375$	1	1	0
$-0.875 \le x[n] < -0.625$	1	0	1
$-1.0 \le x[n] < -0.875$	1	0	0

반올림 양자화의 경우에 이산신호에 대한 디지털 신호의 변환 함수는 그림 6-10과 같다.

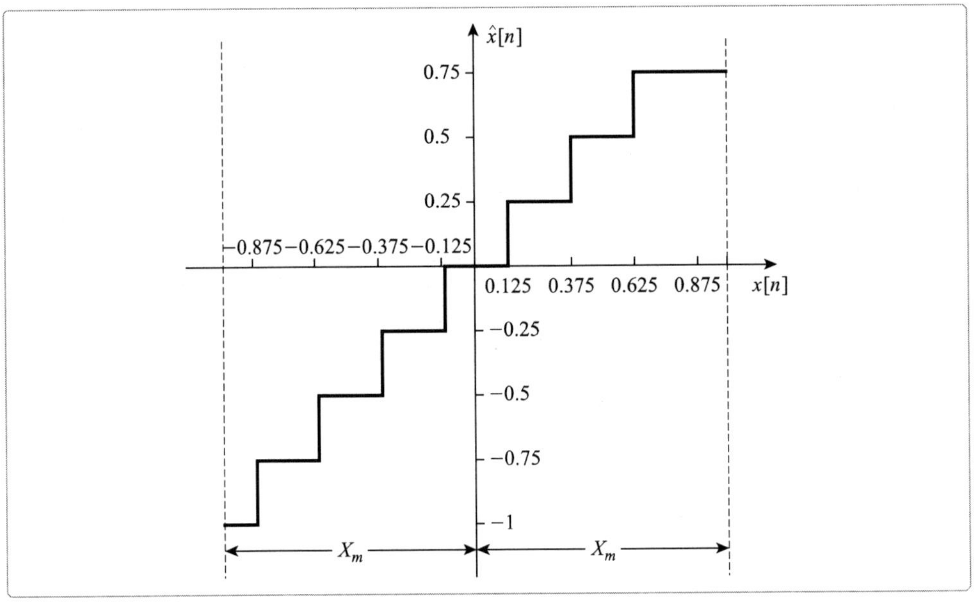

그림 6-10 3비트($B=2$) 반올림 양자화 변환 함수

6.3.2 버림 양자화 에러

양자화된 디지털 신호에서 이산신호를 뺀 값을 양자화 에러 $e[n]$으로 정의하며 다음과 같이 나타낸다.

$$e[n] = x[n] - \hat{x}[n]$$

이 양자화 에러를 얼마나 허용하는 A/D 변환기를 설계해야 하는가는 매우 중요한 문제이다. 고음질의 오디오 신호처리의 경우에 이 양자화 에러를 매우 작게 해야 하므로 16~20의 많은 비트를 사용하여 양자화한다. 상대적으로 정보 전달에 비중을 두는 음성처리의 경우에는 8~14비트를 사용하여 양자화한다.

버림 양자화의 경우에 각각의 샘플에서 발생되는 양자화 에러의 범위는 **양자화 계단 크기**(quantization step size) Δ를 사용하여 다음과 같이 나타낼 수 있다.

$$0 \le e[n] < \Delta$$

이와 같이 각각의 샘플에서 발생되는 양자화 에러는 **확률변수**(random variable)로 간주할 수 있으며 다음 그림 6-11과 같은 잡음 모델로 표현할 수 있다.

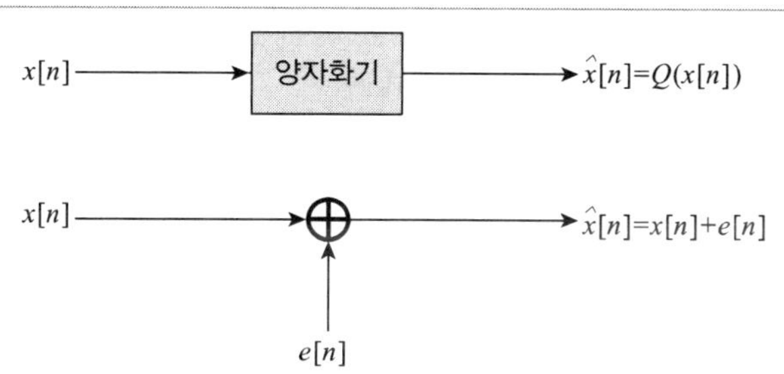

그림 6-11 양자화기의 잡음 모델

이와 같은 잡음으로 표현되는 양자화 에러는 확률변수이므로 그 파형에서 의미를 찾을 수 없고 **확률밀도함수**(probability density function, pdf), **평균값**(mean), **분산**(variance) 등을 분석하여야 한다. 먼저 **버림 양자화 에러**(truncation quantization error)의 확률밀도함수를 알아보자. 이 양자화 에러는 0에서부터 Δ 사이에 분포할 확률이 일정하므로 확률밀도함수는 그림 6-12와 같이 표현된다.

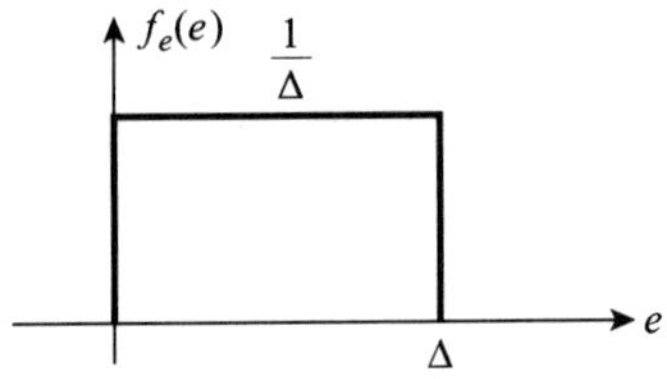

그림 6-12 버림 양자화기의 확률밀도함수

확률의 총합은 1이 되어야 하므로 확률밀도함수의 적분은 1이 되어야 한다. 따라서 그림에서 보듯이 확률밀도함수의 크기는 항상 $1/\Delta$이 됨을 알 수 있다.

(1) 평균값

그림 6-12에서 보듯이 버림 양자화 에러의 평균값은 양자화 계단크기의 반과 같다.

$$m_e = E\{e[n]\} = \frac{\Delta}{2}$$

(2) 분산

확률변수의 분산 σ_e^2은 평균값을 중심으로 확률변수가 변동하는 정도를 나타내며 다음과 같이 정의에 의해 구할 수 있다.

$$\begin{aligned}\sigma_e^2 &= E\{(e[n]-m_e)^2\} = E\{e^2[n] - 2m_e e[n] + m_e^2\} \\ &= E\{e^2[n]\} - 2m_e E\{e[n]\} + m_e^2 \\ &= E\{e^2[n]\} - m_e^2 \\ &= E\{e^2[n]\} - \frac{\Delta^2}{4}\end{aligned}$$

이 식에서 $E\{e^2[n]\}$는 다음과 같이 구한다.

$$\begin{aligned}E\{e^2[n]\} &= \int_{-\infty}^{\infty} e^2[n] f_e(e)de \\ &= \int_0^{\Delta} e^2[n]\frac{1}{\Delta}de = \frac{1}{\Delta}\left[\frac{1}{3}e^3[n]\right]_0^{\Delta} = \frac{\Delta^2}{3}\end{aligned}$$

이 결과를 앞 식에 대입하면 다음과 같이 분산을 양자화 계단크기로 나타낼 수 있다.

$$\sigma_e^2 = \frac{\Delta^2}{12}$$

$B+1$ 비트로 양자화하는 경우에, 분산을 B로 다음과 같이 나타낼 수 있다. $B+1$ 비트의 2진 부호 양자화에서 양자화 계단크기는 $\Delta = X_m/2^B$이므로 이를 위의 식에 대입하면 분산은 다음과 같이 B의 함수로 나타낼 수 있다.

$$\sigma_e^2 = \frac{X_m^2\, 2^{-2B}}{12}$$

6.3.3 반올림 양자화 에러

반올림 양자화의 경우에 각각의 샘플에서 발생되는 양자화 에러의 범위는 양자화 계단크기 Δ를 사용하여 다음과 같이 나타낼 수 있다.

$$\frac{-\Delta}{2} \le e[n] < \frac{\Delta}{2}$$

이번에는 확률변수인 **반올림 양자화 에러**(rounding quantization error)의 확률밀도함수, 평균값, 분산을 구해 보자. 먼저 확률밀도함수를 구해보면 이 반올림 양자화 에러는 $-\Delta/2$에서부터 $\Delta/2$사이에 분포할 확률이 일정하므로 확률밀도함수는 그림 6-13과 같이 표현된다.

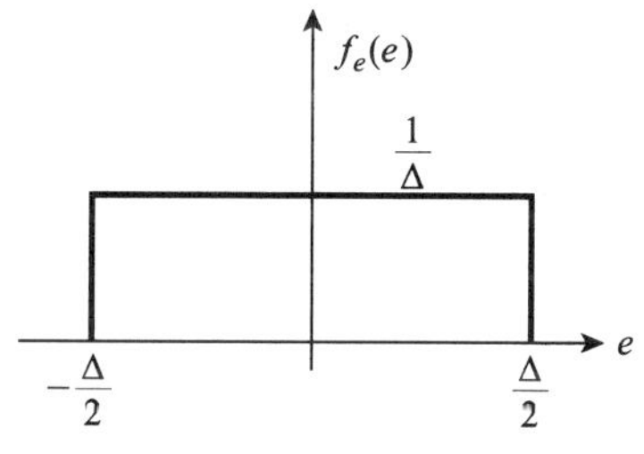

그림 6-13 반올림 양자화기의 확률밀도함수

확률의 총합은 1이 되어야 하므로 확률밀도함수의 적분은 1이 되어야 한다. 따라서 그림에서 보듯이 확률밀도함수의 크기는 항상 $1/\Delta$이 됨을 알 수 있다.

(1) 평균값

그림 6-13에서 보듯이 반올림 양자화 에러의 평균값은 다음과 같다.

$$m_e = E\{e[n]\} = 0$$

(2) 분산

평균값이 0이므로 반올림 양자화 에러의 분산은 다음과 같다.

$$\begin{aligned}\sigma_e^2 &= E\{(e[n]-m_e)^2\} = E\{e^2[n]\} \\ &= \int_{-\infty}^{\infty} e^2[n] f_e(e)de = \int_{-\Delta/2}^{\Delta/2} e^2[n]\frac{1}{\Delta}de \\ &= \frac{1}{\Delta}\left[\frac{1}{3}e^3[n]\right]_{-\Delta/2}^{\Delta/2} = \frac{\Delta^2}{12}\end{aligned}$$

$B+1$비트로 양자화하는 경우, 분산은 다음과 같이 버림 양자화 에러의 경우와 같다.

$$\sigma_e^2 = \frac{X_m^2\, 2^{-2B}}{12}$$

6.3.4 신호대 잡음비

아날로그 오디오 신호에서 샘플링과 양자화를 통하여 디지털 신호를 얻는 경우에 양자화에 사용되는 비트의 수를 어떻게 정해야 할까? 원 신호에 대한 양자화 에러의 비율을 정량적으로 나타내는 도구로서 신호대 잡음비(Signal-to-Noise Ratio, SNR)를 많이 사용한다. 신호대 잡음비의 정의는 다음과 같이 원 신호의 분산 σ_x^2에 대한 양자화 에러의 분산 σ_e^2의 비이다.

$$\mathrm{SNR} \equiv 10\log\left(\frac{\sigma_x^2}{\sigma_e^2}\right)$$

$B+1$비트로 양자화하는 경우의 분산은 버림이나 반올림의 경우 모두 같으므로 신호대 잡음비는 다음과 같이 나타낼 수 있다.

$$\mathrm{SNR} = 10\log\left(\frac{\sigma_x^2}{X_m^2\ \ 2^{-2B}/12}\right) = 10\log\left(\frac{12\sigma_x^2\, 2^{2B}}{X_m^2}\right)$$

$$= 10\log 12 + 10\log 2^{2B} + 20\log\sigma_x - 20\log X_m$$

$$= 6.02B + 10.8 + 20\log\sigma_x - 20\log X_m$$

실무에서는 $\sigma_x = X_m/4$을 널리 사용한다. 따라서 다음과 같이 간단한 형의 신호대 잡음비를 사용하기도 한다.

$$\mathrm{SNR} = 6.02B + 10.8 + 20\log X_m/4 - 20\log X_m \simeq (6B - 1.25)\,\mathrm{dB}$$

예제 6.2

10비트를 사용하여 양자화하는 경우에 신호대 잡음비를 구하시오.

풀이 10비트의 경우 B는 9이므로 신호대 잡음비는 다음과 같다.

$$\mathrm{SNR} \simeq (6B - 1.25) = 52.75\,\mathrm{dB}$$

6.4 D/A 변환기

디지털 시스템에서 처리된 출력신호는 비트로 저장된다. 이와 같이 비트로 저장된 디지털 신호를 아날로그 신호로 변환하기 위해서는 D/A 변환기가 필요하다. D/A 변환기는 그림 6-14와 같이 구성된다.

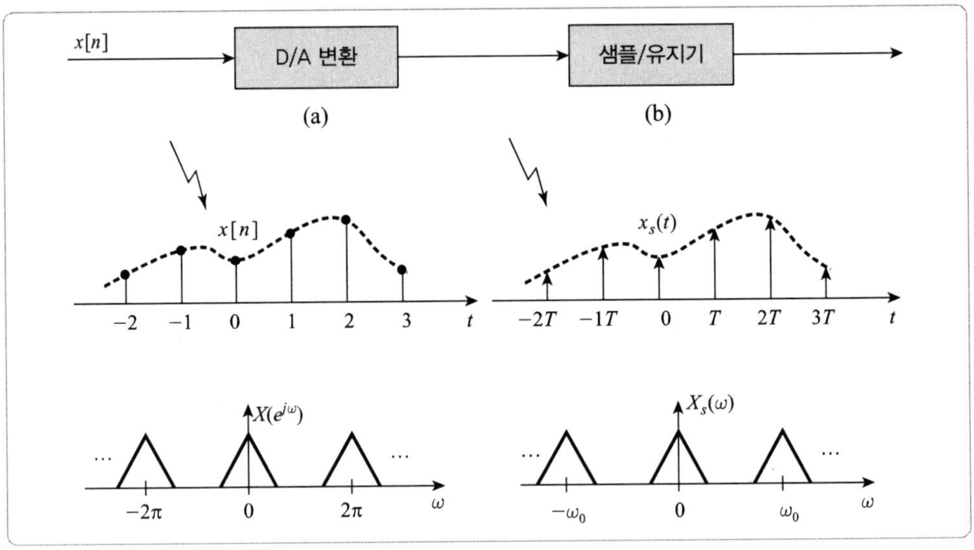

그림 6-14 D/A 변환기의 구조와 신호. (a) D/A 변환, (b) 샘플/유지기

위의 그림에서 비트로 표현된 디지털 신호는 D/A 변환과 샘플/유지기를 통해 아날로그 신호로 변환된다. D/A 변환으로서 그림 6-15와 같은 연산 증폭기를 이용한 D/A 변환을 살펴보자.

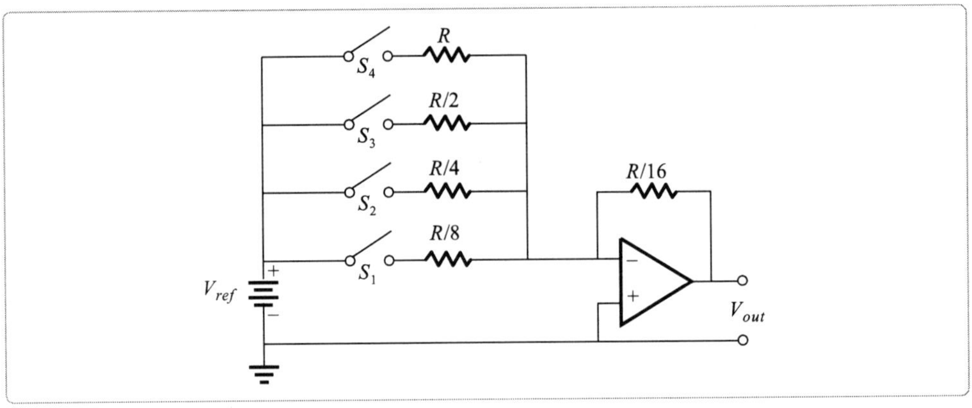

그림 6-15 연산 증폭기를 이용한 D/A 변환

앞의 D/A 변환은 그림 6-4의 연산 증폭기를 사용한 램프전압 발생기의 하드웨어와 같다. 다른 점은 연산 증폭기를 사용한 램프전압 발생기에서는 S1~S4의 스위치에 카운터 출력을 연결하지만 D/A 변환기에서는 비트로 저장된 디지털 신호가 연결한다. 입력부의 저항을 구하는 방법은 연산 증폭기를 사용한 램프전압 발생기의 경우와 같다. 앞의 D/A 변환 블록의 출력은 샘플/유지기를 거쳐서 아날로그 신호가 된다. 이 아날로그 신호에서 고주파수를 제거하기 위해서 그림 6-16과 같은 아날로그 저역통과 필터를 사용한다.

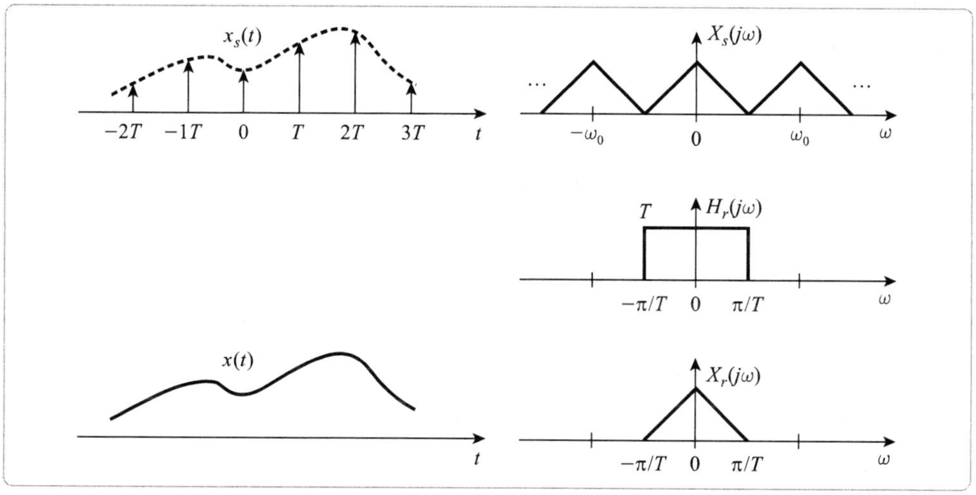

그림 6-16 샘플/유지기의 출력으로부터 아날로그 신호의 복원

위의 아날로그 저역통과 필터의 스펙트럼을 구현하기 위해서는 임펄스 응답이 필요하다. 따라서 위의 스펙트럼을 다음과 같이 역 CTFT하여 아날로그 임펄스 응답을 구하여야 한다.

$$h_r(t) = \frac{1}{2\pi}\int_{-\infty}^{\infty} H(\omega)e^{j\omega t}d\omega = \frac{T}{2\pi}\int_{\pi/T}^{\pi/T} e^{j\omega t}d\omega$$

$$= \frac{T}{2\pi}\left[\frac{e^{j\omega t}}{jt}\right]_{\pi/T}^{\pi/T} = \frac{\sin\pi t/T}{\pi/T}$$

이와 같이 구한 임펄스 응답은 그림 6-17과 같다.

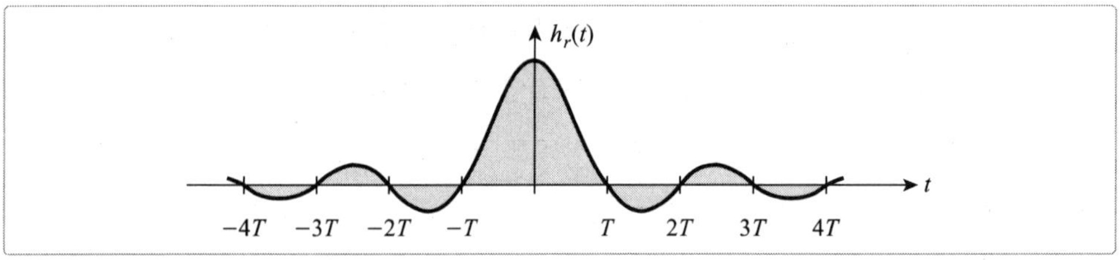

그림 6-17 고주파 제거용 임펄스 응답

위의 아날로그 임펄스 응답은 $-\infty$ 부터 ∞ 까지이므로 구현 가능하게 하기 위하여 일정한 길이로 잘라서 사용하며 인과 시스템으로 만들기 위하여 시간 축에서 쉬프트시켜서 사용한다.

6.5 | 디지털 신호처리 소자의 구현

그림 6-1에서 보듯이 디지털 신호처리 블록은 A/D 변환기와 D/A 변환기 사이에 놓인다. 이 디지털 신호처리 블록은 덧셈기, 곱셈기, 지연소자를 사용하여 구현할 수 있다. 이 절에서는 이와 같은 소자들의 구현 방법을 알아보기로 한다. 구현 방법은 크게 hard-wired 구현과 프로세서를 사용한 구현으로 나눌 수 있다. 신호처리 알고리즘이 여러 가지 종류의 복잡한 연산이 요구되는 경우에는 프로세서를 사용하는 방식이 주로 사용되고, 간단한 연산이지만 매우 빠른 연산이 요구되는 경우에는 hard-wired 방식이 주로 사용된다. 예를 들면, 휴대폰에 사용되는 음성압축 알고리즘인 **CELP**(Code Excited Linear Predicted coding)는 주로 연산이 매우 복잡하므로 프로세서를 사용하여 구현하는 것이 일반적이다. 그러나 H.264와 같은 비교적 간단하지만 매우 빠른 연산 속도를 요구하는 알고리즘은 hard-wired 방식이 사용된다. MP3와 같은 오디오 알고리즘은 두 가지 방식 모두 사용되는 추세이다.

소자들의 구현 방법을 알아보기에 앞서 디지털 신호의 값을 표현하는 세 가지 방식을 먼저 알아보자. 다음의 8비트로 표기되는 샘플로 세 가지 방식을 살펴보기로 한다.

- 01001100: binary 표기방식
- 4C: hexadecimal 표기방식
- 0.59375: 일반 표기방식

디지털 신호는 반도체 등을 통하여 저장되어 처리되어야 하므로 이와 같이 유한정세도로 표현되며 이론적인 교과서에서는 세 번째 방식이 널리 사용된다. 실제 저장되는 비트로 표현하는 경우에는 binary 표기방식이 사용되며, 비트의 길이가 긴 경우에는 hexadecimal 표기방식이 많이 사용된다. 예를 들어, 오디오 샘플들은 주로 16비트의 정세도로 처리되므로 샘플들을 나타내는 데 5F3B 등과 같이 4개의 hexadecimal로 표현한다. 위의 8비트 표기법에서 나타낼 수 있는 가장 큰 수는 01111111로서 1보다 작다. 따라서 아무리 비트의 수를 늘이더라도 최댓값은 1을 넘지 않으므로 실제의 시스템에서는 사용되는 수의 최댓값을 1보다 작게 제한하는 것이 일반적이다. 반도체 집적회로를 설계할 때, 그 시스템의 정세도는 설계 전에 이미 결정되므로 내부의 신호 값들이 1보다 작도록 제어하며 설계하여야 한다.

6.5.1 Hard-wired 구현

Hard-wired 구현은 실제로 하드웨어를 사용하여 구현하는 방법으로서 주로 반도체 집적회로를 사용하여 구현하는 방식이다. 집적회로로서 **CMOS**(Complementary Metal Oxide Semiconductor) 회로가 많이 사용된다. 덧셈기, 곱셈기, 지연소자가 논리회로 또는 반도체 집적회로로 어떻게 구현되는지 알아보자.

(1) 덧셈기

덧셈기(adder)는 디지털 신호처리 시스템의 주요 소자이며, 곱셈기(multiplier)를 제작하는 데에도 많이 사용된다. 덧셈기 하드웨어를 이해하기 위해서, $a[n]$과 $b[n]$을 더하여 $s[n]$을 만드는 덧셈기를 고려해 보기로 한다. 예를 들어, 신호 $a[n]$과 $b[n]$이 각각 8비트의 binary 수로 가정하면, 다음과 같이 덧셈이 이루어진다.

$$\begin{array}{r} 00100101 \\ +\ 01001111 \\ \hline 01110100 \end{array}$$

위의 덧셈에서 보듯이 두 개의 8비트 신호를 더하려면 LSB용으로 1개의 half adder가 필요하며 7개의 full adder가 필요함을 알 수 있다. 먼저 LSB의 두 개의 입력 a_i와 b_i를 더하여 sum s_i와 carry c_i를 만들기 위한 half adder의 하드웨어를 알아보기로 한다. 이를 위한 진가표(truth table)는 표 6-5와 같다.

| 표 6-5 | **half adder용 진가표**

a_i	b_i	s_i	c_i
0	0	0	0
0	1	1	0
1	0	1	0
1	1	0	1

표 6-5의 진가표에서 보듯이 s_i와 c_i를 만들기 위한 연산은 다음과 같다.

$$s_i = a_i \oplus b_i$$

$$c_i = a_i \cdot b_i$$

위의 연산을 구현하기 위한 논리회로는 그림 6-18과 같다.

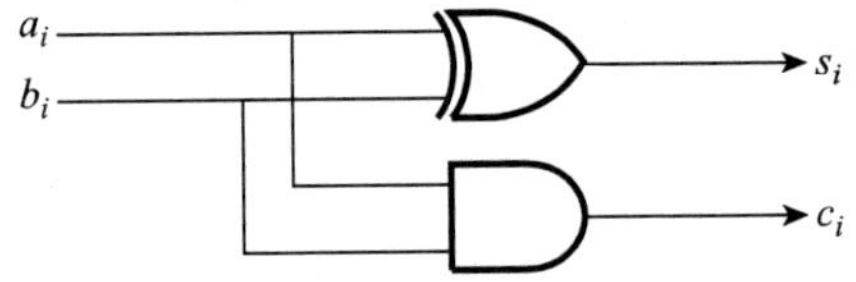

그림 6-18 half adder의 논리회로 구현

LSB를 제외한 비트들의 구현은 하위비트에서 올라 온 carry c_{i-1}와 a_i와 b_i를 더하는 full adder가 필요하다. 이를 위한 **진가표**(truth table)는 표 6-6과 같다.

| 표 6-6 | **full adder용 진가표**

a_i	b_i	c_{i-1}	s_i	c_i
0	0	0	0	0
0	0	1	1	0
0	1	0	1	0
0	1	1	0	1
1	0	0	1	0
1	0	1	0	1
1	1	0	0	1
1	1	1	1	1

표 6-6 진가표의 s_i와 c_i를 만들기 위한 연산은 다음과 같다.

$$s_i = \overline{a_i}\,\overline{b_i}c_{i-1} + \overline{a_i}b_i\overline{c_{i-1}} + a_i\overline{b_i}\,\overline{c_{i-1}} + a_ib_ic_{i-1}$$

$$c_i = a_i \cdot b_i + b_i \cdot c_{i-1} + c_{i-1} \cdot a_i$$

위의 연산을 구현하기 위한 논리회로는 그림 6-19와 같다.

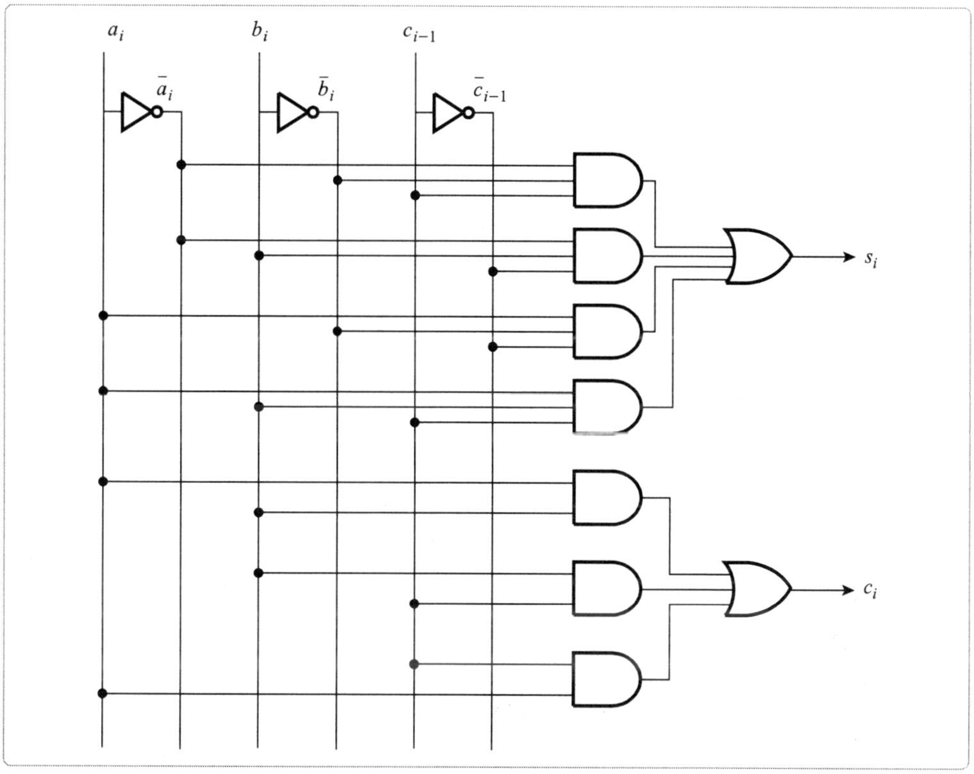

그림 6-19 full adder의 논리회로 구현

그림 6-19에 사용되고 있는 AND 게이트는 실제로 NAND 게이트와 인버터로 제작되며, OR 게이트도 역시 NOR 게이트와 인버터로 구성된다. 따라서 기본 게이트인 인버터, NAND 게이트, NOR 게이트를 CMOS 트랜지스터를 사용하여 나타내면 그림 6-20과 같다.

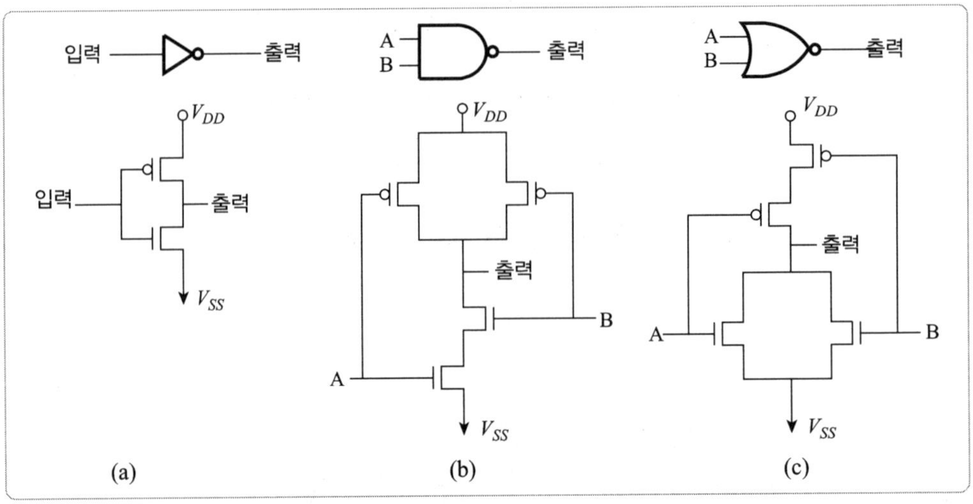

그림 6-20 CMOS 트랜지스터를 사용한 논리회로 표현.
(a) 인버터, (b) NAND 게이트, (c) NOR 게이트

그림 6-20에 사용되는 인버터, NAND 게이트, NOR 게이트를 CMOS 공정을 사용한 반도체 도면의 모습으로 나타내면 다음 그림 6-21과 같다.

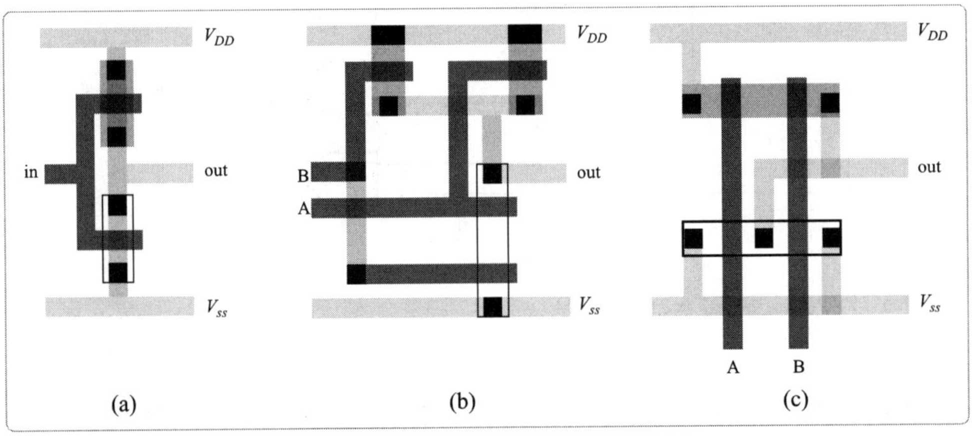

그림 6-21 CMOS 반도체 구현. (a) 인버터, (b) NAND 게이트, (c) NOR 게이트

(2) 곱셈기

곱셈기(multiplier)를 구현하는 대표적인 방법으로서 쉬프트와 덧셈기를 사용하여 구

현하는 방식을 살펴보기로 한다. 예를 들어, 신호 $x[n]=0.625$와 필터계수 0.375가 곱해지면 결과는 다음과 같다.

$$0.625 \times 0.375 = 0.234375$$

위의 값들이 8비트로 구성되었다고 가정하면 다음과 같이 binary 연산으로 표현할 수 있다.

$$01010000 \times 00110000 = 00011110$$

이 곱셈은 다음과 같이 두 개의 곱셈으로 분해될 수 있다.

(a)		(b)		(c)
01010000		01010000		01010000
×		×		×
00110000		00100000		00010000
00011110	=	00010100	+	00001010

위의 분해된 곱셈에서 보듯이 (b)의 연산은 01010000의 피승수를 우로 2비트 쉬프트시키면 된다. 또한 (c)의 연산은 피승수 01010000을 우로 3비트 쉬프트시키면 된다. 쉬프트된 각각의 값을 더하면 00011110이 계산된다. 이와 같은 방식을 쉬프트와 덧셈기에 의한 곱셈기 구현방식이라고 하며 곱셈이 덧셈과 쉬프트에 의하여 계산됨을 알 수 있다. 그림 6-22는 위의 곱셈에 대한 쉬프트와 덧셈기를 이용한 블록도를 보여준다.

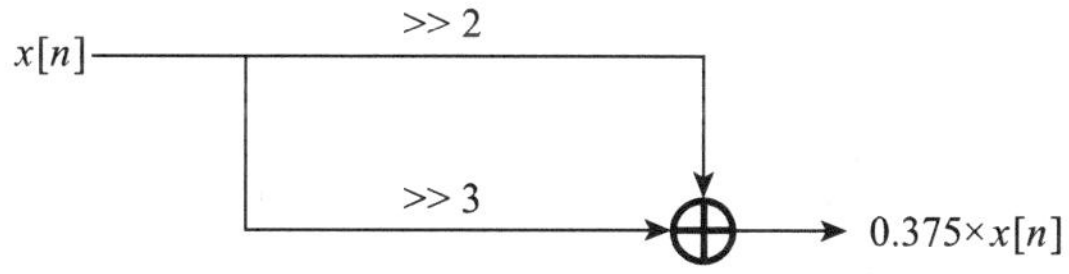

그림 6-22 쉬프트와 덧셈기를 이용한 $x[n] \times 00110000$의 구현

그림 6-22에서 우로 쉬프트는 〉〉 n으로 표기하였으며 n은 쉬프트되는 양을 나타낸다. 아무리 많은 비트로 표기되는 2진수의 곱셈 계산도 위와 같이 쉬프트와 덧셈기를 이용하여 쉽게 구현될 수 있다. 반도체 IC로 제작할 경우에 쉬프트는 단순한 자릿수 이동이므로 덧셈기와 비교하면 구현비용이 상대적으로 작다.

(3) 지연소자

디지털필터를 구현하기 위해서는 입력신호 $x[n]$의 지연된 과거 값들이 필요하다. 예를 들어, 6탭 FIR 필터의 경우에 $x[n-1]$부터 $x[n-5]$까지의 5개의 과거 입력신호 값들이 출력계산에 필요하다. 만일 이와 같은 과거의 입력신호 값들이 데이터를 저장해두는 장치인 레지스터에 보관되어 있다면 특별한 하드웨어가 필요치 않으며, 단지 적당한 레지스터용 어드레스에 의해서 보관된 데이터를 곱셈기의 입력 단으로 가져오면 된다. 그러나 출력계산에 필요한 신호들이 보관되어 있지 않으면 쉬프트 레지스터 등의 하드웨어를 사용하여 그림 6-23과 같이 과거의 신호들을 지연시키면서 보관하여야 한다.

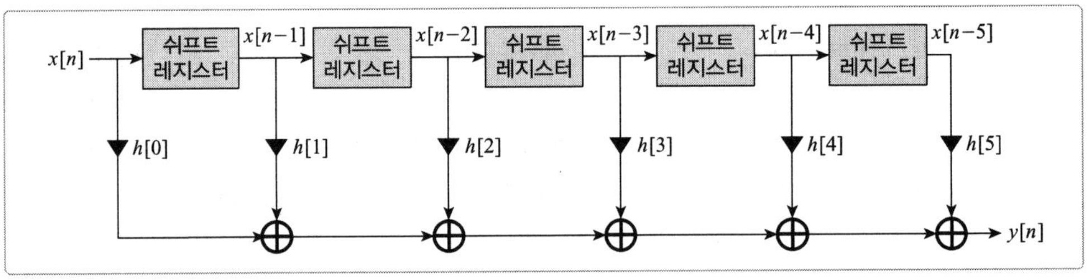

그림 6-23 쉬프트 레지스터에 의한 지연소자의 구현(6탭 FIR 필터)

그림 6-23의 그림에서 보듯이 쉬프트 레지스터는 데이터를 일정한 방향으로 이동시키는 레지스터를 말한다. 입력신호를 지연시키기 위하여 D 플립플롭을 사용하여 쉬프트 레지스터를 제작하면 그림 6-24와 같다. 그림 6-24는 한 비트에 대한 지연소자들을 나타내고 있으며, 입력신호의 정세도가 4비트면 그림 6-24의 회로가 4개가 필요하게 된다.

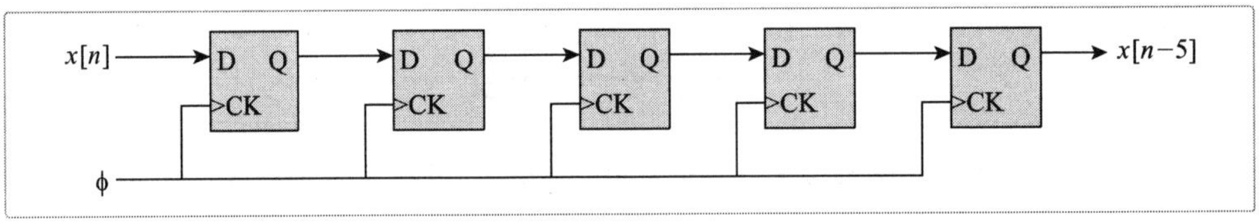

그림 6-24 D 플립플롭을 사용한 쉬프트 레지스터의 구현

그림 6-24에서 사용되고 있는 D 플립플롭을 인버터와 트랜스미션 게이트를 사용하여 구성하면 그림 6-25와 같다.

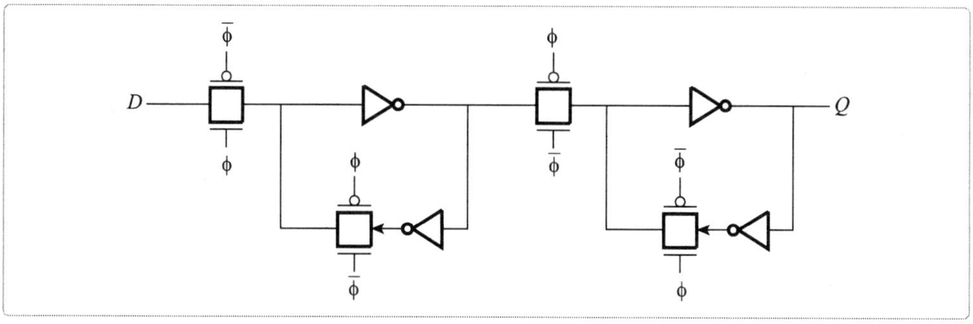

그림 6-25 논리 게이트를 사용한 D 플립플롭의 블록도

그림 6-25에서 보듯이 D 플립플롭은 간단한 인버터와 tri-state 인버터로 구성할 수 있음을 알 수 있다.

지금까지 디지털필터의 구현에 필요한 덧셈기, 곱셈기, 지연소자의 하드웨어를 살펴보았다. 이 가운데에 곱셈기의 하드웨어 크기가 매우 크므로 곱셈기의 수를 특히 고려하여 구현하는 경우가 많다. 예를 들어, 곱셈이 6개가 필요한 6탭 FIR 필터를 6개의 곱셈기를 사용하는 구현은 그림 6-23과 같으며, 이를 1개의 곱셈기를 사용하는 구현은 그림 6-26과 같다.

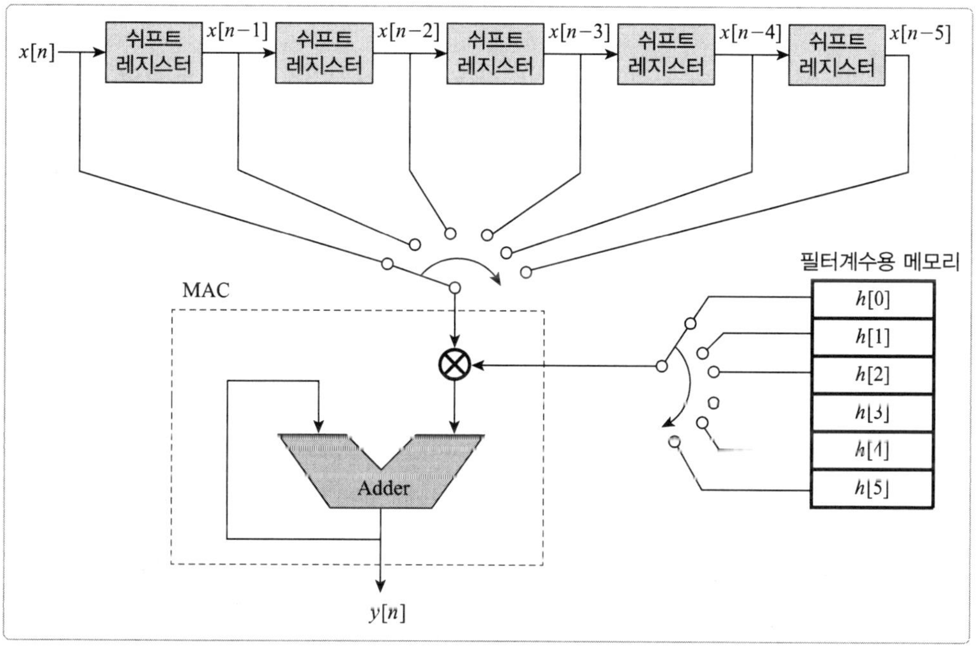

그림 6-26 1개의 곱셈기를 사용한 6탭 FIR 필터의 구현

그림 6-26에서 입력신호가 1μsec마다 들어온다고 가정하면 그림 6-23의 곱셈기들은 1 MHz의 클럭으로 동작하면 된다. 그러나 그림 6-26의 곱셈기는 이보다 6배 빠른 6 MHz의 클럭으로 곱셈이 수행되어야 함을 알 수 있다. 그림 6-23에서는 쉬프트와 덧셈기를 사용한 곱셈기가 주로 사용되며, 그림 6-26과 같은 구조에서는 **MAC**(Multiplication And Accumulator)이라고 불리는 곱셈기가 주로 사용된다. MAC은 곱셈의 결과가 계속 누적되면서 이전의 곱셈결과와 더해지는 하드웨어를 말하며, 컨볼루션의 계산을 용이하게 수행하는 하드웨어이다.

6.5.2 DSP 프로세서를 사용한 구현

DSP 알고리즘을 수행하는 칩을 탑재한 전자제품들이 일반화되면서 알고리즘 개발 및 완제품 칩 개발을 쉽게 하기 위한 **DSP 프로세서**가 등장하였다. 이 프로세서는 강력한 MAC 엔진을 탑재하고 있으므로 곱셈이 많이 들어간 알고리즘을 쉽게 구현하도록 설계된 VLSI 칩이다. DSP 프로세서는 **부동 소수점**(floating point) **DSP**와 **고정 소수점**(fixed point) **DSP**로 분류한다. 부동 소수점 DSP는 데이터를 Mantisa와 exponent로 나누어 계산하는 방식이고, 고정 소수점 DSP는 소수점의 위치를 고정시켜서 계산하는 방식의 DSP이다. 최근에는 VLSI 집적도의 괄목할 만한 발전으로 여러 개의 곱셈기를 탑재한 DSP 프로세서들도 등장하고 있다.

여러 반도체 회사들이 이와 같은 DSP 칩을 판매하고 있다. 대표적인 DSP 프로세서로는 TI사의 TMS320C 시리즈, 모토롤라의 5600 시리즈 등이 있다. DSP 프로세서의 속도 표현으로서 MIPS(Mega Instruction Per Second)를 사용하는데, 예를 들어 100 MIPS의 DSP는 1초에 1억 번의 명령어를 수행한다. 곱셈이 한 개의 명령어로 수행되므로 이 프로세서는 1초에 1억 번의 MAC 연산을 수행할 수 있다.

예제 6.3

1초에 44100개의 입력 샘플이 100 MIPS의 DSP 프로세서로 입력되고 있다. 이 프로세서가 실시간으로 구현할 수 있는 FIR 필터의 탭수를 구하시오.

풀이 1초에 1억 번의 명령어를 수행할 수 있는데 1초에 44100개의 입력신호가 들어오므로 다음의 입력신호가 들어올 때까지의 명령어의 수는 다음과 같다.

$$100000000 \div 44100 \simeq 2267$$

위의 식에서 보듯이 2267개의 명령어가 새로 입력되는 신호 전에 수행되므로 2267탭의 FIR 필터를 실시간으로 구현할 수 있다.

이와 같은 DSP 프로세서를 사용하여 휴대폰용 DSP 칩을 개발하는 예를 통하여 일반적인 칩 개발 순서를 살펴보도록 한다.

(1) 알고리즘 개발

휴대폰용 칩에서 수행되어야 하는 알고리즘들을 먼저 결정한다. 이 예제에서는 음성압축 알고리즘으로서 CELP, MP3 알고리즘, 음성인식으로서 DTW(Dynamic Time Wrap) 알고리즘이 수행된다고 가정하자. 일련의 수학으로 표현되는 알고리즘은 일반적으로 C 프로그램을 사용하여 완성한다.

이렇게 완성된 프로그램을 사용하여 칩 개발을 하기 위하여 DSP 프로세서를 결정하여야 한다. 만일 고정 소수점 DSP 프로세서를 사용하기로 결정되면, 고정 소수점용으로 C 프로그램을 다시 수정하여야 한다. 즉, 16비트 고정 소수점 DSP를 사용하는 경우에는 C 프로그램 상에서 모든 데이터의 크기를 16비트로 고정시키고 연산도 DSP 프로세서와 동일하게 16비트 연산을 하도록 시뮬레이션하여야 한다. 이렇게 연산된 고정 소수점 시뮬레이션의 결과는 나중에 DSP 프로세서를 통하여 연산되는 결과와 같아야 한다.

DSP 프로세서 시뮬레이션은 시뮬레이터를 사용하는 방법과 Emulator를 사용하는 방법이 있다. Emulator를 사용하는 방법은 그 DSP 프로세서가 탑재된 Emulator를 호스트 PC에 연결하여 알고리즘을 개발하는 방식이며, 시뮬레이터를 사용하는 방법은 DSP 프로세서 회사에서 제공하는 시뮬레이션 프로그램을 호스트 PC의 CPU를 사용하여 시뮬레이션하는 방식이다.

이 예제의 경우에는 음성압축 전문가, 오디오 신호압축 전문가, 음성인식 전문가가 각각의 알고리즘들을 개발한다.

(2) 프로토타이핑

각각의 수행 알고리즘 개발이 끝나면 실제의 칩과 거의 같은 환경에서 시뮬레이션하는 프로토타이핑 단계로 넘어간다. 실제의 시스템에서 DSP 프로세서를 제어하는 마이크로프로세서, DSP 프로세서와 연결되는 A/D 변환기와 D/A 변환기, MP3 압축파일 등이 저장되는 Flash 메모리 등을 모두 탑재한 프로토타이핑 보드를 설계한 후에 이 프로토타이핑 보드를 사용하여 DSP 프로그램을 개발하는 단계이다. 일반적으로 DSP 프로세서는 External BUS를 통하여 외부의 하드웨어와 연결되므로 External BUS 인터페이스를 FPGA 등으로 설계하여 프로토타이핑 보드에 탑재시켜야 한다. 이렇게 설계한 프로토타이핑 보드는 나중에 완성될 칩과 거의 같은 시스템이며, 이 환경 아래에서 각각의 알고리즘들이 결합되어 ROM에 들어갈 프로그램이 완성된다. 이 단계에는 시스템 프로그래밍 전문가와 하드웨어 보드제작 전문가가 필요하다.

(3) 칩 개발

DSP 프로세서에 대한 반도체 설계 데이터는 이미 완성되어 있으므로 프로세서를 제외한 인터페이스 회로들을 RTL(Register Transfer Logic) 코딩을 통하여 설계한다. 따라서 이 단계에서는 반도체 설계전문가와 칩 테스트 전문가가 필요하다. 설계한 RTL 코드는 검증 프로그램을 통하여 검증되며, 반도체 layout으로 자동 변환된다. 자동으로 생성된 반도체 layout도 역시 검증 프로그램을 통하여 에러가 있는지 검증된 후에 반도체 공정으로 넘어간다.

연습문제

1. 다음 그림과 같은 3비트의 D/A 변환기를 보고 물음에 답하시오.

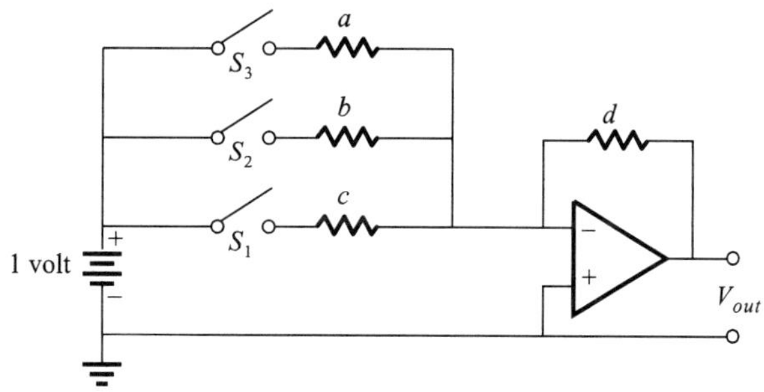

위의 D/A 변환기에서 S1이 MSB이고 S3가 LSB이다. 3비트의 디지털 샘플 값이 S1~S3의 스위치를 제어한다. 즉, 1이면 스위치가 ON되며 0이면 스위치가 OFF된다.

(a) 1 kΩ, 2 kΩ, 4 kΩ, 8 kΩ의 4개의 저항이 있다. a, b, c, d에 각각 어떤 저항을 사용하여야 하는가?

(b) 001부터 111까지 7개의 디지털 샘플값에 대한 아날로그 출력값을 구하시오.

2. 다음과 같은 3비트 A/D 변환기가 있다. 입력신호 $x(t)$는 0~1 volt 사이의 값을 갖는다.

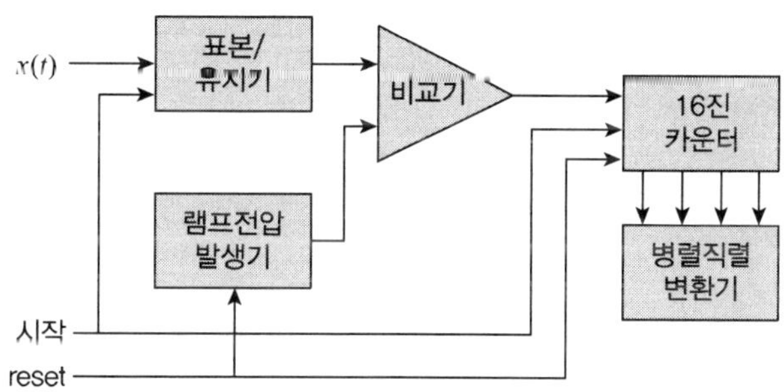

출력되는 디지털 값은 다음 표와 같이 되도록 설계하여야 한다.

$x(t)$	MSB		LSB
0.875~1	1	1	1
0.75~0.875	1	1	0
0.625~0.75	1	0	1
0.5~0.625	1	0	0
0.375~0.5	0	1	1
0.25~0.325	0	1	0
0.125~0.25	0	0	1
0~0.125	0	0	0

램프전압발생기로서 연습문제 4-1에서 사용된 D/A 변환기를 사용하려고 한다. 1번부터 8번까지의 램프전압을 발생시키기 위하여 s1s2s3를 어떻게 제어해야 하는가?

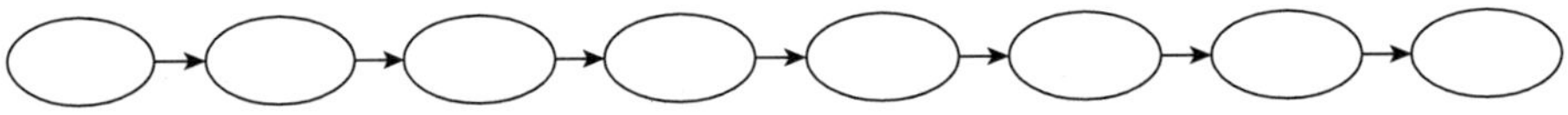

3. 아날로그 신호 $x(t)$의 CTFT $X(\omega)$는 다음 그림과 같다.

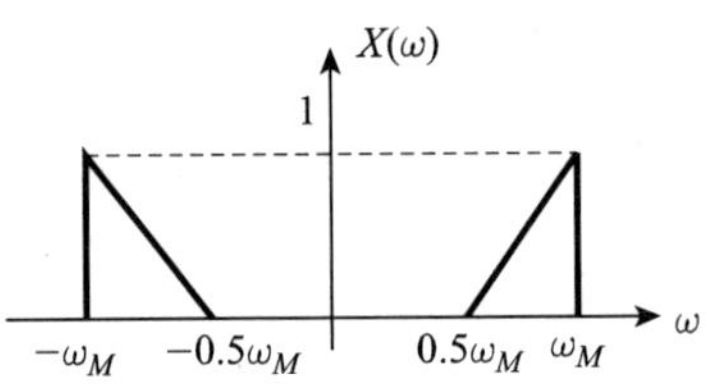

위의 스펙트럼에서 최대 주파수 f_M은 4000 Hz이다(즉, $\omega_M = 2\pi f_M = 8000\pi$). $x(t)$를 $T = \frac{1}{4000}$초로 샘플링하여 디지털 신호 $x[n]$을 얻었다. $x[n]$의 스펙트럼인 $X(e^{j\omega})$를 그리시오.

4. 아날로그 신호 $x(t)$의 CTFT $X(\omega)$는 다음 그림과 같다.

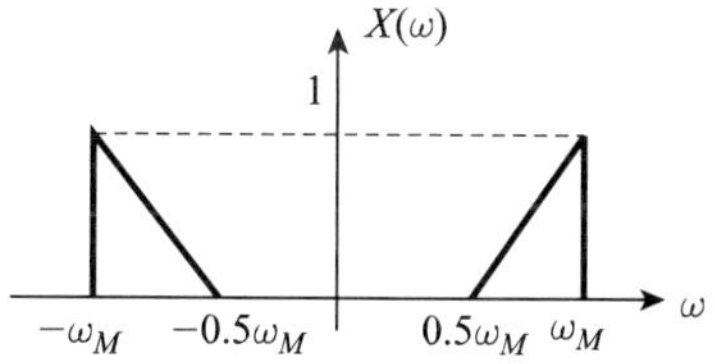

이 스펙트럼에서 최대 주파수 f_M은 4000 Hz이다(즉, $\omega_M = 2\pi f_M = 8000\pi$). $x(t)$를 $T = \frac{1}{8000}$초로 샘플링하여 디지털 신호 $x[n]$을 얻었다. $x[n]$의 스펙트럼인 $X(e^{j\omega})$를 그리시오.

5. -1~1 volt 사이를 움직이는 아날로그 신호를 A/D 변환하였다. 이때, 양자화 잡음신호 $e(nT_s)$는 다음과 같다.

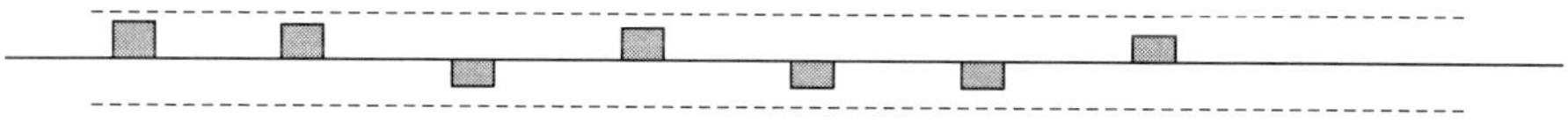

$e(nT_s) = x(nT_s) - x_q(nT_s)$

양자화 잡음신호의 pdf(probability density function) $P(e_n)$은 다음 그림과 같다. 이 그림에서 s는 양자화 준위간격이다.

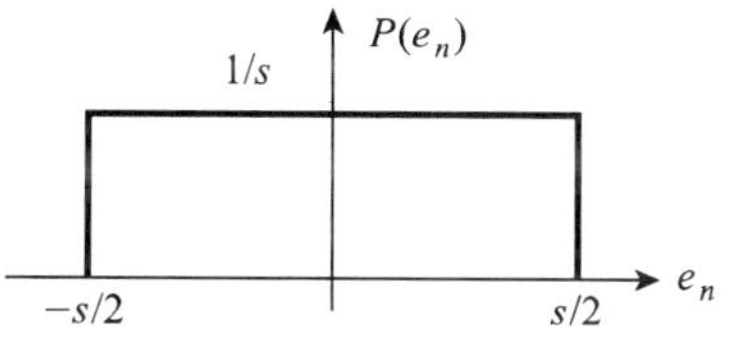

(a) 평균 μ와 분산 σ_e^2 를 구하시오.

(b) $(B+1) = 8$비트를 사용하여 양자화하면 양자화 준위간격 s는 다음과 같다. 이때의 SNR을 구하시오(단, 신호의 분산 σ_x^2는 $\frac{1}{16}$이다).

CHAPTER 07

필터 구조

7.1 다양한 필터 구조를 개발하는 이유
7.2 IIR 필터 구조
7.3 FIR 필터 구조
7.4 상태방정식
7.5 필터 구조의 유한 정세도 특성 분석

원하는 필터의 사양이 정해진 경우에, 그 사양을 만족하는 차분방정식의 계수를 구하는 것을 **필터 설계**라고 한다. 그리고 설계된 차분방정식을 덧셈기, 곱셈기, 지연소자를 사용하여 구현한 것을 **필터 구조**라고 부른다.

7.1 다양한 필터 구조를 개발하는 이유

하나의 차분방정식 또는 전달함수에 대하여 여러 개의 필터 구조를 만들 수가 있다. 이렇게 다양한 필터 구조를 구현하는 까닭은 필터 구조마다 **유한 정세도 특성**(finite precision characteristics)이 다르고 구현비용이 다르기 때문이다.

설계된 차분방정식이 반도체 등의 하드웨어로 구현될 때, 대부분의 경우 필터 하드웨어에서 사용되는 비트 크기는 제한을 갖는다. 어떤 반도체 칩에서는 16비트를 사용하고 또 다른 어떤 반도체 칩에서는 8비트를 사용하기도 한다. 이와 같은 유한 정세도 특성에는 계수양자화 영향과 라운딩 영향 등이 있다. 설계된 차분방정식의 계수는 정해진 시스템의 비트 크기로 양자화되므로 필터의 주파수 응답도 변형이 생기게 된다. 이렇게 변형이 생기는 정도가 필터 구조마다 조금씩 다른데, 이를 **계수 양자화 영향**이라고 부른다. 또한 신호와 필터 계수가 곱해진 결과는 비트의 크기가 증가하므로 LSB들을 버리게 된다. 이러한 라운딩이 필터에 미치는 영향을 **라운딩 영향**이라고 부른다.

여러 가지 필터 구조를 개발하는 또 다른 이유는 필터 구조마다 구현비용이 다르기 때문이다. 즉, 사용되는 덧셈기, 곱셈기, 지연소자의 수가 필터 구조마다 차이가 있다. 따라서 어느 특별한 필터 구조가 유한 정세도 특성은 상대적으로 우수한데, 구현비용이 상대적으로 많으면 구조를 선택할 때에 주의가 필요하다. 물론 유한 정세도 특성이 좋으면서 구현비용도 낮으면 가장 좋은 필터 구조이다.

다음 IIR 필터의 차분방정식을 세 가지 필터 구조로 구현하여 그 특성을 비교해 보기로 하자.

$$y[n]-0.9y[n-1]+0.64y[n-2]-0.576y[n-3]$$
$$=x[n]+3x[n-1]+3x[n-2]+x[n-3]$$

7.1.1 구조 I

첫 번째로 위의 차분방정식을 무한 정세도(infinite precision)의 계수로 구현하면 그림 7-1과 같다.

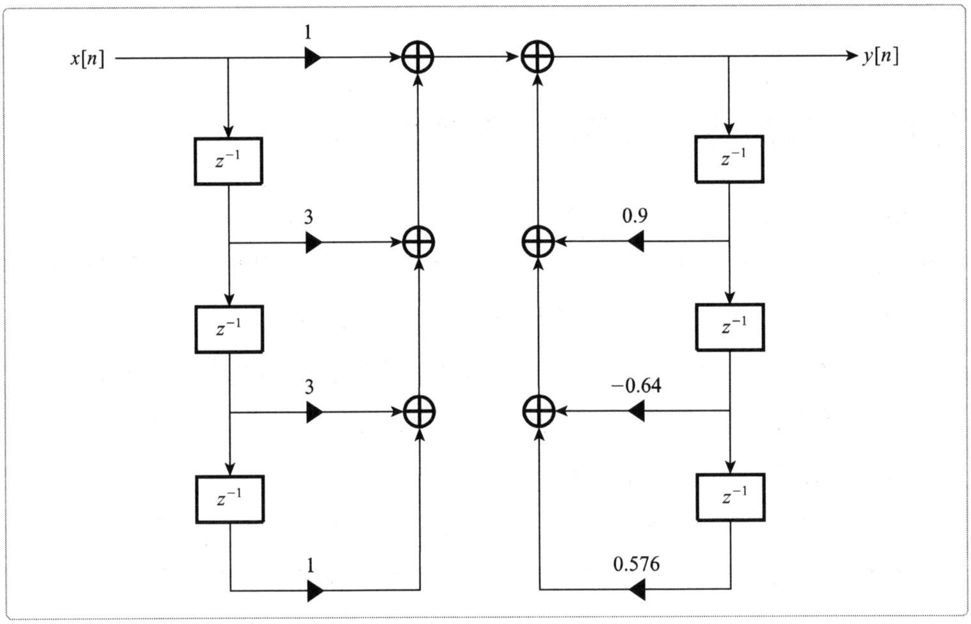

그림 7-1 예제의 필터 구조 I

이 구조의 전달함수는 다음과 같다.

$$H_1(z) = \frac{1 + 3z^{-1} + 3z^{-2} + z^{-3}}{1 - 0.9z^{-1} + 0.64z^{-2} - 0.576z^{-3}}$$

이 구조의 주파수 응답은 그림 7-2(a)와 같다.

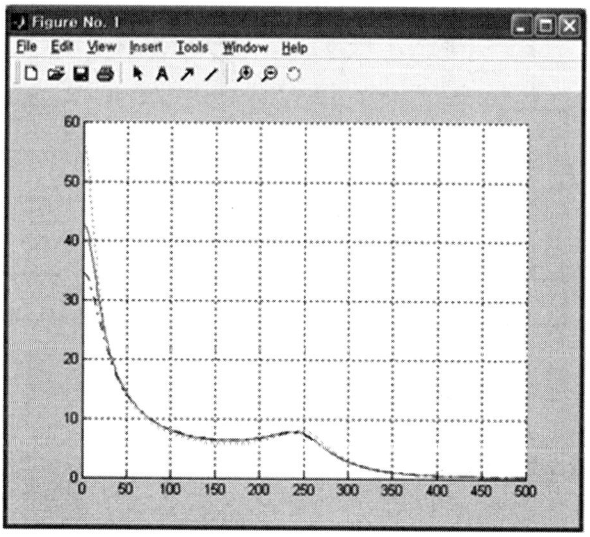

그림 7-2 예제의 주파수 응답. (a) 실선: 필터 구조 I, (b) 점선: 구조 II, (c) 1점쇄선 : 구조 III

7.1.2 구조 II

이 필터를 양자화 계단크기 Δ가 0.125인 시스템으로 구현하려면 차분방정식 계수가 다음과 같이 양자화된다.

$$\begin{aligned} y[n] - 0.875y[n-1] + 0.625y[n-2] - 0.625y[n-3] \\ = x[n] + 3x[n-1] + 3x[n-2] + x[n-3] \end{aligned}$$

이 차분방정식의 전달함수는 다음과 같다.

$$H_2(z) = \frac{1 + 3z^{-1} + 3z^{-2} + z^{-3}}{1 - 0.875z^{-1} + 0.625z^{-2} - 0.625z^{-3}}$$

이 차분방정식을 구현하면 그림 7-3의 구조와 같다.

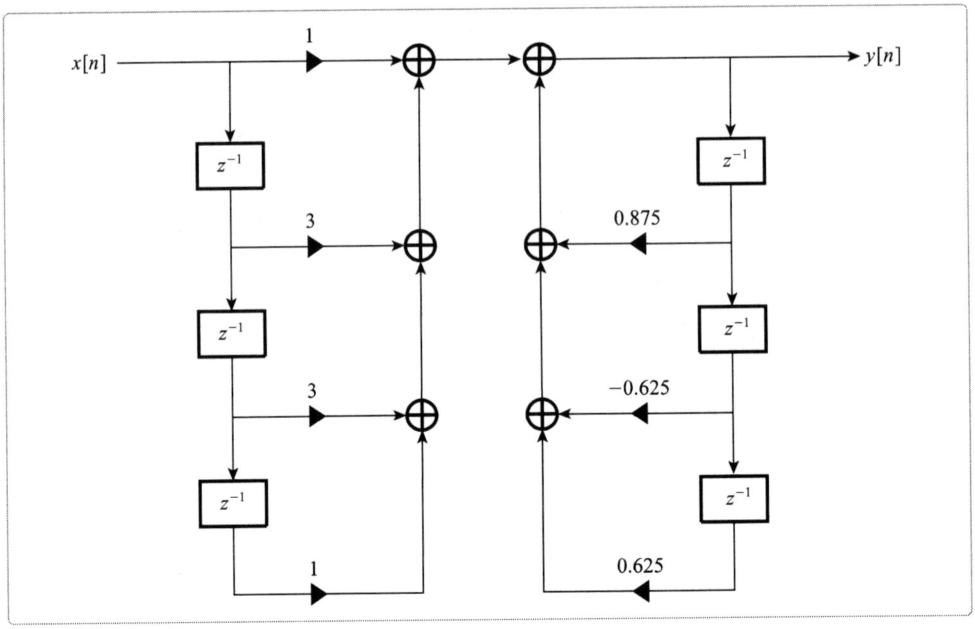

그림 7-3 예제의 필터 구조 II

이 구조의 주파수 응답은 그림 7-2(b)와 같다.

7.1.3 구조 III

또 다른 세 번째 구조를 만들기 위해서 다음과 같이 두 개의 직렬 필터로 분해할 수 있다.

$$H_1(z) = \frac{1+3z^{-1}+3z^{-2}+z^{-3}}{1-0.9z^{-1}+0.64z^{-2}-0.576z^{-3}}$$

$$= \frac{z^3+3z^2+3z+1}{z^3-0.9z^2+0.64z-0.576}$$

$$= \frac{(z+1)}{(z-0.9)} \cdot \frac{(z^2+2z+1)}{(z^2+0.64)}$$

$$= \frac{1+z^1}{1-0.9z^{-1}} \cdot \frac{1+2z^{-1}+z^{-2}}{1+0.64z^{-2}}$$

이 전달함수를 양자화 계단크기 Δ가 0.125인 시스템으로 구현하면 전달함수의 계수가 다음과 같이 양자화된다.

$$H_3(z) = \frac{1+z^{-1}}{1-0.875z^{-1}} \cdot \frac{1+2z^{-1}+z^{-2}}{1+0.625z^{-2}}$$

이 두 개의 전달함수를 직렬로 구현하면 그림 7-4의 구조와 같다.

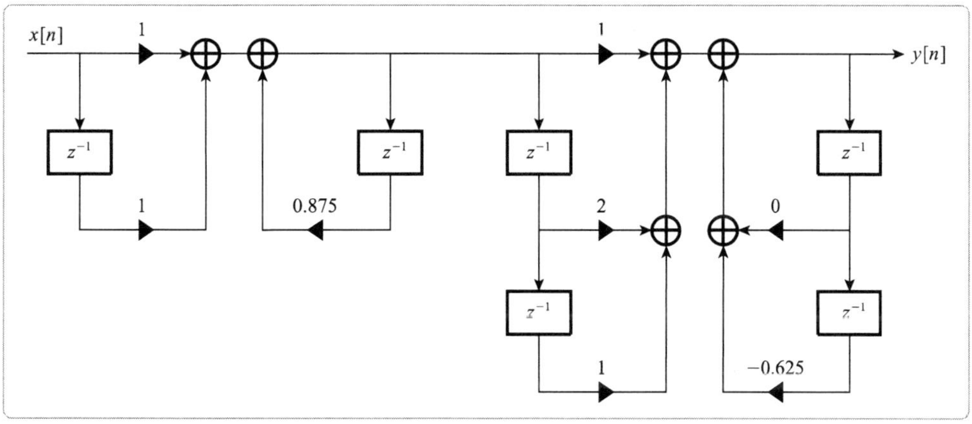

그림 7-4 예제의 필터 구조 III

실제 이 필터의 전달함수는 다음과 같이 두 전달함수를 곱해서 다시 구할 수 있다.

$$\begin{aligned} H_3(z) &= \frac{1+z^{-1}}{1-0.875z^{-1}} \cdot \frac{1+2z^{-1}+z^{-2}}{1+0.625z^{-2}} \\ &= \frac{1+3z^{-1}+3z^{-2}+z^{-3}}{1-0.875z^{-1}+0.625z^{-2}-0.546875z^{-3}} \end{aligned}$$

이 구조의 주파수 응답은 그림 7-2(c)와 같다.

앞의 세 개의 구조에서 보듯이 전달함수를 유한 정세도로 바로 구현한 구조 II와 인수분해를 사용해서 직렬로 구현한 구조 III의 유한 정세도 특성이 다름을 알 수 있다. 이와 같이 구조마다 유한 정세도 특성과 구현 비용이 다르므로 이 장에서는 다음과 같은 여러 가지 필터 구조를 유도하는 방법을 알아보기로 한다.

(A) IIR 필터 구조

(1) 제I직접형(direct form I) 구조

(2) 제II직접형(direct form II) 구조

(3) 전치 제II직접형(transposed direct form II) 구조

(4) 직렬형 구조

(5) 병렬형 구조

(B) FIR 필터 구조

(1) 직접형(direct form) 구조

(2) 전치 직접형(transposed direct form) 구조

(3) 직렬형 구조

7.2 IIR 필터 구조

IIR 필터의 전달함수는 분자와 분모의 다항식으로 표현되는데 다음과 같이 두 가지 종류로 구분한다. 즉, 분자 다항식이 1이고 분모 다항식의 차수가 N인 IIR 필터와 분자, 분모 다항식의 차수가 각각 M, N차인 IIR 필터로 구분한다($N \geq M$). 분자 다항식이 1인 IIR 필터는 분자, 분모 다항식이 각각 M, N차인 IIR 필터의 특별한 경우로 볼 수 있으므로 여기서는 분자, 분모 다항식이 각각 모두 N차인 다음의 IIR 필터의 구조를 유도하기로 한다.

$$\begin{aligned} & y[n]+a_1\,y[n-1]+a_2\,y[n-2]+\cdots\ +a_N\,y[n-N] \\ & \quad = b_0x[n]+b_1\,x[n-1]+b_2\,x[n-2]+\cdots\ +b_N\,x[n-N] \end{aligned}$$

$$H(z)=\frac{b_0+b_1z^{-1}+b_2x^{-2}+\cdots\ +b_N\,z^{-N}}{1+a_1z^{-1}+a_2z^{-2}+\cdots\ +a_N\,z^{-N}}$$

7.2.1 제I직접형(direct form I) 구조

가장 기본 구조인 제I직접형의 구조는 차분방정식에서 직접 만들어진다. 즉, 차분방정식을 다음과 같이 변형시켜 보자.

$$y[n] = b_0\, x[n] + b_1\, x[n-1] + b_2\, x[n-2] + \ \cdots \ + b_N\, x[n-N]$$
$$- a_1\, y[n-1] - a_2\, y[n-2] - \ \cdots \ - a_N\, y[n-N]$$

이 식에서 바로 다음 그림 7-5와 같은 필터 구조를 제작할 수 있다.

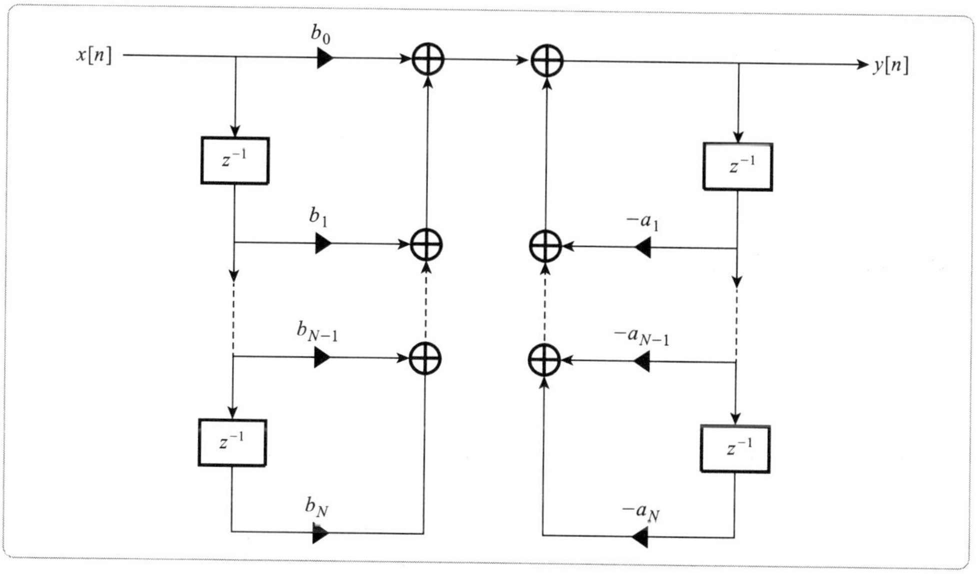

그림 7-5 예제의 제I직접형 구조

위의 필터 구조를 제I직접형 구조라고 부른다. 분자, 분모 다항식의 차수가 각각 M과 N인 경우에 제I직접형에 사용되는 소자의 수는 다음과 같다.

- 곱셈기: $N+M+1$
- 덧셈기: $N+M$
- 지연소자: $N+M$

7.2.2 제II직접형(direct form II) 구조

제II직접형 구조는 전달함수로부터 쉽게 만들어질 수 있는 구조이다. 전달함수를 다음과 같이 변형시켜 보자.

$$H(z) = \left\{ \frac{1}{1 + a_1 z^{-1} + a_2 z^{-2} + \cdots + a_N z^{-N}} \right\}$$

$$\cdot \left\{ b_0 + b_1 z^{-1} + b_2 x^{-2} + \cdots + b_N z^{-N} \right\}$$

$$= H_1(z) H_2(z)$$

여기에서 $H_1(z) = \dfrac{1}{1 + a_1 z^{-1} + a_2 z^{-2} + \cdots + a_N z^{-N}}$

$$H_2(z) = b_0 + b_1 z^{-1} + b_2 x^{-2} + \cdots + b_N z^{-N}$$

직렬구조에서 살펴보았듯이 직렬구조는 교환법칙이 성립하므로 어떤 시스템을 먼저 구현해도 상관없다. 따라서 다음과 같이 $H_1(z)$를 먼저 구현하고 그 뒤에 직렬로 $H_2(z)$를 구현할 수 있다.

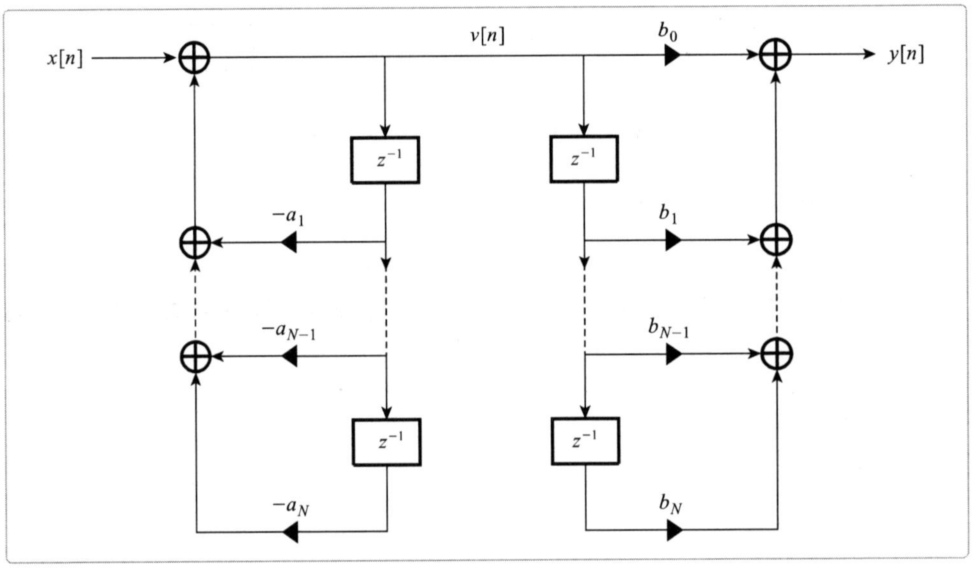

그림 7-6 예제의 제II직접형 구조를 얻기 위한 시스템의 교환

그림 7-6은 제II직접형을 만들기 위해 전달함수의 분모 다항식을 먼저 구현한 구조이다. 이 그림에서 $v[n]$으로부터 아래 방향 지연소자들의 모든 노드는 같은 신호들이 만들어지므로 지연소자를 그림 7-7과 같이 공유하여 하나로 줄일 수 있다.

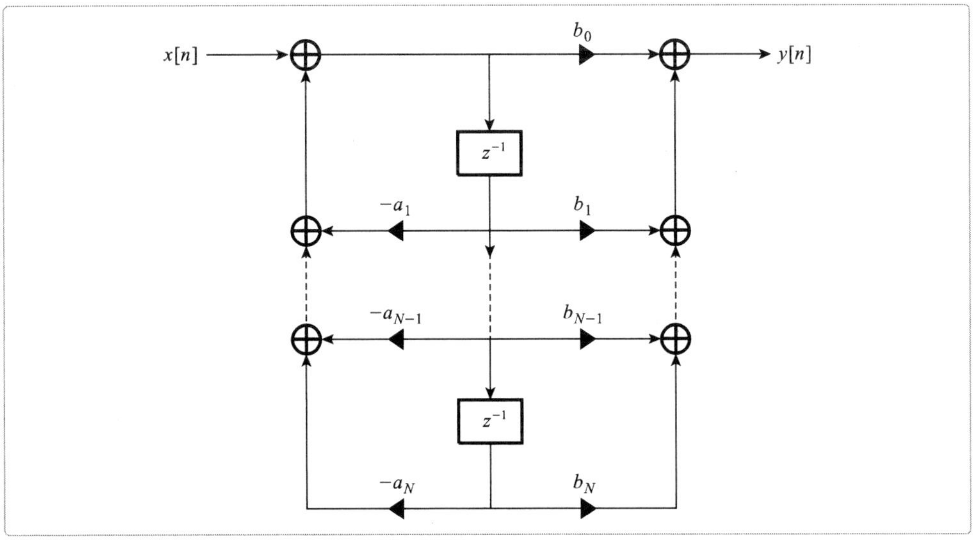

그림 7-7 예제의 제II직접형 구조

필터의 차수는 분자와 분모 다항식에서 큰 것으로 정의되는데, 분모의 차수가 분자의 차수와 같거나 크므로 분모의 차수가 필터의 차수가 된다. 분자, 분모 다항식의 차수가 각각 M과 N인 경우에 제II직접형에 사용되는 소자의 수는 다음과 같다.

- 곱셈기: $N+M+1$
- 덧셈기: $N+M$
- 지연소자: N

10차 IIR 필터의 경우($N=10$, $M=10$)에 제I직접형은 20개의 지연소자를 필요로 하는데, 제II직접형은 10개의 지연소자가 필요함을 알 수 있다. 이와 같이 제II직접형 구조는 지연소자의 수와 필터의 차수가 같으며, 제I직접형 구조는 지연소자의 수가 필터 차수의 2배이다.

7.2.3 전치 제II직접형(transposed direct form II) 구조

전치 제II직접형 구조는 제I직접형 구조의 단점인 너무 많은 지연소자의 사용수를 줄이기 위해 만들어졌다고 할 수 있다. 즉, 제I직접형 구조의 유한 정세도 특성은 그대로 유지하되 지연소자의 사용수를 필터의 차수와 같도록 구현하게 된다. 전치 제II직접형 구조를 만들기 위해서 **전치 정리**(transposition theorem)를 이용하여야 하는데, 이는 시스템의 입력과 출력을 반대로 정의하고 모든 처리 순서를 반대로 하면 등가의 시스템이 되는 정리이다. 먼저 2차의 FIR 필터에 이 정리를 적용하면 그림 7-8과 같다.

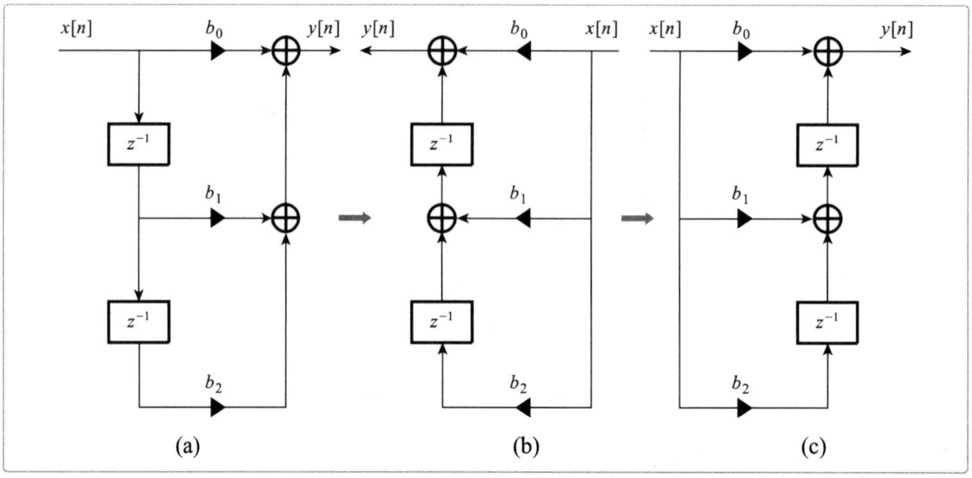

그림 7-8 2차 FIR 필터에 전치 정리 적용

먼저 그림 7-8(b)와 같이 신호의 처리 순서와 입출력을 반대로 정의하면 등가의 필터가 된다. 보통 필터 구조를 그릴 때에 입력을 왼쪽에 나타내고 출력은 오른쪽에 나타내므로 (c)와 같이 입력을 왼쪽에서 들어가도록 다시 그리는 것이 편리하다. 전치 정리 적용 후에 등가의 시스템인지는 전달함수를 구해 보면 쉽게 알 수 있다. 이번에는 분자 다항식이 1인 2차의 IIR 필터에 전치 정리를 적용하면 그림 7-9와 같다.

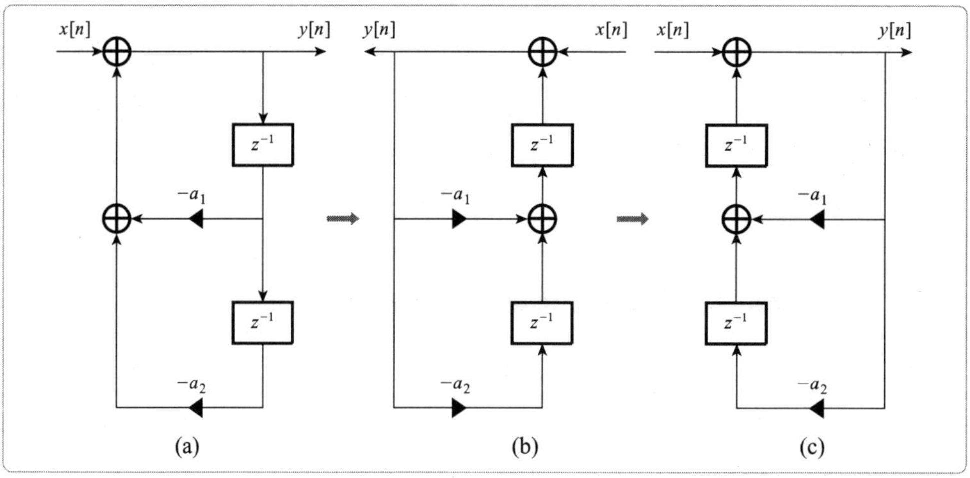

그림 7-9 분자 다항식이 1인 2차 IIR 필터에 전치 정리 적용

2차 IIR 필터인 그림 7-9(a)에 전치 정리를 적용시켜서 그림 7-9(c)의 등가 시스템을 얻을 수 있다. 등가인지를 전달함수를 비교하여 확인해 보도록 하자. (a)의 전달함수는 다음과 같다.

$$H(z) = \frac{1}{1 + a_1 z^{-1} + a_2 z^{-2}}$$

(c)의 구조에 z^n의 입력을 사용하면 다음과 같이 전달함수를 얻을 수 있다.

$$H(z)z^n = z^n - a_1 H(z) z^{n-1} - a_2 H(z) z^{n-2}$$

$$H(z)z^n (1 + a_1 z^{-1} + a_2 z^{-2}) = z^n$$

$$\therefore H(z) = \frac{1}{1 + a_1 z^{-1} + a_2 z^{-2}}$$

위와 같이 전달함수가 같으므로 (a)와 등가임을 알 수 있다. 지금까지의 FIR과 IIR필터의 전치 정리 적용 결과를 이용하여 제I직접형 구조를 다시 그리면 그림 7-10과 같다.

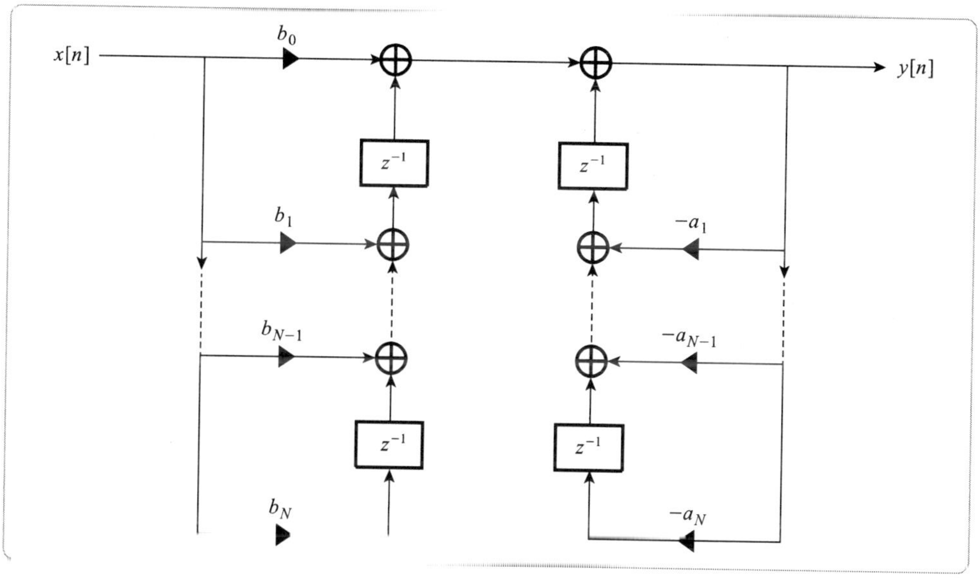

그림 7-10 2차 IIR 필터에 전치 정리 적용

위의 그림을 보면 밑에서 위로 향하는 신호들을 먼저 합해서 지연시켜도 됨을 알 수

있다. 이는 지연소자의 출력들이 오직 출력 $y[n]$을 만드는 데에만 사용되기 때문이다. 따라서 지연소자로 입력되기 전에 신호를 더하면 그림 7-11과 같이 나타낼 수 있다.

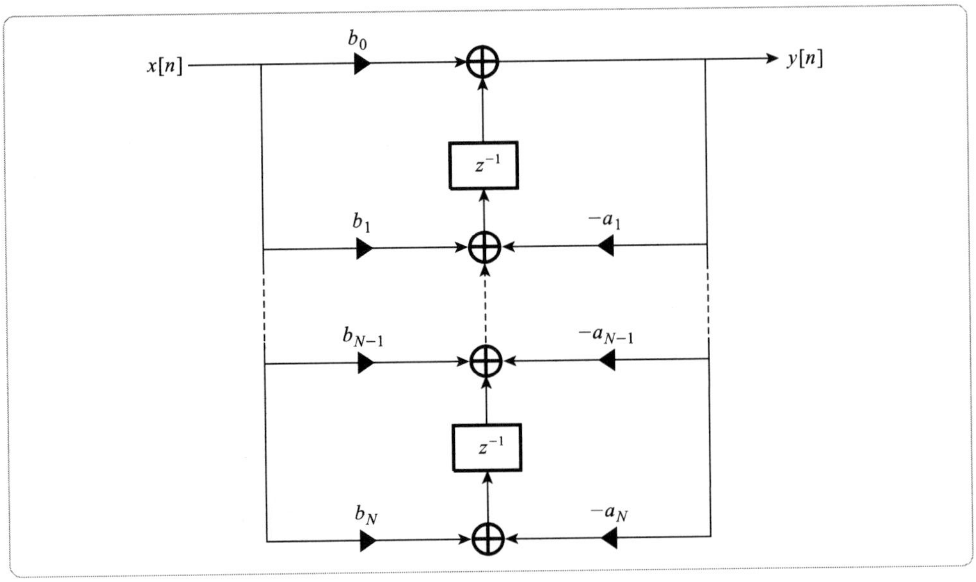

그림 7-11 전치 제II직접형 구조

위와 같은 필터 구조를 전치 제II직접형 구조라고 한다. 분자와 분모 다항식의 차수가 각각 M과 N인 경우에 전치 제II직접형에 사용되는 소자의 수는 다음과 같다.

- 곱셈기: $N+M+1$
- 덧셈기: $N+M$
- 지연소자: N

위와 같이 전치 제II직접형 구조에 사용되는 지연소자의 수는 제II직접형의 사용 수와 같다. 다양한 필터 구조 중에서 필터의 차수와 사용된 지연소자 수가 같은 구조들을 **캐노닉형**(canonic form)이라고 부르는데, 따라서 제II직접형과 전치 제II직접형은 캐노닉형에 포함되고, 제I직접형은 캐노닉형이 아님을 알 수 있다.

7.2.4 직렬형 구조

이 절에서는 전달함수의 분모 다항식을 인수분해하여 직렬로 연결함으로써 얻을 수 있는 직렬형 구조(cascade form)에 대하여 알아보기로 하자. 다음 전달함수의 분자와 분모 다항식은 각각 다음과 같이 2차 다항식으로 인수분해될 수 있다.

$$H(z)=\frac{b_0+b_1z^{-1}+b_2x^{-2}+\ \cdots\ +b_N z^{-N}}{1+a_1z^{-1}+a_2z^{-2}+\ \cdots\ +a_N z^{-N}}=\prod_{k=1}^{M}\frac{b_{0k}+b_{1k}z^{-1}+b_{2k}z^{-2}}{1+a_{1k}z^{-1}+a_{2k}z^{-2}}$$

여기에서 $M=\left\lfloor \frac{N+1}{2} \right\rfloor$

여기에서 M은 $(N+1)/2$를 만족하는 수에서 버림을 한 정수를 의미한다. 예를 들어, $N=6$이면 M은 3이 된다. 그리고 $\prod$는 곱을 나타낸다. 예를 들어 $N=6$의 6차 분모 다항식은 2차 다항식 3개로 인수분해된다. $N=7$의 7차 분모 다항식의 경우에는 2차 다항식 3개와 1차 다항식 1개로 인수분해된다. 직렬형 구조는 2차 IIR 필터의 직렬연결로 그림 7-12와 같이 나타낸다.

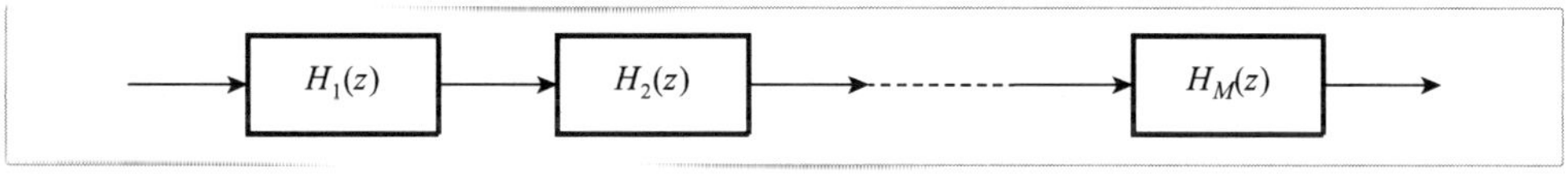

그림 7-12 직렬형 구조의 블록도

위의 직렬형 구조 블록도에서 2차 IIR 필터를 제II직접형으로 구현할 경우 전체 필터 구조는 다음 그림과 같다.

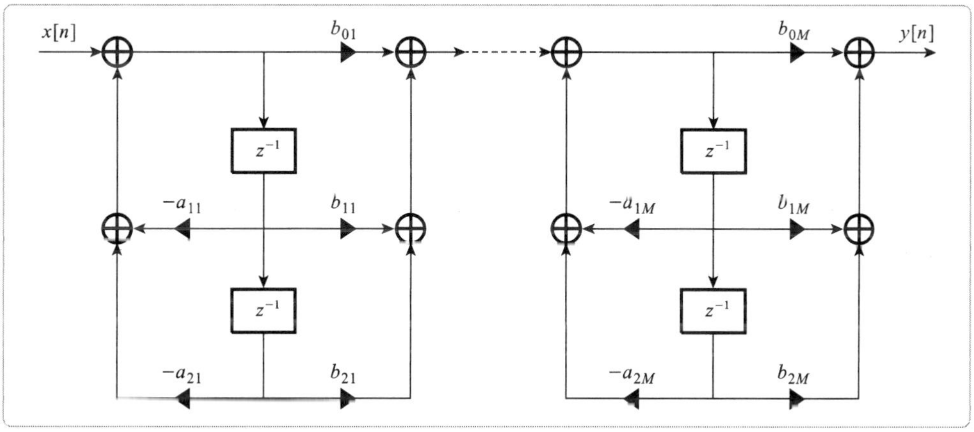

그림 7-13 제II직접형을 사용한 직렬형 구조

그림 7-12의 블록도에서 2차 IIR 필터는 제I직접형이나 전치 제II직접형으로도 구현할 수 있다.

고차의 분모 다항식을 2차 다항식으로 인수분해하는 이유는 1차까지 인수분해하면 일반적으로 허수의 계수가 생기기 때문이며, 허수 계수의 전달함수는 구현하기 매우 어렵게 된다. 직렬형을 만들기 위해 인수분해하는 과정은 다음과 같다. 분자와 분모 다항식은 z^{-1}의 다항식이므로 다음 식과 같이 z의 다항식으로 변환한 후에 인수분해하면 편리하다.

$$H(z) = \frac{1+3z^{-1}+3z^{-2}+z^{-3}}{1-0.9z^{-1}+0.64z^{-2}-0.576z^{-3}} \quad : \text{직접형의 전달함수}$$

$$= \frac{z^3+3z^2+3z+1}{z^3-0.9z^2+0.64z-0.576} = \frac{(z+1)}{(z-0.9)} \cdot \frac{(z^2+2z+1)}{(z^2+0.64)}$$

$$= \frac{1+z^{-1}}{1-0.9z^{-1}} \cdot \frac{1+2z^{-1}+z^{-2}}{1+0.64z^{-2}} \quad : \text{직렬형의 전달함수}$$

일반적으로 직렬형 구조는 고차의 직접형 구조에 비하여 유한 정세도 특성이 우수하다. 위의 전달함수 식에서 2차의 다항식이 인수분해될 때에, 인수분해된 분모 다항식의 계수인 0.9와 0.64는 원래 분모 다항식의 계수인 0.576보다 큼을 관찰할 수 있다. 평균적으로 이와 같은 현상이 관찰된다. 따라서 구현될 때, 직렬형의 전달함수가 계수양자화 에러가 작아진다는 것을 직관적으로 이해할 수 있다.

또 다른 다음의 전달함수를 비교해 보자.

$$H_1(z) = \frac{1}{1-1.5z^{-1}+z^{-2}-0.25z^{-3}}$$

$$H_2(z) = \frac{1}{1-0.5z^{-1}} \cdot \frac{1}{1-z^{-1}+0.5z^{-2}}$$

위의 식에서 2차의 다항식이 인수분해될 때에, 인수분해된 분모 다항식의 계수인 0.5는 원래 분모 다항식에서의 계수인 1.5보다는 작고 0.25보다는 큼을 관찰할 수 있다. 따라서 구현될 때, $H_2(z)$가 계수양자화 에러가 작아진다.

예제 7.1

다음의 전달함수를 직렬형 구조로 구현하시오.

$$H(z)=\frac{1+3z^{-1}+3z^{-2}+z^{-3}}{1-1.6z^{-1}+1.1z^{-2}-0.3z^{-3}}$$

풀이 $$H(z)=\frac{1+3z^{-1}+3z^{-2}+z^{-3}}{1-1.6z^{-1}+1.1z^{-2}-0.3z^{-3}}=\frac{z^3+3z^2+3z+1}{z^3-1.6z^2+1.1z-0.3}$$

$$=\frac{(z+1)}{(z-0.6)}\cdot\frac{(z^2+2z+1)}{(z^2-z+0.5)}$$

$$=\frac{1+z^{-1}}{1-0.6z^{-1}}\cdot\frac{1+2z^{-1}+z^{-2}}{1-z^{-1}+0.5z^{-2}}$$

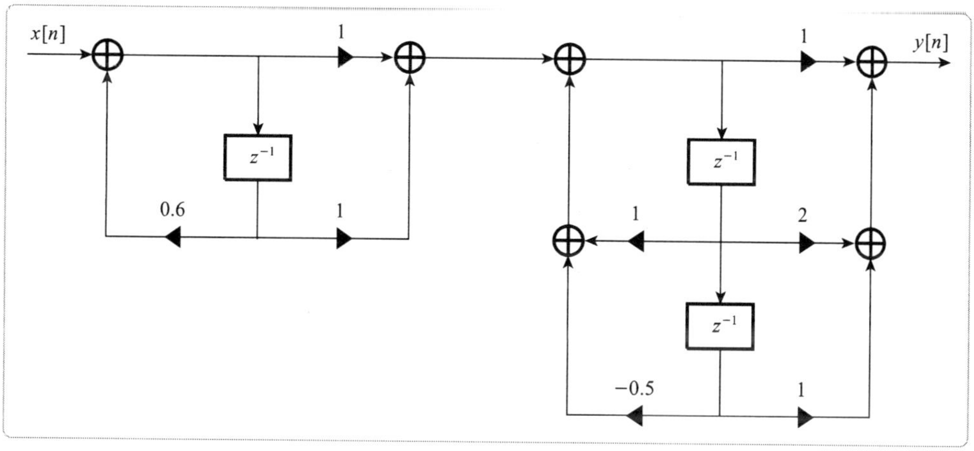

그림 7-14 [예제 7.1]의 직렬형 구조

7.2.5 병렬형 구조

전달함수의 분모다항식을 인수분해한 후에 부분분수로 전개하면 전달함수를 여러 개의 전달함수들의 합으로 표현할 수 있다. 이와 같은 구조를 병렬형 구조(parallel form)라고 한다. 일반적으로 전달함수의 분모 다항식은 2차 다항식으로 인수분해되어 다음과 같은 부분분수의 합으로 나타낼 수 있다.

$$H(z) = \frac{b_0 + b_1 z^{-1} + b_2 x^{-2} + \ \cdots + b_N z^{-N}}{1 + a_1 z^{-1} + a_2 z^{-2} + \ \cdots + a_N z^{-N}}$$

$$= c + \sum_{k=1}^{M} \frac{b_{0k} + b_{1k} z^{-1}}{1 + a_{1k} z^{-1} + a_{2k} z^{-2}}$$

예를 들어, $N = 6$의 6차 분모 다항식은 2차 다항식 3개로 인수분해된 후에 위의 식과 같은 부분분수의 합으로 표현될 수 있다. 병렬형 구조는 2차 IIR 필터의 병렬연결로서 그림 7-15와 같이 나타낸다.

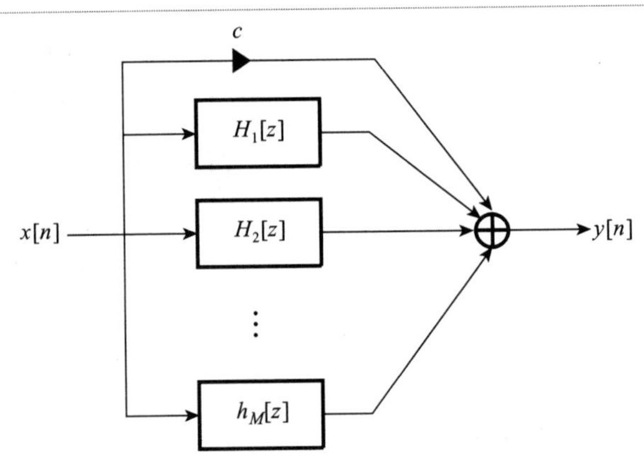

그림 7-15 병렬형 구조의 블록도

위의 병렬형 구조 블록도에서 2차 IIR 필터를 제II직접형으로 구현할 경우 전체 필터 구조는 다음 그림과 같다.

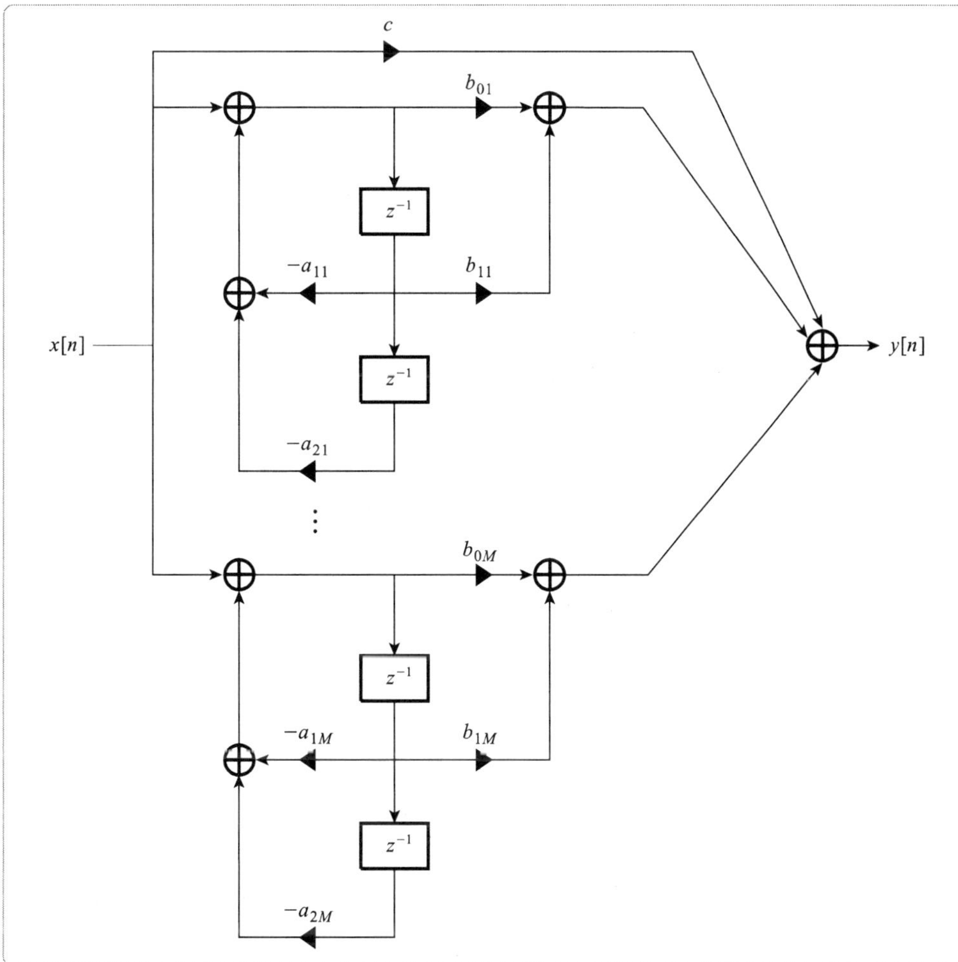

그림 7-16 제II직접형을 사용한 병렬형 구조

그림 7-16의 블록도에서 2차 IIR 필터는 제I직접형이나 전치 제II직접형으로도 구현할 수 있다.

병렬형을 만들기 위해 인수분해하여 부분분수로 만드는 과정은 먼저 다음과 같이 상수항을 구분시켜서 분자 다항식의 차수를 낮춘다

$$H(z) = \frac{1+3z^{-1}+3z^{-2}+z^{-3}}{1-0.9z^{-1}+0.64z^{-2}-0.576z^{-3}}$$

$$= -1.736 + \frac{2.736+1.4376z^{-1}+4.111z^{-2}}{1-0.9z^{-1}+0.64z^{-2}-0.576z^{-3}}$$

분자 다항식의 차수가 낮으므로 다음과 같이 인수분해되어 부분분수로 나타낼 수 있다.

$$\frac{2.736+1.4376z^{-1}+4.111z^{-2}}{1-0.9z^{-1}+0.64z^{-2}-0.576z^{-3}}=\frac{A_1}{1-0.9z^{-1}}+\frac{A_2+A_3z^{-1}}{1+0.64z^{-2}}$$

$$=\frac{(A_1+A_2)+(A_3-0.9A_2)z^{-1}+(0.64A_1-0.9A_3)z^{-2}}{(1-0.9z^{-1})(1+0.64z^{-2})}$$

계수비교를 통하여 부분분수의 계수들을 다음과 같이 구할 수 있다.

$$A_1=5.2559,\quad A_2=-2.5199,\quad A_3=-0.8303$$

따라서 최종의 병렬형 구조를 위한 전달함수는 다음과 같다.

$$H(z)=-1.736+\frac{5.2559}{1-0.9z^{-1}}+\frac{-2.5199-0.8303z^{-1}}{1+0.64z^{-2}}$$

이 병렬형 구조는 그림 7-17과 같다.

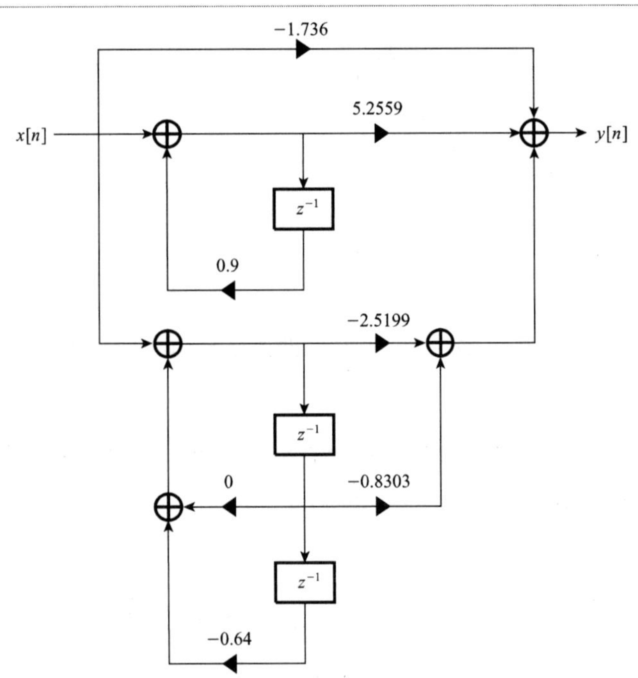

그림 7-17 예제의 병렬형 구조

예제 7.2

다음의 전달함수를 병렬형 구조로 구현하시오.

$$H(z)=\frac{1+3z^{-1}+3z^{-2}+z^{-3}}{1+3z^{-1}-3z^{-2}-z^{-3}}$$

풀이 $$H(z)=\frac{1+3z^{-1}+3z^{-2}+z^{-3}}{1+3z^{-1}-3z^{-2}-z^{-3}}=-1+\frac{2+6z^{-1}}{1+3z^{-1}-3z^{-2}-z^{-3}}$$

$$\frac{2+6z^{-1}}{1+3z^{-1}-3z^{-2}-z^{-3}}=\frac{A_1}{1-z^{-1}}+\frac{A_2+A_3z^{-1}}{1+4z^{-1}+z^{-2}}$$

$$=\frac{(A_1+A_2)+(4A_1-A_2+A_3)z^{-1}+(A_1-A_3)z^{-2}}{(1-z^{-1})(1+4z^{-1}+z^{-2})}$$

계수비교를 통하여 부분분수의 계수들을 다음과 같이 구할 수 있다.

$$A_1=\frac{4}{3},\quad A_2=\frac{2}{3},\quad A_3=\frac{4}{3}$$

따라서 최종의 병렬형 구조를 위한 전달함수는 다음과 같다.

$$H(z)=-1+\frac{\frac{4}{3}}{1-z^{-1}}+\frac{\frac{2}{3}+\frac{4}{3}z^{-1}}{1+4z^{-1}+z^{-2}}$$

이 병렬형 구조는 7-18과 같다.

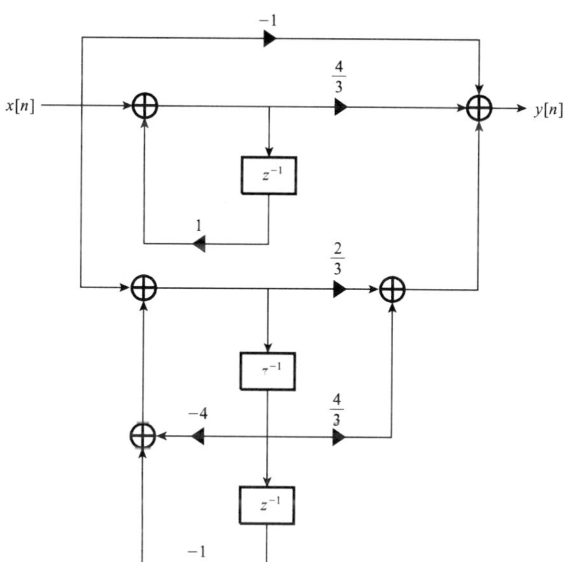

그림 7-18 [예제 7.2]이 병렬형 구조

7.3 FIR 필터 구조

FIR 필터의 전달함수는 분모 다항식이 1이므로 분자 다항식으로만 표현한다. 따라서 다음과 같은 차분방정식(또는 컨볼루션 식이라고 해도 됨)이나 전달함수로 나타낸다.

$$y[n]=b_0x[n]+b_1\,x[n-1]+b_2\,x[n-2]+\ \cdots\ +b_N\,x[n-N]$$

$$H(z)=b_0+b_1z^{-1}+b_2x^{-2}+\ \cdots\ +b_N\,z^{-N}$$

위의 필터를 N차 FIR 필터 또는 $N+1$ 탭(tap) FIR 필터라고 한다.

7.3.1 직접형 구조

가장 기본적인 FIR 필터 구조인 직접형 구조(direct form)는 차분방정식에서 직접 만들어진다. 즉, 차분방정식에서 바로 그림 7-19와 같은 필터 구조를 제작할 수 있다.

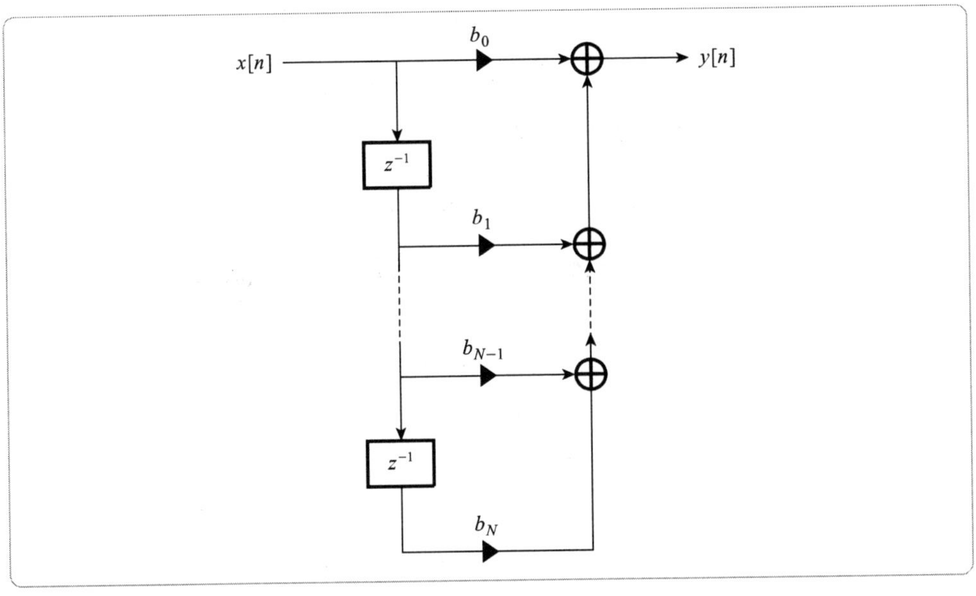

그림 7-19 직접형 구조

7.3.2 전치 직접형 구조

전치 직접형 구조를 만들기 위해서는 7.1.3절에서 사용했던 IIR 필터의 전치 정리를 똑같이 적용한다. 그림 7-19의 직접형 구조에 이 정리를 적용하면 다음 그림 7-20과 같으며 이를 전치 직접형 구조(transposed direct form)라고 부른다.

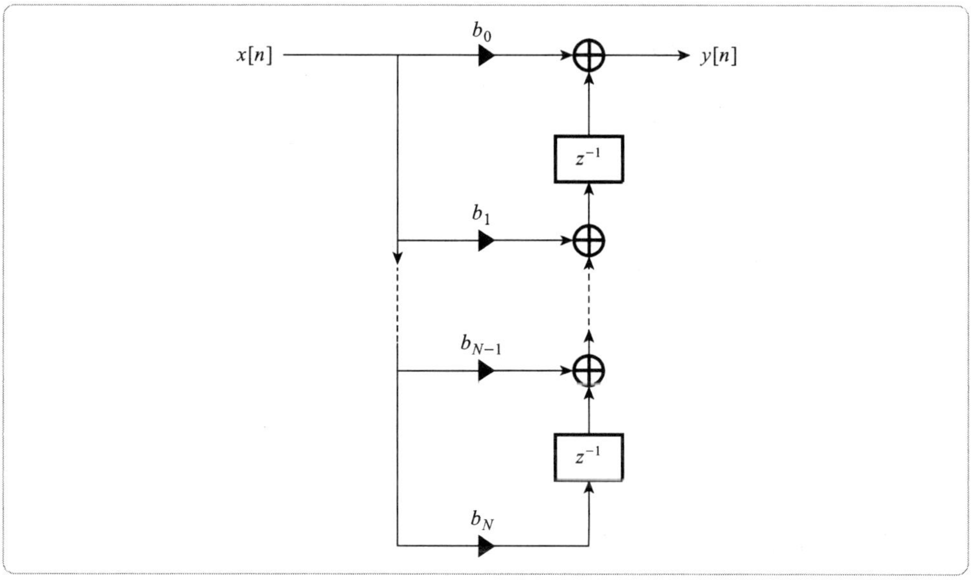

그림 7-20 전치 직접형 구조

FIR 필터는 **선형위상**(linear phase) 특성을 만족하기 위하여 필터계수를 대칭으로 사용하는 경우가 대부분이다. 필터계수가 대칭이면 위상특성이 선형이 된다. 이런 선형위상 필터의 경우에 전치 직접형은 다음과 같은 큰 장점을 갖는다. 예를 들면, 5탭의 선형위상 필터의 경우 차분방정식은 다음과 같이 계수가 대칭이다.

$$y[n] = b_0 x[n] + b_1 x[n-1] + b_2 x[n-2] + b_1 x[n-3] + b_0 x[n-4]$$

따라서 그림 7-21(a)의 전치 직접형은 (b)와 같이 곱셈기의 수를 줄일 수 있음을 알 수 있다.

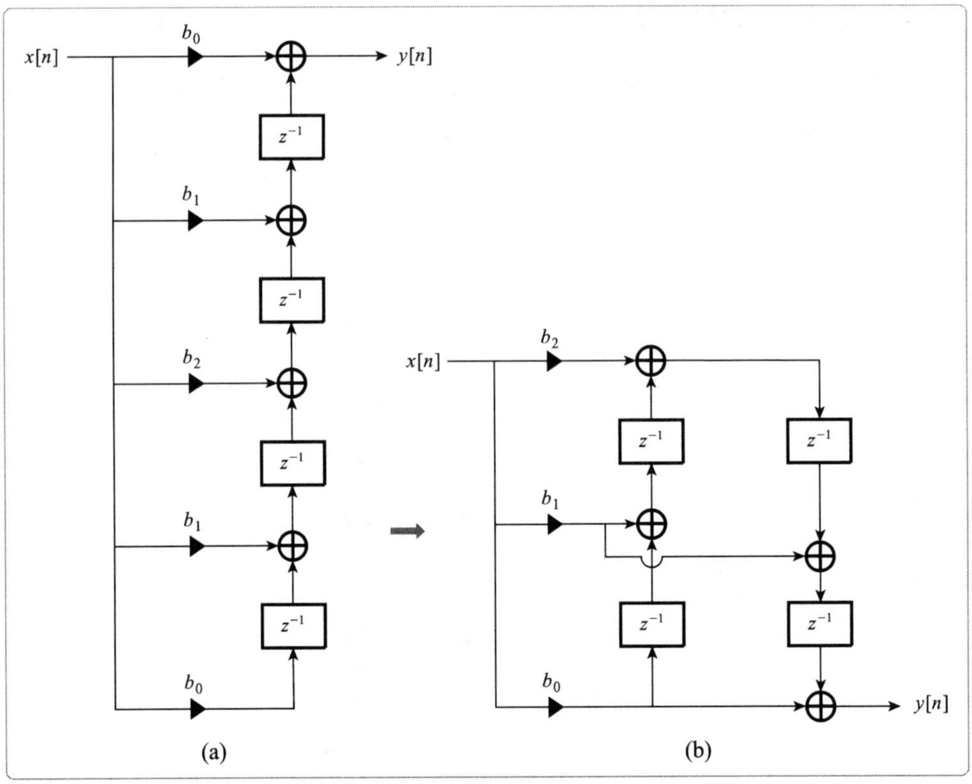

그림 7-21 (a) 5탭 전치 직접형 구조, (b) 단순화된 5탭 전치 직접형 구조

단순화된 5탭 전치 직접형 구조를 사용하면 N탭 필터인 경우에 곱셈기의 수를 N에서 $N/2$으로 감소시킬 수 있게 된다.

7.3.3 직렬형 구조

이 절에서는 전달함수의 다항식을 인수분해하여 직렬로 연결함으로써 얻을 수 있는 직렬형 구조(cascade form)에 대하여 알아보기로 하자. 일반적인 전달함수 다항식은 각각 2차 다항식으로 인수분해될 수 있으므로 다음과 같이 나타낼 수 있다.

$$H(z) = b_0 + b_1 z^{-1} + b_2 x^{-2} + \cdots + b_N z^{-N}$$

$$= \prod_{k=1}^{M} (b_{0k} + b_{1k} z^{-1} + b_{2k} z^{-2})$$

여기에서 $M = \left\lfloor \dfrac{N+1}{2} \right\rfloor$

$N=7$의 7차 분모 다항식의 경우에는 2차 다항식 3개와 1차 다항식 1개로 인수분해된다. 2차 직접형을 직렬연결한 직렬형 구조는 그림 7-22와 같다.

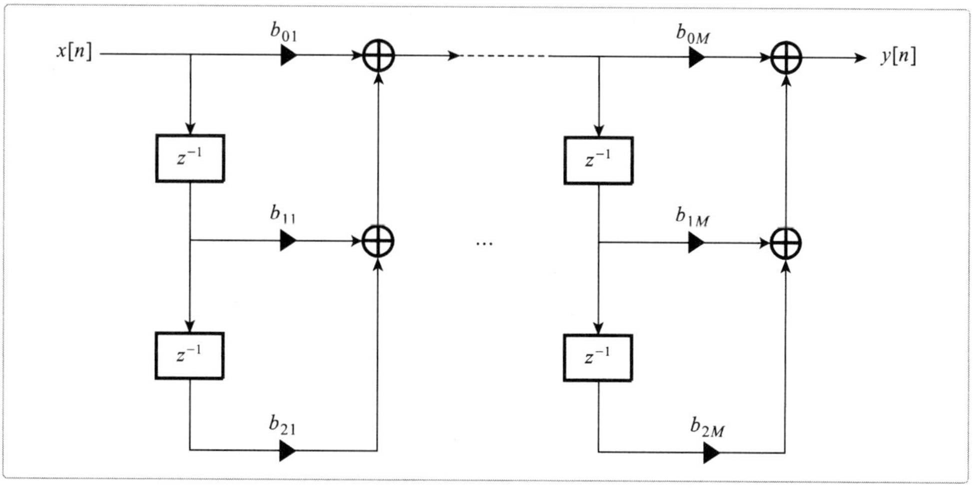

그림 7-22 직접형을 사용한 직렬형 구조

7.4 | 상태방정식을 이용한 필터의 표현

디지털 필터의 구조들은 **상태방정식**(state space equation)을 사용해서 나타낼 수 있다. 차분방정식은 디지털 필터의 구조에 대한 정보를 포함하지 않는 데 반하여 상태방정식은 임의의 디지털 필터의 구조를 나타낼 수 있는 방법이다. 그림 7-23의 제II직접형 구조의 예제를 통하여 어떻게 필터 구조를 상태방정식으로 나타낼 수 있는지 알아보기로 하자.

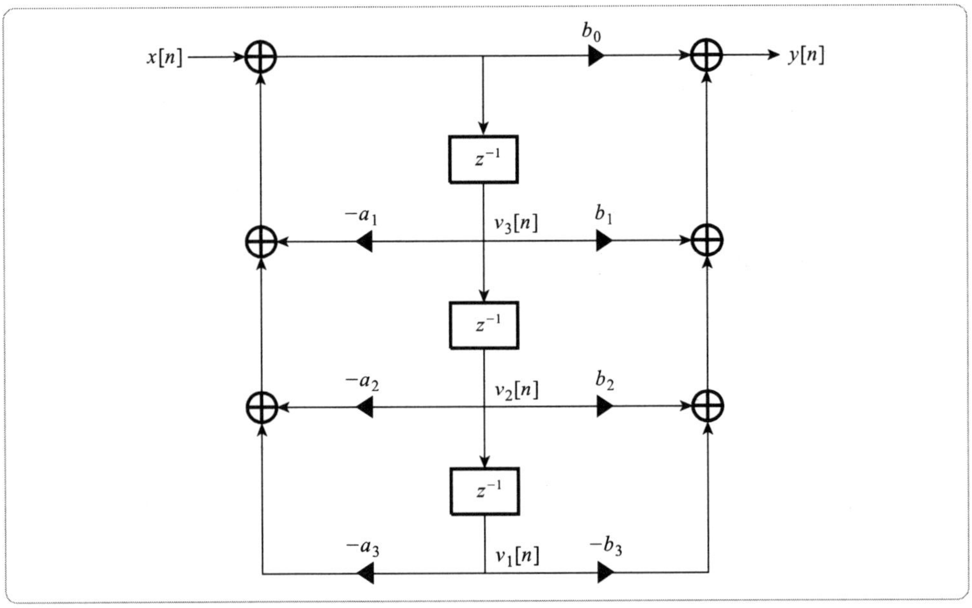

그림 7-23 예제의 제II직접형 필터 구조

위의 구조에서 지연소자의 출력 노드들을 $v_n[n]$의 상태로 정의하자. 그러면 다음과 같이 상태방정식을 만들 수 있다.

$$v_1[n+1] = v_2[n]$$

$$v_2[n+1] = v_3[n]$$

$$v_3[n+1] = -a_3 v_1[n] - a_2 v_2[n] - a_1 v_3[n] + x[n]$$

$$y[n] = (b_3 - b_0 a_3) v_1[n] + (b_2 - b_0 a_2) v_2[n] + (b_1 - b_0 a_1) v_3[n] + b_0 x[n]$$

이와 같은 상태방정식은 다음과 같이 행렬방정식으로도 표현될 수 있다.

$$\begin{bmatrix} v_1[n+1] \\ v_2[n+1] \\ v_3[n+1] \end{bmatrix} = \begin{bmatrix} 0 & 1 & 0 \\ 0 & 0 & 1 \\ -a_3 & -a_2 & -a_1 \end{bmatrix} \begin{bmatrix} v_1[n] \\ v_2[n] \\ v_3[n] \end{bmatrix} + \begin{bmatrix} 0 \\ 0 \\ 1 \end{bmatrix} x[n]$$

$$y[n] = \begin{bmatrix} b_3 - b_0 a_3 & b_2 - b_0 a_2 & b_1 - b_0 a_1 \end{bmatrix} \begin{bmatrix} v_1[n] \\ v_2[n] \\ v_3[n] \end{bmatrix} + b_0 x[n]$$

위는 제II직접형 구조에 대한 예제였지만, 모든 구조의 필터들도 다음과 같이 일반적인 상태방정식의 표현을 갖는다.

$$\overline{v}[n+1] = \boldsymbol{A}\overline{v}[n] + \overline{b}x[n]$$

$$y[n] = \overline{c}^{t}\overline{v}[n] + dx[n]$$

다른 필터 구조들도 모두 위의 상태방정식으로 나타낼 수 있으며 이 상태방정식의 일반적인 구조는 그림 7-24와 같다.

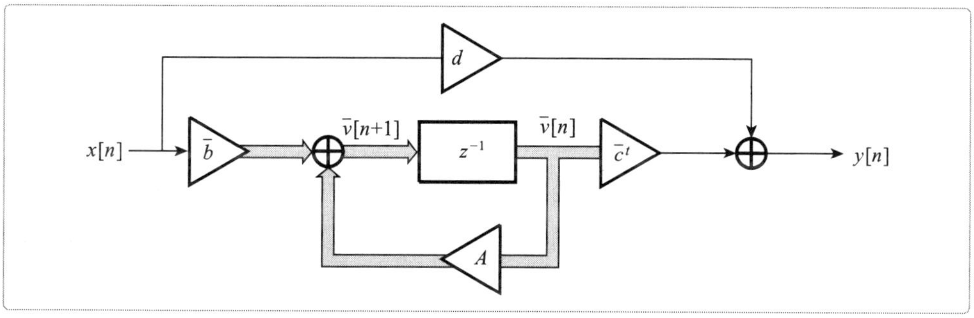

그림 7-24 일반적인 상태방정식 필터 구조

상태방정식의 일반적인 필터 구조는 모두 위의 그림과 같으며, 다만 구조마다 고유의 행렬 A, 벡터 $\overline{b}$와 c, 그리고 스칼라 d의 값을 갖는다. 따라서 A, $\overline{b}$, $\overline{c}$, d의 값을 알면 그 구조가 무엇인지 알 수 있다.

7.5 필터 구조의 유한 정세도 특성 분석

주어진 차분방정식이나 또는 전달함수를 어떤 구조로 구현할 때에 생기는 유한 정세도 영향은 계수 양자화 영향과 라운딩 영향이 있다. 이 두 가지 영향을 해석해 보기로 하자.

7.5.1 계수 양자화 영향

계수 양자화의 영향은 7.1절 직렬형 구조에서 이미 논하였는데, 이 절에 그 영향을 종합해 보자. 다음 IIR 필터의 차분방정식을 살펴보자.

$$\begin{aligned} y[n]-0.9y[n-1]+0.64y[n-2]-0.576y[n-3] \\ = x[n]+3x[n-1]+3x[n-2]+x[n-3] \end{aligned}$$

위의 차분방정식을 다음과 같이 직접형과 직렬형의 전달함수로 나누어 비교한다.

$$\begin{aligned} H_1(z) &= \frac{1+3z^{-1}+3z^{-2}+z^{-3}}{1-0.9z^{-1}+0.64z^{-2}-0.576z^{-3}} \quad : \text{직접형의 전달함수} \\ &= \frac{1+z^{1}}{1-0.9z^{-1}} \cdot \frac{1+2z^{-1}+z^{-2}}{1+0.64z^{-2}} \quad : \text{직렬형의 전달함수} \end{aligned}$$

위의 전달함수 식에서 2차의 다항식이 인수분해될 때에, 인수분해된 분모 다항식의 계수인 0.9와 0.64는 원래 분모 다항식의 계수인 0.576보다 크다는 것을 관찰할 수 있다. 평균적으로 이와 같은 현상이 관찰된다. 즉, 직접형 구조에서 사용되는 필터계수가 더 작으므로 계수 양자화 에러가 커지게 된다. 따라서 구현될 때, 직렬형의 전달함수가 계수 양자화 에러가 작아진다는 것을 이해할 수 있다. 양자화 계단크기 Δ가 0.125인 시스템으로 구현하여 계수 양자화 에러를 비교해 보자.

위의 필터를 양자화 계단크기 Δ가 0.125인 시스템으로 구현하면 계수 양자화 후의 직접형 구조의 전달함수는 다음과 같다.

$$H_2(z) = \frac{1+3z^{-1}+3z^{-2}+z^{-3}}{1-0.875z^{-1}+0.625z^{-2}-0.625z^{-3}}$$

양자화 계단크기 Δ가 0.125로 직렬형 구조의 필터계수를 양자화하면 전달함수는 다음과 같다.

$$H_3(z) = \frac{1+z^{-1}}{1-0.875z^{-1}} \cdot \frac{1+2z^{-1}+z^{-2}}{1+0.625z^{-2}}$$

$$= \frac{1+3z^{-1}+3z^{-2}+z^{-3}}{1-0.875z^{-1}+0.625z^{-2}-0.546875z^{-3}}$$

무한 정세도의 주파수 응답과 직접형 구조와 직렬형 구조의 주파수 응답은 그림 7-2와 같다. 그림 7-2에서 알 수 있듯이, 직렬형 구조의 주파수 응답이 직접형 구조의 주파수 응답보다 원 주파수 응답에 가깝다. 즉, IIR 필터의 경우에 직접형 구조보다는 직렬형이나 병렬형 구조가 계수양자화 영향이 작음을 알 수 있다.

7.5.2 라운딩 영향

라운딩 영향도 IIR 필터에서 해석하면 FIR 필터의 경우는 쉽게 이해할 수 있으므로 다음의 2차 차분방정식과 전달함수에서 라운딩 영향을 분석해 보자.

$$y[n]+a_1\,y[n-1]+a_2\,y[n-2]=b_0x[n]+b_1\,x[n-1]+b_2\,x[n-2]$$

$$H(z) = \frac{b_0+b_1z^{-1}+b_2x^{-2}}{1+a_1z^{-1}+a_2z^{-2}}$$

(1) 라운딩 모델

라운딩의 영향을 알아보기 위하여 모든 신호의 값과 필터계수를 $(B+1)$비트의 **고정점 2진수**(fixed-point binary number)를 사용하며 $(B+1)$비트의 덧셈기를 사용하여 구현한다고 가정해 보자. $(B+1)$비트의 필터계수와 $(B+1)$비트의 신호가 곱해지면 $(2B+1)$비트가 되므로 덧셈기에서 $(B+1)$비트로 만들기 위해서 LSB(Least Significant Bits)들을 버려야 한다. 이와 같은 동작을 제I직접형 구조에 포함시키면 그림 7-25와 같은 **잡음원**(noise sources)의 모델로 해석할 수 있다.

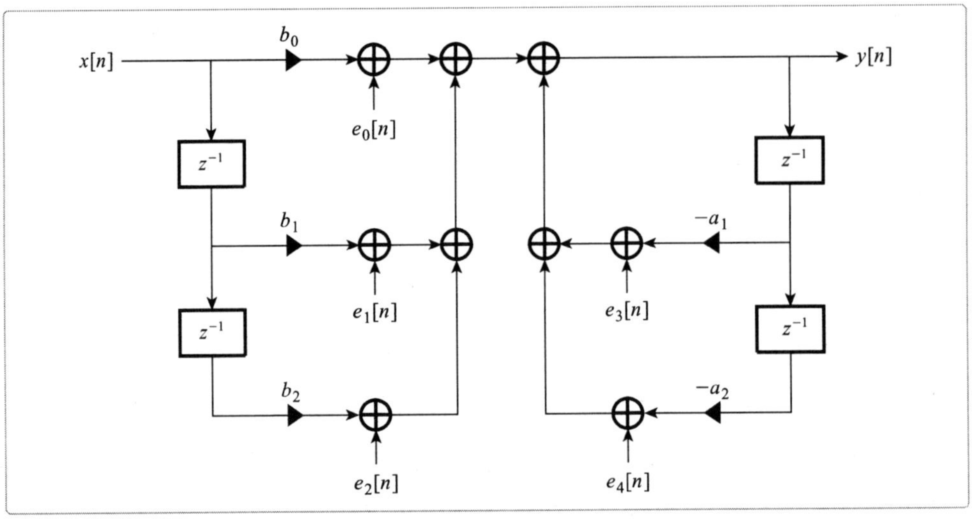

그림 7-25 잡음원을 사용한 예제의 제I직접형 구조의 모델

잡음원은 다음 식과 같이 라운딩된 신호와 계수의 곱에서 원래의 이상적인 신호와 계수의 곱을 뺀 값으로 정의된다.

$$e[n] = Q\{bx[n]\} - bx[n]$$

그림 7-25가 유용한 모델이 되기 위해서 다음과 같은 성질을 갖고 있다고 가정한다.

- 각각의 잡음원 $e[n]$은 WSS(wide sense stationary) 백색잡음의 스토캐스틱 프로세서(stochastic processor)이다.
- 각각의 잡음원은 uniform distribution을 갖는다.
- 각각의 잡음원은 양자화기, 다른 잡음원, 필터의 입력에 대하여 uncorrelated되어 있다.

(2) 입력 잡음원의 분산

$(B+1)$비트의 덧셈기로 양자화하는 경우에 양자화 계단크기는 $\Delta = 2^{-B}$이다. 라운딩은 반올림과 버림의 방식이 있는데, 여기서는 반올림의 경우를 살펴본다(버림의 라운딩을 사용하여도 해석은 달라지지 않는다). 반올림의 라운딩을 사용하면 각각의 잡음원의 범위는 다음과 같다.

$$-\frac{1}{2}2^{-B} < e[n] \le \frac{1}{2}2^{-B}$$

이 잡음원은 확률변수로 해석되며 확률밀도함수는 uniform distribution이다. 이 잡음원의 평균과 분산은 다음 식과 같다.

$$m_e = E\{e[n]\} = 0$$

$$\begin{aligned}\sigma_e^2 &= E\left\{(e[n]-m_e)^2\right\} = E\left\{e^2[n]\right\} \\ &= \int_{-\infty}^{\infty} e^2[n] f_e(e)\, de = \int_{-\Delta/2}^{\Delta/2} e^2[n] \frac{1}{\Delta}\, de \\ &= \frac{1}{\Delta}\left[\frac{1}{3}e^3[n]\right]_{-\Delta/2}^{\Delta/2} = \frac{\Delta^2}{12} = \frac{2^{-2B}}{12}\end{aligned}$$

5개의 잡음원은 선형 시스템이므로 다음 그림과 같이 한 개의 잡음원으로 다시 그릴 수 있다.

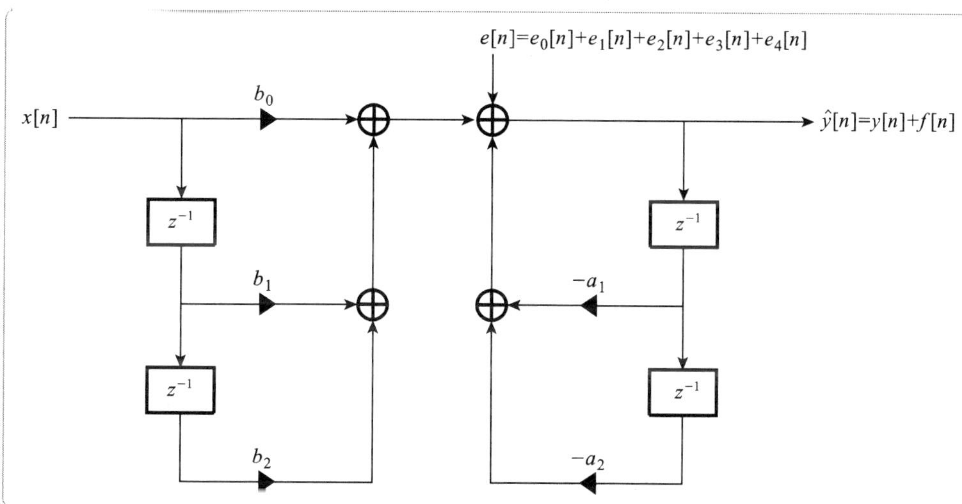

그림 7-26 한 개의 잡음원을 사용한 예제의 제1직접형 구조의 모델

위의 그림에서 한 개의 잡음원은 다음과 같이 다섯 개 잡음원의 합이다.

$$e[n] = e_0[n] + e_1[n] + e_2[n] + e_3[n] + e_4[n]$$

전체 잡음원은 각각의 잡음원의 합이므로 다음과 같이 나타낼 수 있다.

$$\sigma_e^2 = \sigma_{e0}^2 + \sigma_{e1}^2 + \sigma_{e2}^2 + \sigma_{e3}^2 + \sigma_{e4}^2 = 5\frac{2^{-2B}}{12}$$

위의 결과로부터 분자 다항식이 M이고 분모 다항식이 N인 제I직접형 구조에서 입력 잡음원의 분산은 다음과 같이 나타낼 수 있다.

$$\sigma_e^2 = (M+1+N)\frac{2^{-2B}}{12}$$

(3) 잡음원에 대한 출력의 분산

입력 잡음원에 대한 출력의 분산을 분석함으로써 구조의 라운딩 영향의 정도를 알아볼 수 있다. 입력 잡음원에 대한 출력의 분산이 작은 구조가 라운딩의 영향이 작은 좋은 구조이다. 그림 7-26의 잡음원 모델에서 라운딩 영향이 포함된 출력 $\hat{y}[n]$은 무한 정세도로 구현된 이상적인 출력 $y[n]$과 잡음원에 의한 출력 $f[n]$을 더한 것으로 나타난다.

그림 7-26에서 보듯이 입력 잡음원에 대한 출력 $f[n]$은 원래 전달함수의 분자 다항식과는 관계가 없음을 알 수 있다. 이 입력 잡음원과 그 출력에 대한 차분방정식은 다음과 같다.

$$f[n] + a_1 f[n-1] + a_2 f[n-2] = e[n]$$

입력 잡음원 $e[n]$에 대한 출력 $f[n]$의 전달함수를 $H_{ef}(z)$라고 하고 임펄스 응답을 $h_{ef}[n]$이라고 하자. 출력 $f[n]$의 평균은 다음과 같이 구할 수 있다.

$$m_f = E\{f[n]\} = E\left\{\sum_{k=-\infty}^{\infty} h[k]e[n-k]\right\} = \sum_{k=-\infty}^{\infty} h[k]E\{e[n-k]\}$$

$e[n]$은 WSS이므로 다음과 같다.

$$E\{e[n-k]\} = E\{e[n]\} = m_e$$

따라서 평균은 다음과 같다.

$$m_f = m_e \sum_{k=-\infty}^{\infty} h[k]$$

앞의 식에서 $\sum_{k=-\infty}^{\infty} h[k] = H(e^{j0})$이므로 다음과 같이 나타내기도 한다.

$$m_f = m_e H(e^{j0})$$

제I직접형에서는 m_e가 0이므로 m_f도 위의 식에 의해서 0이 된다.

이번에는 출력의 분산을 구해 보기로 하자. 출력의 분산은 다음과 같이 출력 자기상관함수의 DTFT인 파워 밀도 스펙트럼으로 나타낼 수 있다.

$$\sigma_f^2 = E\{f^2[n]\} - m_f^2 = \phi_{ff}[0] - m_f^2$$
$$= \frac{1}{2\pi}\int_{-\pi}^{\pi} \Phi_{ff}(e^{j\omega})d\omega - m_f^2$$

먼저 잡음원 $e[n]$의 **자기상관함수**(autocorrelation function)와 자기상관함수의 DTFT인 **파워 밀도 스펙트럼**을 다음과 같이 정의한다.

$$\phi_e[n] \overset{\text{DTFT}}{\longleftrightarrow} \Phi_e(e^{j\omega})$$

먼저 자기상관함수를 구해보기로 한다. 자기상관함수는 잡음원의 분산을 이용하여 다음과 같이 구한다.

$$\sigma_e^2 = E\{e^2[n]\} - m_e^2$$
$$\therefore \phi_{ee}[0] = E\{e^2[n]\} = \sigma_e^2 + m_e^2$$

$$\phi_{ee}[m] = E\{e[n]e[n-m]\} = E\{e[n]\}E\{e[n-m]\} = m_e^2$$

따라서 다음의 자기상관함수를 얻는다.

$$\phi_{ee}[n] = \sigma_e^2\delta[n] + m_e^2$$

이 자기상관함수의 DTFT인 파워 밀도 스펙트럼은 다음과 같다.

$$\Phi_{ee}(e^{j\omega}) = \sigma_e^2 + m_e^2 2\pi\delta(\omega)$$

따라서 출력 자기상관함수의 DTFT인 파워 밀도 스펙트럼을 구해 보자.

$$\begin{aligned}\Phi_{ff}(e^{j\omega}) &= |H_{ef}(e^{j\omega})|^2 \Phi_{ee}(e^{j\omega}) \\ &= \sigma_e^2 |H_{ef}(e^{j\omega})|^2 + 2\pi m_e^2 |H_{ef}(e^{j\omega})|^2 \delta(\omega) \\ &= \sigma_e^2 |H_{ef}(e^{j\omega})|^2 + 2\pi m_e^2 H_{ef}(e^{j\omega}) H_{ef}^*(e^{j\omega}) \delta(\omega) \\ &= \sigma_e^2 |H_{ef}(e^{j\omega})|^2 + 2\pi m_f^2 \delta(\omega)\end{aligned}$$

위의 식을 사용하여 출력의 분산을 구하면 다음과 같다.

$$\begin{aligned}\sigma_f^2 &= \frac{1}{2\pi}\int_{-\pi}^{\pi} \Phi_{ff}(e^{j\omega}) d\omega - m_f^2 \\ &= \frac{1}{2\pi}\int_{-\pi}^{\pi} \left\{\sigma_e^2 |H_{ef}(e^{j\omega})|^2 + 2\pi m_f^2 \delta(\omega)\right\} d\omega - m_f^2 \\ &= \sigma_e^2 \frac{1}{2\pi}\int_{-\pi}^{\pi} |H_{ef}(e^{j\omega})|^2 d\omega \\ &= \sigma_e^2 \sum_{n=-\infty}^{\infty} |h_{ef}[n]|^2\end{aligned}$$

분자와 분모 다항식이 각각 M과 N인 제I직접형 구조는 $(M+N+1)$의 잡음원을 하나로 합칠 수 있다. 이 경우에 잡음원에 대한 출력의 평균과 분산은 다음과 같이 나타낼 수 있다.

$$m_f = m_e \sum_{k=-\infty}^{\infty} h[k] = 0$$

$$\sigma_f^2 = \sigma_e^2 \sum_{n=-\infty}^{\infty} |h_{ef}[n]|^2 = (M+1+N)\frac{2^{-2B}}{12} \sum_{n=-\infty}^{\infty} |h_{ef}[n]|^2$$

일반적인 필터 구조에서 합칠 수 없는 독립된 잡음원이 L개가 있으면 출력의 분산은 다음과 같이 나타낸다.

$$\sigma_L^2 = \sigma_e^2 \sum_{k=0}^{L-1} \sum_{n=-\infty}^{\infty} |h_k[n]|^2$$

예제 7.6

다음의 전달함수를 제I직접형의 구조로 구현하였다.

$$H(z) = \frac{b}{1 - az^{-1}}$$

(a) 구조에서 계수와 신호의 곱셈이 발생한 후에 $(B+1)$비트로 라운딩하였다. 제I직접형 구조의 잡음원을 구조에 그리시오.

(b) 입력 잡음원의 분산과 잡음원에 대한 출력의 분산을 구하시오.

풀이 (a) 입력 잡음원 $e[n]$에 대한 출력을 $f[n]$이라고 하면 잡음원에 대한 구조는 다음 그림과 같다.

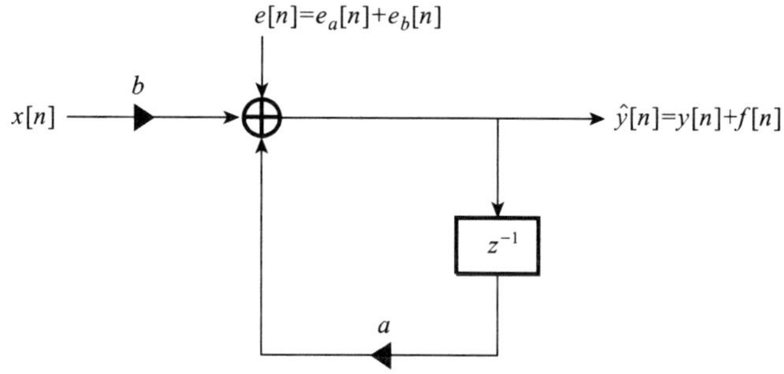

그림 7-27 예제의 제I직접형 구조와 잡음원

(b) $M=0$이고 $N=1$이므로 입력 잡음원의 분산은 다음과 같다.

$$\sigma_e^2 = (M+1+N)\frac{2^{-2B}}{12} = 2\frac{2^{-2B}}{12}$$

입력 잡음원 $e[n]$에 대한 임펄스 응답 $h_{ef}[n]$과 그 에너지는 다음과 같다.

$$f[n] = af[n-1] + e[n], \therefore h_{ef}[n] = a^n u[n]$$

$$\rightarrow \sum_{n=-\infty}^{\infty} |h_{ef}[n]|^2 = \sum_{n=0}^{\infty} a^{2n} = \frac{1}{1-a^2}$$

따라서 잡음원에 대한 출력의 분산은 다음과 같다.

$$\sigma_f^2 = \sigma_e^2 \sum_{n=-\infty}^{\infty} |h_{ef}[n]|^2 = 2\frac{2^{-2B}}{12}\frac{1}{1-a^2}$$

예제 7.7

다음의 전달함수를 제I직접형의 구조로 구현하였다.

$$H(z) = \frac{1}{1-0.7z^{-1}+0.12z^{-2}}$$

(a) 구조에서 계수와 신호의 곱셈이 발생한 후에 $(B+1)$비트로 라운딩하였다. 제I직접형 구조의 잡음원을 구조에 그리시오.

(b) 입력 잡음원의 분산과 잡음원에 대한 출력의 분산을 구하시오.

풀이 (a) 입력 잡음원 $e[n]$에 대한 출력을 $f[n]$이라고 하면 잡음원에 대한 구조는 다음 그림과 같다.

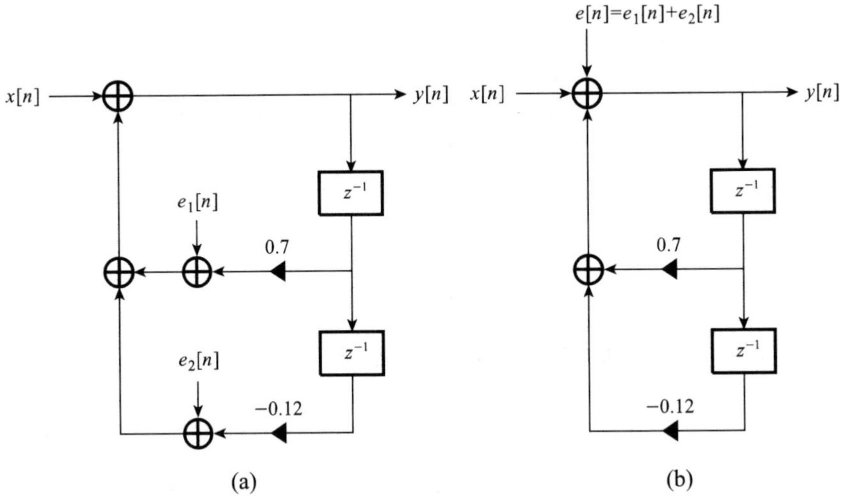

그림 7-28 (a) 제I직접형 구조와 잡음원, (b) 등가의 잡음원 모델

(b) 입력 잡음원 $e[n]$의 분산은 다음과 같다.

$$\sigma_e^2 = 2\frac{2^{-2B}}{12}$$

입력 잡음원 $e[n]$에 대한 출력을 $f[n]$이라고 하면 차분방정식은 다음과 같다.

$$f[n]-0.7f[n-1]+0.12f[n-2]=e[n]$$

임펄스 응답 $h_{ef}[n]$은 전달함수를 역변환하면 다음과 같다.

$$h_{ef}[n] = 4\times 0.4^n u[n] - 3\times 0.3^n u[n]$$

각 임펄스 응답의 제곱은 다음과 같다.

n	0.4^n	4×0.4^n	0.3^n	-3×0.3^n	$h[n]$	$h^2[n]$
0	1	4	1	−3	1	1
1	0.4	1.6	0.3	−0.9	0.7	0.49
2	0.16	0.64	0.09	−0.27	0.37	0.1369
3	0.64	0.256	0.027	−0.081	0.175	0.30625
4	0.0256	0.1024	0.081	−0.0243	0.0781	0.00609961
5	0.01024	0.04096	0.00243	−0.0729	0.03367	0.011336689
6	0.004096	0.016384	0.000729	−0.002187	0.014197	0.0002015548
7	0.004096	0.0065536	0.0002187	−0.006561	0.0058975	0.0000347805

따라서 임펄스 응답의 에너지는 다음과 같다.

$$\sum_{n=-\infty}^{\infty} |h_{ef}[n]|^2 \simeq 1.665$$

따라서 잡음원에 대한 출력의 분산은 다음과 같다.

$$\sigma_f^2 = \sigma_e^2 \sum_{n=-\infty}^{\infty} |h_{ef}[n]|^2 = 2\frac{2^{-2B}}{12}\times 1.665 = 3.33\frac{2^{-2B}}{12}$$

예제 7.8

다음의 전달함수를 직렬형 구조로 구현하였다.

$$H(z) = \frac{1}{1-0.7z^{-1}+0.12z^{-2}}$$

(a) 구조에서 계수와 신호의 곱셈이 발생한 후에 $(B+1)$비트로 라운딩하였다. 직렬형 구조의 잡음원을 구조에 그리시오.

(b) 입력 잡음원의 분산과 잡음원에 대한 출력의 분산을 구하시오.

풀이 (a) 입력 잡음원에 대한 구조는 다음 그림과 같다.

$$H(z) = \frac{1}{1-0.4z^{-1}}\times\frac{1}{1-0.3z^{-1}}$$

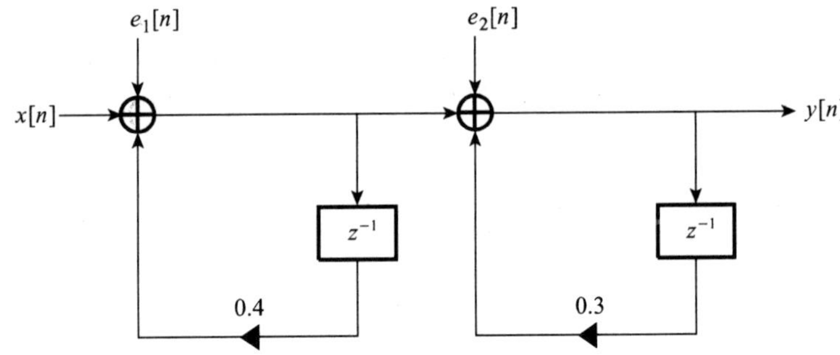

그림 7-29 직렬형 구조와 잡음원 모델

(b) 두 개의 입력 잡음원의 분산은 다음과 같다.

$$\sigma_{e1}^2 = \frac{2^{-2B}}{12}, \quad \sigma_{e2}^2 = \frac{2^{-2B}}{12}$$

입력 잡음원 $e_1[n]$에 대한 출력을 $f_1[n]$이라고 하면 차분방정식은 다음과 같다.

$$f_1[n] - 0.7f_1[n-1] + 0.12f_1[n-2] = e_1[n]$$

임펄스 응답 $h_1[n]$과 그 에너지는 다음과 같다.

$$\sum_{n=-\infty}^{\infty} |h_1[n]|^2 \simeq 1.665$$

따라서 $e_1[n]$ 잡음원에 대한 출력의 분산은 다음과 같다.

$$\sigma_{f1}^2 = \sigma_{e1}^2 \sum_{n=-\infty}^{\infty} |h_1[n]|^2 = \frac{2^{-2B}}{12} \times 1.665 = 1.665 \frac{2^{-2B}}{12}$$

입력 잡음원 $e_2[n]$에 대한 출력을 $f_2[n]$이라고 하면 차분방정식은 다음과 같다.

$$f_2[n] - 0.3f_2[n-1] = e_2[n]$$

임펄스 응답 $h_2[n]$과 그 에너지는 다음과 같다.

$$h_2[n] = 0.3^n [n] \quad \rightarrow \sum_{n=-\infty}^{\infty} |h_2[n]|^2 = \frac{1}{1-0.3^2} \simeq 1.0989$$

따라서 $e_2[n]$ 잡음원에 대한 출력의 분산은 다음과 같다.

$$\sigma_{f2}^2 = \sigma_{e2}^2 \sum_{n=-\infty}^{\infty} |h_2[n]|^2 = \frac{2^{-2B}}{12} \times 1.0989 = 1.0989 \frac{2^{-2B}}{12}$$

따라서 $e_1[n]$과 $e_2[n]$ 잡음원에 대한 출력의 분산은 다음과 같다.

$$\sigma_f^2 = \sigma_{f1}^2 + \sigma_{f2}^2 = 1.665 \frac{2^{-2B}}{12} + 1.0989 \frac{2^{-2B}}{12} = 2.7639 \frac{2^{-2B}}{12}$$

지금까지 제I직접형 구조의 분산을 구하였다. 이와 같이 각각의 구조에 대한 분산을 구하기 위해서는 **확률변수**(random variable)와 **확률과정**(random process)에 대한 지식이 필요하다.

연습문제

1. 다음의 전달함수를 제I직접형의 구조로 구현하였다.

$$H(z) = \frac{0.5}{1-0.7z^{-1}}$$

(a) 구조에서 계수와 신호의 곱셈이 발생한 후에 $(B+1)$비트로 라운딩하였다. 제I직접형 구조의 잡음원을 구조에 그리시오.

(b) 입력 잡음원의 분산과 잡음원에 대한 출력의 분산을 구하시오.

2. 다음의 전달함수를 제II직접형의 구조로 구현하였다.

$$H(z) = \frac{0.5}{1-0.7z^{-1}}$$

(a) 구조에서 계수와 신호의 곱셈이 발생한 후에 $(B+1)$비트로 라운딩하였다. 제II직접형 구조의 잡음원을 구조에 그리시오.

(b) 입력 잡음원의 분산과 잡음원에 대한 출력의 분산을 구하시오.

3. 다음 전치 제II직접형 필터 구조를 상태방정식으로 나타내시오.

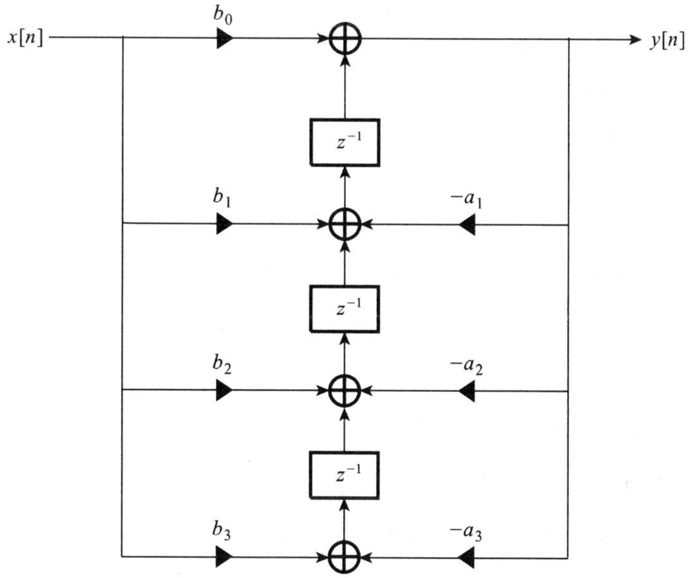

4. 다음의 전달함수에서 직렬형 구조의 전달함수를 만들고 구조를 그리시오(각 기본 블록은 제II직접형을 사용하시오).

$$H(z) = \frac{1+3z^{-1}+3z^{-2}+z^{-3}}{1-3z^{-1}+3z^{-2}-z^{-3}}$$

5. 다음의 전달함수에서 직렬형 구조의 전달함수를 만들고 구조를 그리시오(각 기본 블록은 제II직접형을 사용하시오).

$$H(z) = \frac{1+3z^{-1}+3z^{-2}+z^{-3}}{1+3z^{-1}-3z^{-2}-z^{-3}}$$

6. 다음의 전달함수를 보고 물음에 답하시오.

$$H(z) = \frac{1+3z^{-1}+3z^{-2}+z^{-3}}{1+2z^{-1}-2z^{-2}-z^{-3}}$$

(a) 제I직접형 구조를 그리시오.

(b) 제II직접형 구조를 그리시오.

(c) 전치 제II직접형 구조를 그리시오.

(d) 직렬형 구조의 전달함수를 만들고 구조를 그리시오(각 기본 블록은 제II직접형을 사용하시오).

(e) 병렬형 구조의 전달함수를 만들고 구조를 그리시오(각 기본 블록은 제II직접형을 사용하시오).

7. 다음의 전달함수를 보고 물음에 답하시오.

$$H(z)=\frac{1+0.2z^{-1}}{(1-0.5z^{-1}+0.3z^{-2})(1+0.25z^{-1})}$$

(a) 제I직접형 구조를 그리시오.

(b) 제II직접형 구조를 그리시오.

(c) 전치 제II직접형 구조를 그리시오.

(d) 직렬형 구조의 전달함수를 만들고 구조를 그리시오(각 기본 블록은 제II직접형을 사용하시오).

(e) 병렬형 구조의 전달함수를 만들고 구조를 그리시오(각 기본 블록은 제II직접형을 사용하시오).

8. 다음 구조의 전달함수를 구하시오.

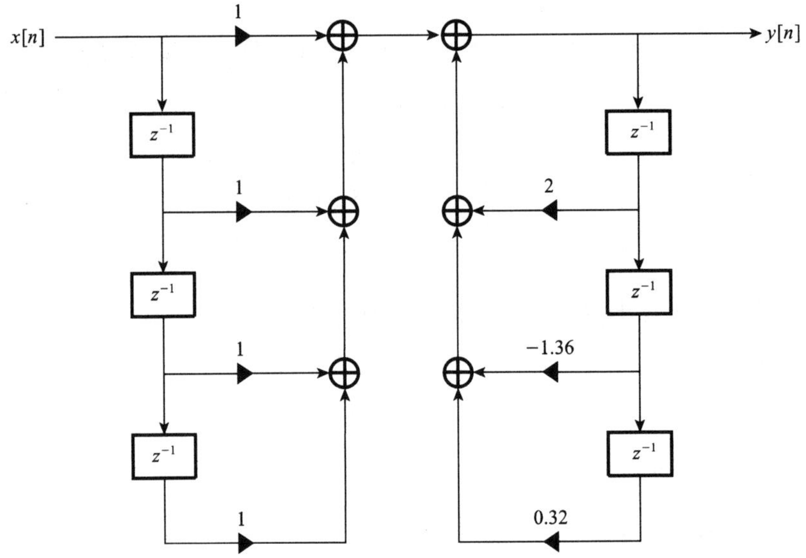

9. 다음 구조의 전달함수를 구하시오.

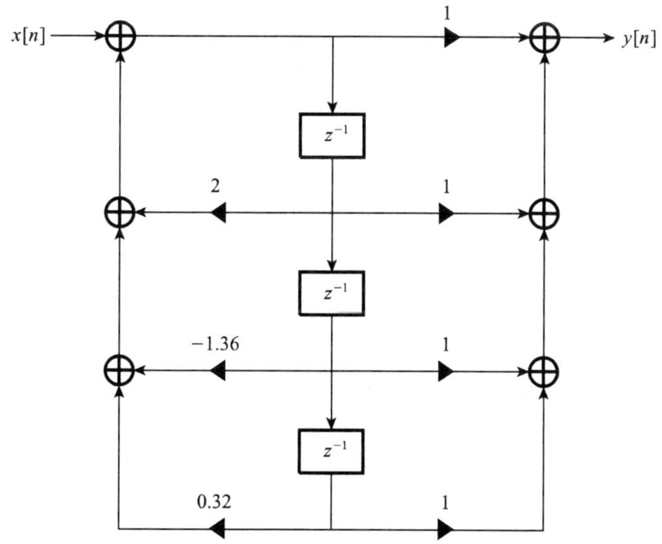

10. 다음 구조의 전달함수를 구하시오.

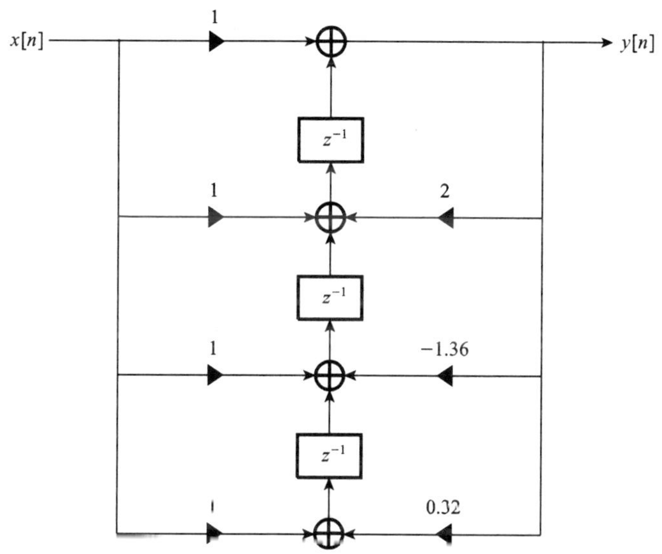

11. 다음 구조의 전달함수를 구하시오.

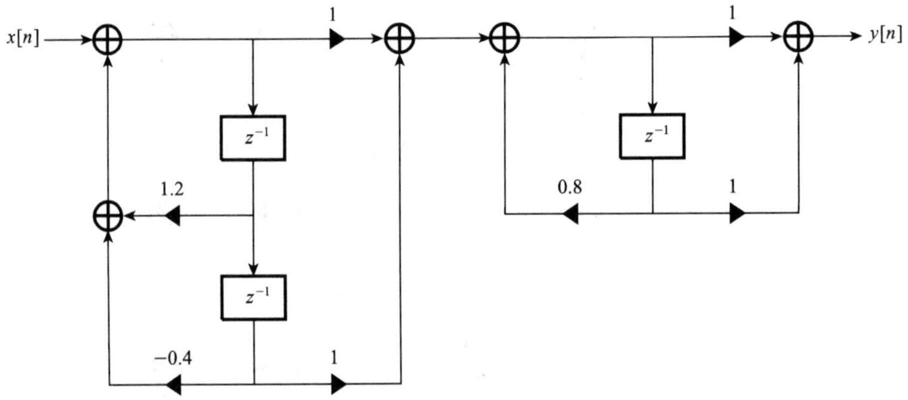

12. 다음 구조의 전달함수를 구하시오.

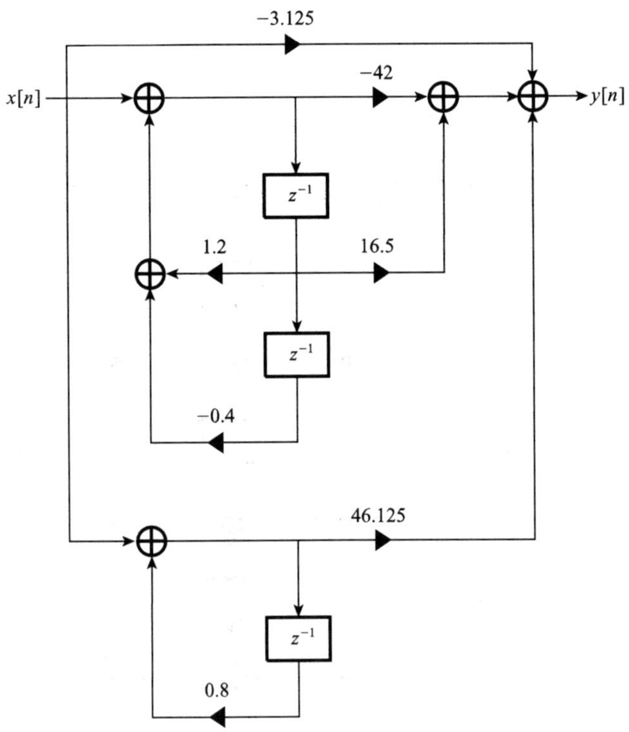

13. 다음의 전달함수를 직접형 구조로 구현하였다.

$$H(z) = 1 - 0.9z^{-1} + 0.2z^{-2}$$

(a) 구조에서 계수와 신호의 곱셈이 발생한 후에 $(B+1)$비트로 라운딩하였다. 제I직접형 구조의 잡음원을 구조에 그리시오.

(b) 입력 잡음원의 분산과 잡음원에 대한 출력의 분산을 구하시오.

14. 다음의 전달함수를 직렬형 구조로 구현하였다.

$$H(z) = 1 - 0.9z^{-1} + 0.2z^{-2}$$

(a) 구조에서 계수와 신호의 곱셈이 발생한 후에 $(B+1)$비트로 라운딩하였다. 직렬형 구조의 잡음원을 구조에 그리시오.

(b) 입력 잡음원의 분산과 잡음원에 대한 출력의 분산을 구하시오.

15. 다음의 전달함수를 제I직접형 구조로 구현하였다.

$$H(z) = \frac{1}{1 - 0.9z^{-1} + 0.2z^{-2}}$$

(a) 구조에서 계수와 신호의 곱셈이 발생한 후에 $(B+1)$비트로 라운딩하였다. 제I직접형 구조의 잡음원을 구조에 그리시오.

(b) 입력 잡음원의 분산과 잡음원에 대한 출력의 분산을 구하시오.

16. 다음의 전달함수를 직렬형 구조로 구현하였다.

$$H(z) = \frac{1}{1 - 0.9z^{-1} + 0.2z^{-2}}$$

(a) 구조에서 계수와 신호의 곱셈이 발생한 후에 $(B+1)$비트로 라운딩하였다. 직렬형 구조의 잡음원을 구조에 그리시오.

(b) 입력 잡음원의 분산과 잡음원에 대한 출력의 분산을 구하시오.

CHAPTER 08

필터 설계

8.1 필터 설계 단계
8.2 필터의 사양 결정
8.3 FIR과 IIR 필터 결정
8.4 FIR 필터 설계
8.5 IIR 필터 설계
8.6 실무: MATLAB을 사용한 Butterworth 필터 설계

8.1 필터 설계 단계

디지털 신호에 신호처리를 하여 필요한 주파수 대역의 성분만을 추출해내는 처리를 **디지털 필터링**이라고 하고 이러한 장치를 **디지털 필터**라고 한다. 넓은 의미의 필터의 정의는 모든 디지털 신호처리 시스템을 포함한다. 그러나 이 장에서는 좁은 의미의 필터, 즉 필요한 주파수 대역을 뽑아내거나 저지시키는 역할에 대하여 알아보기로 하자.

디지털 필터를 구현하는 데에는 다음과 같은 단계로 이루어진다.

(1) 필터의 사양 결정
  - 원하는 필터의 형태 결정
    샘플링 주파수 결정
  - 원하는 필터의 진폭 및 위상응답 특성을 결정

(2) 필터 설계
  FIR과 IIR 필터 결정
  원하는 필터 사양을 만족하는 전달함수(또는 차분방정식)의 계수 결정

(3) 필터 구조 결정 및 전달함수 변형

(4) 필터 구조의 유한 정세도 특성 분석

- 필터 계수 양자화 영향 분석
- 라운딩 영향 분석

(5) 필터 구현

- 하드웨어 구현
- 소프트웨어 구현

7장에서 (3)과 (4)단계를 다루었으며, 이 장에서는 앞의 단계 중에서 (1)과 (2)를 알아보기로 한다. (2)에서 보듯이 원하는 필터 사양을 만족하는 전달함수의 계수를 결정하는 것을 **필터 설계**라고 한다.

8.2 필터의 사양 결정

필터를 설계하기 위해서는 어떤 필터를 설계하여야 하는지를 먼저 결정하여야 한다. 필터의 형태를 구분하는 방법으로서 진폭 응답에 의한 분류 방법을 사용한다. 즉, 주파수 선택 특성에 따라 저역통과 필터(Low-Pass Filter, LPF), 고역통과 필터(High-Pass Filter, HPF), 대역통과 필터(Band-Pass Filter, BPF), 그리고 대역저지 필터(Band-Stop Filler, BSF) 등으로 구분한다. 이들에 대한 주파수 응답은 그림 8-1과 같다.

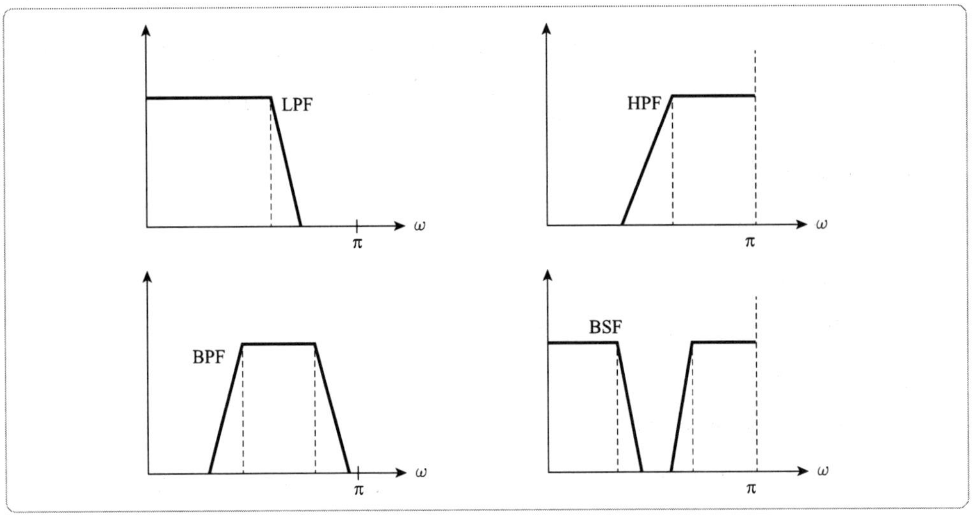

그림 8-1 필터의 형태

필터의 사양 결정단계에서 두 번째로 샘플링 주파수를 결정하여야 한다. 샘플링 주파수는 주파수 응답의 기준이 되는 주파수이며, 필터링을 해야 할 디지털 신호가 어떤 샘플링 주파수로 디지털 신호로 만들어졌는지에 대한 정보이다. 음성신호가 8 kHz의 샘플링 주파수로 디지털 신호가 된 경우에, 이 8 kHz의 주파수는 주파수 응답 축에서 2π에 해당하는 기준점이 된다. 세 번째 사양 결정단계는 원하는 필터의 진폭 응답을 결정하는 단계이다. 3.4절에서 알아보았듯이 이상적인 저역통과 필터의 주파수 응답과 임펄스 응답은 그림 8-2와 같다(3.4절 참조).

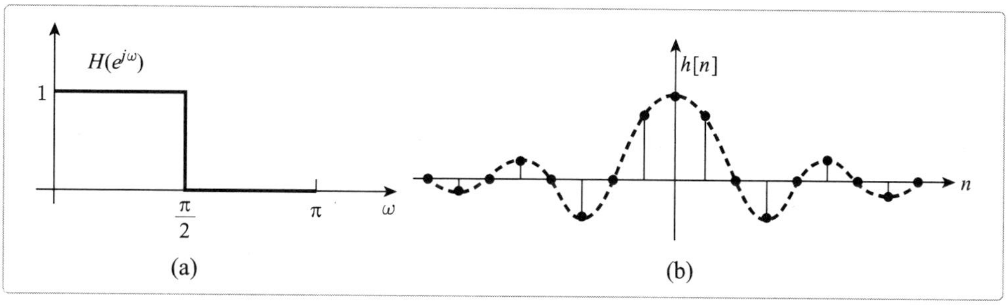

그림 8-2 이상적인 저역통과 필터. (a) 주파수 응답, (b) 임펄스 응답

그림 8-2(b)에서 보듯이 이상적인 저역통과 필터는 무한개의 임펄스 응답과 비인과 임펄스 응답을 갖고 있으므로 실질적으로 구현할 수 없다. 따라서 실질적으로 구현되는 필터에 대하여 먼저 그림 8-3과 같은 관용도가 있는 저역통과 필터의 진폭 응답 사양을 결정하여야 한다.

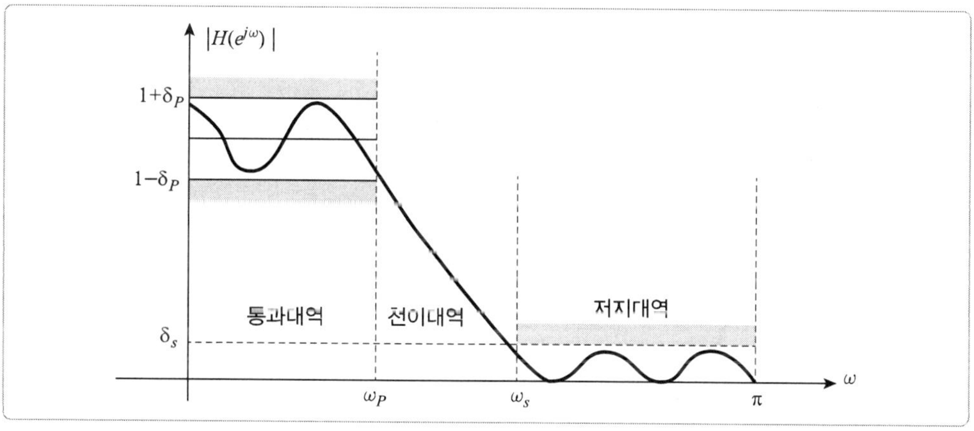

그림 8-3 저역통과 필터의 진폭 응답 사양

그림 8-3의 진폭 응답 사양은 다음과 같다.

- 샘플링 주파수(f_s): Hz로 나타낸다.
- 통과대역 주파수(ω_p): 라디안(radian), 정규화된 라디안(normalized radian), 또는 Hz로 나타낸다.
- 통과대역 리플크기(δ_p): 선형 스케일이나 또는 dB로 나타낸다.
- 저지대역 주파수(ω_s): 라디안(radian), 정규화된 라디안(normalized radian), 또는 Hz로 나타낸다.
- 저지대역 리플크기(δ_s): 선형 스케일이나 또는 dB로 나타낸다.

통과대역 주파수나 저지대역 주파수를 나타내는 방법은 라디안(radian), 정규화된 라디안(normalized radian), 또는 Hz의 3가지가 주로 사용된다. 샘플링 주파수가 주파수 축의 2π로 변환되므로 진폭 응답은 0에서 π까지 나타내는데, 예를 들어 통과대역 주파수 ω_p를 라디안으로는 0.3π로 나타내고, 정규화된 라디안으로 나타내면 2π로 정규화하므로 0.15로 나타낸다. 만일 8 kHz의 샘플링 주파수인 경우에 통과대역 주파수를 Hz로 나타내면 1200 Hz가 된다.

진폭 응답은 선형 스케일보다는 log 스케일로 그리는 경우가 더 많다. 예를 들어 다음의 두 필터의 진폭 응답을 비교해 보자.

(필터 A): 통과대역 리플크기(δ_p)가 0.01이고 저지대역 리플크기(δ_s)도 0.01

(필터 B): 통과대역 리플크기(δ_p)가 0.001이고 저지대역 리플크기(δ_s)도 0.001

필터 A와 B의 진폭 응답을 선형 스케일로 그리면 그림 8-4(a)와 같다.

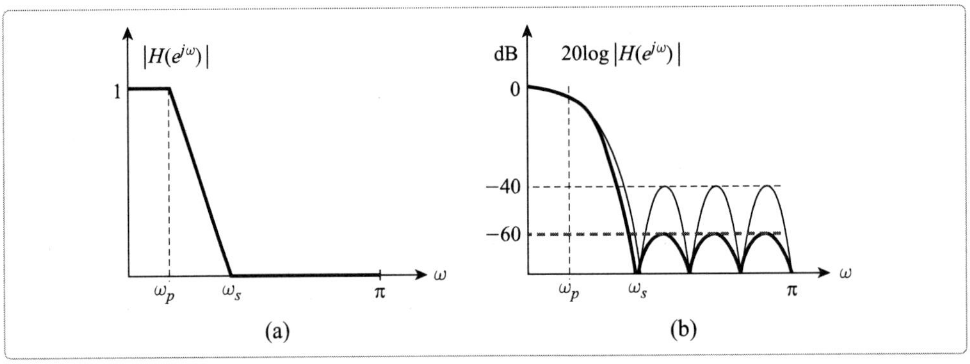

그림 8-4 예제의 진폭 응답. (a) 선형 스케일, (b) 로그 스케일

그림 8-4(a)에서 보듯이 선형 스케일로 보면 그림에서 저지대역에서의 두 필터의 차이가 표현되지 않는다. 그러나 그림 8-4(b)와 같이 로그 스케일로 그리면 저지대역의 감쇠특성을 정확히 볼 수 있다. 로그 진폭 응답은 다음과 같이 선형 스케일의 응답을 로그 스케일로 변형시킨다.

$$\text{로그 진폭 응답} = 20\log_{10}|H(e^{j\omega})|\text{dB}$$

따라서 필터 A와 필터 B의 저지대역 리플의 감쇠사양은 다음과 같다.

$$\text{필터 A의 저지대역 감쇠사양} = 20\log_{10}0.01 = -40\,\text{dB}$$
$$\text{필터 B의 저지대역 감쇠사양} = 20\log_{10}0.001 = -60\,\text{dB}$$

이와 같이 로그 진폭 응답을 그리면 저지대역의 감쇠특성을 정확히 비교할 수 있다. 그러나 로그 진폭 응답을 사용하더라도 통과대역의 리플은 정확히 비교하기 어려우므로 통과대역의 리플 크기는 선형 스케일로 확대해서 보여주는 것이 일반적이다.

8.3 FIR과 IIR 필터 결정

원하는 필터의 사양이 결정되면 FIR 필터로 설계해야 할지 IIR 필터로 설계해야 할지를 결정해야 하는데, 일반적으로 같은 사양의 필터를 FIR과 IIR 필터로 설계할 때에 다음과 같은 특징이 있다.

표 8-1

	FIR 필터	IIR 필터
구현비용	높다(차수가 상대적으로 높아서 소자가 많이 필요함).	낮다(차수가 상대적으로 낮아서 소자가 적게 필요함).
안정도	높다.	주의를 요한다.
위상특성	선형위상 특성을 얻기 쉽다.	선형위상 특성을 얻기 어렵다.

위의 표 8-1에서 보듯이 IIR 필터로 설계할 때 필터의 차수가 비교적 FIR에 비해 낮아도 되므로 구현비용이 적어진다. 그러나 전달함수에 극점이 존재하므로 안정성 등의 주의를 해야 한다. 특히, 설계 단계에서 안정하더라도 필터 구현 시 유한 정세도 특성에 의

해서 필터계수가 양자화되어 구현 후 안정하지 않은 필터로 바뀌는 경우도 있다. 따라서 전달함수의 극점이 단위원에 근접해 있을 때, 특히 주의를 필요로 한다.

8.4 FIR 필터 설계

필터의 위상 응답에 대하여 알아보자. 일반적으로 주파수 응답은 복소수이므로 다음과 같이 진폭 응답과 위상 응답으로 나누어서 표시한다.

$$H(e^{j\omega}) = |H(e^{j\omega})| e^{j\measuredangle H(e^{j\omega})}$$

가장 이상적인 위상 응답은 $\measuredangle H(e^{j\omega}) = 0$이다. 즉, 모두 입력의 주파수에 대하여 위상이 앞서거나 지연됨이 없이 일정한 경우이다. 그러나 실제의 필터에서 이런 위상특성은 얻을 수 없다. 따라서 실제의 필터에서는 위상의 지연이 선형인 필터를 설계하는 것이 가장 좋다. 즉, 모든 입력 주파수에 대하여 위상이 선형의 모양을 갖는 필터가 우리가 구현할 수 있는 가장 바람직한 위상 응답 특성이다.

이와 같은 선형 위상 응답을 얻기가 FIR 필터가 IIR 필터와 비교하여 상대적으로 용이하다. 즉, FIR 필터는 필터계수의 대칭성만을 유지하면 위상 응답이 선형 특성을 갖게 된다. 필터의 계수가 대칭이면 어떻게 하여 선형 위상 응답이 되는지를 알아 보기 위하여 다음과 같은 필터계수가 대칭인 전달함수를 보자.

$$H(z) = -\frac{1}{16} + \frac{9}{16}z^{-1} + \frac{9}{16}z^{-2} - \frac{1}{16}z^{-3}$$

위의 전달함수의 주파수 응답을 구하면 다음과 같다.

$$\begin{aligned}
H(e^{j\omega}) &= -\frac{1}{16} + \frac{9}{16}e^{-j\omega} + \frac{9}{16}e^{-j2\omega} - \frac{1}{16}e^{-j3\omega} \\
&= -\frac{1}{16}e^{-j\frac{3}{2}\omega}\left(e^{j\frac{3}{2}\omega} + e^{-j\frac{3}{2}\omega}\right) + \frac{9}{16}e^{-j\frac{3}{2}\omega}\left(e^{j\frac{1}{2}\omega} + e^{-j\frac{1}{2}\omega}\right) \\
&= -\frac{1}{8}e^{-j\frac{3}{2}\omega}\cos\frac{3}{2}\omega + \frac{9}{8}e^{-j\frac{3}{2}\omega}\cos\frac{1}{2}\omega \\
&= \left\{\frac{9}{8}\cos\frac{1}{2}\omega - \frac{1}{8}\cos\frac{3}{2}\omega\right\}e^{-j\frac{3}{2}\omega}
\end{aligned}$$

위의 주파수 응답으로부터 진폭 응답과 위상 응답은 다음과 같다.

$$|H(e^{j\omega})| = \left|\frac{9}{8}cos\frac{1}{2}\omega - \frac{1}{8}cos\frac{3}{2}\omega\right|$$

$$\measuredangle H(e^{j\omega}) = -\frac{3}{2}\omega$$

위상 응답을 그리면 그림 8-5와 같다.

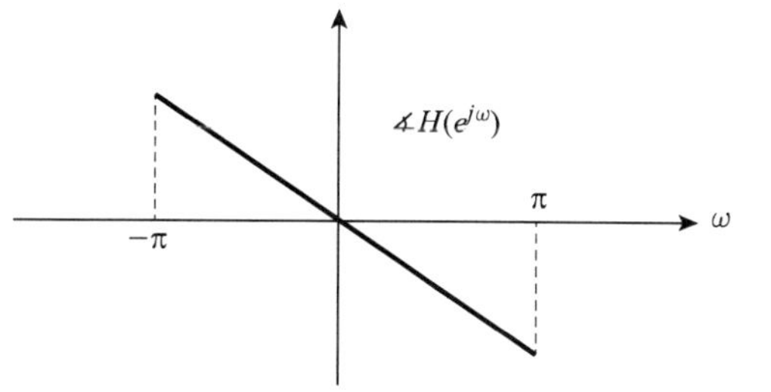

그림 8-5 예제의 위상 응답

지금부터 FIR 필터를 설계하는 여러 가지 방법을 알아보기로 하자.

8.4.1 window에 의한 설계 방법

(1) 이상적인 저역통과 필터

이상적인 저역통과 필터의 주파수 응답은 다음의 식으로 나타낼 수 있다.

$$H_d(e^{j\omega}) = \begin{cases} 1, & |\omega| < \omega_c \\ 0, & \omega_c < |\omega| \le \pi \end{cases}$$

위의 식에서 0부터 ω_c까지가 통과대역이고 ω_c부터 π까지가 저지대역이다. 이 주파수 응답을 역 DTFT하면 다음과 같은 임펄스 응답을 구할 수 있다.

$$h_d[n] = \frac{1}{2\pi}\int_{-\pi}^{\pi} H(e^{j\omega})e^{j\omega n}d\omega = \frac{1}{2\pi}\int_{-\omega_c}^{\omega_c} e^{j\omega n}d\omega$$

$$= \frac{1}{2\pi}\left[\frac{e^{j\omega n}}{jn}\right]_{-\omega_c}^{\omega_c} = \frac{1}{\pi n}\frac{e^{j\omega_c n} - e^{-j\omega_c n}}{2j}$$

$$= \frac{\sin\omega_c n}{\pi n}, \quad -\infty < n < \infty$$

통과대역 주파수가 $\omega_c = \pi/2$인 경우에 임펄스 응답을 그려보면 그림 8-2(b)와 같다. 이와 같은 이상적인 저역통과 필터의 임펄스 응답은 길이가 무한대이므로 구현할 수 없다.

(2) rectangular window

임펄스 응답의 길이를 $-M$에서 M까지 제한하기 위하여 window 신호를 이상적인 임펄스 응답과 곱하여야 한다. $M=2$인 경우의 rectangular window 신호 $w[n]$은 그림 8-6(a)와 같다.

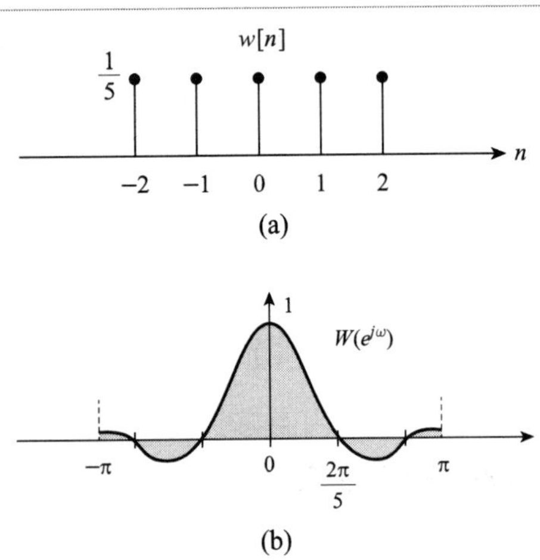

그림 8-6 (a) $M=2$인 경우의 rectangular window 신호, (b) 주파수 응답

이 rectangular window 신호의 주파수 응답은 다음과 같다.

$$\begin{aligned} W(e^{j\omega}) &= \frac{1}{5}\sum_{n=-2}^{2} e^{-j\omega n} \\ &= \frac{1}{5}\{e^{j2\omega} + e^{j\omega} + 1 + e^{-j\omega} + e^{-j2\omega}\} \\ &= \frac{1}{5}\{2\cos 2\omega + 2\cos\omega + 1\} \end{aligned}$$

이 주파수 응답은 그림 8-6(b)와 같다.

실제로 사용하는 window 크기는 상대적으로 큰 M을 사용한다. $M=5$인 경우의 rectangular window 신호와 그 주파수 응답은 그림 8-7과 같다.

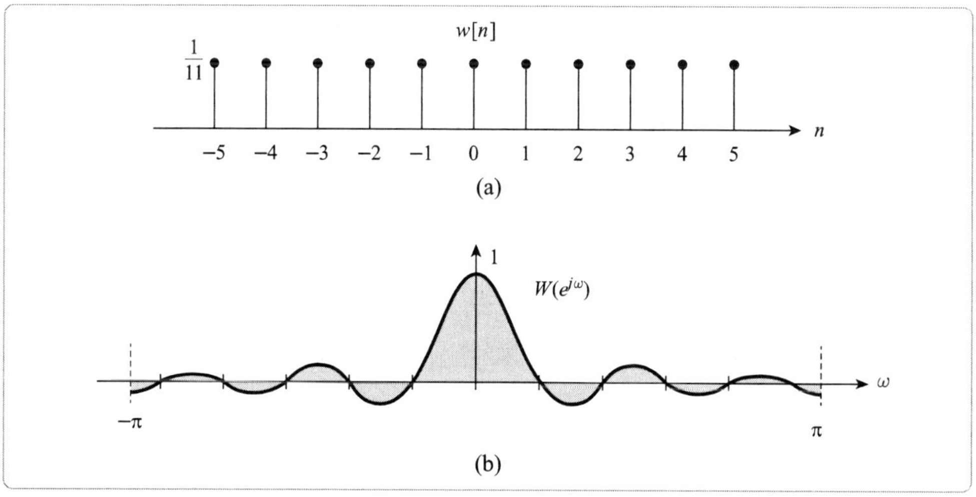

그림 8-7 (a) $M=5$인 경우의 rectangular window 신호, (b) 주파수 응답

(3) windowing

이상적인 저역통과 필터와 window 신호를 곱해서 임펄스 응답을 만드는 것을 window에 의한 설계 방법이라고 한다. 이 절에서는 rectangular window만을 다루기로 한다. 이렇게 곱해서 만들어진 임펄스 응답은 다음과 같다.

$$h[n] = h_d[n]w[n]$$

$M=5$인 경우의 rectangular window 신호 $w[n]$과 $h_d[n]$을 곱한 임펄스 응답은 그림 8-8과 같다.

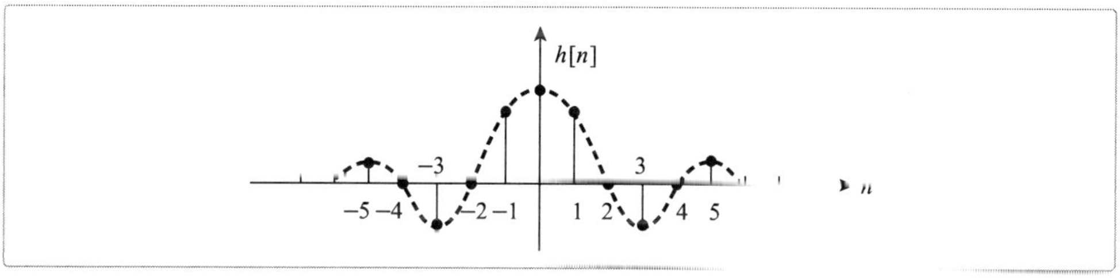

그림 8-8 이상적인 저역통과 필터 임펄스 응답($\omega_c=\pi/2$)과 rectangular window 신호 $w[n]$($M=5$)의 곱의 임펄스 응답

이렇게 window로 만들어진 임펄스 응답에 대한 주파수 응답을 알아보기로 하자. 시간 영역에서 두 신호의 곱은 주파수 영역에서의 아날로그 컨볼루션이므로 다음과 같이 주파수 응답을 구할 수 있다.

$$H(e^{j\omega}) = \frac{1}{2\pi} H_d(e^{j\omega}) * W(e^{j\omega})$$

저지대역 주파수가 $\omega_c = \pi/2$인 이상적인 저역통과 필터 $H_d(e^{j\omega})$와 $M=5$인 rectangular window 신호의 $W(e^{j\omega})$를 아날로그 컨볼루션하면 그림 8-9와 같다.

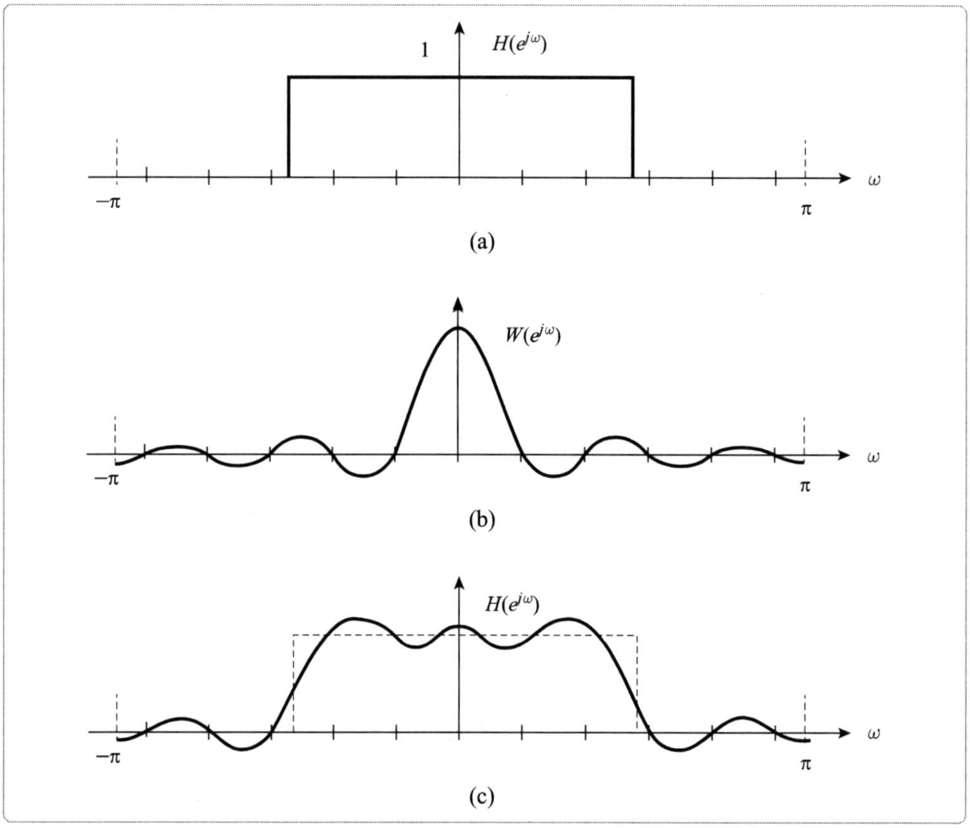

그림 8-9 (a) 이상적인 저역통과 필터 주파수 응답($\omega_c = \pi/2$)과 (b) rectangular window 신호 $w[n]$의 주파수 응답($M=5$), (c) window에 의한 주파수 응답

8.4.2 주파수 샘플링에 의한 설계 방법

원하는 주파수 응답을 샘플링하면 DFT가 됨은 4장에서 이미 다루었다. 이렇게 샘플링을 통해 만들어진 DFT를 역 DFT하여 임펄스 응답으로 사용하는 방법을 주파수 샘플링에 의한 설계 방법이라고 한다.

길이가 N인 유한 신호 $h[n]$에 대한 DTFT와 DFT의 식은 다음과 같다.

$$\text{DTFT} : H(e^{j\omega}) = \sum_{n=0}^{N-1} x[n]e^{-j\omega n}$$

$$\text{DFT} \quad : H(k) = \sum_{n=0}^{N-1} x[n]e^{-j\frac{2\pi}{N}kn}$$

위의 식에서 DFT는 DTFT의 샘플링 값으로서 다음과 같이 나타낸다.

$$X(k) = \begin{cases} X(e^{j\omega})|_{\omega = 2\pi k/N}, & 0 \le k \le N-1 \\ 0, & \text{otherwise} \end{cases}$$

따라서 주파수 응답, 즉 DTFT가 주어진 경우에 위와 같이 같은 간격으로 샘플링해서 DFT 계수 $X(k)$를 구할 수 있다. 이 $X(k)$를 역 DFT하면 임펄스 응답 $h[n]$을 얻어낼 수 있다. 이러한 방법을 **주파수 샘플링**(Frequency Sampling) 방법이라고 한다.

예제 8.1

다음 사양의 필터를 주파수 샘플링 방법을 사용하여 설계하시오.

통과대역 : 0~0.5π
샘플링 주파수 : 8 kHz
필터길이 : $N=3$

풀이 $N=3$으로 주파수 응답을 샘플링하면 그림 8-10(a)와 같다.

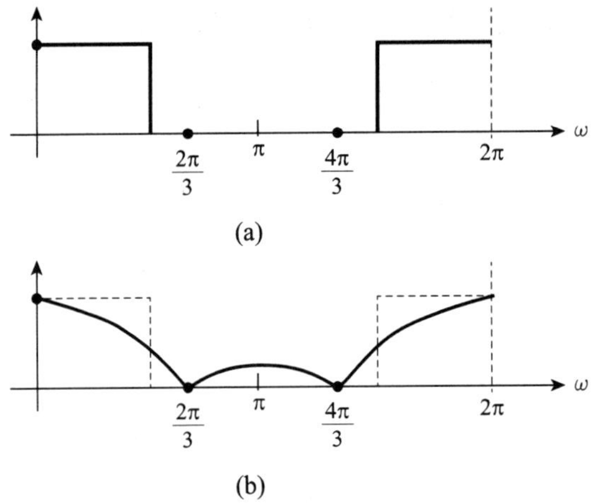

그림 8-10 (a) 예제의 $N=3$의 주파수 샘플링, (b) 실제 주파수 응답

이 세 점의 역 DFT를 통하여 세 개의 임펄스 응답을 구하면 다음과 같다.

$$h[n] = \frac{1}{3}\sum_{k=0}^{2} H(k)e^{j\frac{2\pi}{3}kn} = \left\{\frac{1}{3},\ \frac{1}{3},\ \frac{1}{3}\right\}$$
$$\uparrow$$

이 임펄스 응답의 실제 주파수 응답은 그림 8-10(b)와 같다. 이 방법은 어떤 모양의 주파수 응답에 대하여도 임펄스 응답을 구할 수 있으므로 응용분야가 많다. 예를 들면 보청기용 DSP 칩의 경우 임의의 청각장애자의 귀에 대하여 취약한 주파수 대역을 보상해 주어야 하므로 보상용 필터의 주파수 응답 특성은 보통의 LPF, HPF, BPF가 아니고 청각장애자마다 각각 보상해 주어야 하는 주파수 특성이 다르다. 주파수 샘플링 방법이 이와 같은 필터의 $h[n]$을 얻기에 적당하다고 할 수 있다.

8.4.3 최적 근사화에 의한 설계 방법

임펄스 응답의 중심이 원점에 놓여 있어서 원점에 대하여 대칭인 다음과 같은 $(2M+1)$ 탭의 필터를 고려해 보자.

$$h[n] = \begin{cases} h[-n], & |n| \le M \\ 0, & |n| > M \end{cases}$$

위의 임펄스 응답은 인과 시스템이 아니므로 인과 시스템의 임펄스 응답으로 만들기 위해서는 $M/2$만큼 쉬프트시켜서 사용하면 된다. 위의 임펄스 응답은 인과성은 만족하지 않지만 위상 응답이 0인 **영위상**(zero-phase) 필터이다. 이 임펄스 응답의 주파수 응답을 구해보자.

$$\begin{aligned}H(e^{j\omega}) &= \sum_{n=-M}^{M} h[n]e^{-j\omega n}\\ &= h[0]+h[1](e^{j\omega}+e^{-j\omega})+\cdots+h[M](e^{jM\omega}+e^{-jM\omega})\\ &= h[0]+2\sum_{n=1}^{M} h[n]\cos n\omega\end{aligned}$$

위의 주파수 응답이 실수이므로 위상 응답은 영위상이 되고, 진폭 응답은 위의 값에 절댓값만 붙이면 된다. 주파수 응답이 실수 함수인 그림 8-11과 같은 저역통과 필터의 주파수 응답의 관용도를 보자.

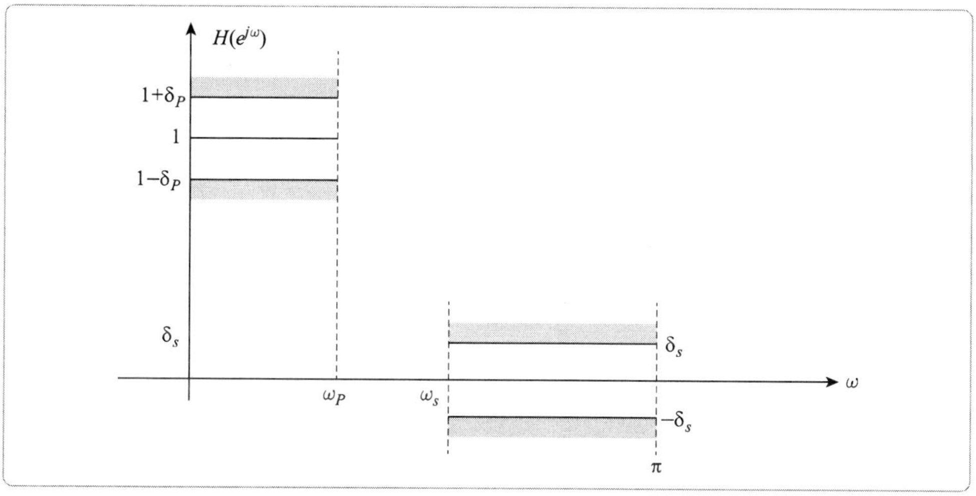

그림 8-11 저역통과 필터의 관용도

그림 8-11에서 통과대역의 관용도는 δ_p이며, 저지대역의 관용도는 δ_s이다. 이 사양을 만족하는 필터를 설계하는 체계적인 알고리즘 기법은 $h[0]$부터 $h[M]$까지의 $(M+1)$개의 임펄스 응답을 변화시키면서 최적의 필터 계수를 얻어내는 방식이다. 위의 $H(e^{j\omega})$에서 필터 계수 $h[n]$을 변화시키면 cosine 함수의 가중치가 변하면서 주파수 응답이 변하게 된다. 이와 같은 설계기법을 **최적 근사화에 의한 설계 방법**이라고 한다. 그러나 $h[n]$의 수가 많을 때에는, 각각의 $h[n]$을 변화시키면서 최적의 주파수 응답을 얻어내기 위

해서 컴퓨터의 최적화 프로그램을 이용하는 것이 일반적이다. 즉, 설계 알고리즘은 δ_p, ω_p, δ_s, ω_s, M의 5개의 변수 중에서 몇 개를 고정시키고, 반복 계산을 통하여 나머지 변수들의 최적치를 찾아내는 방식이다. 대표적인 최적 근사화에 의한 설계 방법으로서 Parks-McClellan 알고리즘이 널리 사용되고 있다.

예제 8.2

다음 사양을 만족하는 영위상의 저역통과 필터를 최적 근사화에 의한 설계 방법을 사용하여 설계하시오. 단, 필터 계수의 합은 1이 되도록 필터 계수를 구하시오.
사양: 3탭($M=1$), $\delta_s=0.34$, $\omega_s=0.5\pi$(통과대역은 매우 좁아서 δ_p와 ω_p의 값은 고려하지 않아도 된다고 가정하시오.)

풀이 다음과 같이 반복해서 최적의 필터 계수를 찾는다.

(i) 첫 번째로 임펄스 응답을 다음과 같이 가정하고 주파수 응답을 구해 보자.

$$h[n]=\{0.25,\quad \underset{\uparrow}{0.5},\quad 0.25\}$$

주파수 응답은 다음과 같다.

$$\begin{aligned}H(e^{j\omega})&=\sum_{n=-1}^{1}h[n]e^{-j\omega n}=h[0]+h[1](e^{j\omega}+e^{-j\omega})\\&=0.5+0.5\cos\omega\end{aligned}$$

이 주파수 응답은 그림 8-12(a)와 같다.

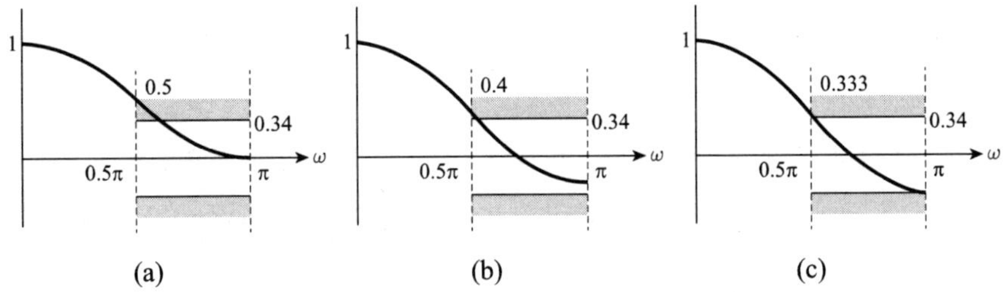

그림 8-12 (a) 예제 (i)의 주파수 응답, (b) 예제 (ii)의 주파수 응답, (c) 예제 (iii)의 주파수 응답

$\delta_s=0.5$이므로 사양을 만족하지 않는다.

(ii) 두 번째로 임펄스 응답을 다음과 같이 가정하고 주파수 응답을 구해 보자.

$$h[n] = \{0.3, \quad \underset{\uparrow}{0.4}, \quad 0.3\}$$

따라서 주파수 응답은 다음과 같다.

$$H(e^{j\omega}) = \sum_{n=-1}^{1} h[n]e^{-j\omega n} = h[0] + h[1](e^{j\omega} + e^{-j\omega})$$
$$= 0.4 + 0.6\cos\omega$$

이 주파수 응답은 그림 8-14(b)와 같다. $\delta_s = 0.4$이므로 역시 사양을 만족하지 않는다.

(iii) 세 번째로 임펄스 응답을 다음과 같이 가정하고 주파수 응답을 구해 보자.

$$h[n] = \{0.333, \quad \underset{\uparrow}{0.333}, \quad 0.333\}$$

따라서 주파수 응답은 다음과 같다.

$$H(e^{j\omega}) = \sum_{n=-1}^{1} h[n]e^{-j\omega n} = h[0] + h[1](e^{j\omega} + e^{-j\omega})$$
$$= 0.333 + 0.666\cos\omega$$

이 주파수 응답은 그림 8-14(c)와 같다. $\delta_s = 0.333$이므로 사양을 만족한다. 사양을 만족하므로 필터설계를 끝낸다.

필터 설계 도구인 MATLAB의 최적 근사화 FIR 필터 설계 방식을 사용하여 필터를 설계해 보기로 한다. 설계하려는 저역통과 필터의 사양은 다음과 같다.

- 샘플링 주파수 : 8000 Hz
- 통과대역 주파수 : $\omega_p = 0.3\pi$(1200 Hz)
- 통과대역 리플 : $\delta_p = -1$ dB
- 저지대역 주파수 : $\omega_s = 0.7\pi$(2800 Hz)
- 저지대역 감쇠 : $\delta_s = -20$ dB

MATLAB의 Remez 최적 근사화 방식을 사용한 프로그램은 그림 8-13과 같다.

```
f=[0 0.3 0.7 1];
a=[1 1 0 0];
b=remez(6, f, a);
[h,w]=freqz(b, 1, 512);
subplot(2, 1, 1);
plot(b, '0');
grid;
axis([1 7 -0.2 0.6]);
title('Acutual Impulse Response');
xlabel('n')
ylabel('h(n)');
subplot(2, 1, 2);
plot(abs(h));
title('Magnitude Response');
grid;
xlabel('frequency in pi units');
ylabel('Hr(w)');
```

그림 8-13 Remez 최적 근사화 방식을 사용한 MATLAB 프로그램

이 MATLAB 프로그램의 결과인 임펄스 응답과 진폭 응답은 그림 8-14와 같다.

(a)

(b)

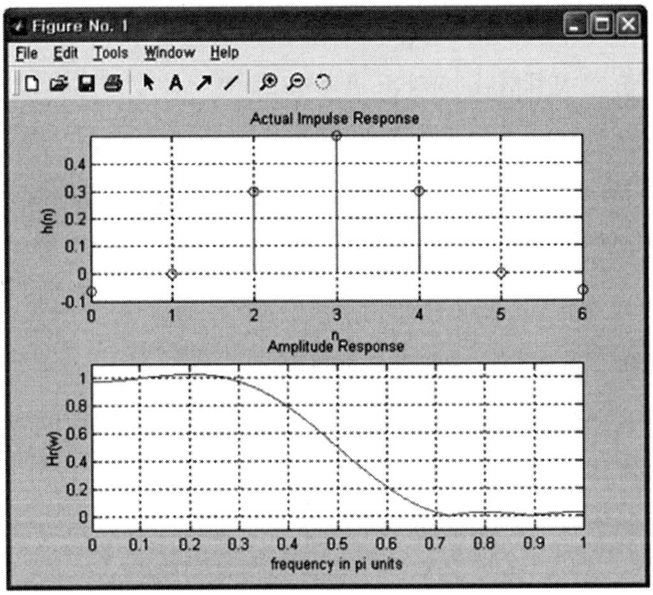

그림 8-14 Remez 최적 근사화 방식을 사용한 MATLAB 프로그램 결과. (a) 임펄스 응답, (b) 진폭 응답

MATLAB의 최적 근사화 FIR 필터 설계 방식을 사용하여 다음 사양의 저역통과필터를 설계해 보자.

- 샘플링 주파수 : 19.6608 MHz
- 통과대역 주파수 : 630 KHz
- 통과대역 리플 : $\delta_p = -0.1\,\text{dB}$
- 저지대역 주파수 : 1.2288 MHz
- 저지대역 감쇠 : $\delta_s = -40\,\text{dB}$

MATLAB의 Remezord 최적 근사화 방식을 사용한 프로그램은 그림 8-15와 같다.

```
<MATLAB-code source>
rp=0.1;                    % passband ripple
rs=40;                     % stophand ripple
Fs=19660.8                 % sampling frequency
f=[630   1228.8];          % cutoff frequencies
a=[1,0];                   % desired amplitudes
% compute deviations
dev=[(10^(rp/20)-1)/(10^(rp/20)+1) 10^(-rs/20)];
[n, fo, ao, w]=remezord(f, a dev, Fs);
b=remez(n, fo, ao, w);
% ------------------------------------------------------------------
% Impulse Response(a)

plot(b,'0');
grid;
% ------------------------------------------------------------------
% Magnitude Response(b)
fregz(b, 1, 1024, Fs);
title('Lowpass Filter Designed to Specifications');
```

그림 8-15 Remez 최적 근사화 방식을 사용한 MATLAB 프로그램

이 MATLAB 프로그램의 결과인 임펄스 응답과 진폭 응답은 그림 8-16과 같다.

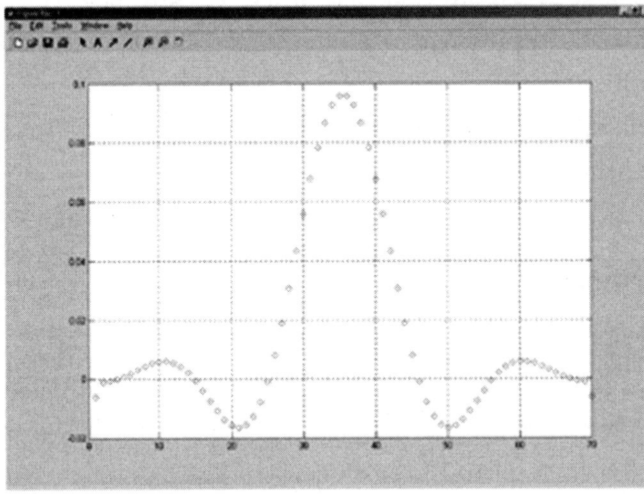

(a)

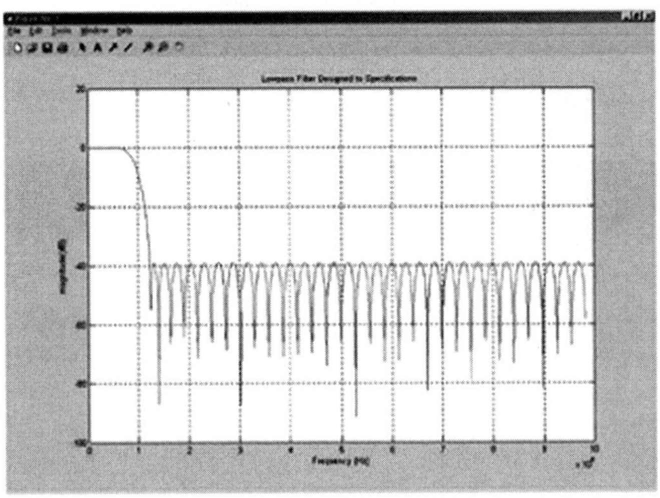

(b)

그림 8-16 Remez 최적 근사화 방식을 사용한 MATLAB 프로그램 결과. (a) 임펄스 응답, (b) 진폭 응답

8.5 IIR 필터 설계

IIR 필터 설계 방식으로는 간접설계 방식과 직접설계 방식이 있다. 간접설계 방식은 아날로그필터 $H(s)$를 구한 후에 s와 z의 사이의 변환 방법을 이용하여 디지털필터 $H(z)$를 구하는 방법이다. 직접설계 방식은 $H(s)$를 구하지 않고 $H(z)$를 직접 구하는 방법이다. 이 책에서는 간접설계 방식만을 다루기로 한다.

간접설계 방식에서는 기본필터 $A(\omega^2)$를 설계한 후에, 아날로그 저역통과 필터(Analog Low-Pass Filter, ALPF) $H(s)$를 구하고 디지털 저역통과 필터(Digital Low-Pass Filter, DLPF) $H(z)$로 변환한다. 그러나 다음 그림 8-17에서 보듯이 DLPF 외에도 디지털 고역통과 필터(Digital High-Pass Filter, DHPF), 디지털 대역통과 필터(Digital Band-Pass Filter, DBPF), 디지털 대역저지 필터(Digital Band-Stop Filter, DBSF) 등으로 변환이 가능하다.

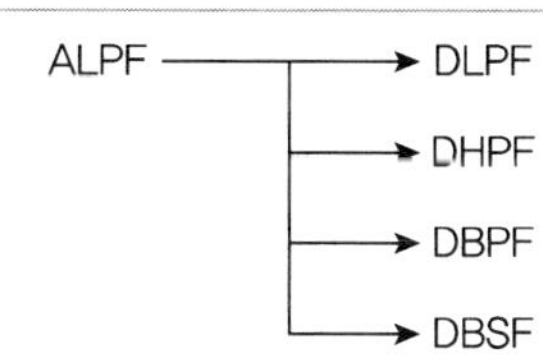

그림 8-17 $H(s)$의 디지털 필터 변환

간접설계 방식의 단계는 다음과 같이 정리할 수 있다.

(1) 기본필터 $A(\omega^2)$의 설계
(2) 인과성을 만족하는 기본필터 ALPF의 전달함수 $H(s)$의 설계
(3) DLPF(또는 DHPF, DBPF, DBSF)의 전달함수 $H(z)$로 변환

기본필터인 ALPF는 다음의 조건을 만족하도록 구한다.

① 유리함수이며 분자의 차수가 분모의 차수와 같거나 작다.
② 필터 계수는 실수이다.
③ 필터는 안정 시스템이며 인과 시스템이어야 한다.

이상적인 기본필터 $A(\omega^2)$는 다음과 같다.

$$A(\omega^2) = \begin{cases} 1, & 0 \le \omega \le \omega_p \\ 0, & \omega_s \le \omega \le \infty \end{cases}$$

$A(\omega^2)$를 그림으로 나타내면 그림 8-18과 같다.

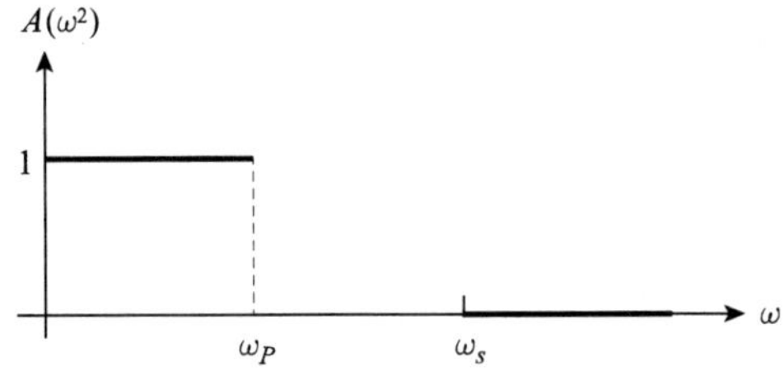

그림 8-18 기본필터 $A(\omega^2)$

이 기본필터 $A(\omega^2)$와 아날로그 저역통과 필터의 주파수 응답 $H(j\omega)$와는 다음의 관계가 있다.

$$A(\omega^2) = H(j\omega)H(-j\omega) = |H(j\omega)|^2$$

이와 같은 기본필터 $A(\omega^2)$는 다음과 같은 $F(\omega^2)$의 다항식으로 나타낼 수 있다.

$$A(\omega^2) = \frac{1}{1 + F(\omega^2)}$$

기본필터 $A(\omega^2)$의 조건을 만족하기 위한 가장 이상적인 $F(\omega^2)$는 통과대역에서는 0이고, 저지대역에서는 무한대의 값을 가져야 한다. $F(\omega^2)$의 식에 따라서 기본필터 $A(\omega^2)$는 그림 8-19와 같이 Butterworth 필터, Chebyshev 필터, Elliptic 필터의 세 가지 종류가 있다.

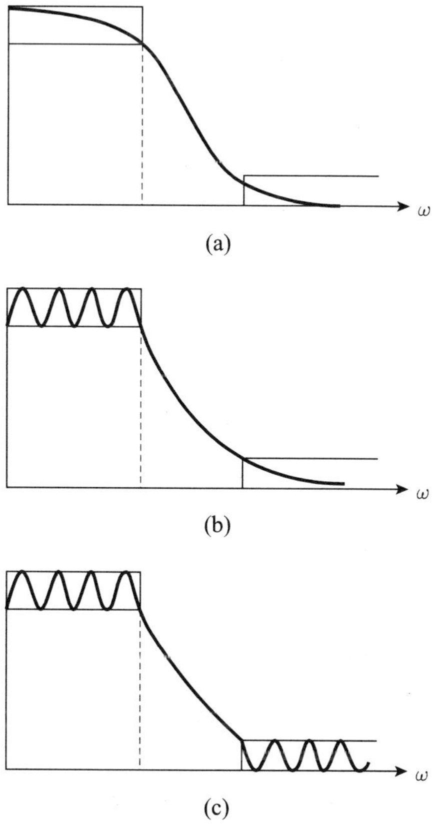

그림 8-19 $A(\omega^2)$의 종류. (a) Butterworth 필터, (b) Chebyshev 필터, (c) Elliptic 필터

이 책에서는 위의 그림 8-17의 세 가지 필터 중에서 Butterworth 간접설계 방식과 Chebyshev 간접설계 방식에 대하여 다룬다.

8.5.1 Butterworth 간접설계 방식

(1) 기본필터 설계

Butterworth 필터의 $A(\omega^2)$를 유도하기 위하여 먼저 $F(\omega^2)$를 다음과 같이 정의한다.

$$F(\omega^2) = B_1\omega^2 + B_2\omega^4 + \cdots + B_{n-1}\omega^{2(n-1)} + B_n\omega^{2n}$$

그림 8-19의 Butterworth 필터의 주파수 응답을 얻기 위해서 $F(\omega^2)$는 그림 8-20과 같은 모양이 되어야 한다.

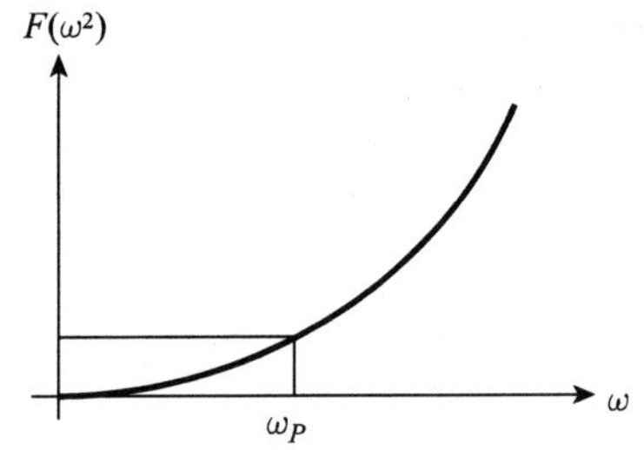

그림 8-20 Butterworth 필터의 $F(\omega^2)$

그림 8-20의 $F(\omega^2)$가 $\omega = 0$에서 최대로 평평하기 위해서는 $\omega = 0$에서 다음의 조건을 만족하여야 한다.

$$\frac{d^k A(\omega^2)}{d(\omega^2)^k} = 0, \quad \text{for } k = 1, 2, \cdots, n-1$$

위의 미분방정식을 풀면 해는 다음과 같다.

$$B_1 = B_2 = \cdots = B_{n-1} = 0$$

따라서 Butterworth 필터의 최적의 $F(\omega^2)$는 다음과 같다.

$$F(\omega^2) = B_n \omega^{2n}$$

이 $F(\omega^2)$를 기본필터 $A(\omega^2)$에 대입하면 다음과 같다.

$$A(\omega^2) = \frac{1}{1 + B_n \omega^{2n}}$$

마지막으로 B_n은 그림 8-21에서 구할 수 있다.

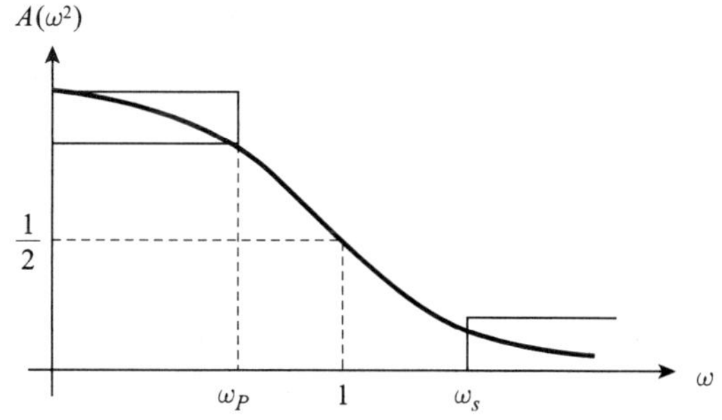

그림 8-21 B_n을 구하기 위한 Butterworth 필터의 $A(\omega^2)$

위의 Butterworth 필터의 $A(\omega^2)$에서 $\omega^2 = 1$일 때의 함수값을 0.5가 되도록 정규화시키는 것이 바람직하다. 따라서 다음과 같이 B_n을 구할 수 있다.

$$A(\omega^2) = A(1) = \frac{1}{2} = \frac{1}{1+B_n}, \quad \therefore B_n = 1$$

따라서 최종적인 Butterworth 필터의 $A(\omega^2)$는 다음과 같다.

$$A(\omega^2) = \frac{1}{1+\omega^{2n}}$$

Butterworth 간접설계 방식으로 필터를 설계할 때, 위의 기본필터 $A(\omega^2)$를 가장 먼저 결정하여야 한다. 즉, 주어진 사양을 만족하는 최소의 n을 구하여야 하며, 사양이 높을수록 n의 크기가 커지게 된다.

(2) $H(s)$의 설계

이 절에서는 기본필터 $A(\omega^2)$로부터 $H(s)$를 구하는 방법을 알아보기로 한다.

■ 1단계

먼저 ω^2을 $(-j\omega)(j\omega)$로 분해한 후에 $j\omega$를 s로 치환한다.

$$A(\omega^2) = A\{(-j\omega)(j\omega)\} = \frac{1}{1+\{(-j\omega)(j\omega)\}^n}$$

$$\therefore A(-s^2) = \frac{1}{1+(-s^2)^n}$$

■ 2단계

이렇게 하면 기본필터의 극점은 s 평면의 단위원 위에 균등한 간격으로 놓이게 된다. n이 짝수일 때의 극점의 위치는 다음과 같다.

$$1+s^{2n}=0, \quad \Rightarrow \quad s^{2n}=-1$$

$$\therefore s_k=e^{j\pi(2k+1)/2n}, \quad k=0,1,\cdots,2n-1$$

n이 홀수일 때의 극점의 위치는 다음과 같다.

$$1-s^{2n}=0, \quad \Rightarrow \quad s^{2n}=1$$

$$\therefore s_k=e^{j2\pi k/2n}, \quad k=0,1,\cdots,2n-1$$

따라서 극점은 s 평면의 좌측과 우측 평면에 대칭으로 놓이게 된다. 그 중에서 인과성을 만족시키기 위하여 좌측 평면에 놓인 극점들만을 뽑아서 $H(s)$로 정의한다.

$$A(-s^2)=\frac{1}{1+(-s^2)^n}=H(s)H(-s)$$

예제 8.3

Butterworth 기본필터 $A(\omega^2)$에서 $n=2$인 경우와 $n=3$인 경우에 $H(s)$를 구하시오.

풀이 (i) $n=2$인 경우,

$$A(-s^2)=\frac{1}{1+(-s^2)^n}=\frac{1}{1+s^4}=\frac{1}{s^4+2s^2+1-2s^2}$$
$$=\frac{1}{(s^2+1)^2-2s^2}=\frac{1}{(s^2+\sqrt{2}s+1)(s^2-\sqrt{2}s+1)}$$

위의 극점은 s 평면의 좌측과 우측 평면에 대칭으로 놓이게 된다. 그 중에서 인과성을 만족시키기 위하여 s 평면의 좌측 평면에 놓인 극점들만을 뽑아서 다음과 같이 $H(s)$를 구한다.

$$H(s)=\frac{1}{s^2+\sqrt{2}s+1}$$

(ii) $n=3$인 경우,

$$A(-s^2)=\frac{1}{1+(-s^2)^n}=\frac{1}{1-s^6}=\frac{1}{(1-s^2)(s^4+s^2+1)}$$
$$=\frac{1}{(1-s)(1+s)(s^2+s+1)(s^2-s+1)}$$

인과성을 만족시키기 위하여 s 평면의 좌측평면에 놓인 극점들만을 뽑아서 다음과 같이 $H(s)$를 구한다.

$$H(s)=\frac{1}{(s+1)(s^2+s+1)}$$

그림 8-22는 $n=2$와 $n=3$일 때의 기본필터의 모양이다.

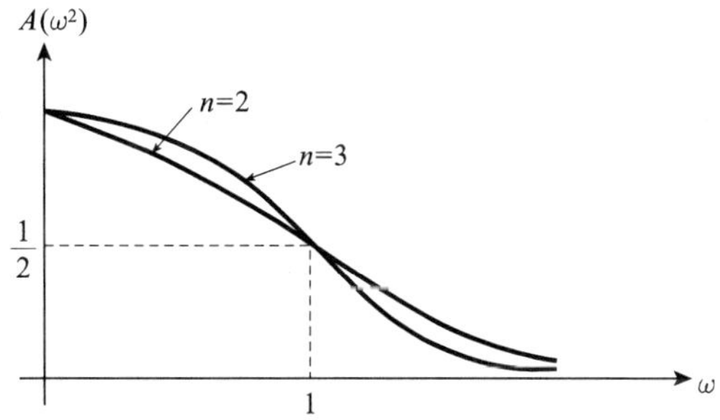

그림 8-22 Butterworth 필터의 $A(\omega^2)$. (a) $n=2$, (b) $n=3$

(3) DLPF 변환($H(s)$에서 DLPF $H(z)$의 변환)

앞 절에서 유도한 ALPF 필터 $H(s)$는 DHPF, DBPF, DBSF 등으로 변환될 수 있는 기본필터이다. 이 절에서는 $H(s)$에서 DLPF $H(z)$로 변환하는 방법을 알아보기로 한다. 이 변환은 그림 8-23과 같은 **미분기**(differentiator)에서 시작한다.

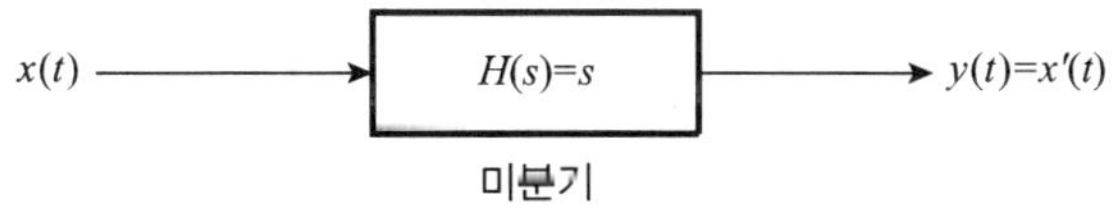

그림 8-23 미분기

위의 미분기 $H(s)=s$에 대한 미분방정식은 다음과 같이 디지털 영역의 차분방정식으로 변환될 수 있다.

$$\frac{y[n]+y[n-1]}{2}=\frac{x[nT]-x[(n-1)T]}{T}$$

$$\therefore\ y[n]+y[n-1]=\frac{2}{T}\{x[n]-x[n-1]\}$$

위의 차분방정식에서 전달함수를 구하면 다음과 같다.

$$Y(z)(1+z^{-1})=\frac{2}{T}X(z)(1-z^{-1})$$

$$\therefore\ H(z)=\frac{2}{T}\frac{z-1}{z+1}=c\frac{z-1}{z+1}$$

아날로그 전달함수와 디지털 전달함수를 비교해보면 s가 다음과 같이 z의 함수로 변환됨을 알 수 있다.

$$s=c\frac{z-1}{z+1}$$

$H(s)$로부터 위의 변환을 통해 디지털 필터의 전달함수 $H(z)$를 구할 수 있다. 이 변환을 **Bilinear 변환**(Bilinear transform)이라고 한다.

이제 아날로그 주파수 ω와 디지털 주파수 ω의 관계를 유도하기 위해서 위 식에 주파수를 대입하면 다음과 같다.

$$j\omega=c\frac{e^{j\omega}-1}{e^{j\omega}+1}=c\frac{e^{j\frac{\omega}{2}}(e^{j\frac{\omega}{2}}-e^{-j\frac{\omega}{2}})}{e^{j\frac{\omega}{2}}(e^{j\frac{\omega}{2}}+e^{-j\frac{\omega}{2}})}=c\frac{2j\sin\frac{\omega}{2}}{2\cos\frac{\omega}{2}}=jc\tan\frac{\omega}{2}$$

$$\therefore\ \omega=c\tan\frac{\omega}{2}$$

위의 식을 사용하여 기본필터 $A(\omega^2)$에서 디지털 주파수 응답 $H(e^{j\omega})$의 변환은 그림 8-24와 같다.

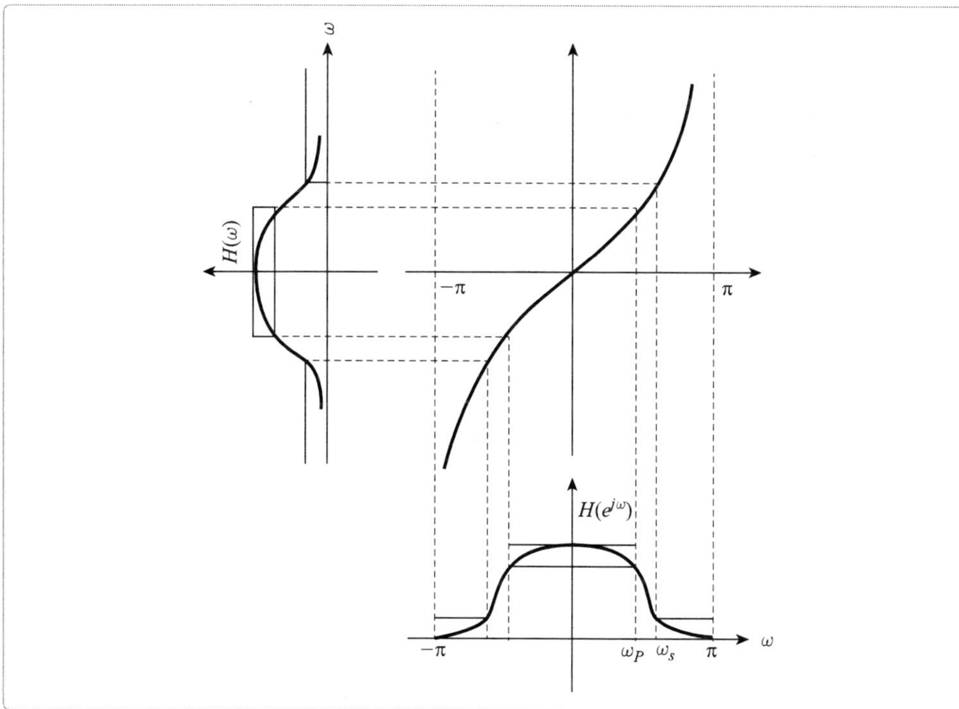

그림 8-24 $A(\omega^2)$에서 디지털 주파수 응답 $H(e^{j\omega})$의 변환

지금까지의 Butterworth 간접설계 방식을 정리하면 다음과 같다.

(1) 사양을 만족하는 기본필터 $A(\omega^2)$의 설계

(1-1) 디지털 통과대역 주파수 ω_p와 디지털 저지대역 주파수 ω_s에서

아날로그의 통과대역 주파수 ω_p와 아날로그 저지대역 주파수 ω_s를 구한다.

(1-2) 사양의 δ_p와 δ_s를 만족하는 최소의 n을 구한다.

(1-3) 디지털 전달함수의 c를 구한다.

(2) 인과성을 만족하는 아날로그 전달함수 $H(s)$의 설계

(3) DLPF의 전달함수 $H(z)$로 변환

예제 8.4

Butterworth 간접설계 방식을 사용하여 그림 8-25의 사양을 만족하는 DLPF를 설계하시오.

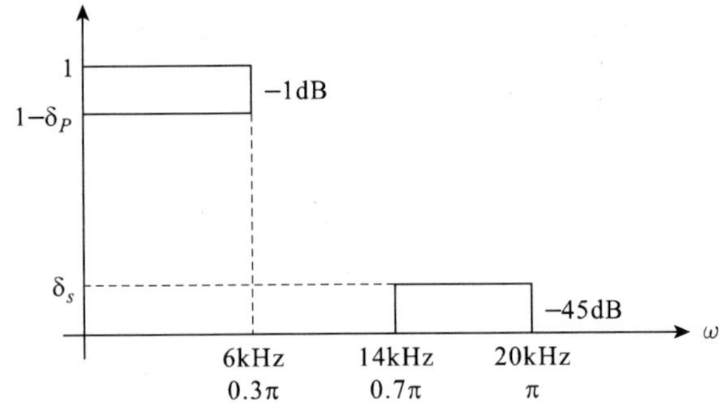

그림 8-25 예제의 사양

풀이 (1-1) 아날로그의 통과대역 주파수 ω_p와 아날로그 저지대역 주파수 ω_s

$$\omega_p = c\tan\frac{\omega_p}{2} \equiv c\tan\frac{0.3\pi}{2} = 0.51c$$

$$\omega_s = c\tan\frac{\omega_s}{2} = c\tan\frac{0.7\pi}{2} = 1.96c$$

(1-2) 사양의 δ_p와 δ_s를 만족하는 최소의 n을 구한다.

통과대역의 δ_p는 -1 dB보다 커야 하므로 다음의 식을 얻는다.

$$20\log\left(\frac{1}{1+\omega_p^{2n}}\right)^{\frac{1}{2}} \geq -1\,\text{dB}$$

위의 식을 정리하면 다음과 같다.

$$\log\left(\frac{1}{1+\omega_p^{2n}}\right) \geq -0.1, \quad \Rightarrow \left(\frac{1}{1+\omega_p^{2n}}\right) \geq 0.7943,$$

$$\Rightarrow \omega_p^{2n} \leqq 0.26$$

저지대역의 δ_s는 -45 dB보다 작아야 하므로 다음의 식을 얻는다.

$$20\log\left(\frac{1}{1+\omega_s^{2n}}\right)^{\frac{1}{2}} \leq -45\,\text{dB}$$

앞의 식을 정리하면 다음과 같다.

$$\log\left(\frac{1}{1+\omega_s^{2n}}\right) \leq -4.5, \quad \Rightarrow \left(\frac{1}{1+\omega_s^{2n}}\right) \leq 3.162 \times 10^{-5},$$

$$\Rightarrow \omega_s^{2n} \geqq 31624$$

다음과 같이 n을 구할 수 있다.

$$\begin{cases} \omega_p^{2n} \leq 0.26 \\ \\ \omega_s^{2n} \geq 31624 \end{cases} \Rightarrow \begin{cases} (0.51c)^{2n} \leq \ 0.26 \\ \\ (1.96c)^{2n} \geq 31624 \end{cases}$$

$$\Rightarrow \left(\frac{1.96}{0.51}\right)^{2n} \geq \frac{31624}{0.26} \quad \Rightarrow n \geq 4.35 \quad \therefore n = 5$$

(1-3) 디지털 전달함수의 c를 구한다.

$$\begin{cases} (0.51c)^{10} \leq 0.26 \\ \\ (1.96c)^{10} \geq 31624 \end{cases} \Rightarrow 1.438 \leq c \leq 1.714 \quad \Rightarrow c = 1.5$$

위의 식에서 보듯이 $c = 1.5$는 위의 구간에서 임의로 정한다. $n = 5$이므로 기본필터는 다음과 같다.

$$A(\omega^2) = \frac{1}{1+\omega^{10}}$$

(2) 인과성을 만족하는 아날로그 전달함수 $H(s)$의 설계

$$A(-s^2) = \frac{1}{1+(-s^2)^n} = \frac{1}{1-s^{10}}$$

위의 식에서 극점 10개는 s 평면의 단위원 위에 균등한 간격으로 그림 8-26과 같이 놓인다.

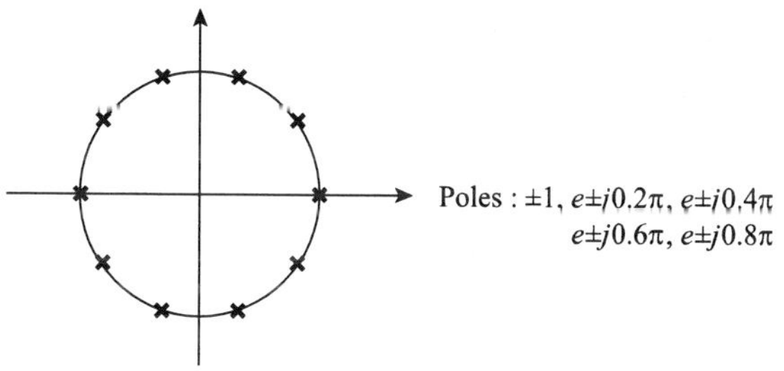

그림 8-26 예제의 극점들의 위치

10개의 극점 중에서 인과성을 만족시키기 위하여 s 평면의 좌측 평면에 놓인 극점들만을 뽑아서 다음과 같이 $H(s)$를 구한다.

$$(s-e^{j0.6\pi})(s-e^{-j0.6\pi}) = s^2+0.618s+1$$

$$(s-e^{j0.8\pi})(s-e^{-j0.8\pi}) = s^2+1.618s+1$$

$$\therefore H(s) = \frac{1}{(s+1)(s^2+0.618s+1)(s^2+1.618s+1)}$$

(3) DLPF의 전달함수 $H(z)$로 변환

s와 z의 관계식을 통하여 전달함수 $H(z)$를 구하면 다음과 같다.

$$H(z) = \left.\frac{1}{(s+1)(s^2+0.618s+1)(s^2+1.618s+1)}\right|_{s=1.5\frac{z-1}{z+1}}$$

(4) DHPF 변환($H(s)$에서 DHPF $H(z)$의 변환)

이 절에서는 $H(s)$에서 DHPF $H(z)$로 변환하는 방법을 알아보기로 한다. DLPF를 DHPF로 변환하려면 z 평면에서 극점들의 위치와 영점들의 위치를 허수축을 중심으로 대칭이동시키면 된다. 즉, 그림 8-27과 같이 $z=-z$의 변환을 적용하면 DHPF가 된다.

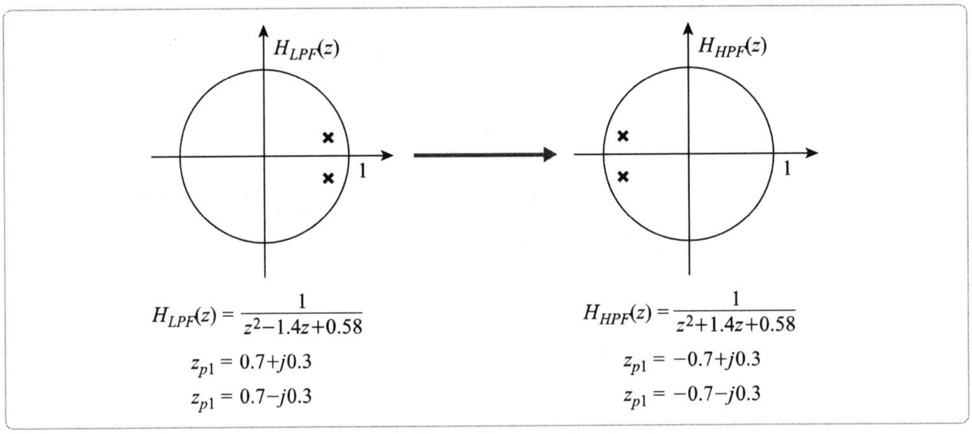

그림 8-27 극점의 대칭이동에 의한 DHPF

$z=-z$의 변환을 통하여 극점들의 위치가 원점을 중심으로 대칭이동되나 실수축을 중심으로 극점들이 대칭이므로 결과적으로 허수축을 중심으로 대칭이동된다고 하여도 된다. Bilinear 변환과 $z=-z$의 변환을 합하면 다음과 같다.

$$s = c\,\frac{z-1}{z+1}\bigg|_{z=-z} = c\,\frac{z+1}{z-1}$$

이 변환을 그림으로 나타내면 그림 8-28과 같다.

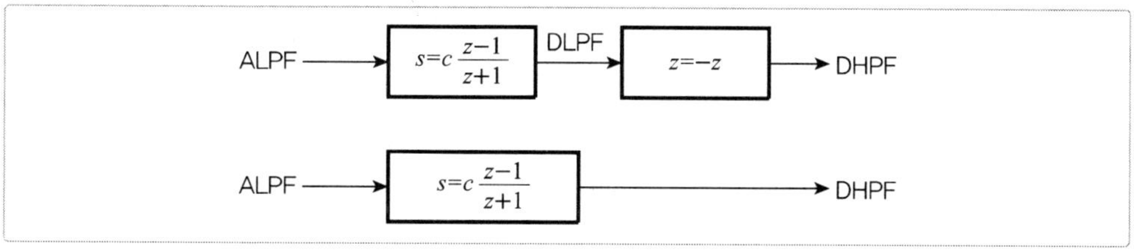

그림 8-28 ALPF에서 DHPF의 변환

아날로그 주파수 ω와 디지털 주파수 ω의 관계는 다음과 같다.

$$j\omega = c\,\frac{e^{j\omega}+1}{e^{j\omega}-1} = c\,\frac{e^{j\frac{\omega}{2}}\left(e^{j\frac{\omega}{2}}+e^{-j\frac{\omega}{2}}\right)}{e^{j\frac{\omega}{2}}\left(e^{j\frac{\omega}{2}}-e^{-j\frac{\omega}{2}}\right)} = c\,\frac{2\cos\frac{\omega}{2}}{2j\sin\frac{\omega}{2}} = -jc\cot\frac{\omega}{2}$$

$$\therefore\ \omega = -c\cot\frac{\omega}{2}$$

위의 식을 사용하여 기본필터 $A(\omega^2)$에서 디지털 주파수 응답 $H(e^{j\omega})$의 변환은 그림 8-29와 같다.

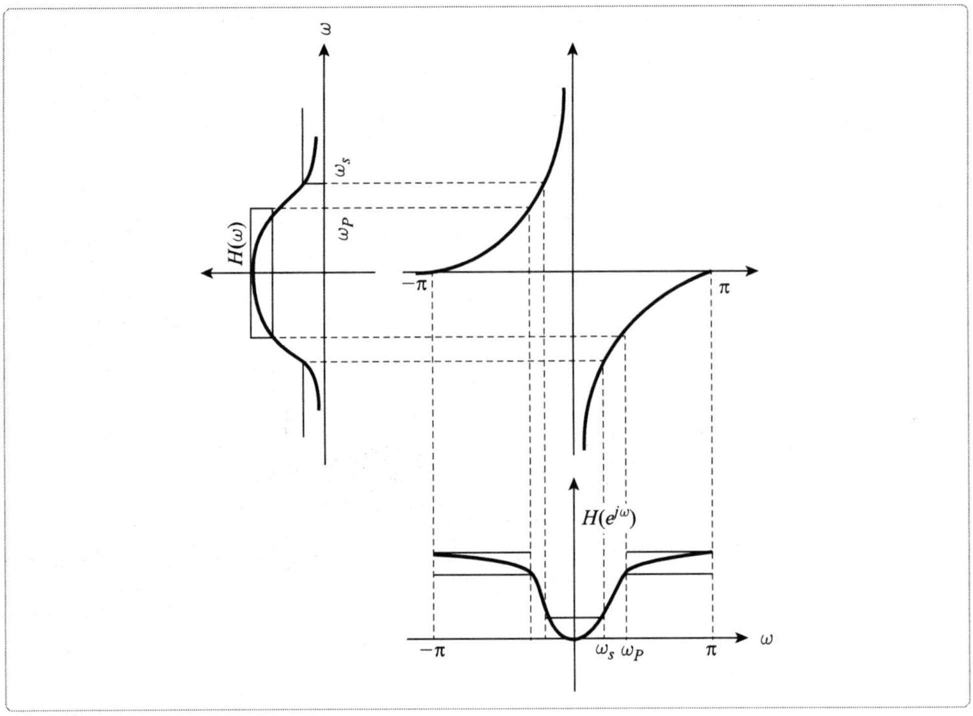

그림 8-29 $A(\omega^2)$에서 DHPF의 주파수 응답 $H(e^{j\omega})$의 변환

(5) DBPF 변환($H(s)$에서 DBPF $H(z)$의 변환)

이 절에서는 $H(s)$에서 DBPF $H(z)$로 변환하는 방법을 알아보기로 한다. DLPF를 DBPF로 변환하려면 $z=-z$의 DHPF 변환을 적용한 뒤에 다시 $z=z^2$의 변환을 적용하면 다음과 같은 DBPF가 된다.

$$s = c\frac{z-1}{z+1}\bigg|_{z=-z^2} = c\frac{z^2+1}{z^2-1}$$

이 변환을 그림으로 나타내면 그림 8-30과 같다.

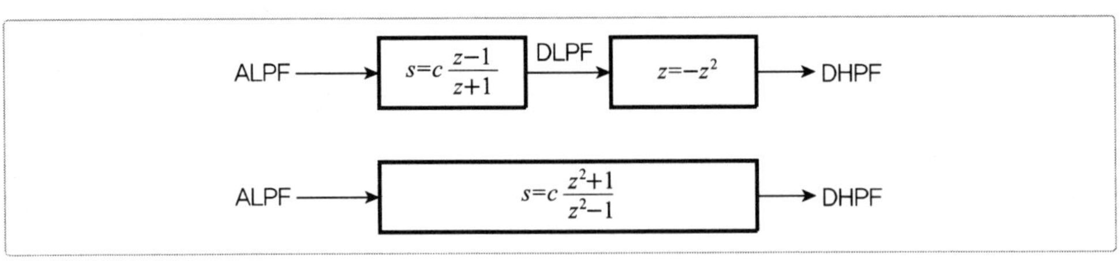

그림 8-30 ALPF에서 DHPF의 변환

$z=-z$의 변환과 $z=z^2$의 변환을 주파수 영역에서 보면 그림 8-31과 같다.

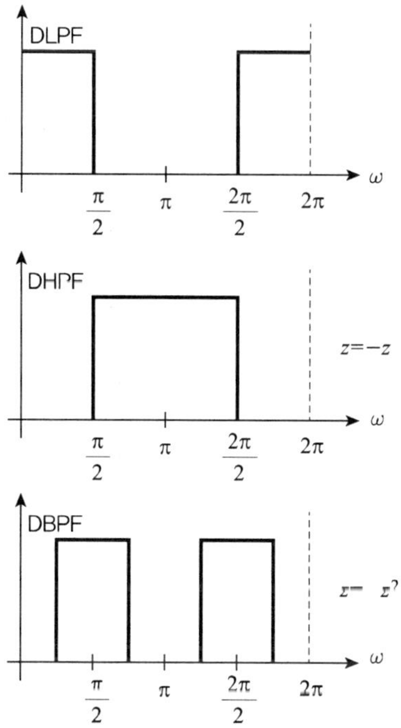

그림 8-31 DLPF와 DBPF의 스펙트럼 관계

아날로그 주파수 ω와 디지털 주파수 ω의 관계는 다음과 같다.

$$j\omega = c\frac{e^{j2\omega}+1}{e^{j2\omega}-1} = c\frac{e^{j\omega}(e^{j\omega}+e^{-j\omega})}{e^{j\omega}(e^{j\omega}-e^{-j\omega})} = c\frac{2\cos\omega}{2j\sin\omega} = -jc\cot\omega$$

$$\therefore \omega = -c\cot\omega$$

위의 식을 사용하여 기본필터 $A(\omega^2)$에서 디지털 주파수 응답 $H(e^{j\omega})$의 변환은 그림 8-32와 같다.

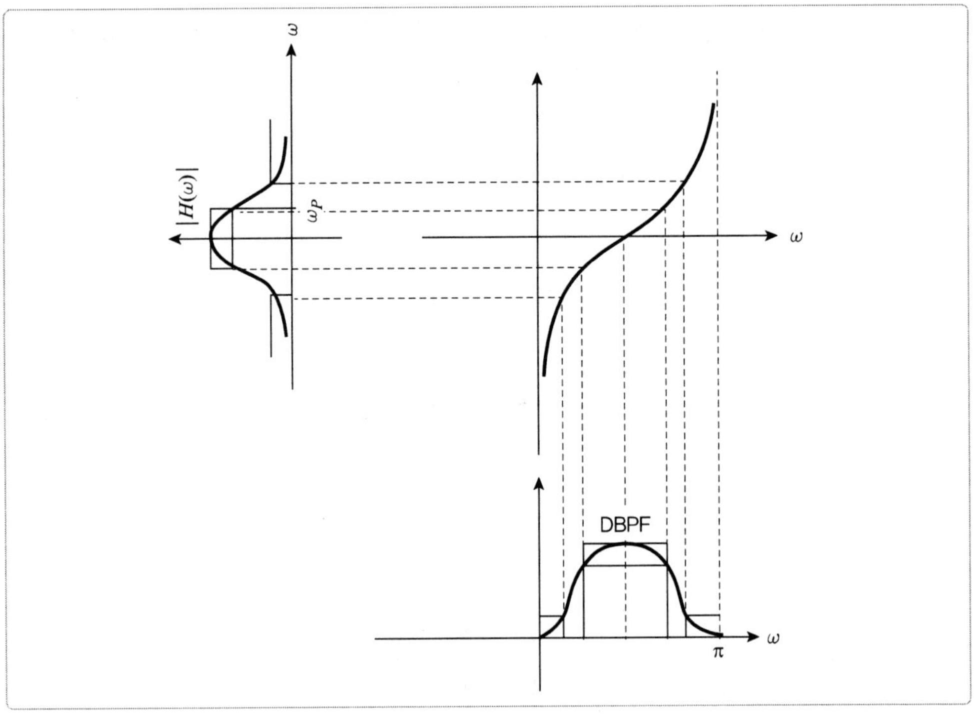

그림 8-32 $A(\omega^2)$에서 DBPF의 주파수 응답 $H(e^{j\omega})$의 변환

8.5.2 Chebyshev 간접설계 방식

Chebyshev 간접설계 방식도 기본필터 $A(\omega^2)$의 설계를 제외하면 Butterworth 간접설계 방식과 같다. 따라서 이 절에서는 기본필터의 유도과정만을 다루며, 그 후의 설계과정은 Butterworth 간접설계 방식 8.5.1절을 따르면 된다.

Chebyshev 필터의 기본필터는 다음과 같이 정의한다.

$$A(\omega^2) = \frac{1}{1+\epsilon^2\ C_n^2(\omega)}$$

이 Chebyshev 기본필터의 스펙트럼은 그림 8-33과 같다.

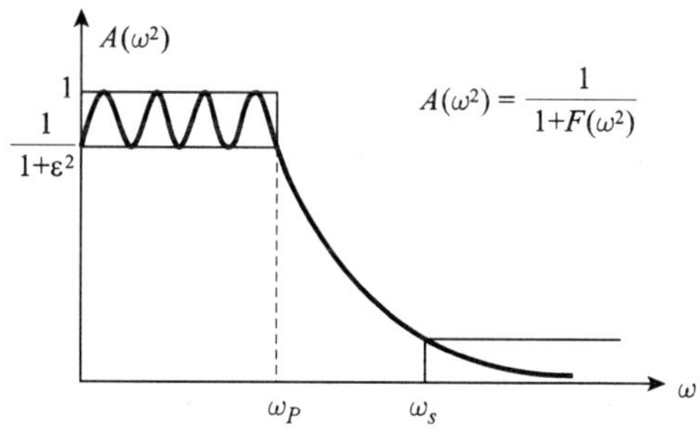

그림 8-33 Chebyshev 기본필터 $A(\omega^2)$

위의 기본필터에서 $C_n(\omega)$를 Chebyshev 다항식이라고 하며 다음과 같이 통과대역과 저지대역으로 나누어 정의한다.

$$C_n(\omega) = \begin{cases} \cos(n\cos^{-1}\omega), & |\omega| \leq 1 \\ \cosh(n\cosh^{-1}\omega), & |\omega| > 1 \end{cases}$$

여기에서 $\cosh(x) = \dfrac{e^x + e^{-x}}{2}$, $\cosh^{-1}(x) = \ln(x + \sqrt{x^2 - 1}$

통과대역의 Chebyshev 다항식은 다음과 같이 순차적으로 구할 수 있다.

$$\begin{aligned} C_0(\omega) &= \cos(0\cos^{-1}\omega) = 1 \\ C_1(\omega) &= \cos(1\cos^{-1}\omega) = \omega \\ C_2(\omega) &= \cos(2\cos^{-1}\omega) = 2\omega^2 - 1 \\ C_3(\omega) &= \cos(2\cos^{-1}\omega) = 4\omega^3 - 3\omega \\ &\vdots \\ C_n(\omega) &= \cos(n\cos^{-1}\omega) = 2\omega C_{n-1}(\omega) - C_{n-2}(\omega) \quad (n \geq 2) \end{aligned}$$

설계하고자 하는 사양을 만족시키는 Chebyshev 다항식의 최소 n을 찾음으로써 기본필터의 설계가 끝나며, 그 이후의 설계과정은 Butterworth 간접설계 방식과 같다.

Chebyshev 간접설계 방식의 설계단계를 요약하면 다음과 같다.

(1) 사양을 만족하는 기본필터 $A(\omega^2)$의 설계

(1-1) 아날로그의 통과대역 주파수 $\omega_p = 1$로부터 c와 아날로그 저지대역 주파수 ω_s를 구한다.

(1-2) 아날로그의 통과대역 주파수 $\omega_p = 1$에서의 통과대역 사양 δ_p로부터 ϵ^2를 구한다.

(1-3) 저지대역 사양 δ_s와 저지대역 Chebyshev 다항식으로부터 최소의 n을 구한다.

(2) 인과성을 만족하는 아날로그 전달함수 $H(s)$의 설계

(3) DLPF의 전달함수 $H(z)$로 변환

예제 8.5

Chebyshev 간접설계 방식을 사용하여 그림 8-34의 사양을 만족하는 DHPF를 설계하시오.

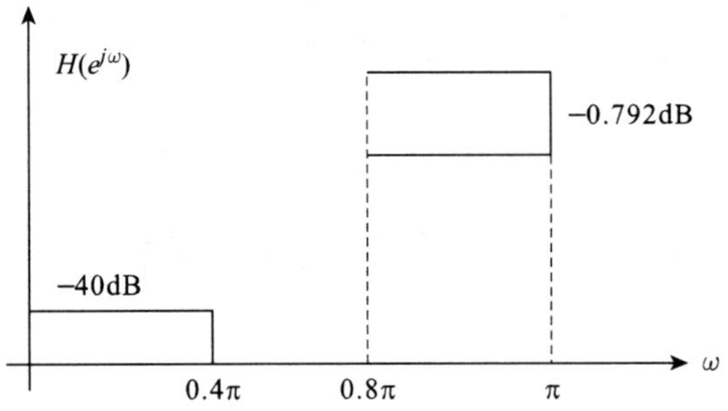

그림 8-34 예제의 사양

풀이 기본필터는 다음과 같이 나타낸다.

$$A(\omega^2) = \frac{1}{1+\epsilon^2\, C_n^2(\omega)}$$

여기에서 $C_n(\omega) = \begin{cases} \cos(n\cos^{-1}\omega), & |\omega| \leq 1 \\ \cosh(n\cosh^{-1}\omega), & |\omega| > 1 \end{cases}$

참고로 주파수 영역의 관계도는 그림 8-35와 같다.

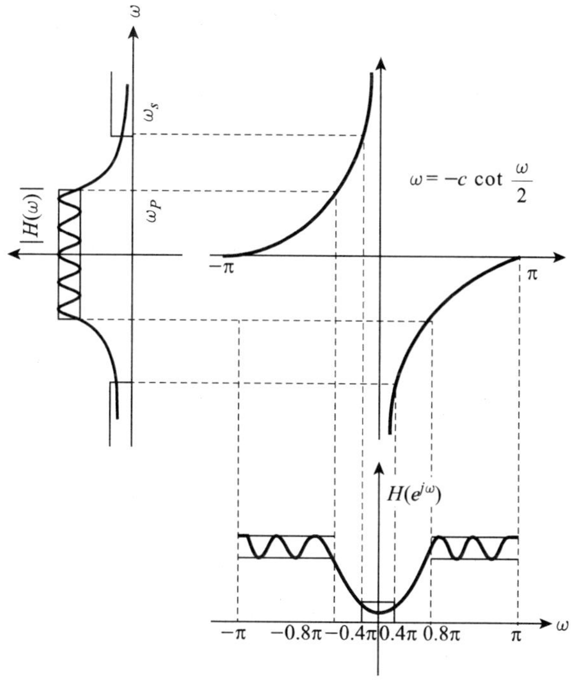

그림 8-35 예제의 주파수 영역 관계

(1-1) 아날로그의 통과대역 주파수 $\omega_p = 1$로부터 c와 아날로그 저지대역 주파수 ω_s를 구한다.

$$\omega_p = 1 = -c\cot\frac{\omega_p}{2} \equiv -c\cot\frac{-0.8\pi}{2} = c\cot(0.4\pi), \Rightarrow c = 3.078$$

$$\omega_s = -c\cot\frac{\omega_s}{2} = -c\cot\frac{-0.4\pi}{2} = 3.078\cot(0.2\pi) = 4.236$$

(1-2) 아날로그의 통과대역 주파수 $\omega_p = 1$에서의 통과대역 사양 δ_p로부터 ϵ^2를 구한다.

아날로그의 통과대역 주파수 $\omega_p = 1$에서의 통과대역 사양 δ_p는 -0.792 dB이므로 다음의 식을 얻는다.

$$20\log\left(\frac{1}{1+\epsilon^2}\right)^{\frac{1}{2}} = -0.792dB, \quad \Rightarrow \epsilon^2 = 0.2$$

(1-3) 저지대역 사양 δ_s와 저지대역 Chebyshev 다항식으로부터 최소의 n을 구한다.

$$20\log\left(\frac{1}{1+0.2C_n^2(\omega)}\right)^{\frac{1}{2}} \le -40dB, \quad \Rightarrow C_n^2(\omega) \ge 49995$$

저지대역 Chebyshev 다항식에서 다음과 같이 최소의 n을 구할 수 있다.

$$C_n(\omega) = \cosh(n\cosh^{-1}\omega_s) \ge \sqrt{49995},$$

$$\Rightarrow n \ge 2.875, \quad \Rightarrow n = 3$$

(2) 인과성을 만족하는 아날로그 전달함수 $H(s)$의 설계

6개의 극점 중에서 인과성을 만족시키기 위하여 s 평면의 좌측 평면에 놓인 극점들만을 뽑아서 다음과 같이 $H(s)$를 구한다.

$$H(s) = \frac{1}{(s+1)(s^2+0538s+0.7188)}$$

(3) DHPF의 전달함수 $H(z)$로 변환

s와 z의 관계식을 통하여 전달함수 $H(z)$를 구하면 다음과 같다.

$$H(z) = \left.\frac{1}{(s+1)(s^2+0.538s+0.7188)}\right|_{s=3.078\frac{z+1}{z-1}}$$

8.6 실무: MATLAB을 사용한 Butterworth 필터 설계

이 절에서는 MATLAB을 사용하여 Butterworth 필터를 설계해 보기로 한다. 필터를 설계하기 위해서는 필터의 사양을 먼저 알아야 한다. 여기에서 설계할 필터는 통신용 단말기 칩의 중간주파수 단에서 사용하는 저역통과필터이며 사양은 다음과 같다.

- 샘플링 주파수 : 19.6608 MHz
- 통과대역 주파수 : 630 Khz
- 통과대역 리플 : $\delta_p = -0.1\,\text{dB}$
- 저지대역 주파수 : 1.2288 MHz
- 저지대역 감쇠 : $\delta_s = -40\,\text{dB}$

필터를 설계하기 위하여 MATLAB에서 제공하는 Toolbox 중에서 FDA-Tool을 사용하

는 방법과 IIR 필터 설계를 위한 각 식을 M-file로 직접 코딩해서 설계하는 방법이 있다.

2가지 방법으로 설계하는 것을 모두 소개한다. 간접설계 방식에 따라 우선 아날로그 필터인 $H(s)$를 설계한다. $H(s)$를 스펙에 맞추어 Butterworth 간접설계 방식으로 설계하면 전달함수는 4차가 나온다.

8.6.1 FDA-Tool 사용

MATLAB에서 제공하는 Toolbox 중에서 FDA-Tool을 사용하면 간단하게 차분방정식의 계수 값들을 알아낼 수 있다. FDA-Tool을 실행시키는 명령어는 다음과 같고 Tool 화면은 그림 8-36과 같다.

```
>> fdatool
```

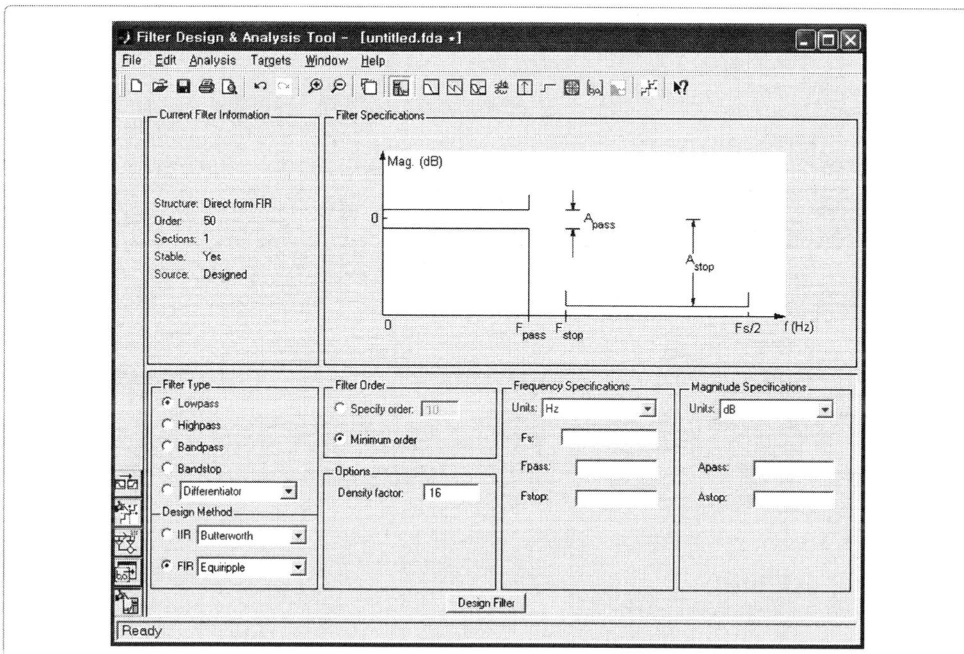

그림 8-36 FDA-Tool을 실행

우선 Filter Type을 선택하고 Lowpass로 선택하고 Design Method에서 IIR을 선택하고 설계방법을 Butterworth로 선택한다. 다음으로 Frequency Specification의 단위를

MHz로 선택하고 Sampling frequency, Passband frequency, Stopband frequency를 입력한다. 마지막으로 Magnitude Specification에서 Passband ripple, Stopband ripple을 입력하고 Design Filter를 클릭한다. 이와 같이 입력된 화면은 그림 8-37과 같다.

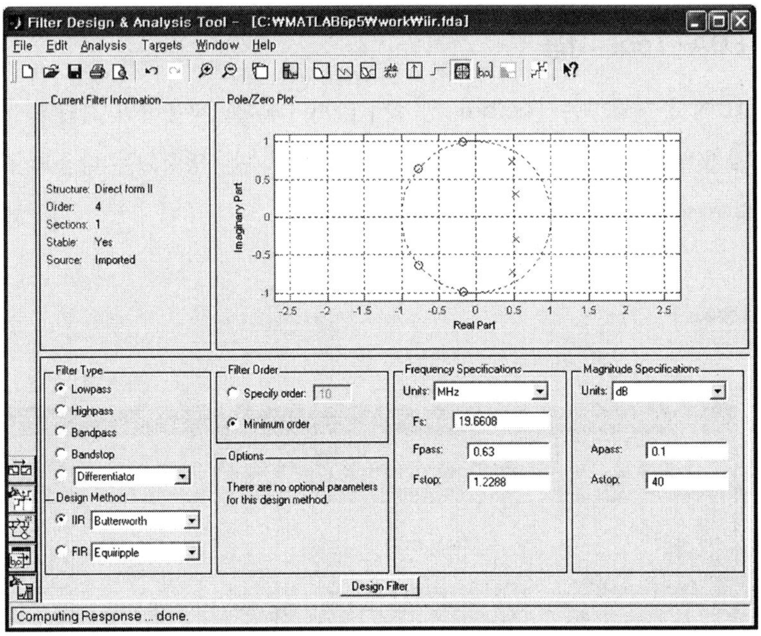

그림 8-37 FDA-Tool의 IIR필터 설계

8.6.2 M-file 사용

M-file로 직접 코딩해서 설계하는 방법으로 설계를 하면 우선 $H(s)$를 구하는 코드는 다음과 같다.

〈$H(s)$를 구하는 MATLAB 코드〉

```
>> Wp = 0.064*pi; Ws = 0.125*pi; Rp = 0.1; As = 40;
>> Ripple = 10 ^ (-Rp/20); Attn = 10 ^ (-As/20);
>> [b,a] = afd_butt(Wp,Ws,Rp,As);
>>[db,mag,pha,w] = freqs_m(b,a,0.5*pi);
```

여기서 사용되는 freqs_m, afd_butt 설계를 위해 코딩한 M-file로 afd_butt는 버터워스 간접설계 식에 따라 MATLAB에서 제공 buttap을 바탕으로 설계하는 M파일이고 freqs_m는 MATLAB에서 제공하는 freqs 바탕으로 진폭응답과 위상응답을 보기 위한 M 파일이다. 아날로그 필터의 진폭 응답과 위상 응답은 그림 8-38과 같다.

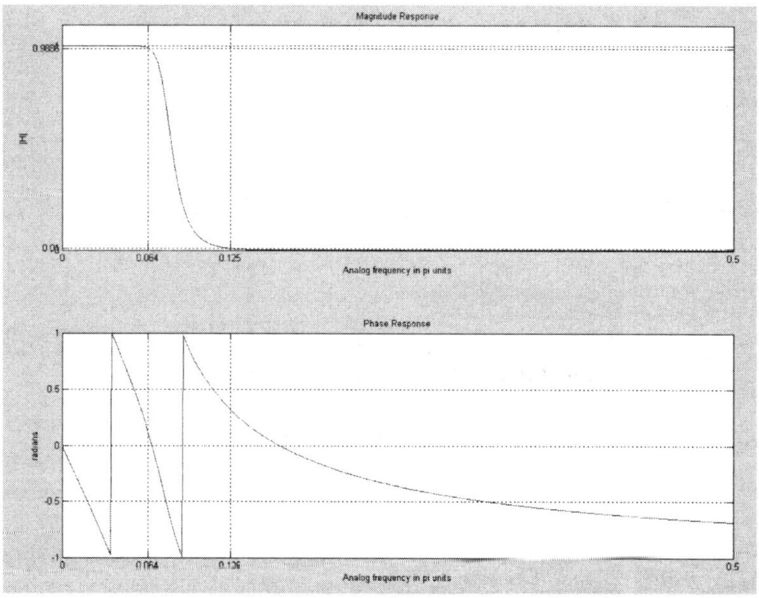

그림 8-38 $H(s)$의 Magnitude Response와 Phase Response

이렇게 구한 아날로그 필터를 갖고 디지털 필터로 변환하는 방법으로는 임펄스 응답의 모양을 유지하는 임펄스 불변 변환과 미분방정식 표현을 그에 맞는 차분방정식 표현으로 바꾸는 유한차분 근사 방법, 그리고 시스템 전달함수의 표현을 일치시키는 쌍일차 변환 방법이 있다. 이중에서 **쌍일차 변환**(bilinear transformation) 방법을 사용하여 디지털 필터로 변환해 보기로 한다.

〈$H(z)$를 구하는 쌍일차 변환 MATLAB 코드〉

```
>> wp = 0.064*pi;                    % digital Passband freq in Hz
>> ws = 0.125*pi;                    % digital Stopband freq in Hz
>> Rp = 1;                           % Passband ripple in dB
>> As = 40;                          % Stopband attenuation in dB
>> T = 1; Fs = 1/T;
```

```
>> OmegaP = (2/T)*tan(wp/2);          % Prewarp Prototype Passband freq
>> OmegaS = (2/T)*tan(ws/2);          % Prewarp Prototype Stopband freq
>> ep = sqrt(10^(Rp/10)-1);           % Passband Ripple parameter
>> Ripple = sqrt(1/(1+ep*ep));        % Passband Ripple
>> Attn = 1/(10^(As/20));             % Stopband Attenuation
% Analog Butterworth Prototype Filter Calculation:
[cs,ds] = afd_butt(OmegaP,OmegaS,Rp,As);
% Bilinear transformation:
[b,a] = bilinear(cs,ds,T);
```

여기서 사용되는 bilinear라는 M-file은 쌍일차 변환을 코딩한 M-file로 MATLAB에서 제공하는 M-file이다. 구한 전달함수 $H(z)$는 다음과 같이 4차 필터가 된다.

$$H(z)=\frac{0.028+0.053z^{-1}+0.071z^{-2}+0.053z^{-3}+0.028z^{-4}}{1+2.026z^{-1}-2.148z^{-2}+1.159z^{-3}-0.279z^{-4}}$$

최종으로 완성된 디지털 필터의 진폭 응답은 그림 8-39와 같다.

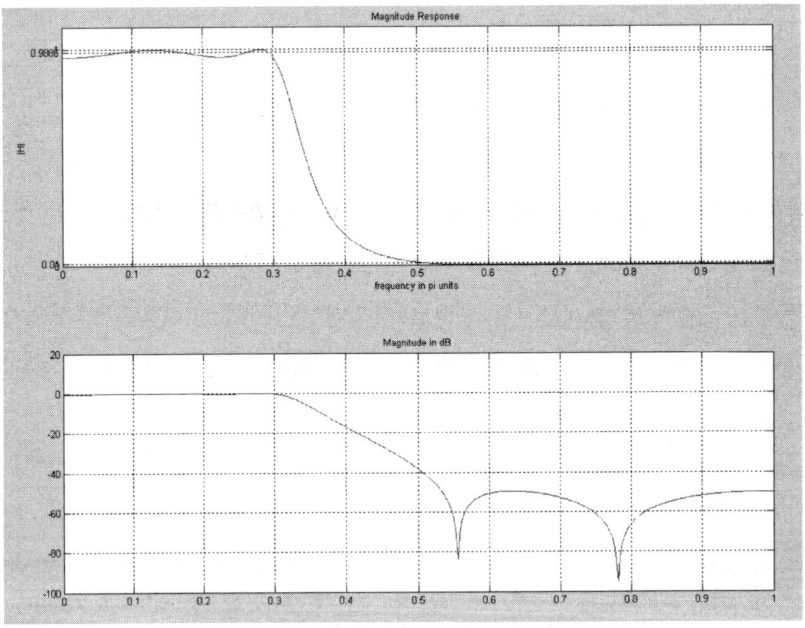

그림 8-39 $H(z)$의 Magnitude Response

설계된 IIR 필터를 하드웨어로 구현하기 위해서는 우선 필터의 구조를 선택하여야 한다. IIR 필터는 크게 직접형 구조, 직렬형 구조, 병렬형 구조 등의 3가지가 있다.

여기에서는 **직렬형 구조**(Cascade form)를 사용하기로 한다. 이미 구한 전달함수를 변형하여 2차 직접형 구조의 직렬연결로 구조가 만들어진다. 직렬형 구조로 변화하는 MATLAB 코드는 다음과 같다.

```
>> [C,B,A] = sdir2cas(b,a)
```

이렇게 만든 $H(z)$를 직렬형으로 나타내면 다음 식과 같다.

$$H(z) = 0.028 \cdot \frac{1 + 1.5464z^{-1} + z^{-2}}{1 - 0.9614z^{-1} + 0.7549z^{-2}} \cdot \frac{1 + 0.3464z^{-1} + z^{-2}}{1 - 1.0646z^{-1} + 0.3696z^{-2}}$$

이 식을 나타내는 구조는 그림 8-40과 같다.

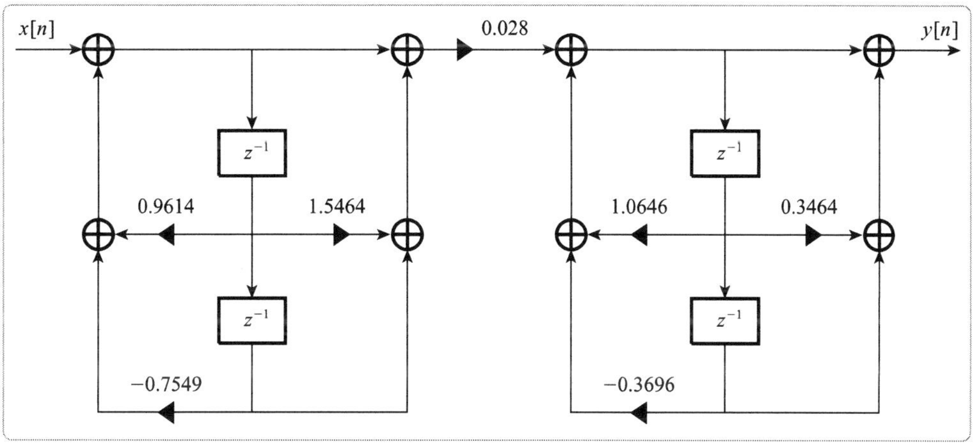

그림 8-40 Cascade Form 구조

이와 같이 설계된 필터를 사용하여 입/출력신호를 살펴봄으로써 저역통과 필터링을 확인할 수 있다. 이 예제에서는 입력신호로 cosine의 샘플 값을 사용하였다. 즉, π에 해당하는 9.8304 MHz의 고역신호와 $\pi/20$에 해당하는 0.49152 MHz의 저역신호를 합성하여 입력신호로 사용하였다. 사용된 120개의 입력신호는 그림 8-41과 같다. 이는 정확히 Low frequency만이 필터링되서 나오는지를 알아보기 위함이다. 그림 8-41에서는 만들어진 120개의 입력 샘플의 실제 값과 파형의 모양을 보여준다.

x0=1	x1=-0.0061558	x2=0.97553	x3=-0.0545	x4=0.90451	x5=-0.14645	x6=0.79389	x7=-0.273	x8=0.65451	x9=-0.42178
x10=0.5	x11=-0.57822	x12=0.34549	x13=-0.727	x14=0.20611	x15=-0.85355	x16=0.095492	x17=-0.9455	x18=0.024472	x19=-0.99384
x20=0	x21=-0.99384	x22=0.024472	x23=-0.9455	x24=0.095492	x25=-0.85355	x26=0.20611	x27=-0.727	x28=0.34549	x29=-0.57822
x30=0.5	x31=-0.42178	x32=0.65451	x33=-0.273	x34=0.79389	x35=-0.14645	x36=0.90451	x37=-0.0545	x38=0.97553	x39=-0.0061558
x40=1	x41=-0.0061558	x42=0.97553	x43=-0.0545	x44=0.90451	x45=-0.14645	x46=0.79389	x47=-0.273	x48=0.65451	x49=-0.42178
x50=0.5	x51=-0.57822	x52=0.34549	x53=-0.727	x54=0.20611	x55=-0.85355	x56=0.095492	x57=-0.9455	x58=0.024472	x59=-0.99384
x60=0	x61=-0.99384	x62=0.024472	x63=-0.9455	x64=0.095492	x65=-0.85355	x66=0.20611	x67=-0.727	x68=0.34549	x69=-0.57822
x70=0.5	x71=-0.42178	x72=0.65451	x73=-0.273	x74=0.79389	x75=-0.14645	x76=0.90451	x77=-0.0545	x78=0.97553	x79=-0.0061558
x80=1	x81=-0.0061558	x82=0.97553	x83=-0.0545	x84=0.90451	x85=-0.14645	x86=0.79389	x87=-0.273	x88=0.65451	x89=-0.42178
x90=0.5	x91=-0.57822	x92=0.34549	x93=-0.727	x94=0.20611	x95=-0.85355	x96=0.095492	x97=-0.9455	x98=0.024472	x99=-0.99384
x100=0	x101=-0.99384	x102=0.024472	x103=-0.9455	x104=0.095492	x105=-0.85355	x106=0.20611	x107=-0.727	x108=0.34549	x109=-0.57822
x110=0.5	x111=-0.42178	x112=0.65451	x113=-0.273	x114=0.79389	x115=-0.14645	x116=0.90451	x117=-0.0545	x118=0.97553	x119=-0.0061558

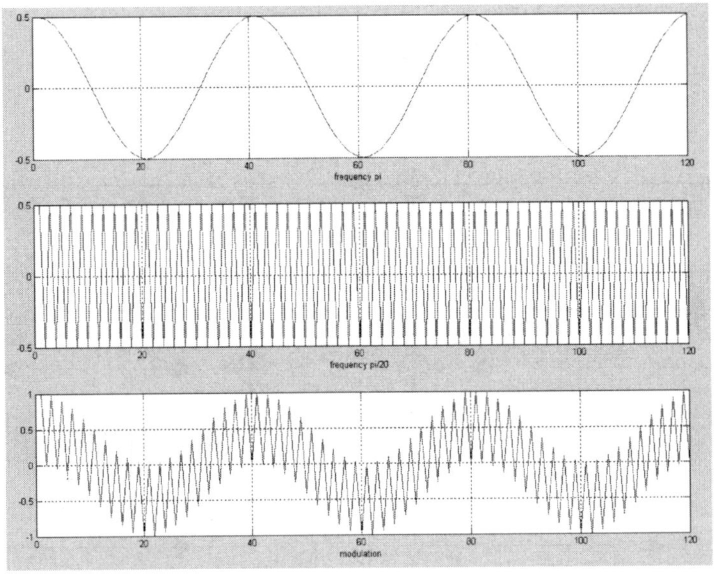

그림 8-41 입력신호

이와 같은 입력신호로 MATLAB을 사용하여 필터의 출력을 구해 보도록 한다. 다음은 필터 출력을 위해 사용한 MATLAB 코드의 일부이다.

```
>> xn = [0.028  0.053 0.071  0.053 0.028];
>> yn = [1.000 -2.026 2.148 -1.159 0.279];
>> n= [0:1:119];
>> x = 0.5 * cos(n*pi);
```

```
>> n1 = [0:0.05:119];
>> x20=0.5 * cos(n*pi/20);
>> xinput= x20+x;
>> y=filter(xn,yn,xinput);
```

MATLAB을 사용하여 얻은 출력신호의 결과는 그림 8-42와 같다.

y0=0.028	y1=0.10956	y2=0.2598	y3=0.42623	y4=0.54402	y5=0.54869	y6=0.46772	y7=0.35106	y8=0.26853	y9=0.22043
y10=0.19206	y11=0.13631	y12=0.05468	y13=-0.04932	y14=-0.13785	y15=-0.21048	y16=-0.25953	y17=-0.31115	y18=-0.36053	y19=-0.41664
y20=-0.4563	y21= 0.48412	y22=-0.48697	y23=-0.4829	y24=-0.46449	y25=-0.44563	y26=-0.41104	y27=-0.37063	y28=-0.31165	y29=-0.24983
y30=-0.17649	y31=-0.10713	y32=-0.030057	y33=0.041787	y34=0.12017	y35=0.19023	y36=0.26189	y37=0.32004	y38=0.37592	y39=0.41613
y40=0.45283	y41=0.47256	y42=0.48711	y43=0.48313	y44=0.47324	y45=0.44523	y46=0.41268	y47=0.36388	y48=0.31255	y49=0.24717
y50=0.18188	51y=0.1057	y52=0.033239	y53=-0.046271	y54=-0.11826	y55=-0.19363	y56=-0.25798	y57=-0.32234	y58=-0.37246	y59=-0.41969
y60=-0.45025	y61=-0.47601	y62=-0.48376	y63=-0.48593	y64=-0.46983	y65=-0.44847	y66=-0.40975	y67=-0.36723	y68=-0.30936	y69=-0.2502
y70=-0.17857	y71=-0.10886	y72=-0.030143	y73=0.043003	y74=0.12141	y75=0.1905	y76=0.26122	y77=0.31919	y78=0.37561	y79=0.41647
y80=0.4534	y81=0.47284	y82=0.48696	y83=0.48277	y84=0.473	y85=0.44528	y86=0.41291	y87=0.36405	y88=0.31255	y89=0.24703
y90=0.18175	y91=0.10567	y92=0.033313	y93=-0.046182	y94=-0.11823	y95=-0.19367	y96=-0.25804	y97=-0.32236	y98=-0.37244	y99=-0.41965
y100=-0.45022	y101=-0.47602	y102=-0.48378	y103=-0.48595	y104=-0.46983	y105=-0.44846	y106=-0.40973	y107=-0.36723	y108=-0.30937	y109=-0.25021
y110=-0.17857	y111=-0.10885	y112=-0.030137	y113=0.043006	y114=0.1214	y115=0.1905	y116=0.26121	y117=0.31919	y118=0.37561	y119=0.41648
y120=0.4254	y121=0.36329	y122=0.22715	y123=0.056539	y124=-0.071014	y125=-0.10341	y126=-0.05481	y127=0.012992	y128=0.044018	y129=0.0266

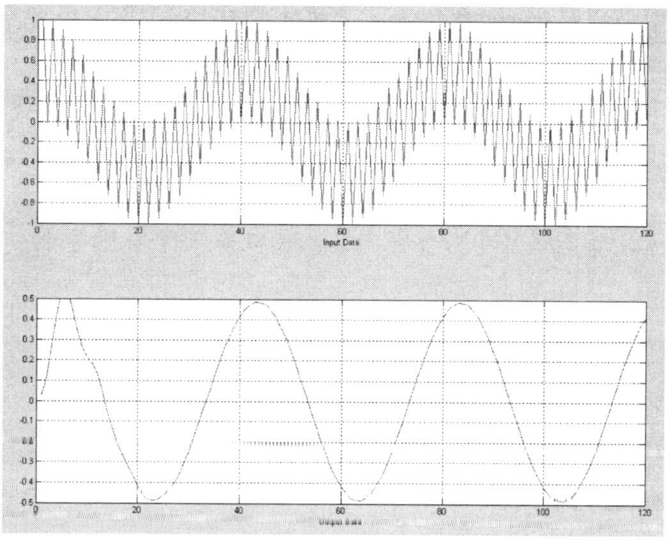

그림 8-42 출력파형

그림 8-42에서 보듯이 저역신호만 통과됨을 알 수 있다.

연습문제

1. 어떤 FIR 필터의 임펄스 응답 $h[n]$이 다음과 같다. 이 필터의 위상 응답이 선형 위상임을 증명하시오.

$$h[n] = \{\underset{\uparrow}{0.3},\ 0.5, 1,\ 0.5,\ 0.3\}$$

2. Butterworth 기본필터는 다음과 같다.

$$A(\omega^2) = \frac{1}{1+\omega^{2n}}$$

(a) 위의 식으로부터 $A(-s^2)$를 구하시오.

(b) 어떤 저역통과 필터의 사양을 만족하는 최소의 n을 구한 결과, $n=2$를 얻었다. 위의 $A(-s^2)$로부터 $H(s)$를 구하시오.

(c) $c=1$인 Bilinear 변환을 사용하여 $H(z)$를 구하시오.

3. Butterworth 간접설계 방식을 사용하여 다음 사양을 만족하는 DLPF를 설계하시오.

- 통과대역 주파수: $\omega_p = 0.3\pi$
- 통과대역 리플: $\delta_p = -1\,\text{dB}$
- 저지대역 주파수: $\omega_s = 0.7\pi$
- 저지대역 감쇠: $\delta_s = -20\,\text{dB}$

CHAPTER 09

Multirate 신호처리

9.1 데시메이션 회로
9.2 인터폴레이션 회로
9.3 Multirate 소자의 연결
9.4 QMF 필터뱅크
9.5 유리수 샘플링 주기 변환
9.6 CIC 데시메이션 필터

시스템에서 디지털 신호의 샘플링 주파수를 바꿔야 할 경우가 발생한다. 이와 같이 여러 가지 샘플링 주파수가 사용되는 시스템을 multirate 신호처리 시스템이라고 한다.

첫 번째 예로 **샘플링 주기 변환**(sampling rate conversion)을 들 수가 있다. 48 kHz의 나이퀴스트 샘플링 주파수로 샘플링된 디지털 신호의 경우에, 원래의 아날로그 신호는 24 kHz의 최대 주파수를 갖고 있다고 가정하고 샘플링한 것이다. 그러나 실제로 원래의 아날로그 신호의 최대 주파수가 4 kHz였다면 나이퀴스트 샘플링 주파수는 8 kHz를 사용하면 된다. 이 경우에, 이미 48 kHz로 샘플링된 신호를 8 kHz로 샘플링된 신호로 데시메이션할 필요가 생긴다.

또한 정수배가 아니라 유리수(rational factor)의 배수로 샘플링 주기를 변환시킬 필요도 발생한다. 따라서 데시메이션 회로와 인터폴레이션 회로를 주파수 영역에서 해석해야 한다.

Multirate 신호처리가 사용되는 또 다른 신호처리 분야는 **Subband 코딩** 분야이다. 신호를 Subband로 분할하면 코딩의 효율이 높아지므로, 양자화를 통하여 신호의 압축이 가능하다. Subband 코딩은 통신 시스템과 오디오신호의 압축 신호처리 알고리즘에 널리 사용된다.

9.1 데시메이션 회로

샘플링 주파수를 낮추기 위해서는 **데시메이션 필터**(decimation filter)와 **데시메이터**(decimator)로 구성되는 데시메이션 회로가 사용된다. 먼저 데시메이터를 알아본다.

9.1.1 데시메이터

데시메이터는 다음 그림 9-1과 같이 원 안에 아래로 향하는 화살표와 데시메이션 인수의 숫자로 나타낸다.

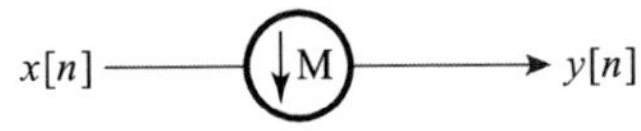

그림 9-1 데시메이터의 블록도

데시메이터의 시간 영역의 동작은 매우 간단하다. 그러나 다음 그림 9-2와 같이 두 단계의 동작으로 나누어 나타내어야 스펙트럼 분석이 용이하다.

위의 그림에서 보듯이 $x[n]$에서 $x'[n]$의 신호로 변환하고 다시 $y[n]$의 신호로 변환하는 2단계의 동작으로 나타내는 것은 주파수 영역에서 $x[n]$과 $y[n]$의 관계를 직접 유도하기 힘들기 때문이다.

주파수 영역에서의 관계를 정확히 분석하지 않고 데시메이션을 수행하면 에일리어싱이 발생할 수 있으므로 주파수 영역의 해석이 매우 중요하다. 따라서 $x'[n]$과 $y[n]$의 주파수 영역의 관계식을 유도해 보기로 한다.

(1) $x'[n]$과 $x[n]$의 스펙트럼 관계식

$x'[n]$과 $x[n]$의 관계식은 다음과 같다.

$$x'[n] = \begin{cases} x[n], & n = 0, \pm M, \pm 2M, \cdots \\ 0, & \text{otherwise} \end{cases}$$

위의 식에서 $x'[n]$은 다음과 같이 주기 임펄스 신호와 $x[n]$의 곱으로 나타낼 수 있다.

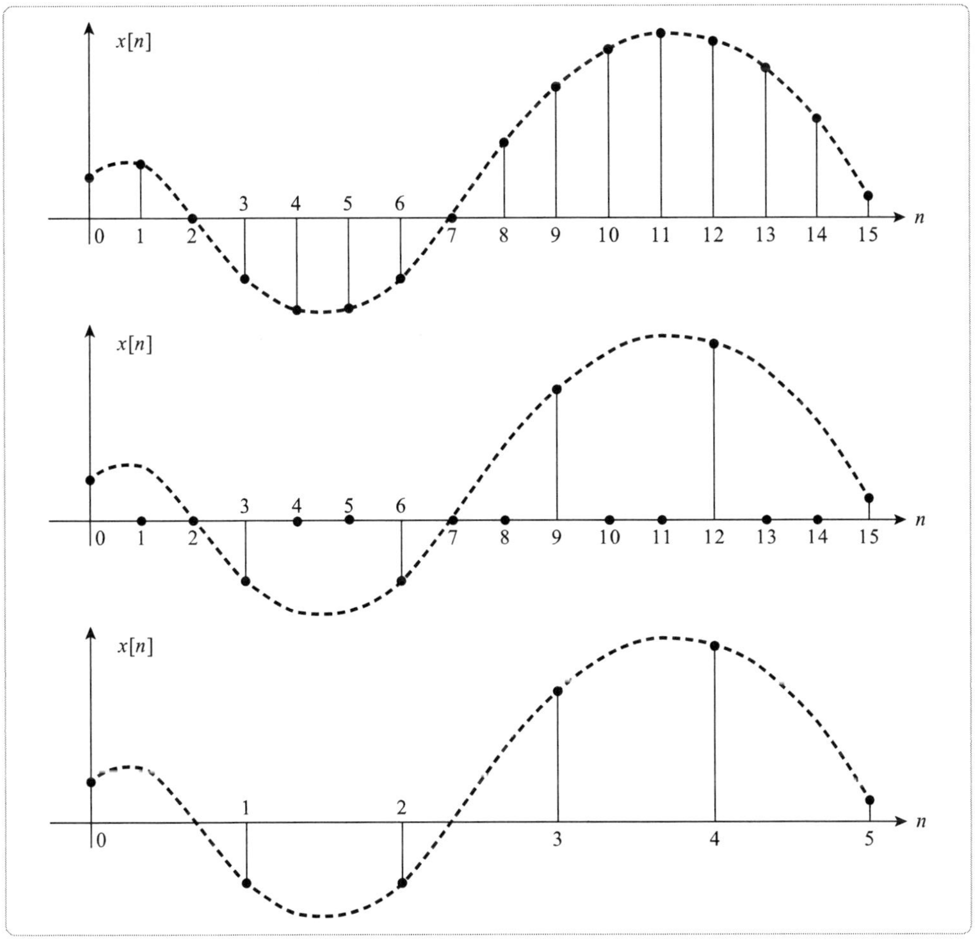

그림 9-2 데시메이터의 스펙트럼 분석을 위한 두 단계 동작

$$x'[n] = x[n] \sum_{r=-\infty}^{\infty} \delta[n + rM] = x[n]\tilde{\delta}[n]$$

위의 식은 아날로그 신호에서 디지털 신호를 모델링할 때, 임펄스 트레인을 곱한 것과 같은 의미이다. 주기 임펄스 신호는 그림 9-3과 같다.

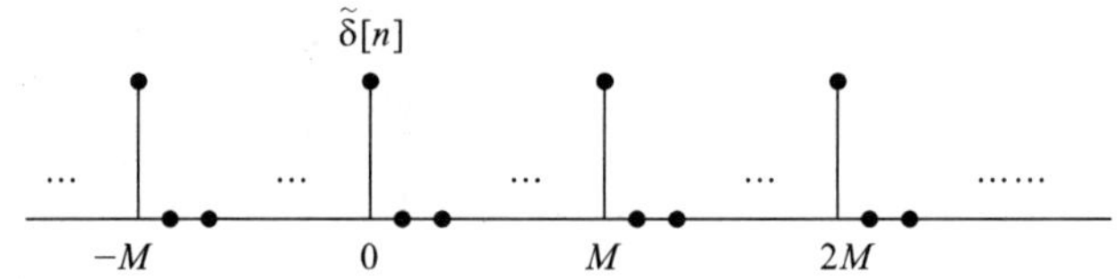

그림 9-3 주기 임펄스 신호

주기 임펄스 신호는 디지털 주기신호이므로 스펙트럼을 DFS로 나타낼 수 있다. 참고로 DFS의 정의는 다음과 같다.

$$\tilde{x}[n] \xleftrightarrow{\text{DFS}} \tilde{X}(k)$$

$$\tilde{x}[n] = \frac{1}{N}\sum_{k=0}^{N-1} \tilde{X}(k)\, W^{-kn}, \quad \tilde{X}(k) = \sum_{n=0}^{N-1} \tilde{x}[n]\, W^{kn}$$

주기 임펄스 신호의 DFS 계수를 $\tilde{D}(k)$로 정의하여, 주기 임펄스 신호를 DFS로 나타내면 다음 식과 같다.

$$\tilde{\delta}[n] = \frac{1}{M}\sum_{k=0}^{M-1} \tilde{D}(k) e^{j\frac{2\pi}{M}kn}$$

DFS의 관계식을 이용하여 주기 임펄스 신호의 DFS 계수를 다음과 같이 쉽게 구할 수 있다.

$$\tilde{D}(k) = \sum_{n=0}^{M-1} \tilde{\delta}[n] e^{-j\frac{2\pi}{M}kn} = 1$$

이와 같이 주기 임펄스 신호의 DFS 계수는 항상 1이라는 것을 이용하여 주기 임펄스 신호는 다음과 같은 간단한 DFS로 나타낼 수 있다.

$$\tilde{\delta}[n] = \frac{1}{M}\sum_{k=0}^{M-1} e^{j\frac{2\pi}{M}kn}$$

이 주기 임펄스 신호의 식을 $x'[n]$의 식에 대입하면 다음과 같다.

$$x'[n] = x[n]\frac{1}{M}\sum_{k=0}^{M-1} e^{j\frac{2\pi}{M}kn} = \frac{1}{M}\sum_{k=0}^{M-1} x[n] e^{j\frac{2\pi}{M}kn}$$

이와 같이 $x[n]$과 지수신호의 곱으로 나타낼 수 있으므로 5.4.4절의 지수신호의 곱 성질을 이용하여 z 변환할 수 있다. 참고로 지수신호의 곱 성질은 다음과 같다.

$$a^n x[n] \leftrightarrow X\left(\frac{z}{a}\right)$$

이를 이용하여 한 개의 항을 z 변환하면 다음과 같다.

$$x[n]e^{j\frac{2\pi}{M}kn} \leftrightarrow X(ze^{-j\frac{2\pi}{M}k})$$

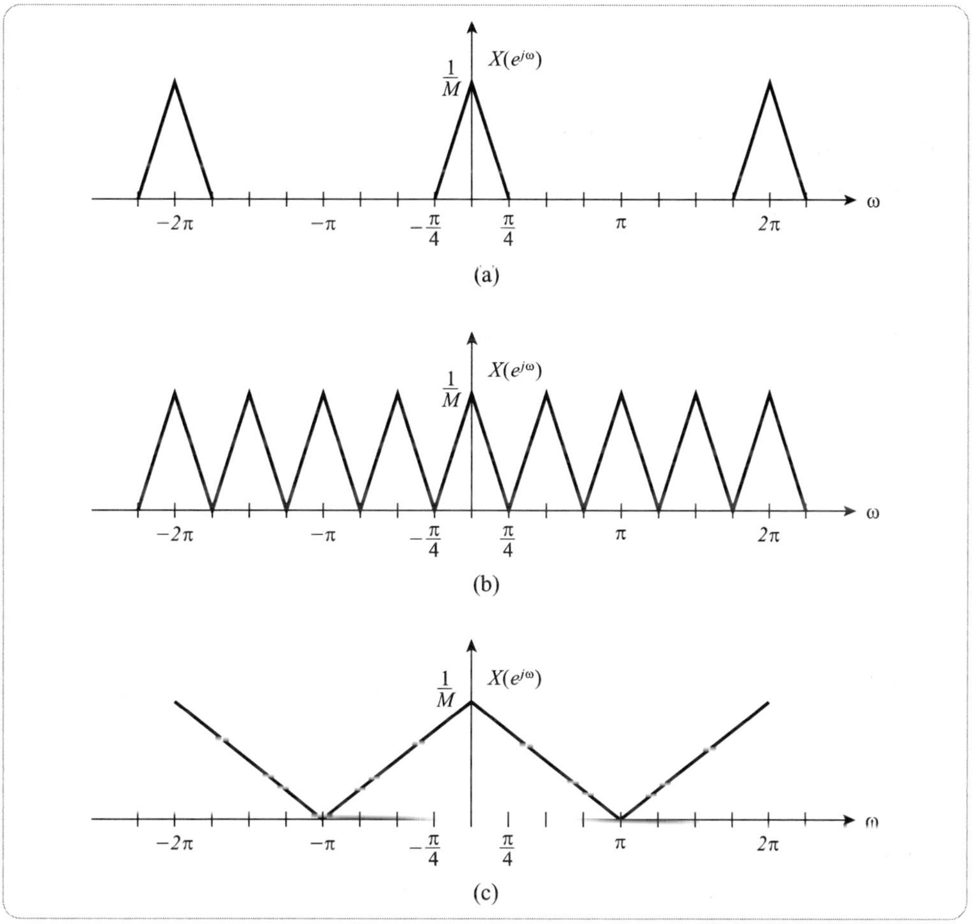

그림 9-4 $M=4$인 데시메이션(최대 주파수$=\pi/4$). (a) 원 스펙트럼, (b) $x'[n]$의 스펙드럼, (c) $y[n]$의 스펙트럼

이제 비로소 $x'[n]$의 z 변환을 할 준비가 다 끝났으므로 z 변환을 해보자.

$$x'[n] = \frac{1}{M}\sum_{k=0}^{M-1} x[n]e^{j\frac{2\pi}{M}kn} \leftrightarrow X'(z) = \frac{1}{M}\sum_{k=0}^{M-1} X\left(ze^{-j\frac{2\pi}{M}k}\right)$$

$x'[n]$의 스펙트럼을 구하면 다음과 같다.

$$X'(e^{j\omega}) = \frac{1}{M}\sum_{k=0}^{M-1} X\left(e^{j\left(\omega - \frac{2\pi}{M}k\right)}\right)$$

위의 스펙트럼 식의 해석을 정확히 해보자. $x'[n]$은 원래의 $x[n]$의 신호를 M의 배수를 제외하고 모두 0으로 만든 신호이다. 이렇게 하면 $x'[n]$의 스펙트럼은 그림 9-4(b)와 같이 원래의 스펙트럼의 M개의 쉬프트된 반복이 나타남을 의미한다. 즉, 2π의 스펙트럼 주기 내에 M개의 스펙트럼이 나타나게 된다(크기는 M분의 1로 작아진다).

(2) $x'[n]$과 $y[n]$의 스펙트럼 관계식

$x'[n]$과 $y[n]$의 시간 영역에서의 관계식은 다음과 같다.

$$y[n] = x'[Mn]$$

위의 식에서 $Y(z)$를 구하면 다음과 같다.

$$\begin{aligned} Y(z) &= \sum_{n=-\infty}^{\infty} y[n]z^{-n} = \sum_{n=-\infty}^{\infty} x'[Mn]z^{-n} \\ &= \sum_{k=-\infty}^{\infty} x'[k]z^{-\frac{k}{M}} \quad \leftarrow Mn = k\text{로 치환} \\ &= \sum_{k=-\infty}^{\infty} x'[k](z^{\frac{1}{M}})^{-k} = X'(z^{\frac{1}{M}}) \end{aligned}$$

위의 z 변환으로부터 $y[n]$과 $x'[n]$의 스펙트럼의 관계식을 구하면 다음과 같다.

$$Y(e^{j\omega}) = X'(e^{j\frac{\omega}{M}})$$

$y[n]$은 원래의 $x'[n]$의 신호의 0들을 모두 뽑아 버리고 M의 배수의 신호들로 만든 신호이다. 따라서 신호 전체의 길이가 kM개였다면 k개로 신호의 길이가 적어진다. 이렇게 하면 $y[n]$의 스펙트럼은 그림 9-4(c)와 같이 원래의 스펙트럼의 주파수 축을 M배로 늘인 효과가 나타남을 의미한다.

이와 같이 데시메이터의 동작은 두 단계로 나누어 해석하는 것이 편리하다. 지금까지 유도한 두 단계의 동작을 합하여 하나의 식으로 나타내면 다음과 같다.

$$Y(z) = X'(z^{\frac{1}{M}}) = \frac{1}{M}\sum_{k=0}^{M-1} X\left(z^{\frac{1}{M}} e^{-j\frac{2\pi}{M}k}\right)$$

$$Y(e^{j\omega}) = X'(e^{j\frac{\omega}{M}}) = \frac{1}{M}\sum_{k=0}^{M-1} X\left(e^{j\left(\frac{\omega}{M}-\frac{2\pi}{M}k\right)}\right)$$

그림 9-4를 전체적으로 해석하면 다음과 같다. 최대 주파수를 16 kHz로 가정한 아날로그 신호를 나이퀴스트 샘플링 주파수인 32 kHz로 샘플링하였으나 실제로 아날로그 신호

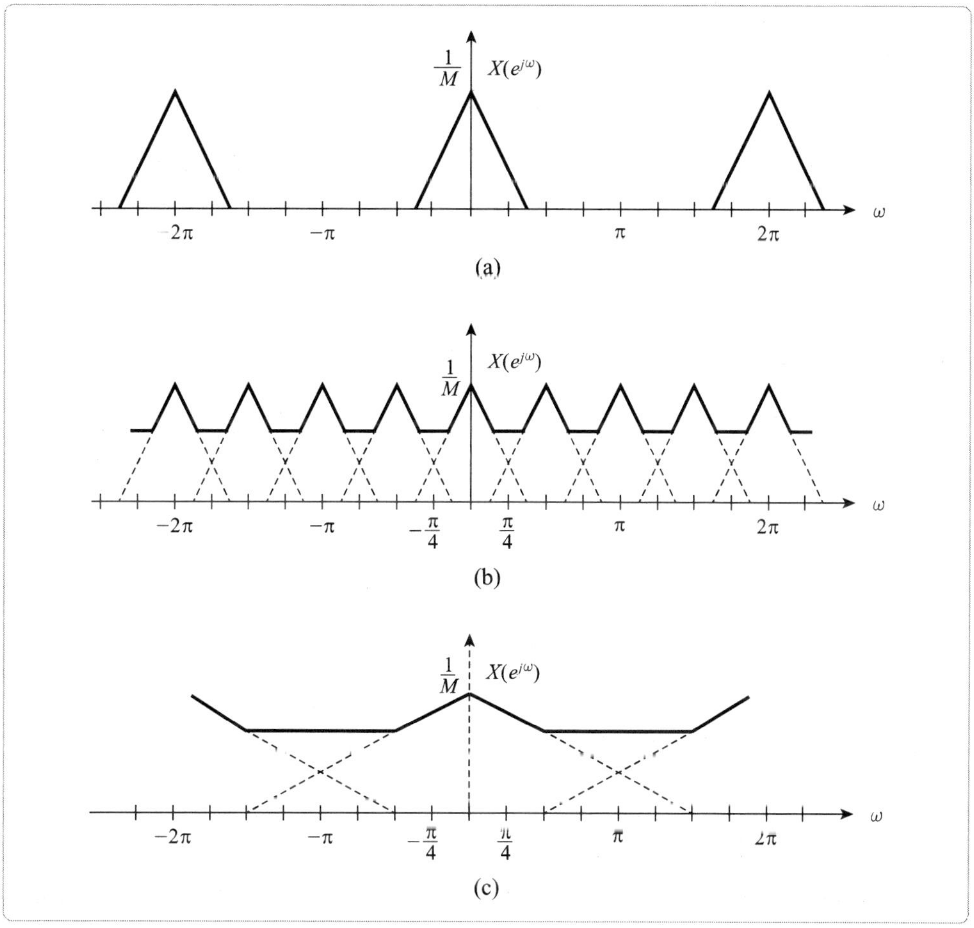

그림 9-5 $M=4$인 데시메이션(최대 주파수 $=3\pi/8$). (a) 원 스펙드럼, (b) $x'[n]$의 스펙트럼, (c) $y[n]$의 스펙트럼

의 최대 주파수는 4 kHz인 경우를 고려해 보자. 이 경우 그림 9-4(a)와 같이 $\pi/4$까지 스펙트럼이 나타난다. 따라서 이는 과다하게 샘플링된 경우이므로 $M=4$로 데시메이션하면 그림 9-4(b)와 같은 쉬프트된 반복이 나타나는데, 이 스펙트럼은 원래 신호의 스펙트럼과 같으므로 원 신호의 정보를 그대로 잃지 않고 갖고 있다. 두 번째 동작에 의해서 주파수 축이 늘어나면 그림 9-4(c)와 같이 마치 처음에 8 kHz의 샘플링 주파수로 샘플링한 것과 같은 스펙트럼이 얻어짐을 확인할 수 있다.

이번에는 최대 주파수를 16 kHz로 가정한 아날로그 주파수를 나이퀴스트 샘플링 주파수인 32 kHz로 샘플링하였으나 실제로 아날로그 신호의 최대 주파수가 6 kHz인 경우를 고려해 보자. 이 경우에 그림 9-5(a)와 같이 $3\pi/8$까지 스펙트럼이 나타난다.

따라서 이 경우도 과다하게 샘플링된 경우이므로 $M=4$로 데시메이션하면 그림 9-5(b)와 같은 쉬프트된 반복이 나타난다. 그림 9-5(b)에서 보듯이 $\pi/2$만큼 쉬프트시키므로 고주파수 성분이 중복되는 에일리어싱 현상이 나타남을 볼 수 있다. 그림 9-5(c)와 같이 주파수 축을 늘여도 에일리어싱 현상은 그대로 남아있어서 원 신호의 스펙트럼 정보를 잃어버렸음을 알 수 있다. 따라서 M으로 데시메이션하는 경우에 에일리어싱을 방지하기 위해서는 DTFT의 최대 주파수가 π/M를 넘지 않음을 확인한 후에 데시메이션하여야 한다.

9.1.2 데시메이션 회로

데시메이션 회로는 그림 9-6과 같이 데시메이션 필터와 데시메이터의 직렬연결로 구성된다.

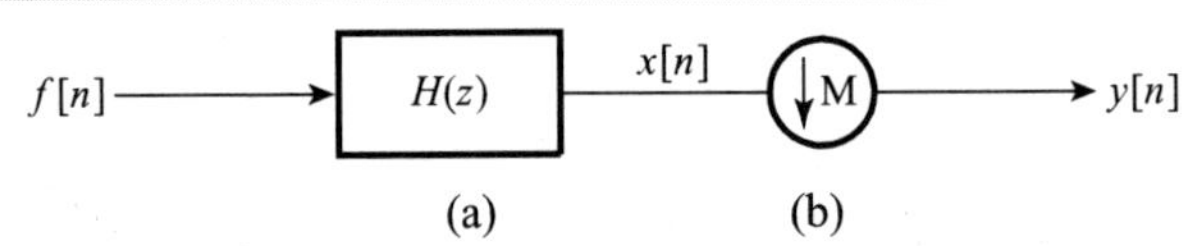

그림 9-6 데시메이션 회로. (a) 데시메이션 필터, (b) 데시메이터

데시메이션 필터는 저역통과 필터를 사용하며, 에일리어싱이 발생하지 않도록 π/M로 주파수 대역을 제한하는 역할을 수행한다. 데시메이션 인수 $M=4$인 경우에, 그림 9-6의 데시메이션 필터로서 그림 9-7과 같은 저역통과 필터를 사용해 보자.

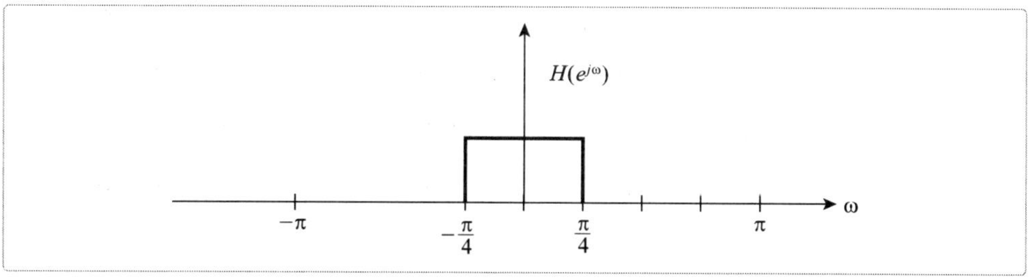

그림 9-7 예제의 데시메이션 필터의 주파수 응답

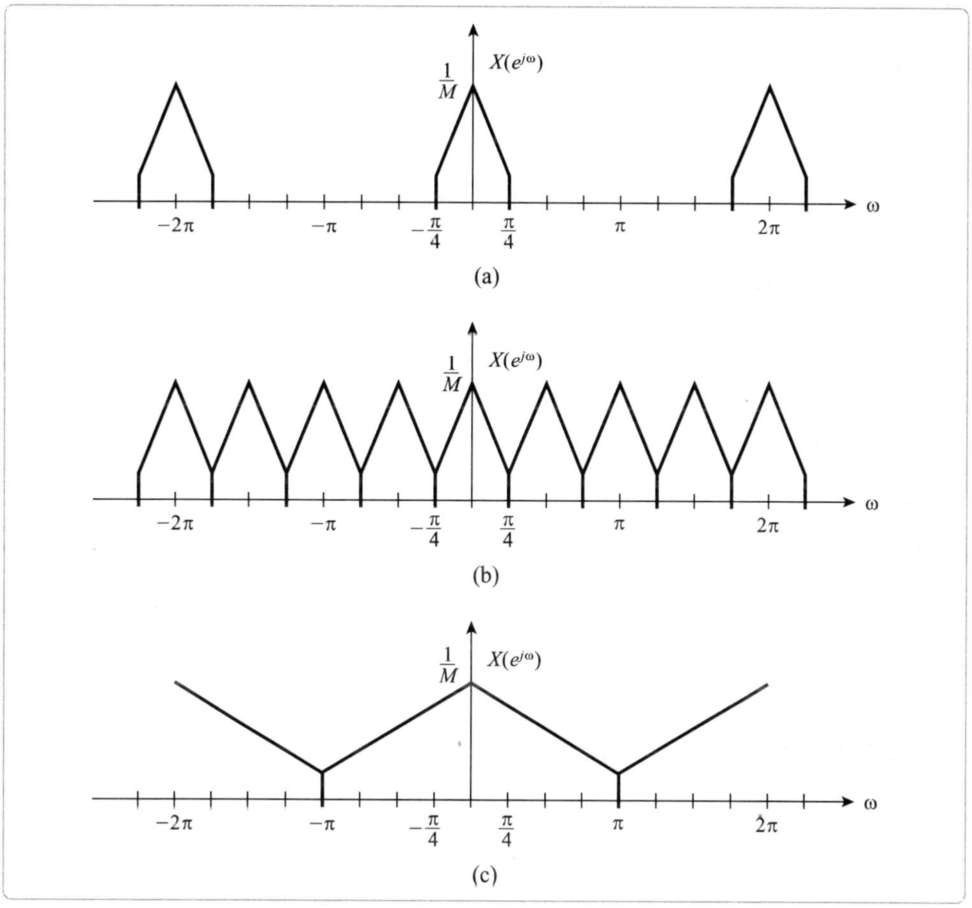

그림 9-8 데시메이션 필터 후의 데시메이션($M=4$, 최대 주파수$=3\pi/8$). (a) 필터링된 스펙트럼, (b) $x'[n]$의 스펙트럼, (c) $y[n]$의 스펙트럼

입력의 스펙트럼이 $\pi/4$보다 크더라도 저역통과 데시메이션 필터를 사용하여 최대 주파수를 $\pi/4$로 제한시키면 그림 9-8(a)와 같은 스펙트럼이 얻어진다. 이를 데시메이터에 통과시키면 그림 9-8(c)와 같은 스펙트럼이 나타난다. 그림 9-5(c)와 비교하면 에일리어싱이 발생하지 않음을 알 수 있다(그러나 원 신호의 고역 부분의 정보를 잃어버렸음을 알 수 있다).

9.2 인터폴레이션 회로

샘플링 주파수를 높이기 위해서 그림 9-9와 같이 익스팬더(expander)와 인터폴레이션 필터의 직렬연결로 구성되는 **인터폴레이션**(interpolation) 회로가 사용된다.

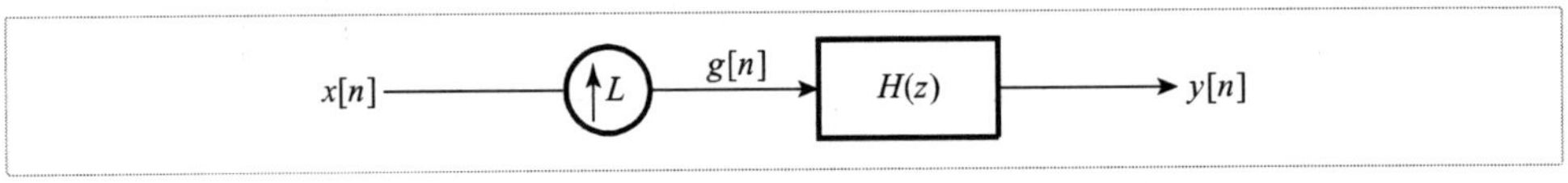

그림 9-9 인터폴레이션 회로. (a) 익스팬더, (b) 인터폴레이션 필터

그림 9-9의 인터폴레이션 회로에서 인터폴레이션 인수 $L=3$인 경우, 시간 영역에서의 동작은 다음 그림 9-10과 같다.

$x[n]$과 $g[n]$의 주파수 영역의 관계를 먼저 알아보기로 하자. 먼저 시간 영역의 관계식은 다음과 같다.

$$g[n]=\begin{cases} x\left[\dfrac{n}{L}\right], & n=0,\ \pm L,\ \pm 2L,\cdots \\ 0, & \text{otherwise} \end{cases}$$

위의 관계식에서 z 영역의 관계를 다음과 같이 유도할 수 있다.

$$\begin{aligned} G(z) &= \sum_{n=-\infty}^{\infty} g[n]z^{-n} = \sum_{n=-\infty}^{\infty} x\left[\frac{n}{L}\right]z^{-n} \\ &= \sum_{k=-\infty}^{\infty} x[k](z^{L})^{-k} \qquad \leftarrow \frac{n}{L}=k\text{로 치환} \\ &= X(z^{L}) \end{aligned}$$

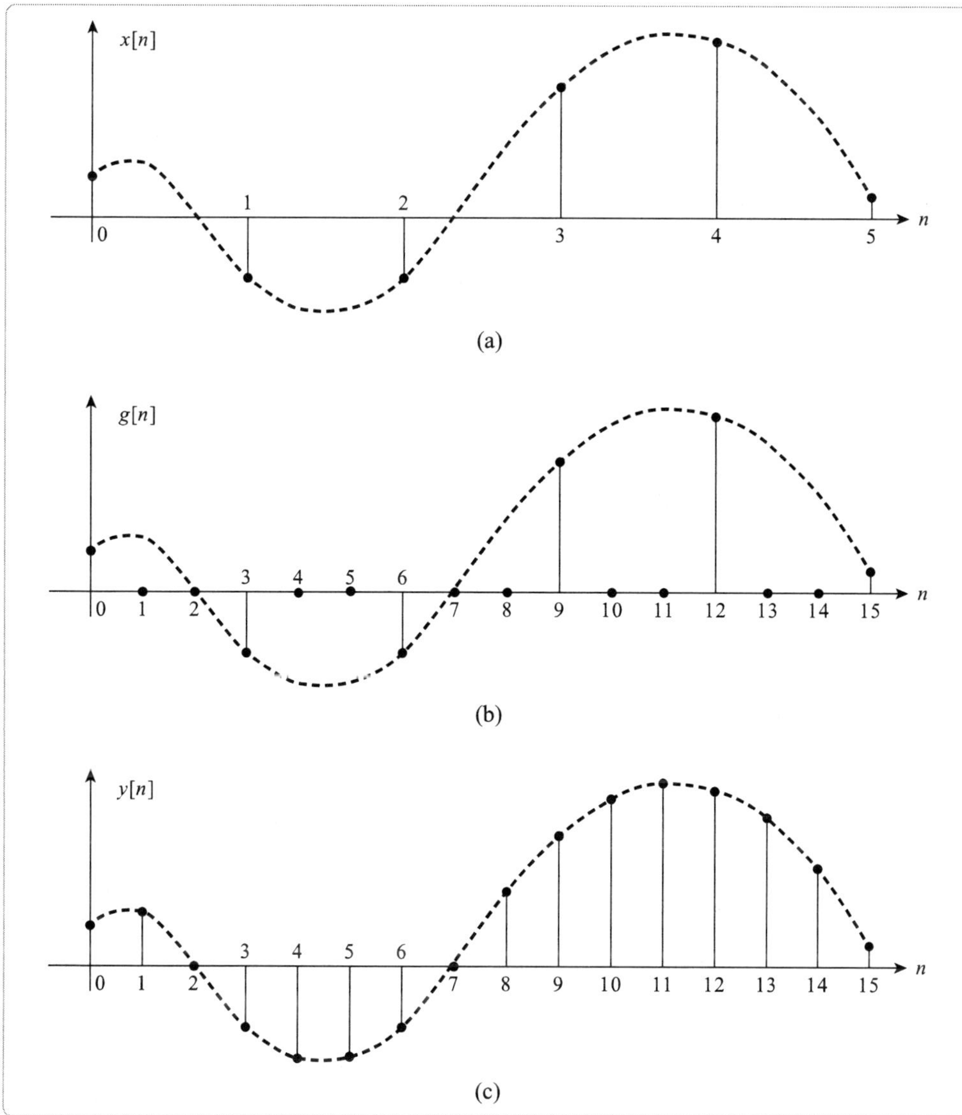

그림 9-10 인터폴레이션($L=3$). (a) 원 신호 $x[n]$, (b) 익스팬더 통과한 $g[n]$, (c) 인터폴레이션 필터링된 $y[n]$

이 식에서 $g[n]$과 $x[n]$의 스펙트럼 관계식은 다음과 같다.

$$G(e^{j\omega}) = X(e^{j\omega L})$$

$x[n]$의 스펙트럼이 π까지 채워져 있는 다음 그림 9-11(a)와 같은 스펙트럼을 고려해 보자. 이 경우에 $L=4$로 익스팬더를 통과시키면 스펙트럼은 그림 9-11(b)와 같이 주파

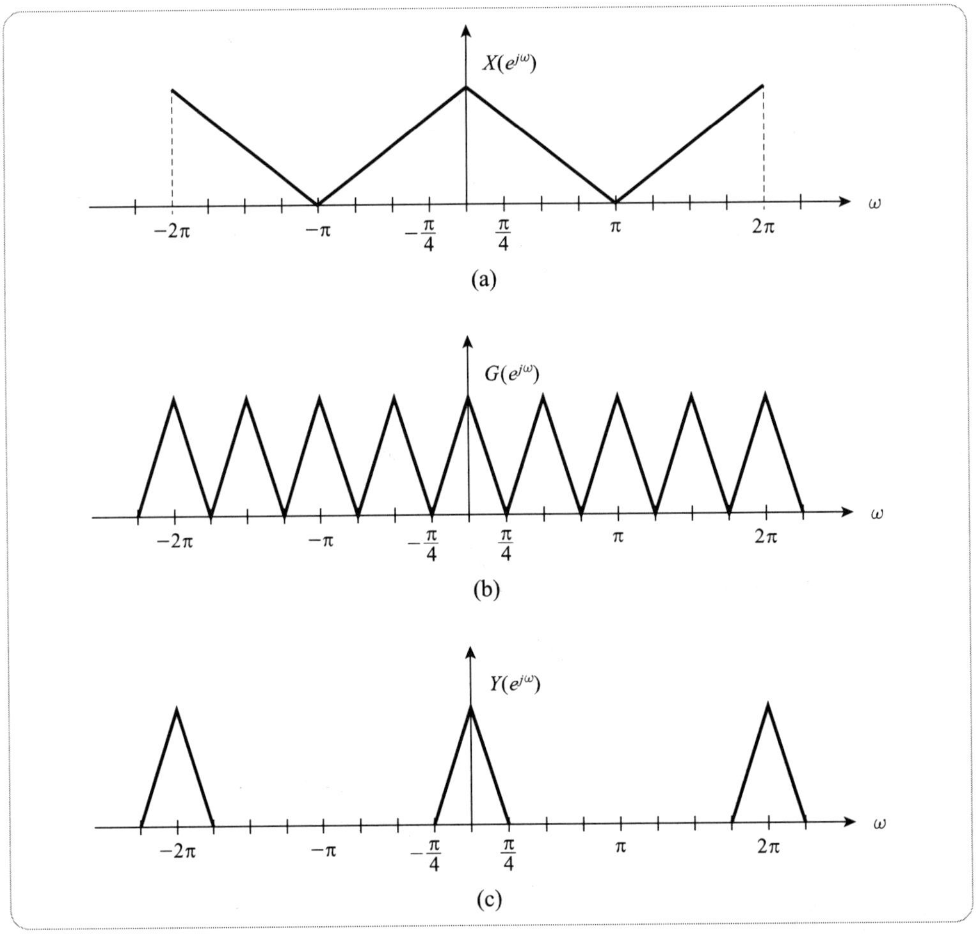

그림 9-11 인터폴레이션 회로의 스펙트럼($L=4$). (a) 원 신호의 스펙트럼, (b) $g[n]$의 스펙트럼, (c) $y[n]$의 스펙트럼

수 축이 줄어든 결과가 된다. 따라서 $-\pi$에서 π까지 살펴보면 같은 스펙트럼이 4개가 나타나고 있음을 볼 수 있다.

그림 9-10(b)에서 (c)의 신호를 얻는 동작을 **인터폴레이션 필터**라고 한다. 이와 같은 동작은 그림 9-11(b)와 (c)를 살펴보면 저역통과 필터에 의해서 구현될 수 있음을 알 수 있다. 즉, 반복된 스펙트럼 중에서 저역의 스펙트럼을 제외한 스펙트럼들을 제거하여야 한다.

지금까지 살펴 본 데시메이터와 익스팬더(또는 데시메이션 회로와 인터폴레이션 회로)가 multirate 신호처리 시스템의 핵심 소자가 된다.

9.3 Multirate 소자의 연결

Multirate 시스템에서 많이 사용되는 데시메이터 소자의 그림 9-12의 연결 방법은 서로 등가이다. 따라서 시스템을 구성할 때에 적절히 이용한다.

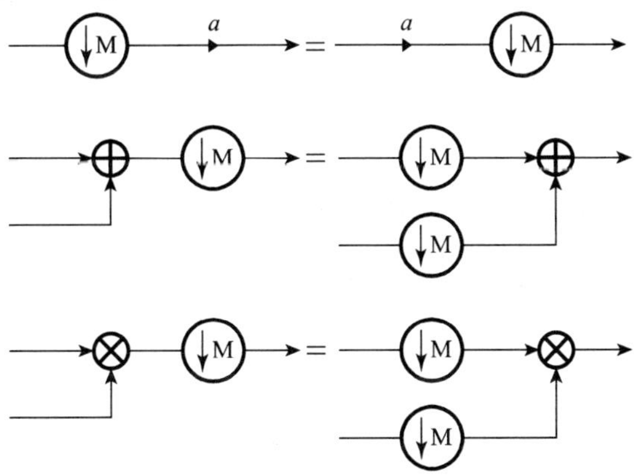

그림 9-12 데시메이터의 등가회로들

그림 9-12는 데시메이터를 사용하였는데, 익스팬더를 사용하여도 똑같은 등가회로가 된다.

다음 그림 9-13과 같은 데시메이터와 익스팬더의 직렬연결을 보자.

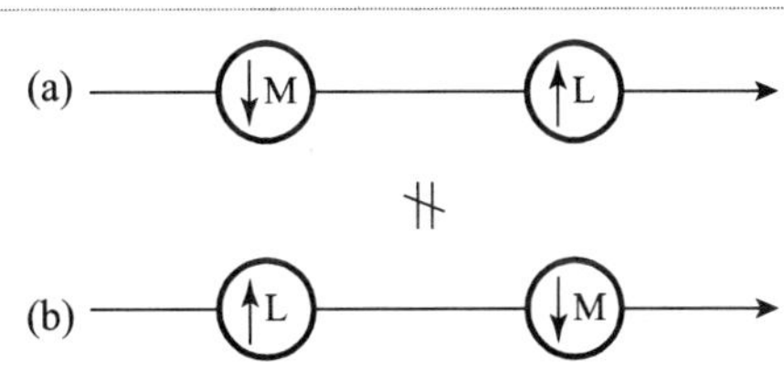

그림 9-13 (a) 데시메이터와 익스팬더의 직렬연결, (b) 익스팬더와 데시메이터의 직렬연결

일반적으로 데시메이터와 익스팬더는 연결할 때에 교환법칙이 성립하지 않는다. 따라서 그림 9-13(a)와 (b)는 등가회로가 아니다.

Mutirate 시스템에서 많이 사용되는 등가구조로서 Noble identities가 있는데, 이는 그림 9-14와 같다.

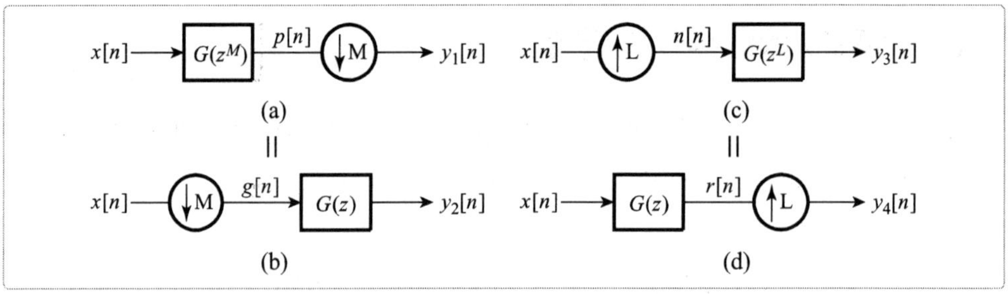

그림 9-14 Noble identities (a), (b) 데시메이터, (c), (d) 익스팬더

9.3.1 데시메이터의 Noble identities

그림 9-14(a)에서 출력의 z 변환은 다음과 같다.

$$P(z) = G(z^M)X(z)$$

$$Y_1(z) = \frac{1}{M}\sum_{k=0}^{M-1} P(z^{\frac{1}{M}}W^k) = \frac{1}{M}\sum_{k=0}^{M-1} X(z^{\frac{1}{M}}W^k)G((z^{\frac{1}{M}}W^k)^M)$$

$$= \frac{1}{M}\sum_{k=0}^{M-1} X(z^{\frac{1}{M}}W^k)G(z)$$

그림 9-14(b)에서 출력의 z 변환은 다음과 같다.

$$Q(z) = \frac{1}{M}\sum_{k=0}^{M-1} X(z^{\frac{1}{M}}W^k)$$

$$Y_2(z) = G(z)Q(z) = \frac{1}{M}\sum_{k=0}^{M-1} X(z^{\frac{1}{M}}W^k)G(z)$$

따라서 그림 9-14(a)와 (b)는 등가의 구조이다.

9.3.2 익스팬더의 Noble identities

그림 9-14(c)에서 출력의 z 변환은 다음과 같다.

$$Y_3(z) = G(z^L)U(z) = G(z^L)X(z^L)$$

그림 9-14(d)에서 출력의 z 변환은 다음과 같다.

$$Y_3(z) = V(z^L), \quad V(z) = G(z)X(z) \qquad \therefore Y_3(z) = G(z^L)X(z^L)$$

따라서 그림 9-14(c)와 (d)는 등가의 구조이다.

9.4 QMF 필터뱅크

필터뱅크(filter bank)는 Mutirate 신호처리가 사용되는 가장 중요한 응용분야 중의 하나이다. G.722 음성 코딩 표준에서는 2채널의 필터뱅크가 사용되며, MPEG 오디오에서는 32채널의 필터뱅크가 사용된다.

디지털 신호를 전송하려고 할 때에 디지털 신호의 양자화를 통하여 일정한 전송률로 전송된다. 따라서 이 전송률 내에서 신호의 효과적인 양자화 방법이 필요하다. 이와 같은 경우에 신호를 필터뱅크로 대역을 분리하면 같은 대역의 신호들끼리 모이게 되므로 각 채널의 에너지를 조사하여 신호가 없는 뱅크에는 양자화의 비트할당을 적게 하고 에너지가 많은 뱅크에는 양자화 비트를 많이 할당함으로써 제한된 비트를 효율적으로 할당할 수 있다.

9.4.1 필터뱅크의 스펙트럼

QMF 필터뱅크는 그림 9-15와 같이 구성된다.

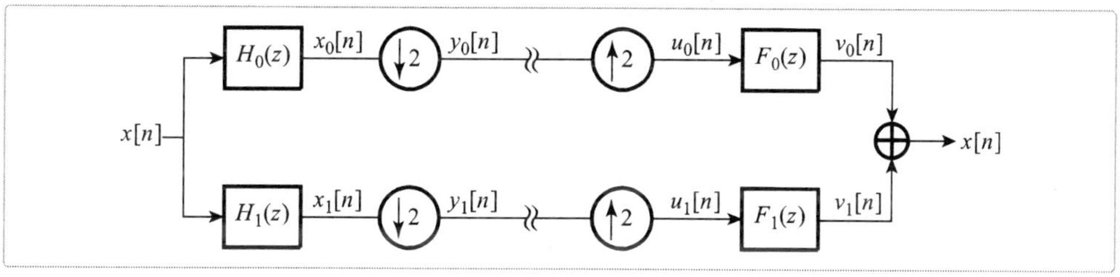

그림 9-15 QMF 필터뱅크

그림 9-15에서 신호 $x[n]$는 저역통과 필터와 고역통과 필터를 통하여 대역이 분리되고, 다시 데시메이터에 의해서 신호의 샘플링 주파수를 낮추게 된다. 여기까지의 처리를 필터뱅크의 분석단이라고 부른다. 실제 필터뱅크에서는 분석단의 끝에서 양자화가 이루어지는데 위의 그림에서는 생략하였다. 통신시스템에 이 필터뱅크가 사용되는 경우에는 이 분석단이 송신단이 되며, 압축/복원에 사용되는 경우에는 이 분석단이 압축단이 된다. 2개의 채널을 통해 수신된 신호는 익스펜더의 의해 샘플링 주파수가 높아지며 합성 필터에 의해서 인터폴레이션된 후에 두 채널의 신호가 합해짐으로써 원래의 신호 $x[n]$이

복원되어 신호처리가 끝난다. QMF 필터뱅크의 각 노드에서의 스펙트럼은 그림 9-16과 같다.

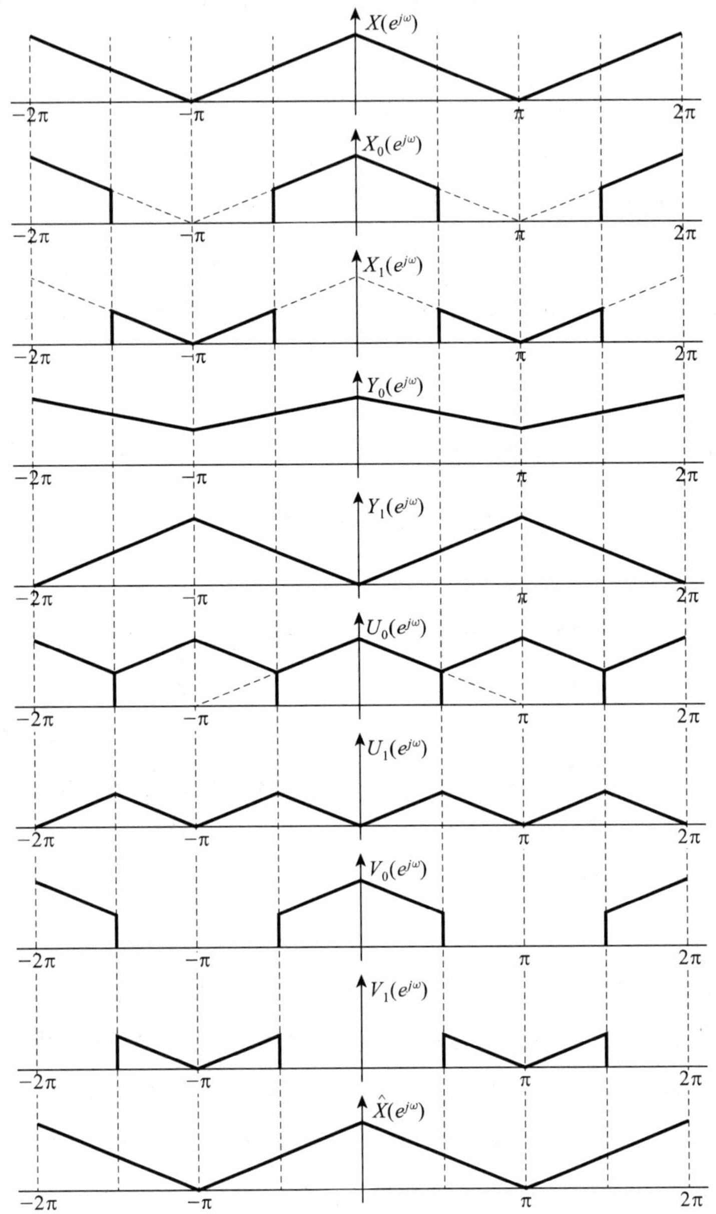

그림 9-16 QMF 필터뱅크 각 노드의 스펙트럼

그림 9-16에서 보듯이 이상적인 저역통과 필터와 고역통과 필터가 있다면 복원된 신호의 스펙트럼은 원 신호 $x[n]$의 스펙트럼과 일치한다.

9.4.2 복원신호의 z 영역 표현

그림 9-16은 분석단과 합성단의 필터들이 이상적인 경우의 스펙트럼 복원이다. 그러나 실질적으로는 필터가 이상적이지 않으므로 일반적으로 복원된 신호는 원 신호와 일치하지 않는다. 그러나 이상적인 필터를 사용하지 않더라도 특수한 필터설계 기술을 사용하여 완전하게 신호를 복원시킬 수 있다. 다음의 조건을 만족하면 **완전복원**(Perfect Reconstruction, PR)이라고 부른다.

$$\hat{x}[n] = c\,x[n-n_0]$$

위의 식에서 c는 상수이며, 복원된 신호가 원 신호의 지연된 것이면 완전복원이라고 부른다(c만큼의 이득이 변해도 완전복원이라고 한다). 이 완전복원 조건을 z 영역으로 변환하면 다음과 같다.

$$\hat{X}(z) = c\,X(z)z^{-n_0}$$

위의 완전복원 조건을 구체적인 조건으로 변환시켜 보자. 이와 같은 실질적인 완전복원 조건을 유도하기 위하여 그림 9-16의 각 노드들을 z 변환으로 표현하여야 한다. 먼저 분석단의 필터 출력은 다음과 같이 나타낼 수 있다.

$$X_0(z) = H_0(z)X(z), \qquad X_1(z) = H_1(z)X(z)$$

데시메이터에 대한 z 영역 표현은 9.1절에서 다루었으므로 이를 이용하면 $y_1[n]$과 $y_2[n]$의 z 변환은 다음과 같이 나타낼 수 있다.

$$Y_0(z) = \frac{1}{2}\sum_{k=0}^{1} X_0(z^{\frac{1}{2}}W_2^k) = \frac{1}{2}\left[X_0(z^{\frac{1}{2}}) + X_0(z^{\frac{1}{2}}W_2)\right] - \frac{1}{2}\left[X_0(z^{\frac{1}{2}}) + X_0(-z^{\frac{1}{2}})\right]$$

$$Y_1(z) = \frac{1}{2}\left[X_1(z^{\frac{1}{2}}) + X_1(-z^{\frac{1}{2}})\right]$$

지금까지 분석단의 z 영역 표현을 알아보았다. 이제 합성단의 z 영역 표현을 계속 구해 보자. $u_1[n]$과 $u_2[n]$의 z 변환은 다음과 같이 나타낼 수 있다.

$$U_0(z) = Y_0(z^2) = \frac{1}{2}[X_0(z) + X_0(-z)]$$

$$U_1(z) = Y_1(z^2) = \frac{1}{2}[X_1(z) + X_1(-z)]$$

따라서 $v_1[n]$과 $v_2[n]$의 z 변환은 다음과 같이 나타낼 수 있다.

$$V_0(z) = \frac{1}{2}F_0(z)[X_0(z) + X_0(-z)] = \frac{1}{2}F_0(z)[H_0(z)X(z) + H_0(-z)X(-z)]$$

$$V_1(z) = \frac{1}{2}F_1(z)[X_1(z) + X_1(-z)] = \frac{1}{2}F_1(z)[H_1(z)X(z) + H_1(-z)X(-z)]$$

따라서 복원신호 $\hat{x}[n]$의 z 변환은 다음과 같이 나타낼 수 있다.

$$\begin{aligned}\hat{X}(z) &= V_0(z) + V_1(z)\\ &= \frac{1}{2}F_0(z)[H_0(z)X(z) + H_0(-z)X(-z)]\\ &\quad + \frac{1}{2}F_1(z)[H_1(z)X(z) + H_1(-z)X(-z)]\\ &= \frac{1}{2}[F_0(z)H_0(z) + F_1(z)H_1(z)]X(z)\\ &\quad + \frac{1}{2}[F_0(z)H_0(-z) + F_1(z)H_1(-z)]X(-z)\end{aligned}$$

9.4.3 완전복원 조건

복원신호 $\hat{x}[n]$의 z 변환을 다시 보자.

$$\hat{X}(z) = T(z)X(z) + S(z)X(-z)$$

여기에서 $T(z) = \frac{1}{2}[H_0(z)F_0(z) + H_1(z)F_1(z)]$

$S(z) = \frac{1}{2}[H_0(-z)F_0(z) + H_1(-z)F_1(z)]$

이 결과를 완전복원 조건과 등식으로 만들면 다음과 같다.

$$\hat{X}(z) = T(z)X(z) + S(z)X(-z) = cX(z)z^{-n_0}$$

위의 등식에서 다음과 같은 구체적인 완전복원 조건을 얻을 수 있다.

i) $S(z) = 0$

ii) $T(z) = cz^{-n_0}$

(1) 에일리어싱 제거방법

첫 번째 조건을 만족하는 $S(z)$의 선택을 통하여 에일리어싱을 완전히 제거시킬 수 있다. $S(z)$는 다음과 같다.

$$S(z) = \frac{1}{2}[H_0(-z)F_0(z) + H_1(-z)F_1(z)]$$

$S(z)$를 제거하기 위해서 위의 식의 합성단 필터를 다음과 같이 선택한다.

$$F_0(z) = H_1(-z), \quad F_1(z) = -H_0(-z)$$

이와 같이 선택한 합성단 필터를 대입하면 다음과 같이 $S(z) = 0$의 조건을 만족시킬 수 있다.

$$\begin{aligned} S(z) &= \frac{1}{2}[H_0(-z)F_0(z) + H_1(-z)F_1(z)] \\ &= \frac{1}{2}[H_0(-z)H_1(-z) - H_1(-z)H_0(-z)] = 0 \end{aligned}$$

위와 같은 합성단 필터의 선택에 의해서 분석단 필터에서 에일리어싱이 생기더라도 전체적으로 에일리어싱이 제거되는 효과를 얻는다.

(2) FIR 필터의 위상왜곡 제거방법

$F_0(z) = H_1(-z), \quad F_1(z) = -H_0(-z)$의 합성단 필터의 선택을 통하여 에일리어싱이 제거되므로, 따라서 다음과 같이 복원신호의 z 영역 표현이 간단해 진다.

$$\hat{X}(z) = T(z)X(z)$$

$$\text{여기에서} \quad T(z) = \frac{1}{2}[H_0(z)H_1(-z) - H_1(z)H_0(-z)]$$

에일리어싱을 제거하기 위해서 합성단의 필터를 선택하는 방법이 유도되었다. 따라서 이제는 분석단의 저역통과 필터 $H_0(z)$와 고역통과 필터 $H_1(z)$의 결정이 남아 있다. 여기에서 저역통과 필터 $H_0(z)$가 설계되면 고역통과 필터 $H_1(z)$는 다음과 같이 선택할 수 있다.

$$H_1(z) = H_0(-z)$$

위의 관계식을 주파수 응답의 관계식으로 변환하면 두 필터의 스펙트럼의 관계를 다음과 같이 알 수 있다.

$$|H_1(e^{j\omega})| = |H_0(e^{j(\omega-\pi)})|$$

즉, 분석단 고역통과 필터의 주파수 응답은 저역통과 필터 주파수 응답이 π만큼 쉬프트된 것임을 알 수 있다. $H_1(e^{j\omega})$는 $H_0(e^{j\omega})$의 quadrature 주파수($2\pi/4$)에 대한 **거울 이미지**(mirror image)이며, 따라서 이와 같은 필터뱅크를 **QMF**(Quadrature Mirror Filter) 필터뱅크라고 한다. 이와 같은 선택은 $H_0(z)$가 좋은 저역통과 필터라면 $H_1(z)$가 좋은 고역통과 필터임을 보장한다. 위의 선택을 대입하면 다음의 결과식을 얻는다.

$$\begin{aligned} T(z) &= \frac{1}{2}[H_0(z)H_1(-z) - H_1(z)H_0(-z)] \\ &= \frac{1}{2}\left[H_0^2(z) - H_1^2(z)\right] \\ &= \frac{1}{2}\left[H_0^2(z) - H_0^2(-z)\right] \end{aligned}$$

위의 식에서 $H_0(z)$가 선형 위상 응답 필터이면, $T(z)$도 선형 위상 응답이 된다. 따라서 $H_0(z)$를 선형 위상 응답 필터로 설계하고, 이 식의 고역통과 필터를 선택하면 복원신호에는 위상왜곡이 발생하지 않게 된다.

(3) FIR 필터의 진폭왜곡 감소방법

합성단의 필터는 분석단의 필터에 의해서 결정되며 분석단의 고역통과 필터는 분석단의 저역통과 필터에 의해서 결정되므로 이제 남은 문제는 $T(z)$의 진폭왜곡이 없도록 분석단의 저역통과 필터 $H_0(z)$를 설계하는 문제가 남아 있다.

선형위상의 FIR 필터로 $H_0(z)$를 설계한 결과가 다음과 같다고 가정한다.

$$H_0(z) = \sum_{n=0}^{N} h_0[n]$$

이 필터는 선형위상이고 저역통과 필터이므로 필터 계수는 다음의 관계를 만족해야 한다.

$$h_0[n] = h_0[N-n]$$

이 조건을 만족하도록 필터를 설계하면 저역통과 필터 $H_0(z)$의 스펙트럼은 다음과 같이 선형의 위상응답을 갖는다.

$$H_0(e^{j\omega}) = |H_0(e^{j\omega})| e^{-j\omega\frac{N}{2}}$$

이제 진폭왜곡을 저역통과 필터 $H_1(z)$의 스펙트럼으로 나타내면 다음과 같다.

$$\begin{aligned}
T(e^{j\omega}) &= \frac{1}{2}\left\{H_0^{\,2}(e^{j\omega}) - H_0^{\,2}(-e^{j\omega})\right\} \\
&= \frac{1}{2}\left\{H_0^{\,2}(e^{j\omega}) - H_0^{\,2}(e^{j(\omega-\pi)})\right\} \\
&= \frac{1}{2}\left\{|H_0(e^{j\omega})|^2 e^{-j\omega N} - |H_0(e^{j(\omega-\pi)})|^2 e^{-j(\omega-\pi)}\right\} \\
&= \frac{1}{2}e^{-j\omega N}\left\{|H_0(e^{j\omega})|^2 - (-1)^N |H_0(e^{j(\pi-\omega)})|^2\right\}
\end{aligned}$$

위의 진폭 응답에서 N이 짝수일 때에, $\omega = \pi/2$에서의 진폭 응답을 관찰해 보면 다음과 같이 0이 됨을 알 수 있다.

$$T(e^{j\omega}) = \frac{1}{2}e^{-j\omega N}\left\{\left|H_0(e^{j\frac{\pi}{2}})\right|^2 - \left|H_0(e^{j\frac{\pi}{2}})\right|^2\right\} = 0$$

복원신호의 주파수 응답 $T(e^{j\omega})$는 위의 식에서 보듯이 $\omega = \pi/2$에서 0이 되므로 매우 큰 진폭왜곡이 발생함을 볼 수 있다. 따라서 N은 홀수로 선택하여야 한다. 홀수의 N을 선택하면 주파수 응답은 다음과 같다.

$$\begin{aligned}
T(e^{j\omega}) &= \frac{1}{2}e^{-j\omega N}\left\{|H_0(e^{j\omega})|^2 + |H_0(e^{j(\pi-\omega)})|^2\right\} \\
&= \frac{1}{2}e^{-j\omega N}\left\{|H_0(e^{j\omega})|^2 + |H_1(e^{j\omega})|^2\right\}
\end{aligned}$$

지금까지의 선택으로 에일리어싱과 위상왜곡을 제거하였으며, 위의 식의 진폭 응답을 1이 되도록 필터를 설계하면 진폭왜곡이 생기지 않는다. 그러나 실질적으로 진폭 응답을 상수가 되도록 하려면 매우 높은 차수의 필터가 필요하므로, 진폭 응답을 근사적으로 상수가 되게 함으로써 진폭왜곡을 최소화하는 방법을 사용한다. 따라서 다음의 식이 복원 신호의 진폭왜곡을 최소화하는 조건식이 된다.

$$|H_0(e^{j\omega})|^2 + |H_1(e^{j\omega})|^2 = 1$$

지금까지의 설계 결과를 종합하면 다음과 같다.

- 합성단 필터: $F_0(z) = H_1(-z)$, $\quad F_1(z) = -H_0(-z)$
- 분석단 고역통과 필터: $H_1(z) = H_0(-z)$
- 분석단 저역통과 필터: $|H_0(e^{j\omega})|^2 + |H_1(e^{j\omega})|^2 = 1$

이와 같은 선택과 설계에 의해서 필터뱅크의 복원신호는 다음의 결과를 얻는다.

(1) 에일리어싱이 제거된다.

(2) 위상왜곡이 제거된다.

(3) 진폭왜곡이 최소화된다.

9.4.4 Polyphase 구현

이 절에서는 필터뱅크의 효율적인 구현방법인 polyphase 구현을 알아본다. 이 polyphase 구현은 M 채널의 필터뱅크에도 사용된다.

(1) 분석단 필터뱅크의 polyphase 구현

분석단 첫 번째 채널의 데시메이션 회로는 그림 9-17(a)와 같다. 여기에서 데시메이션 필터 $H_0(z)$를 직접형 구조를 사용하여 구현하면 그림 9-17(b)와 같다.

그림 9-17에서 보듯이 필터 뒤에 데시메이터가 붙어서 두 개의 출력 중에서 한 개는 버리므로 버리는 출력은 계산하지 않는다. 따라서 짝수의 시간에는 계산이 필요하고, 홀수의 시간에는 계산이 필요 없게 되어 하드웨어가 쉬게 되므로 구현했을 때에 비효율적인 시스템이 된다.

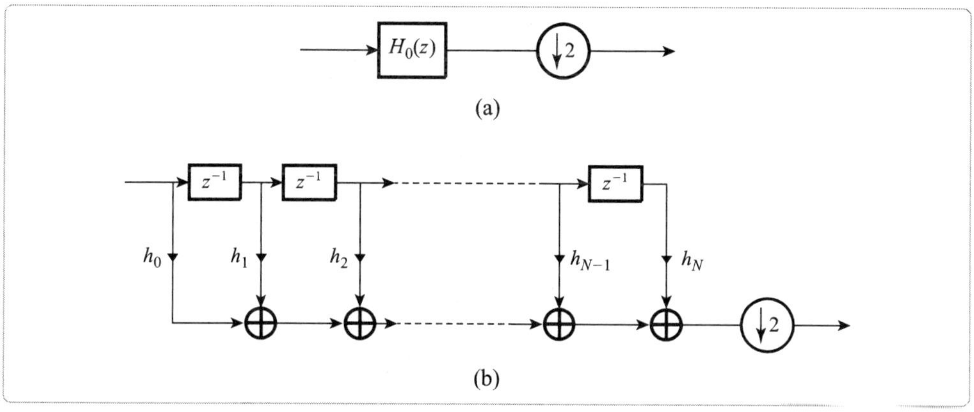

그림 9-17 (a) 첫 번째 채널의 데시메이션 회로, (b) 직접형 구조

이번에는 이 첫 번째 필터를 다음과 같은 polyphase로 분해해 보자.

$$
\begin{aligned}
H_0(z) &= h_0 + h_1 z^{-1} + h_2 z^{-2} + h_3 z^{-3} + \cdots \\
&= (h_0 + h_2 z^{-2} + h_4 z^{-4} + \cdots) + z^{-1}(h_1 + h_3 z^{-2} + h_5 z^{-2} + \cdots) \\
&= G_0(z^2) + z^{-1} G_1(z^2)
\end{aligned}
$$

이와 같은 polyphase 분해를 **제1형 polyphase**라고 부른다.

이번에는 분석단의 두 번째 채널인 $H_1(z)$를 polyphase로 구현해 보기로 하자. QMF 필터뱅크이므로 $H_1(z)$의 선택은 $H_1(z) = H_0(-z)$을 사용한다. 이를 polyphase로 나타내면 다음과 같다.

$$H_1(z) = H_0(-z) = G_0(z^2) - z^{-1} G_1(z^2)$$

지금까지 유도한 polyphase 분석단 필터를 행렬로 나타내면 다음 식과 같다.

$$
\begin{bmatrix} H_0(z) \\ H_1(z) \end{bmatrix} = \begin{bmatrix} 1 & 1 \\ 1 & -1 \end{bmatrix} \begin{bmatrix} G_0(z^2) \\ G_1(z^2) \end{bmatrix}
$$

그림 9-18(a)의 QMF 필터뱅크 분석단을 지금까지 유도한 polyphase를 이용하여 구현하면 그림 9-18(b)와 같다.

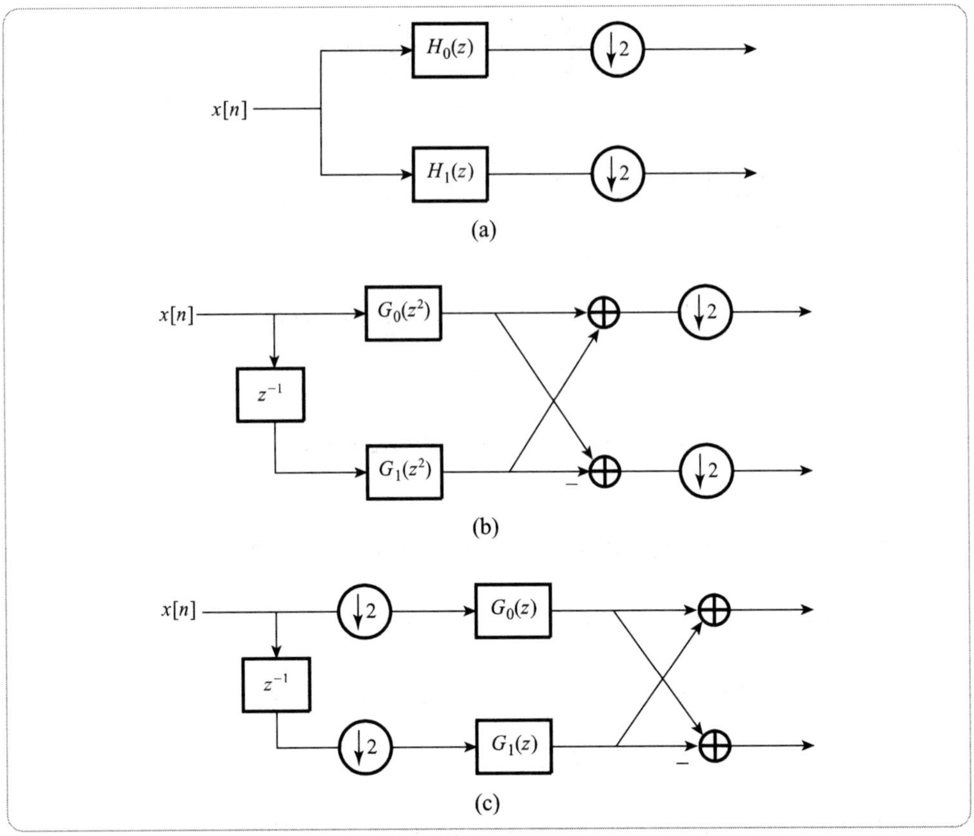

그림 9-18 (a) QMF 필터뱅크 분석단, (b) 분석단의 polyphase 구현, (c) 완성된 구조

그림 9-18(b)의 polyphase 구현에서 필터의 전달함수는 z^2의 함수이고 데시메이션 인수가 2이므로 그림 9-18(c)와 같이 위치바꿈이 가능하다. 데시메이터의 위치가 필터 앞에 놓이므로 필터링은 저속으로 처리되며 신호의 처리속도가 균등해진다. 따라서 직접형 구조의 단점인 비효율적인 자원관리의 단점을 해결할 수 있다.

(2) 합성단 필터뱅크의 polyphase 구현

QMF 필터뱅크의 합성단 필터는 다음과 같이 분석단 필터에 의해서 정의된다.

- 합성단 첫 번째 필터뱅크 : $F_0(z) = H_1(-z) = H_0(z)$
- 합성단 두 번째 필터뱅크 : $F_1(z) = -H_0(-z)$

위의 관계식으로부터 합성단의 첫 번째 필터뱅크 $F_0(z)$와 두 번째 필터뱅크 $F_1(z)$는 다음과 같은 polyphase로 분해된다.

$$F_0(z) = \quad H_0(z) = z^{-1}G_1(z^2) + G_0(z^2)$$

$$F_1(z) = -H_0(-z) = -\left\{G_0(z^2) - z^{-1}G_1(z^2)\right\} = z^{-1}G_1(z^2) - G_0(z^2)$$

이와 같은 polyphase 분해를 **제2형 polyphase**라고 하며 이 합성단 필터뱅크를 행렬로 나타내면 다음 식과 같다.

$$[F_0(z)\ F_1(z)] = \left[z^{-1}G_1(z^2)\ G_0(z^2)\right]\begin{bmatrix}1 & 1\\ 1 & -1\end{bmatrix}$$

그림 9-19(a)의 QMF 필터뱅크 합성단을 지금까지 유도한 polyphase를 이용하여 구현하면 그림 9-19(b)와 같다.

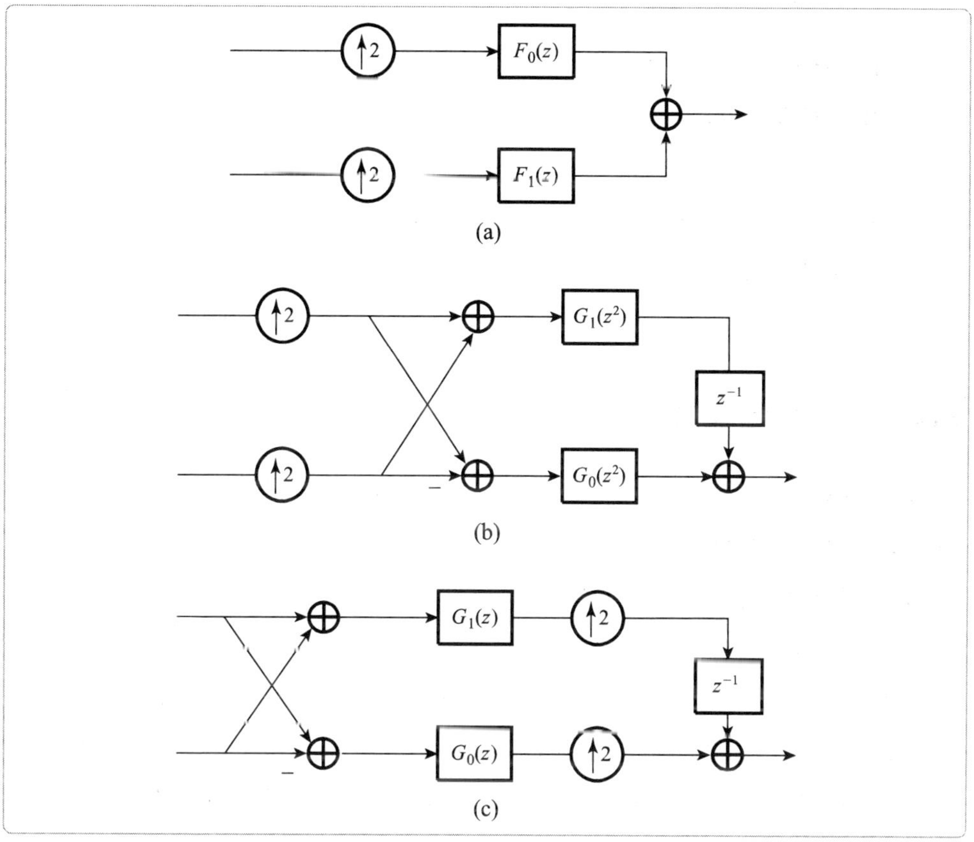

그림 9-19 (a) QMF 필터뱅크 합성단, (b) 합성단의 polyphase 구현, (c) 완성된 구소

그림 9-19(a)의 polyphase 구현에서 익스펜더의 인수가 2이고 필터의 전달함수는 z^2의 함수이므로 그림 9-19(b)와 같이 위치바꿈이 가능하다. 지금까지 유도한 QMF 필터뱅크의 분석단과 합성단을 polyphase로 완성하면 그림 9-20과 같다.

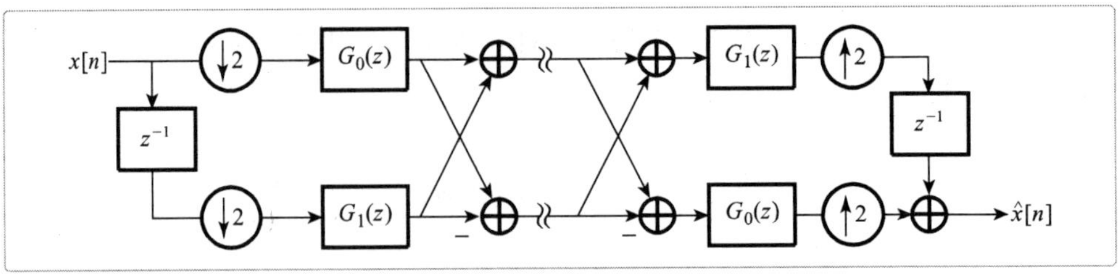

그림 9-20 QMF 필터뱅크의 완성된 polyphase 구조

지금까지 유도한 polyphase 구현의 특징은 다음과 같다.

(1) 연산이 균등해진다.

(2) 데시메이터의 위치가 필터 앞으로 옮겨지므로 시스템의 연산 속도를 낮출 수 있다.

(3) 분석단이나 합성단에서 한 개의 polyphase 필터를 모든 채널이 공유하여 하드웨어의 크기가 작아진다.

9.5 유리수 샘플링 주기 변환

10 kHz로 샘플링된 신호 $x[n]$이 있다고 가정하자. 즉, 아날로그 신호 $x(t)$로부터 0.1 msec의 주기로 샘플링된 디지털 신호이다. 이 신호를 8 kHz로 샘플링된 신호, 즉 0.125 msec마다 샘플링된 신호로 바꿔야 하는 경우에 샘플링 주기의 변환은 정수가 아니고 유리수이다. 이와 같은 경우에 데시메이션과 인터폴레이션을 적당히 조합하여 원하는 샘플링 주파수를 얻어내야 한다. 10 kHz의 신호를 8 kHz의 샘플링 주파수로 바꾸는 경우에, 10 kHz와 8 kHz의 최소공배수인 40 kHz, 즉 $L=4$로 인터폴레이션한 후에 $M=5$로 데시메이션하여 8 kHz의 샘플링 주파수를 얻을 수 있다. 이와 같은 샘플링 주기 변환을 그림 9-21과 같이 나타낸다.

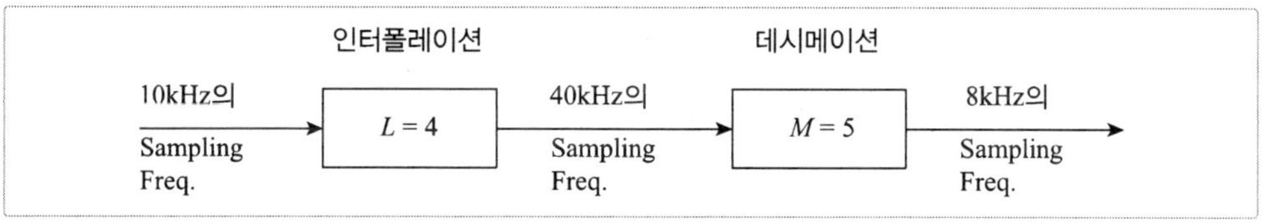

그림 9-21 5/4 샘플링 주기 변환

이와 같은 변환을 **유리수 샘플링 주기 변환**이라고 한다. 위의 그림 9-21은 원 신호 $x(t)$의 샘플링 주기를 T에서 $(5/4)T$ 바꾼 경우와 같은 효과를 얻는다. 즉, $x(t)$를 $T=0.1$ msec로 샘플링하여 얻은 $x[n]$을 위의 유리수 샘플링 주기 변환을 통하여 8 kHz로 샘플링한 신호를 얻어낸 것과 원 신호 $x(t)$를 $T=0.125$ ms로 샘플링하여 얻은 신호는 같다.

그림 9-21과 같은 유리수 샘플링 주기 변환을 익스팬더와 데시메이터를 사용하여 자세히 표현하면 그림 9-22와 같다.

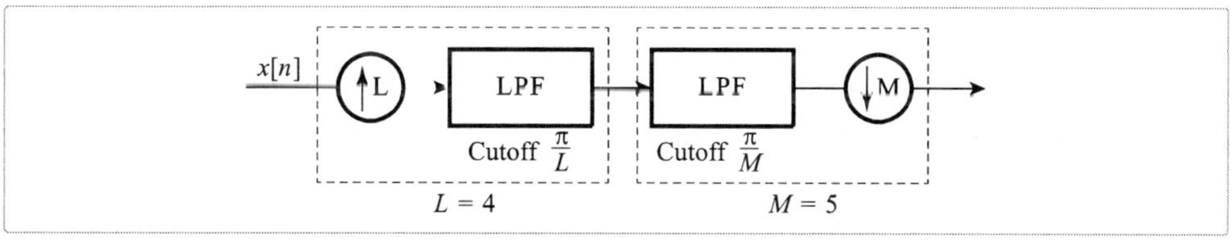

그림 9-22 5/4 샘플링 주기 변환(10 kHz → 8 kHz)

그림 9-22에서 인터폴레이션 필터의 통과대역은 $\pi/L=\pi/4$이고, 데시메이션 필터의 통과대역은 $\pi/M=\pi/5$이다. 그림 9-22의 두 필터는 직렬연결이므로 주파수 응답은 각각의 주파수 응답의 곱으로 나타난다. 따라서 두 필터의 통과대역 중에서 좁은 통과대역을 갖는 한 개의 필터만 사용하여도 된다. 위의 예제에서는 $\pi/5$가 더 좁으므로 이 필터를 사용하면 된다. 따라서 그림 9-22의 필터는 그림 9-23과 같이 한 개의 필터로 단순화될 수 있다.

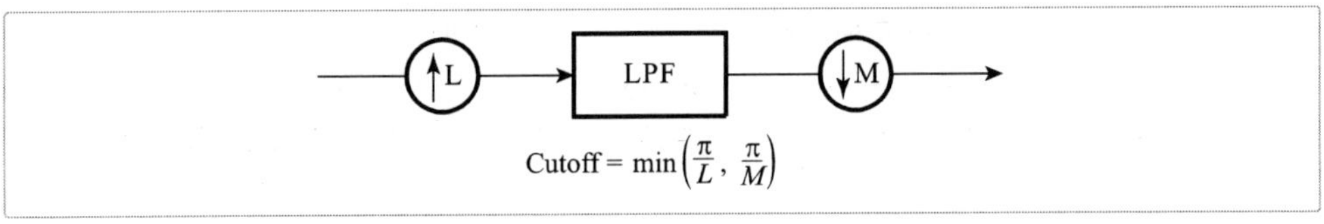

그림 9-23 5/4 샘플링 주기 변환에서 필터의 단순화(10 kHz → 8 kHz)

그림 9-23의 5/4 샘플링 주기 변환을 수행하는 동작을 시간 영역과 주파수 영역에서 살펴보면 그림 9-24와 같다.

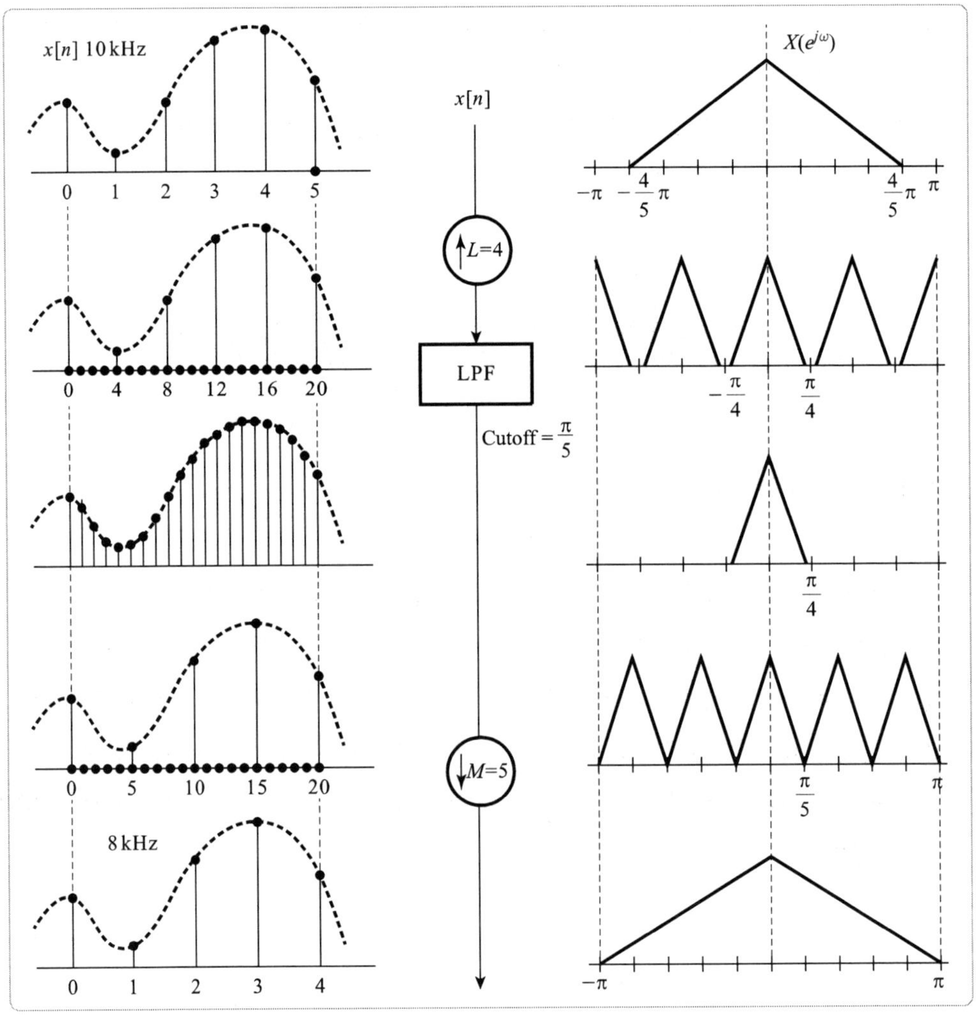

그림 9-24 5/4 샘플링 주기 변환

그림 9-24에서 보듯이 $4\pi/5$의 주파수 대역이 5/4 샘플링 주기 변환을 통하여 π로 넓어진다.

9.6 CIC 데시메이션 필터

CIC(Cascaded Integrator-Comb) **데시메이션 필터**는 다음과 같은 여러 분야에 응용되는 중요한 소자이다.

(1) 이동 통신 시스템에서 디지털 중간주파수(digital Intermediate Frequency, digital IF) 처리단의 데시메이션

(2) MODEM의 데시메이션 블록

(3) $\Sigma-\Delta$ CODEC의 데시메이션 블록

CIC 필터는 다음과 같은 장점을 갖고 있다.

(1) 곱셈기가 필요하지 않다.

(2) 규칙적인 구조를 갖고 있다.

(3) 처리속도의 변환이 가능하기 때문에 고속과 저전력을 요구하는 데시메이션 필터에 적합하다.

CIC 필터의 전달함수는 다음과 같이 두 개의 변수 M과 L로 구성된다.

$$H(z)=\left\{\frac{1}{M}\frac{1-z^{-M}}{1-z^{-1}}\right\}^{L}$$

위의 식에서 M은 데시메이션 인수이고, L은 필터의 차수로 정의한다. CIC 필터의 빠른 이해를 위하여 $L=1$로 가정하고 $M=8$인 경우를 고려해 보자. 이 CIC 필터의 전달함수를 **적분기필터**(integrator filter)와 **빗필터**(comb filter)의 직렬연결로 분리시키면 다음과 같다.

$$H(z)=\frac{1}{8}\left\{\frac{1}{1-z^{-1}}\right\}\left\{1-z^{-8}\right\}$$

이 식에서 적분기필터와 빗필터의 주파수 응답은 그림 9-25(a)와 (b)와 같다.

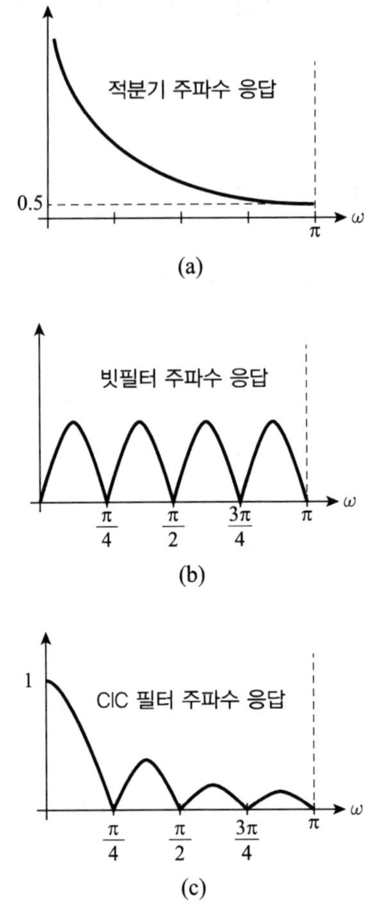

그림 9-25 $L=1$, $M=8$의 주파수 응답. (a) 적분기필터, (b) 빗필터, (c) CIC 필터

따라서 CIC 필터의 주파수 응답은 적분기필터와 빗필터 주파수 응답의 곱이므로 그림 9-25(c)와 같으며 저역통과 필터임을 알 수 있다. $\omega=0$에서의 이득이 8이므로 전체적인 이득조정을 1/8로 함으로써 최대 이득을 1로 조정한다.

그런데, 그림 9-25(c)의 주파수 응답에서 보듯이 저지대역의 특성이 좋지 않음을 볼 수 있다(−13 dB). 따라서 차수 L을 증가시켜서 저지대역의 특성을 향상시킬 수 있다. L을 1에서 4로 증가시키면 그림 9-26과 같이 저지대역의 감쇠특성이 향상된다.

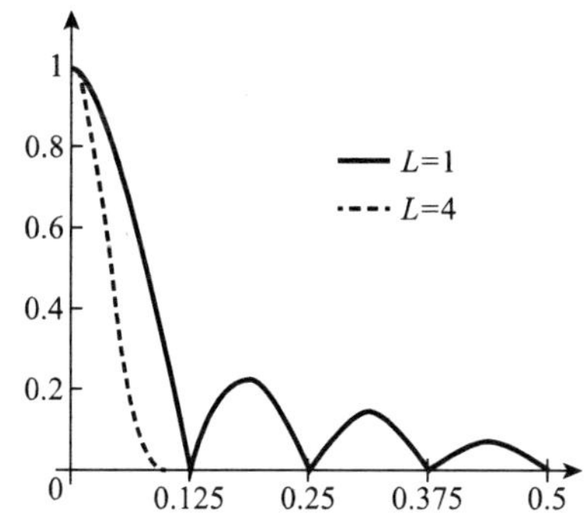

그림 9-26 $M=8$의 CIC 필터 주파수 응답. (a) $L=1$(실선), (b) $L=4$(1점쇄선)

이제 CIC 필터의 구현에 대하여 살펴보기로 한다. 이득 조정용 $1/M$은 구조에서는 편의상 고려하지 않기로 하며 이 경우에 전달함수는 다음과 같이 분리된다.

$$H(z)=\left\{\frac{1}{1-z^{-1}}\right\}^{L}\{1-z^{-M}\}^{L}=H_I(z)H_C(z^8)$$

위의 식에서 보듯이 빗필터의 전달함수가 z^M의 함수이므로 뒤에 붙는 M의 데시메이터와 위치 바꿈이 가능하다. 이와 같이 z^M의 함수와 M의 데시메이터의 위치를 바꾸면, 바꾼 뒤의 빗필터는 z의 함수가 되며 그림 9-27(b)와 같다.

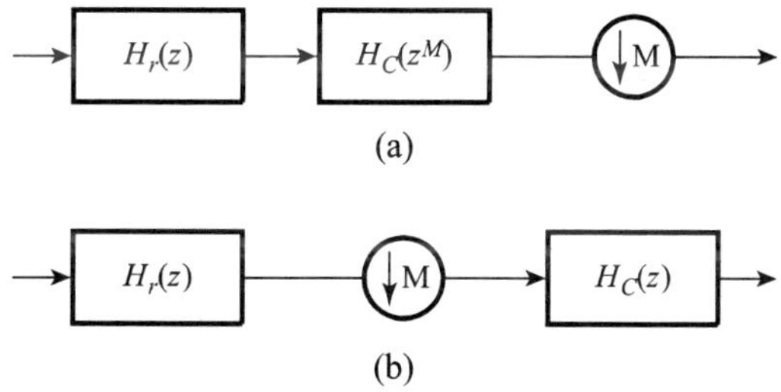

그림 9-27 (a) CIC 필터의 구현, (b) 빗필터와 데시메이터의 위치바꿈

그림 9-27(b)에서 보듯이 빗필터는 데시메이터와의 위치바꿈으로 상대적으로 느린 주파수로 처리되므로 전력소모가 감소되며, 이 구조를 필터 구현소자를 사용하여 나타내면 그림 9-28과 같다.

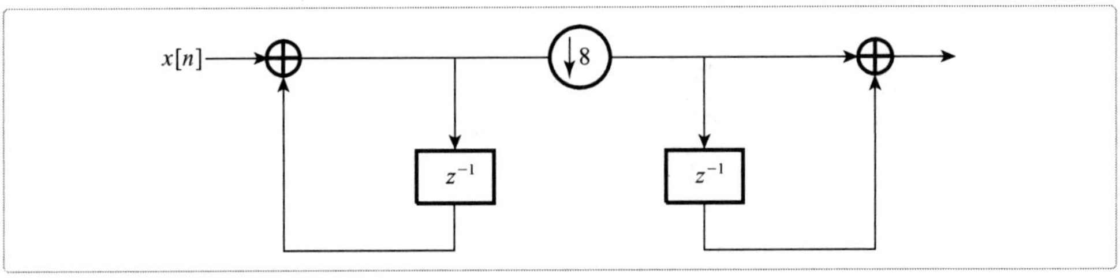

그림 9-28 $L=1$, $M=8$의 CIC 필터 구현

연습문제

1. 3으로 데시메이션하는 블록도는 다음과 같다.

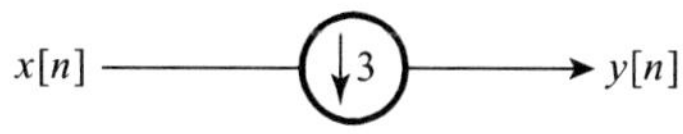

이때 $x[n]$은 다음과 같은 $x'[n]$을 거쳐서 $y[n]$이 된다고 하자.

$$x[n] = \{\underset{\uparrow}{a},\ b,\ c,\ d,\ e,\ f,\ g,\ h,\ i,\ \cdots\}$$

$$x'[n] = \{\underset{\uparrow}{a},\ 0,\ 0,\ d,\ 0,\ 0,\ g,\ 0,\ 0,\ \cdots\}$$

$$y[n] = \{\underset{\uparrow}{a},\ d,\ g,\ \cdots\}$$

이때 $x'[n]$은 다음과 같이 나타낸다.

$$x'[n] = x[n] \sum_{r=-\infty}^{\infty} \delta[n+3r] = \frac{1}{3}\sum_{k=0}^{2} x[n] e^{j\frac{2\pi}{3}kn}$$

(a) $X(z)$를 사용하여 $X'(z)$를 나타내시오.

(b) $X(e^{j\omega})$를 사용하여 $X'(e^{j\omega})$를 나타내고, $X'(e^{j\omega})$를 그리시오(-2π에서 2π까지 그리시오). $X(e^{j\omega})$는 다음 그림과 같다.

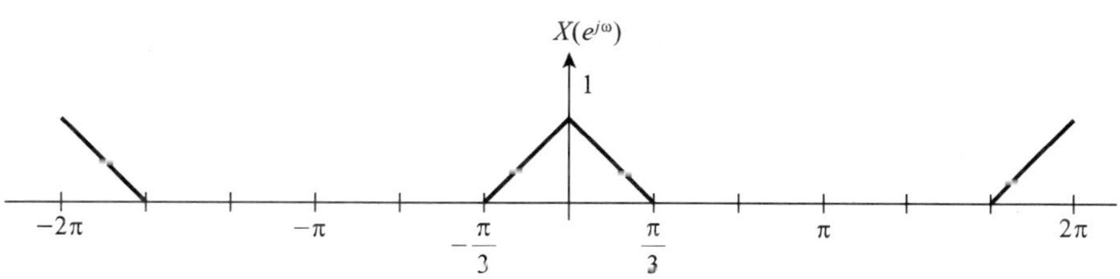

(c) $y[n]$과 $x'[n]$의 관계식은 다음과 같다.

$$y[n] = x'[3n]$$

$X'(z)$를 사용하여 $Y(z)$를 나타내시오.

(d) $X'(e^{j\omega})$를 사용하여 $Y(e^{j\omega})$를 나타내고, $Y(e^{j\omega})$를 그리시오(-2π에서 2π까지 그리시오).

2. 데시메이션 인수가 4인 데시메이터는 다음 그림과 같이 나타낸다.

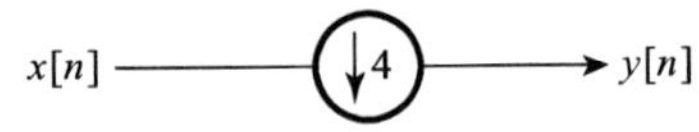

(a) 위의 데시메이터의 스펙트럼의 관계를 알아보기 위하여 먼저 다음과 같이 $x'[n]$을 정의한다.

$$x'[n] = \begin{cases} x[n], & n = 0,\ \pm 4,\ \pm 8,\ \cdots \\ 0, & \text{otherwise} \end{cases}$$

이때 $x'[n]$과 $x[n]$의 스펙트럼 관계는 다음과 같다.

$$X'(e^{j\omega}) = \frac{1}{4}\sum_{k=0}^{3} X\left(e^{j\left(\omega - \frac{2\pi}{4}k\right)}\right)$$

$x[n]$의 스펙트럼 $X(e^{j\omega})$는 다음 그림과 같다.

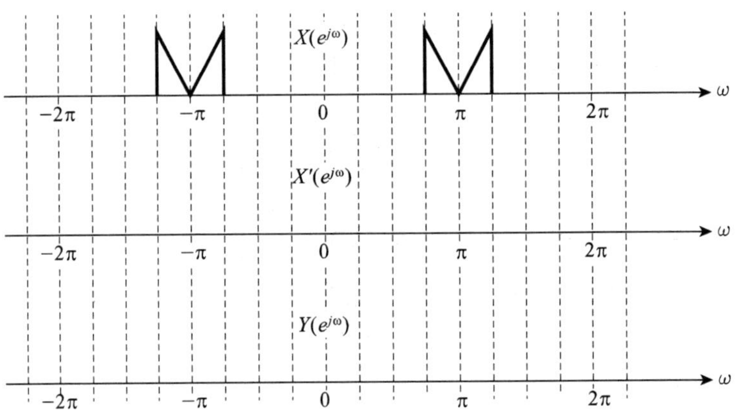

$x'[n]$의 스펙트럼 $X'(e^{j\omega})$를 위의 그림에 그리시오.

(b) $x'[n]$과 $y[n]$의 관계는 다음과 같다.

$$y[n] = x'[4n]$$

이때 $x'[n]$과 $y[n]$의 스펙트럼 관계는 다음과 같다.

$$Y(e^{j\omega}) = X'\left(e^{j\frac{\omega}{4}}\right)$$

$y[n]$의 스펙트럼 $Y(e^{j\omega})$를 앞의 그림에 그리시오.

3. 익스팬더의 블록도는 다음과 같다(4의 익스펜더).

(a) $X(z)$를 사용하여 $Y(z)$를 나타내시오.

(b) $X(e^{j\omega})$를 사용하여 $Y(e^{j\omega})$를 나타내시오.

(c) $X(e^{j\omega})$는 다음 그림과 같다.

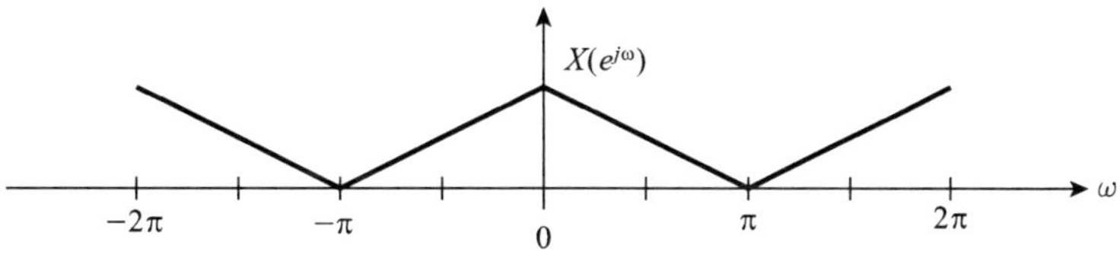

$Y(e^{j\omega})$를 그리시오(-2π에서 2π까지 그리시오).

4. 다음 전달함수를 polyphase로 분해하시오(polyphase의 수는 2로 하시오).

$$H(z) = 0.3 + 0.5z^{-1} + 0.7z^{-2} + 0.6z^{-3} + 0.4z^{-4} + 0.2z^{-5}$$

5. 다음 전달함수를 polyphase로 분해하시오(polyphase의 수는 2로 하시오).

$$H(z) = \frac{1}{1 - 0.8z^{-1}}$$

연습문제 풀이

2장 연습문제 풀이

1. (a) $x_1[n] = \delta[n] + 0.8\delta[n-1] - 0.4\delta[n-2] + 0.2\delta[n-3]$

(b) $x_2[n] = 0.2\delta[n+1] + 0.5\delta[n] + 0.2\delta[n-1]$

(c) $x_3[n] = \delta[n] - 0.5\delta[n-3]$

(그림 표현은 생략)

2. (a) $x_1[n] = \{\underset{\uparrow}{1}, \quad 1, \quad 1\}$

(b) $x_2[n] = \{0.5, \quad \underset{\uparrow}{0.3}, \quad 0.2\}$

(c) $x_3[n] = \{-0.5, \quad 0, \quad \underset{\uparrow}{0.8}, \quad 0, \quad -0.5\}$

(그림 표현은 생략)

3. (풀이생략)

4. (풀이생략)

5. (a) $y[n] = x[n]v[n] = x[n]\sum_{k=0}^{\infty} 0.5^k x[n-k]$

$y[n]$은 과거나 현재의 $x[n]$의 값에 따라 결정되므로 인과 시스템이다.

(b) 입력을 $|x[n]| \leqq M$으로 가정

$$|y[n]| \leqq |x[n]|\{|x[n]| + 0.5|x[n-1]| + 0.5^2|x[n-2]| + \cdots\}$$

$$\Rightarrow |y[n]| \leqq M^2\{1 + 0.5 + 0.5^2 + \cdots\}$$

$$\Rightarrow |y[n]| \leqq 2M^2$$

따라서 이 시스템은 안정 시스템이다.

(c) $x[n-m]$을 입력시키면 $y[n-m]$이 출력되므로 시불변 시스템이다.

(d) $y[n]=(x[n])^2+0.5x[n]x[n-1]+0.5^2x[n]x[n-2]+\ \cdots$

위의 식에서 $x[n]$의 입력이 들어가면 $y[n]$의 출력이 나온다. 그런데 $cx[n]$의 입력이 들어가면 $c^2y[n]$의 출력이 나오므로 비선형 시스템이다.

6. (a)

$y[n]$				0.1	0.19	0.35	0.45	0.37	0.26	0.08
$k(=n)$	-3	-2	-1	0	1	2	3	4	5	6
$h[k]$				0.2	0.3	0.3	0.2			
$x[0-k]$	0.4	0.7	0.2	0.5						
$x[1-k]$		0.4	0.7	0.2	0.5					
$x[2-k]$			0.4	0.7	0.2	0.5				
$x[3-k]$				0.4	0.7	0.2	0.5			
$x[4-k]$					0.4	0.7	0.2	0.5		
$x[5-k]$						0.4	0.7	0.2	0.5	
$x[6-k]$							0.4	0.7	0.2	0.5

(b)

$y[n]$	0.1	0.19	0.35	0.45	0.37	0.26	0.08
n	0	1	2	3	4	5	6
$(0.5)h[n]$	0.1	0.15	0.15	0.1			
$(0.2)h[n-1]$		0.04	0.06	0.06	0.04		
$(0.7)h[n-2]$			0.14	0.21	0.21	0.14	
$(1)h[n-3]$				0.08	0.12	0.12	0.08

7. (a)

$y[n]$				1	4	8	8	3	-2	-1
$k(=n)$	-4	-3	-2	-1	0	1	2	3	4	5
$h[k]$				1	2	1	-1			
$x[-1-k]$	1	3	2	1						
$x[0-k]$		1	3	2	1					
$x[1-k]$			1	3	2	1				
$x[2-k]$				1	3	2	1			
$x[3-k]$					1	3	2	1		
$x[4-k]$						1	3	2	1	
$x[5-k]$							1	3	2	1

(b)

$y[n]$	1	4	8	8	3	-2	-1
n	-1	0	1	2	3	4	5
$(1)h[n]$	1	2	1	-1			
$(2)h[n-1]$		2	4	2	-2		
$(3)h[n-2]$			3	6	3	-3	
$(1)h[n-3]$				1	2	1	-1

8. (a)

$y[n]$			2	-6	6	3	-7	3	1	-2	
$k(=n)$	-4	-3	-2	-1	0	1	2	3	4	5	6
$h[k]$				-2	2	0	-1	1			
$x[-2-k]$	-2	-1	2	-1							
$x[-1-k]$		-2	-1	2	-1						
$x[0-k]$			-2	-1	2	-1					
$x[1-k]$				-2	-1	2	-1				
$x[2-k]$					-2	-1	2	-1			
$x[3-k]$						-2	-1	2	-1		
$x[4-k]$							-2	-1	2	-1	
$x[5-k]$								-2	-1	2	-1

(b)

$y[n]$	2	-6	6	3	-7	3	1	-2
n	-2	-1	0	1	2	3	4	5
$(-1)h[n+1]$	2	-2	0	1	-1			
$(2)h[n]$		-4	4	0	-2	2		
$(-1)h[n-1]$			2	-2	0	1	-1	
				4	-4	0	2	-2

9.

$$y[0]=1$$
$$y[1]=1+a$$
$$y[2]=1+a+a^2$$
$$\vdots$$
$$y[n]=1+a+\cdots+a^n=\frac{1-a^{n+1}}{1-a}$$
$$\vdots$$
$$y[\infty]=\lim_{n\to\infty}y[n]=\frac{1}{1-a}$$

10. $y[n] = \sum_{k=-\infty}^{\infty} b^k u[k] a^{n-k} u[n-k] = a^n \sum_{k=0}^{\infty} (\frac{b}{a})^k u[n-k]$

i) $n < 0, \quad y[n] = 0$

ii) $n \geq 0, \quad y[n] = a^n \sum_{k=0}^{n} (\frac{b}{a})^k = \begin{cases} (n+1)a^n, & a = b \\ \dfrac{a^{n+1} - b^{n+1}}{a-b}, & a \neq b \end{cases}$

11. $y[n] = \sum_{k=0}^{4} h[k] x[n-k]$

$= 0.1x[n] + 0.3x[n-1] + 0.5x[n-2] + 0.4x[n-3] + 0.2x[n-4]$

(구현 생략)

12. $h[n] = h_1[n] * h_2[n] = (\delta[n] - a\delta[n-1]) * a^n u[n]$

$= a^n u[n] - aa^{n-1} u[n-1]$

$= a^n u[n] - a^n u[n-1]$

$= \delta[n]$

13. $h_5[n] = h_3[n] + h_4[n] = \delta[n] + 2\delta[n-1] + 0.5\delta[n-2]$

$h_6[n] = h_2[n] * h_5[n] = 2\delta[n] + 5\delta[n-1] + 3\delta[n-2] + 0.5\delta[n-3]$

$h[n] = h_1[n] + h_6[n] = 5\delta[n] + 5.5\delta[n-1] + 3\delta[n-2] + 0.5\delta[n-3]$

14. $h[n] = \sum_{k=-\infty}^{\infty} h_1[k] h_2[n-k]$

$h_1[k] = 0.5^k u[k]$이므로 $k \geq 0$이고, $h_2[n-k] = 0.125^{n-k} u[n-k]$이므로 $k \leq n$이다. 따라서 $0 \leq k \leq n$을 대입하면 다음의 결과를 얻는다.

$h[n] = \sum_{k=0}^{n} h_1[k] h_2[n-k] = \sum_{k=0}^{n} 0.5^k 0.125^{n-k} = 0.125^n \sum_{k=0}^{n} 4^k = 0.125^n \frac{1-4^{n+1}}{1-4}$

15. $y[n]=0.4y[n-1]-0.2y[n-2]+0.1x[n]+0.5x[n-1]+0.3x[n-2]$

(구현 생략)

16. (a) $h[n]$의 절댓값의 합이 존재하는지를 살펴보자.

$$S=\sum_{n=-\infty}^{\infty}|h_1[n]|=\sum_{n=-\infty}^{\infty}0.9^n u[n]=\sum_{n=0}^{\infty}0.9^n$$

위의 식은 공비가 0.9인 등비수열의 합이므로 다음과 같다.

$$S=\frac{1}{1-0.9}=10$$

위와 같이 $h[n]$의 절댓값의 합이 존재하므로 안정 시스템이다.

(b) $h[n]$의 절댓값의 합이 존재하는지를 살펴보자.

$$S=\sum_{n=-\infty}^{\infty}|h_2[n]|=\sum_{n=-\infty}^{\infty}1.1^n u[n]=\sum_{n=0}^{\infty}1.1^n$$

위의 식은 공비가 1.1인 등비수열이므로 합은 무한대로 발산한다. 따라서 $h[n]$의 절댓값의 합이 존재하지 않으므로 안정 시스템이 아니다.

17. i) $n<0,\ h[n]=0$

ii) $n\geq 0,\ h[n]=\sum_{k=-\infty}^{\infty}a^{n-k}u[n-k]b^k u[k]=\sum_{k=0}^{n}a^{n-k}b^k$

$$=a^n\sum_{k=0}^{n}\left(\frac{b}{a}\right)^k=a^n\frac{1-\left(\frac{b}{a}\right)^{n+1}}{1-\left(\frac{b}{a}\right)}$$

$$\therefore\ h[n]=a^n\frac{1-\left(\frac{b}{a}\right)^{n+1}}{1-\left(\frac{b}{a}\right)}u[n]$$

3장 연습문제 풀이

1. $$H(e^{j\omega}) = \sum_{n=-\infty}^{\infty} h[n]e^{-j\omega n} = \sum_{n=-\infty}^{\infty} (-1)^n g[n]e^{-j\omega n} = \sum_{n=-\infty}^{\infty} g[n](-e^{j\omega})^{-n}$$

$$= G(-e^{j\omega}) = G(e^{j(\omega-\pi)}) = \begin{cases} 0, & |\omega| \leqq \dfrac{3\pi}{4} \\ 1, & \dfrac{3\pi}{4} < |\omega| \leqq \pi \end{cases}$$

($Y(e^{j\omega})$의 그림 생략)

2. (a) $$0.25^n u[n] \Leftrightarrow \sum_{n=-\infty}^{\infty} 0.25^n u[n]e^{-j\omega n} = \sum_{n=0}^{\infty} 0.25^n e^{\;j\omega n} = \sum_{n=0}^{\infty} (0.25e^{-j\omega})^n$$

$$= \frac{1}{1-0.25e^{-j\omega}} = \frac{e^{j\omega}}{e^{j\omega}-0.25}$$

위의 식에 시간 쉬프팅의 성질을 적용

$$0.25^{n+2}u[n+2] \Leftrightarrow e^{j2\omega}\frac{e^{j\omega}}{e^{j\omega}-0.25} = \frac{e^{j3\omega}}{e^{j\omega}-0.25}$$

$$\therefore 0.25^n u[n+2] \Leftrightarrow \frac{16e^{j3\omega}}{e^{j\omega}-0.25}$$

(b) $$x[n] = \frac{1}{2\pi}\int_{-\pi}^{\pi} X(e^{j\omega})e^{j\omega n}d\omega \Rightarrow x[0] = \frac{1}{2\pi}\int_{-\pi}^{\pi} X(e^{j\omega})d\omega = 1$$

$$\therefore \int_{-\pi}^{\pi} X(e^{j\omega})d\omega = 2\pi$$

(c) Parseval의 정리를 이용

$$\frac{1}{2\pi}\int_{-\pi}^{\pi} |X(e^{j\omega})|^2 d\omega = \sum_{n=-\infty}^{\infty} [x[n]|^2$$

$$\Rightarrow \int_{-\pi}^{\pi} |X(e^{j\omega})|^2 d\omega = 2\pi \sum_{n=-\infty}^{\infty} [x[n]]^2$$

$$= 2\pi\{16^2 + 4^2 + 1^2 + 0.25^2 + 0.25^4 + 0.25^6 + \cdots \}$$

$$= 2\pi \frac{16^2}{1-0.25^2} = \frac{8192\pi}{15}$$

3. $H(e^{j\omega}) = \frac{1}{3}\{1 + e^{-j\omega} + e^{-j2\omega}\} = \frac{1}{3}\{e^{j\omega} + 1 + e^{-j\omega}\}e^{-j\omega} = \frac{1}{3}(1 + 2\cos\omega)e^{-j\omega}$

$\therefore |H(e^{j\omega})| = |\frac{1}{3}(1 + 2\cos\omega)|$

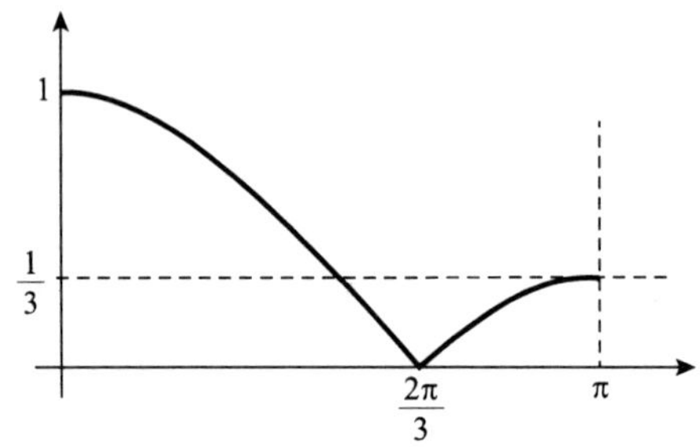

4. $H(e^{j\omega}) = 0.5(1 - e^{-j\omega}) = 0.5\left(e^{j\frac{\omega}{2}} - e^{-j\frac{\omega}{2}}\right)e^{-j\frac{\omega}{2}} = j\left(\sin\frac{\omega}{2}\right)e^{-j\frac{\omega}{2}}$

$\therefore |H(e^{j\omega})| = \left|\sin\frac{\omega}{2}\right|$

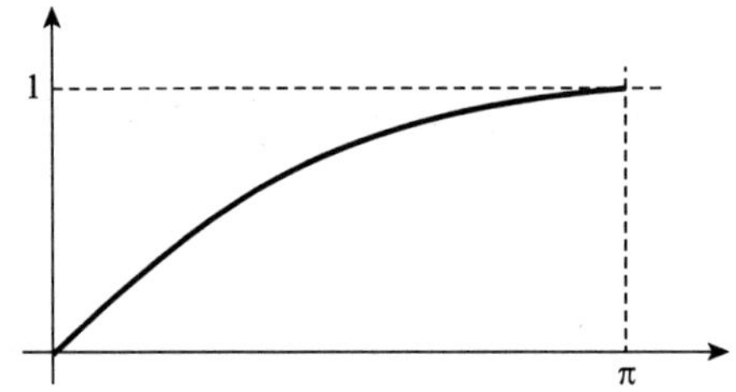

5. $H(e^{j\omega}) = 0.5(1 - e^{-j2\omega}) = 0.5(e^{j\omega} - e^{-j\omega})e^{-j\omega} = j(\sin\omega)e^{-j\omega}$

$\therefore |H(e^{j\omega})| = |\sin\omega|$

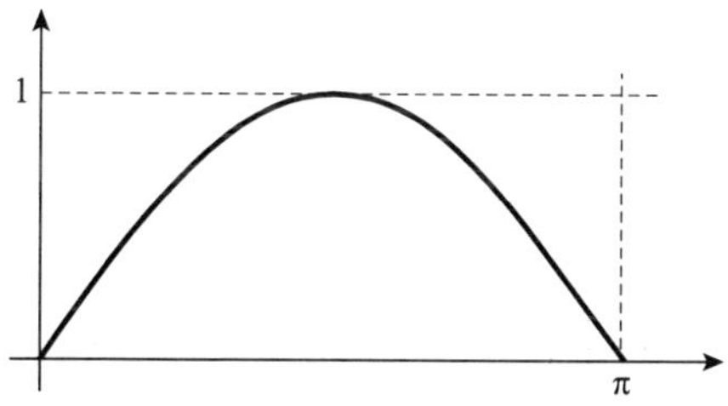

6. $H(e^{j\omega}) = 0.5(1 - e^{-j4\omega}) = 0.5(e^{j2\omega} - e^{-j2\omega})e^{-j2\omega} = j(\sin 2\omega)e^{-j2\omega}$

$\therefore |H(e^{j\omega})| = |\sin 2\omega|$

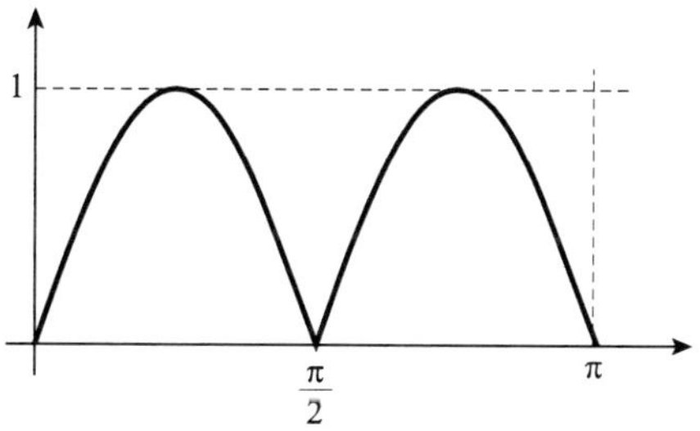

7.

$$h[n] \equiv \frac{1}{2\pi}\int_{-\pi}^{\pi} H(e^{j\omega})e^{j\omega n}d\omega = \frac{1}{2\pi}\int_{-\frac{\pi}{3}}^{\frac{\pi}{3}} e^{j\omega n}d\omega = \frac{1}{2\pi}\left[\frac{e^{j\omega n}}{jn}\right]_{-\frac{\pi}{3}}^{\frac{\pi}{3}}$$

$$= \frac{1}{\pi n}\frac{e^{j\frac{\pi}{3}n} - e^{-j\frac{\pi}{3}n}}{2j} = \frac{\sin\frac{\pi}{3}n}{\pi n}, \ -\infty < n < \infty$$

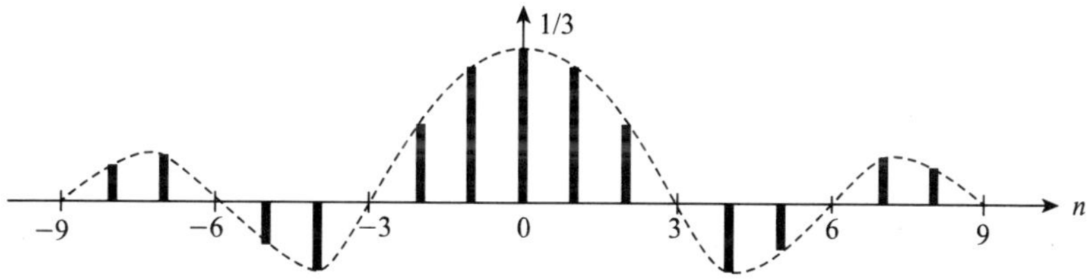

8.

$$h[n] \equiv \frac{1}{2\pi}\int_{-\pi}^{\pi} H(e^{j\omega})e^{j\omega n}d\omega = \frac{1}{2\pi}\int_{-\frac{\pi}{4}}^{\frac{\pi}{4}} e^{j\omega n}d\omega = \frac{1}{2\pi}\left[\frac{e^{j\omega n}}{jn}\right]_{-\frac{\pi}{4}}^{\frac{\pi}{4}}$$

$$= \frac{1}{\pi n} \frac{e^{j\frac{\pi}{4}n} - e^{-j\frac{\pi}{4}n}}{2j} = \frac{\sin\frac{\pi}{4}n}{\pi n}, \ -\infty < n < \infty$$

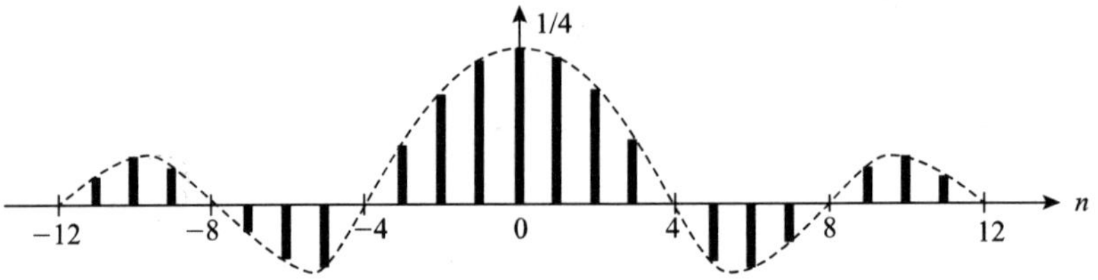

9. 디지털 신호 $x_{\pi}[n]$과 $x_{\pi/2}[n]$은 다음과 같다.

$$x_{\pi}[n] = \{\underset{\uparrow}{1}, \ -1, \ 1, \ -1, \ 1, -1, \ \cdots\}$$

$$x_{\pi/2}[n] = \{\underset{\uparrow}{1}, \ 0, \ -1, \ 0, \ 1, \ 0, \ -1, \ 0, \ \cdots\}$$

10. 디지털 신호 $x_{\pi}[n]$과 $x_{\pi/2}[n]$은 다음과 같다.

$$x_{\pi}[n] = \{\underset{\uparrow}{1}, \ -1, \ 1, \ -1, \ 1, -1, \ \cdots\}$$

$$x_{\pi/2}[n] = \{\underset{\uparrow}{1}, \ 0, \ -1, \ 0, \ 1, \ 0, \ -1, \ 0, \ \cdots\}$$

11. (a) $H(e^{j\omega}) = \frac{1}{3}\{1 + e^{-j\omega} + e^{-j2\omega}\} = \frac{1}{3}\{e^{j\omega} + 1 + e^{-j\omega}\}e^{-j\omega}$

$$= \frac{1}{3}(1 + 2\cos\omega)e^{-j\omega}$$

$\therefore \ |H(e^{j\omega})| = |\frac{1}{3}(1 + 2\cos\omega)|$

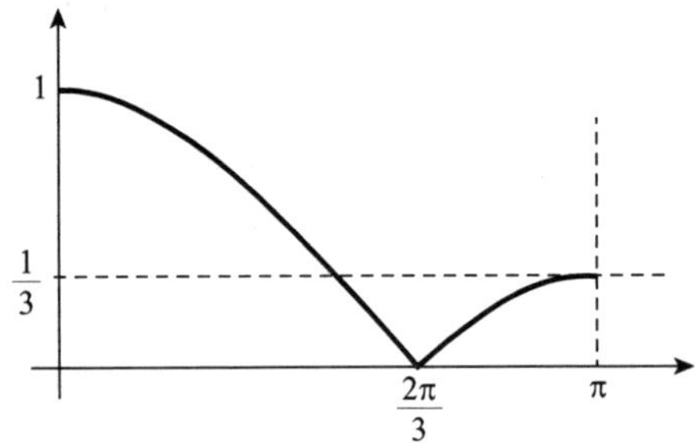

$$|H(e^{j0.5\pi})| = |\frac{1}{3}(1+2\cos 0.5\pi)| = \frac{1}{3}$$

(b)

$y[n]$	1/3	1/3	0	−1/3	0	1/3	0	−1/3	0	1/3
k	0	1	2	3	4	5	6	7	8	9
$h[k]$	1/3	1/3	1/3							
$x[0-k]$	1									
$x[1-k]$	0	1								
$x[2-k]$	−1	0	1							
$x[3-k]$	0	−1	0	1						
$x[4-k]$	1	0	−1	0	1					
$x[5-k]$	0	1	0	−1	0	1				
$x[6-k]$	−1	0	1	0	−1	0	1			
$x[7-k]$	0	−1	0	1	0	−1	0	1		
$x[8-k]$	1	0	−1	0	1	0	−1	0	1	
$x[9-k]$	0	1	0	−1	0	1	0	−1	0	1

$$y[n] = \left\{\underset{\uparrow}{\frac{1}{3}},\ \frac{1}{3},\ 0,\ -\frac{1}{3},\ 0,\ \frac{1}{3},\ 0,\ -\frac{1}{3},\ 0,\ \frac{1}{3},\ \cdots\right\}$$

(c) 진폭 1의 신호가 입력되어 진폭 1/3의 신호로 출력되었으므로 이득은 1/3이다. 이는 (a)에서 구한 이득과 일치한다.

12. (a) $H(e^{j\omega}) = \frac{1}{3}\{1+e^{-j\omega}+e^{-j2\omega}\} = \frac{1}{3}\{e^{j\omega}+1+e^{-j\omega}\}e^{-j\omega}$

$$= \frac{1}{3}(1+2\cos\omega)e^{-j\omega}$$

$$\therefore\ |H(e^{j\omega})| = \left|\frac{1}{3}(1+2\cos\omega)\right|$$

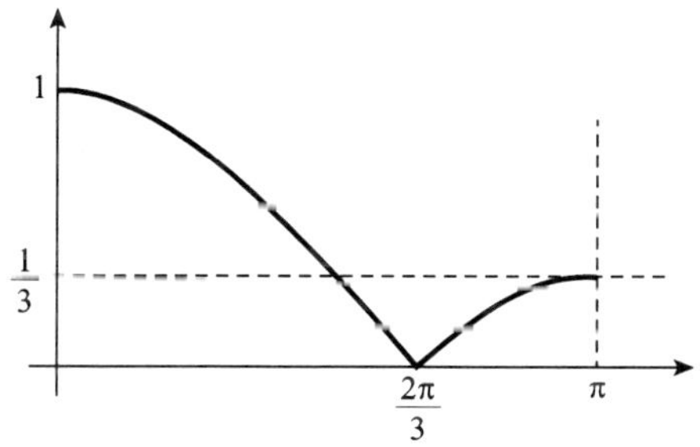

$$|H(e^{j0.25\pi})| = \left|\frac{1}{3}(1+2\cos 0.25\pi)\right| = 0.805$$

(b)

$y[n]$	0.333	0.569	0.569	0	−0.569	−0.805	−0.569	0	0.569	0.805
k	0	1	2	3	4	5	6	7	8	9
$h[k]$	1/3	1/3	1/3							
$x[0-k]$	1									
$x[1-k]$	0.707	1								
$x[2-k]$	0	0.707	1							
$x[3-k]$	−0.707	0	0.707	1						
$x[4-k]$	−1	−0.707	0	0.707	1					
$x[5-k]$	−0.707	−1	−0.707	0	0.707	1				
$x[6-k]$	0	−0.707	−1	−0.707	0	0.707	1			
$x[7-k]$	0.707	0	−0.707	−1	−0.707	0	0.707	1		
$x[8-k]$	1	0.707	0	−0.707	−1	−0.707	0	0.707	1	
$x[9-k]$	0.707	1	0.707	0	−0.707	−1	−0.707	0	0.707	1

$$y[n]=\{\underset{\uparrow}{0.333},\ 0.569,\ 0.569,\ 0,\ -0.569,\ -0.805,\ -0.569,\ 0,\ 0.569,\ 0.805,\ \cdots\}$$

(c) 진폭 1의 신호가 입력되어 진폭 0.805의 신호로 출력되었으므로 이득은 0.805이다. 이는 (a)에서 구한 이득과 일치한다.

13. (a)

$$H(e^{j\omega})=\frac{1}{3}\{1+e^{-j\omega}+e^{-j2\omega}\}=\frac{1}{3}\{e^{j\omega}+1+e^{-j\omega}\}e^{-j\omega}=\frac{1}{3}(1+2\cos\omega)e^{-j\omega}$$

$$X(e^{j\omega})=\frac{1}{3}\{1+e^{-j\omega}+e^{-j2\omega}\}=\frac{1}{3}\{e^{j\omega}+1+e^{-j\omega}\}e^{-j\omega}=\frac{1}{3}(1+2\cos\omega)e^{-j\omega}$$

$$Y(e^{j\omega})=H(e^{j\omega})X(e^{j\omega})=\frac{1}{9}(1+4\cos\omega+4\cos^2\omega)e^{-j2\omega}$$

14.

$y[n]$	1/9	2/9	1/3	2/9	1/9
k	0	1	2	3	4
$h[k]$	1/3	1/3	1/3		
$x[0-k]$	1/3				
$x[1-k]$	1/3	1/3			
$x[2-k]$	1/3	1/3	1/3		
$x[3-k]$	0	1/3	1/3	1/3	
$x[4-k]$	0	0	1/3	1/3	1/3

$$y[n] = \left\{ \underset{\uparrow}{\frac{1}{9}},\ \frac{2}{9},\ \frac{1}{3},\ \frac{2}{9},\ \frac{1}{9} \right\}$$

$$Y(e^{j\omega}) = \frac{1}{9}\{1 + 2e^{-j\omega} + 3e^{-j2\omega} + 2e^{-j3\omega} + e^{-j4\omega}\}$$

$$= \frac{1}{9}(2\cos 2\omega + 4\cos\omega + 3)e^{-j2\omega} = \frac{1}{9}(4\cos^2\omega + 4\cos\omega + 1)e^{-j2\omega}$$

$$(\because \cos 2\omega = 2\cos^2\omega - 1)$$

이 결과는 연습문제 3-13의 출력 스펙트럼과 같다.

4장 연습문제 풀이

1. (a) 길이가 각각 4인 $h[n]$과 $x[n]$은 다음과 같다.

$$h[n]=\{\underset{\uparrow}{1},\ 2,\ 4,\ 8\ \},\quad x[n]=\{\underset{\uparrow}{1},\ 0,\ -1,0\ \}$$

이 두 신호를 원형 컨볼루션하면 결과는 다음과 같다.

$$y[n]=\{\underset{\uparrow}{-3},-6,\ 3,6\ \}$$

(b) $X(k)=\sum_{n=0}^{3}x[n]e^{-j\frac{2\pi}{4}nk}=1+(0)+(-1)e^{-j\pi k}+(0)=1-e^{-j\pi k}$

(c) $H(k)=\sum_{n=0}^{3}h[n]e^{-j\frac{2\pi}{4}nk}=1+2e^{-j\frac{\pi}{2}k}+4e^{-j\pi k}+8e^{-j\frac{3\pi}{2}k}$

(d) $Y(k)=H(k)X(k)=(1+2e^{-j\frac{\pi}{2}k}+4e^{-j\pi k}+8e^{-j\frac{3\pi}{2}k})(1-e^{-j\pi k})$

$$=-3-6e^{-j\frac{\pi}{2}k}+3e^{-j\pi k}+6e^{-j\frac{3\pi}{2}k}$$

(e) $Y(k)$의 4-point DFT 식은 다음과 같다.

$$Y(k)=\sum_{n=0}^{3}y[n]e^{-j\frac{2\pi}{4}nk}=y[0]+y[1]e^{-j\frac{2\pi}{4}k}+y[2]e^{-j\frac{4\pi}{4}k}+y[3]e^{-j\frac{6\pi}{4}k}$$

위의 식과 (d)의 결과식을 비교하면 다음과 같이 $y[n]$을 구할 수 있다.

$$y[n]=\{\underset{\uparrow}{-3},-6,\ 3,6\ \}$$

따라서 이 결과는 (a)에서 구한 원형 컨볼루션의 결과와 같음을 알 수 있다.

2. 무한대의 길이를 갖는 신호 $x[n]$의 DTFT에서 DFT를 취하여 역 DFT를 하면 시간 영역에서 에일리어싱이 생긴다.

$$y[n] = \sum_{r=-\infty}^{\infty} x[n+10r] = \sum_{r=0}^{\infty} 0.5^{n+10r} = 0.5^n \sum_{r=0}^{\infty} 0.5^{10r}$$

$$= \frac{0.5^n}{1-0.5^{10}} = \frac{1024}{1023} 0.5^n$$

따라서 최종적으로 $y[n]$은 다음과 같다.

$$y[n] = \begin{cases} \frac{1024}{1023} 0.5^n, \ 0 \leq n \leq 9 \\ \quad 0, \qquad \text{otherwise} \end{cases}$$

3. 길이가 각각 6인 두 신호를 DFT를 사용하여 출력을 구하기 위해서는 11-point DFT를 사용하여야 한다. 그런데 $u_1[n]$은 9-point DFT를 사용하여 구했으므로 앞의 두 개는 에러가 포함되어 있음을 알 수 있다. 따라서 $w[n]$은 다음과 같이 나타낼 수 있다.

$$w[n] = \{\underset{\uparrow}{?}, \ ?, \ 15, 18, \ 20, \ 21, \ 15, \ 10, \ 6, \ ?, \ ?\}$$

위의 $w[n]$에서 $w[0]$, $w[1]$, $w[9]$, $w[10]$의 값을 구해야 $w[n]$을 완성시킬 수 있다. $u[n]$은 6-point DFT를 사용하여 구했으므로 앞의 5개는 에러가 포함되어 있다. $u_1[n]$과 비교하면 에러의 양을 다음과 같이 구할 수 있다.

$$e[2] = u[2] - u_1[2] = 21 - 15 = 6,$$

$$e[3] = u[3] - u_1[3] = 21 - 18 = 3,$$

$$e[4] = u[4] - u_1[4] = 21 - 20 = 1$$

$e[3]$과 $e[4]$의 에러 값이 $w[n]$의 $w[9]$와 $w[10]$이 되므로 $w[n]$은 다음과 같다.

$$w[n] = \{\underset{\uparrow}{?}, \ ?, \ 15, 18, \ 20, \ 21, \ 15, \ 10, \ 6, \ 3, \ 1\}$$

$u_1[n]$의 앞의 두 개의 신호값 $u_1[0] = 9$와 $u_1[1] = 12$에 포함된 에러값이 3과 1이므로 이를 빼면 6과 11을 구할 수 있다. 따라서 완성된 $w[n]$은 다음과 같다.

$$w[n] = \{\underset{\uparrow}{6}, \ 11, \ 15, \ 18, \ 20, 21, \ 15, \ 10, \ 6, \ 3, \ 1 \ \}$$

4. $Y(k) = \{X(k)\}^2$이므로 $y[n]$은 원형 컨볼루션 $y[n] = x[n]④x[n]$을 통하여 계산할 수 있다.

i) $n = 0, \quad 2ac + b^2 = 5$

ii) $n=1,\quad 2bc=2$

iii) $n=2,\quad a^2+c^2=5$

iv) $n=3,\quad 2ab=4$

$a=\pm 2,\ b=\pm 1,\ c=\pm 1$

5. (풀이 생략)

6. (풀이 생략)

7. (풀이 생략)

8. (풀이생략)

9. (a) $X(e^{j\omega})=\sum_{n=0}^{3}x[n]e^{-j\omega n}=1+e^{-j\omega}+e^{-j2\omega}+e^{-j3\omega}$

$$=(e^{j\frac{3}{2}\omega}+e^{-j\frac{3}{2}\omega})e^{-j\frac{3}{2}\omega}+(e^{j\frac{1}{2}\omega}+e^{-j\frac{1}{2}\omega})e^{-j\frac{3}{2}\omega}$$

$$=\left(2\cos\frac{3}{2}\omega\right)e^{-j\frac{3}{2}\omega}+\left(2\cos\frac{1}{2}\omega\right)e^{-j\frac{3}{2}\omega}=\left(2\cos\frac{3}{2}\omega+2\cos\frac{1}{2}\omega\right)e^{-j\frac{3}{2}\omega}$$

$\therefore X(e^{j\omega})=\left|2(\cos\frac{3}{2}\omega+\cos\frac{1}{2}\omega)\right|$

(그림 생략)

(b) $X(k)=\sum_{n=0}^{3}x[n]e^{-j\frac{2\pi}{4}nk}$

$X(0)=4,\ X(1)=0,\ X(2)=0,\ X(3)=0$

(c) DFT는 DTFT의 샘플 값임.

10. 0000 X(0)

1000 X(8)

0100 X(4)

1100 X(12)

0010 X(2)

1010 X(10)

0110 X(6)

1110 X(14)

0001 X(1)

1001 X(9)

0101 X(5)

1101 X(13)

0011 X(3)

1011 X(11)

0111 X(7)

1111 X(15)

11. (a) $N^2 = 512^2 = 262144$

(b) $\frac{N}{2}\log_2 N = 256 \times \log_2 512 = 256 \times 9 = 2304$

(c) $\frac{2304}{262144} \times 100\% = 0.88\%$ 따라서 99.12% 감소된다.

12. (풀이 생략)

13. (풀이 생략)

5장 연습문제 풀이

1. (a) z 변환의 정의에 대입하면 다음과 같다.

$$H(z) = \sum_{n=-\infty}^{\infty} 0.9^n u[n] z^{-n} + \sum_{n=-\infty}^{\infty} 0.9^{-n} u[-n-1] z^{-n}$$

$$= \sum_{n=0}^{\infty} 0.9^n z^{-n} + \sum_{n=-\infty}^{-1} 0.9^{-n} z^{-n}$$

$$= \sum_{n=0}^{\infty} (0.9z^{-1})^n + \sum_{m=1}^{\infty} (0.9z)^m$$

$$= \frac{z}{z-0.9} - \frac{z}{z-1.11} = \frac{-0.21z}{(z-0.9)(z-1.11)}$$

위의 식에서 수렴영역은 두 개의 등비수열의 공비의 절댓값이 모두 1보다 작아야 하므로 다음과 같다.

$|0.9z^{-1}| < 1,\ |0.9z| < 1 \quad \rightarrow 0.9 < |z| < 1.11$

(b) 극점은 $z = 0.9$와 $z = 1.11$이 된다. 영점은 $z = 0$이다. 그림은 생략

(c) 주파수가 0과 π일 때의 주파수 응답은 다음과 같다.

$H(1) = 19,\ H(-1) = 0.05$

주파수 응답의 그림은 생략

2. (a) $X(z) = \dfrac{-6z}{(2z-1)(z-2)}$, ROC: $0.5 < |z| < 2$

(b) $H(z) = \dfrac{Y(z)}{X(z)} = \dfrac{-z}{z-4}$

안정 시스템이므로 수렴영역이 단위원을 포함한다. 즉 $|z| < 4$. 따라서 left-side 신호이므로 비인과성이다.

(c) $h[n] = 4^n u[-n-1]$

3. (a) $H(z)=\dfrac{1+0.5z^{-1}}{1-z^{-1}+0.5z^{-2}}=\dfrac{z^2+0.5z}{z^2-z+0.5}=\dfrac{z(z+0.5)}{(z-p_1)(z-p_2)}$

$p_1=0.5+j0.5,\quad p_2=0.5-j0.5$

부분분수의 형으로 나타내기 위해서 위의 식을 z로 나눈 후에 다음과 같이 부분분수의 합으로 표현한다.

$$\frac{H(z)}{z}=\frac{A_1}{z-p_1}+\frac{A_2}{z-p_2}=\frac{z+0.5}{(z-p_1)(z-p_2)}$$

계수들을 구하면 다음과 같다.

$$A_1+\frac{A_2(z-p_1)}{z-p_2}=\frac{z+0.5}{z-p_2}\qquad \therefore A_1=\left.\frac{z+0.5}{z-p_2}\right|_{z=p_1}=0.5-j$$

$$\frac{A_1(z-p_2)}{z-p_1}+A_2=\frac{z+0.5}{z-p_1}\qquad \therefore A_2=\left.\frac{z+0.5}{z-p_1}\right|_{z=p_2}=0.5+j$$

구한 계수들을 대입하여 $H(z)$를 정리하면 다음과 같다.

$$H(z)=(0.5-j)\frac{z}{z-p_1}+(0.5+j)\frac{z}{z-p_2}$$

인과 시스템의 전달함수이므로 다음과 같이 역 z 변환된다.

$$h[n]=(0.5-j)(0.5+j0.5)^n u[n]+(0.5+j)(0.5-j0.5)^n u[n]$$

(b) $h[0]=(0.5-j)+(0.5+j)=1$

$h[1]=(0.5-j)(0.5+j0.5)+(0.5+j)(0.5-j0.5)=1.5$

4. (a) $H(z)z^n=[z^n+2.5H(z)z^n-H(z)z^{n-1}]z^{-1}$

$$\therefore H(z)=\frac{z^{-1}}{1-2.5z^{-1}+z^{-2}}=\frac{z}{z^2-2.5z+1}$$

(b) $y[n]-2.5y[n-1]+y[n-2]=x[n-1]$

or $y[n]=2.5y[n-1]-y[n-2]+x[n-1]$

(c) 인과성이므로

$$H(z)=\frac{(-2/3)z}{z-0.5}+\frac{(2/3)z}{z-2}$$

$h[n]=(-2/3)(0.5)^n u[n]+(2/3)(2)^n u[n]$

5. (a) $H(z)=\dfrac{z^{-2}}{1-1.7z^{-1}+0.72z^{-2}}=\dfrac{1}{z^2-1.7z+0.72}$

$$\frac{H(z)}{z}=\frac{1}{z(z^2-1.7z+0.72)}=\frac{1}{z(z-0.9)(z-0.8)}$$

$$=\frac{A_1}{z}+\frac{A_2}{z-0.9}+\frac{A_3}{z-0.8}$$

$$\left.\left\{A_1+\frac{A_2 z}{z-0.9}+\frac{A_3 z}{z-0.8}\right\}\right|_{z=0}=\left.\frac{1}{(z-0.9)(z-0.8)}\right|_{z=0}=1.39$$

$\therefore A_1=1.39$

$$\left.\left\{\frac{A_1(z-0.9)}{z}+A_2+\frac{A_3(z-0.9)}{z-0.8}\right\}\right|_{z=0.9}=\left.\frac{1}{z(z-0.8)}\right|_{z=0.9}=11.1$$

$\therefore A_2=11.1$

$$\left.\left\{\frac{A_1(z-0.8)}{z}+\frac{A_2(z-0.8)}{z-0.9}+A_3\right\}\right|_{z=0.8}=\left.\frac{1}{z(z-0.9)}\right|_{z=0.8}=-12.5$$

$\therefore A_3=-12.5$

$$H(z)=1.39+11.1\frac{z}{z-0.9}-12.5\frac{z}{z-0.8}$$

인과 시스템의 전달함수이므로 다음과 같이 역 z 변환된다.

$$h[n]=1.39\delta[n]+11.1\times 0.9^n u[n]-12.5\times 0.8^n u[n]$$

6. $Y(z)(1-0.75z^{-1}+0.125z^{-2})=X(z)z^{-1}$

$$H(z)=\frac{Y(z)}{X(z)}=\frac{z^{-1}}{1-0.75z^{-1}+0.125z^{-2}}=\frac{z}{z^2-0.75z+0.125}$$

역 z 변환을 통하여 임펄스 응답을 구한다.

$$\frac{H(z)}{z}=\frac{1}{z^2-0.75z+0.125}=\frac{1}{(z-0.5)(z-0.25)}=\frac{A_1}{z-0.5}+\frac{A_2}{z-0.25}$$

$$\left.\left\{A_1+\frac{A_2(z-0.5)}{z-0.25}\right\}\right|_{z=0.5}=\left.\frac{1}{z-0.25}\right|_{z=0.5}\quad \therefore A_1=4$$

$$\left.\left\{A_2+\frac{A_1(z-0.25)}{z-0.5}\right\}\right|_{z=0.25}=\left.\frac{1}{z-0.5}\right|_{z=0.25}\quad \therefore A_2=-4$$

$$H(z) = \frac{4z}{z-0.5} - \frac{4z}{z-0.25}$$

인과 시스템의 전달함수이므로 다음과 같이 역 z 변환된다.

$$h[n] = 4 \times 0.5^n u[n] - 4 \times 0.25^n u[n]$$

7. 부분분수 전개를 이용하기 위해서 인수분해하면 다음과 같다.

$$H(z) = \frac{1}{1-1.4z^{-1}+0.58z^{-2}} = \frac{z^2}{z^2-1.4z+0.58} = \frac{z^2}{(z-p_1)(z-p_2)}$$

$$p_1 = 0.7 + j0.3, \quad p_2 = 0.7 - j0.3$$

부분분수의 형으로 나타내기 위해서 위의 식을 z로 나눈 후에 다음과 같이 부분분수의 합으로 표현한다.

$$\frac{H(z)}{z} = \frac{z}{(z-p_1)(z-p_2)} = \frac{A_1}{z-p_1} + \frac{A_2}{z-p_2}$$

$$A_1 + \frac{A_2(z-p_1)}{z-p_2} = \frac{z}{z-p_2} \qquad \therefore A_1 = \left.\frac{z}{z-p_2}\right|_{z=p_1} = 0.5 - j1.167$$

$$\frac{A_1(z-p_2)}{z-p_1} + A_2 = \frac{z}{z-p_1} \qquad \therefore A_2 = \left.\frac{z}{z-p_1}\right|_{z=p_2} = 0.5 + j1.167$$

$$H(z) = \frac{(0.5-j1.167)z}{z-p_1} + \frac{(0.5+j1.167)z}{z-p_2}$$

위의 전달함수는 인과 시스템의 전달함수이므로 다음과 같이 역 z 변환된다.

$$h[n] = (0.5-j1.167)(0.7+j0.3)^n u[n] + (0.5+j1.167)(0.7-j0.3)^n u[n]$$

$n=0$, 1, 2에서 임펄스 응답을 계산하면 다음과 같다.

$$h[0] = (0.5-j1.167) + (0.5+j1.167) = 1$$

$$h[1] = (0.5-j1.167)(0.7+j0.3) + (0.5+j1.167)(0.7-j0.3) = 1.4$$

$$h[2] = (0.5-j1.167)(0.7+j0.3)^2 + (0.5+j1.167)(0.7-j0.3)^2 = 1.38$$

8. (a) $H(z) = \frac{1+az^{-1}}{1-bz^{-1}}$

(b) $|b| < 1$

(c) 극점의 위치가 $z=b$이므로 b가 실수축 상의 0에서 1사이에 위치하면 됨.
(가급적 1에 가깝게)
영점의 위치는 $z=-a$이므로 $-a$의 위치가 실수축 상의 -1에 위치하면 됨.

(d) 극점의 위치가 $z=b$이므로 b가 실수축 상의 0에서 -1사이에 위치하면 됨.
(가급적 -1에 가깝게)
영점의 위치는 $z=-a$이므로 $-a$의 위치가 실수축 상의 1에 위치하면 됨.

9. $X(z)=3-3z^{-1}+z^{-2}+2z^{-3}+4z^{-5}+5z^{-6}-6z^{-7}$

$Y(z)=1+\frac{1}{3}z^{-2}+z^{-4}+2z^{-5}+3z^{-6}+z^{-7}-\frac{1}{3}z^{-8}-2z^{-9}$

$$H(z)=\frac{Y(z)}{X(z)}=\frac{1+\frac{1}{3}z^{-2}+z^{-4}+2z^{-5}+3z^{-6}+z^{-7}-\frac{1}{3}z^{-8}-2z^{-9}}{3-3z^{-1}+z^{-2}+2z^{-3}+4z^{-5}+5z^{-6}-6z^{-7}}$$

$$=\frac{1}{3}+\frac{1}{3}z^{-1}+\frac{1}{3}z^{-2}$$

$\therefore h[n]=\frac{1}{3}\delta[n]+\frac{1}{3}\delta[n-1]+\frac{1}{3}\delta[n-2]$

10. (a) $y[n]=\frac{1}{3}x[n]+\frac{1}{3}x[n-1]+\frac{1}{3}x[n-2]$

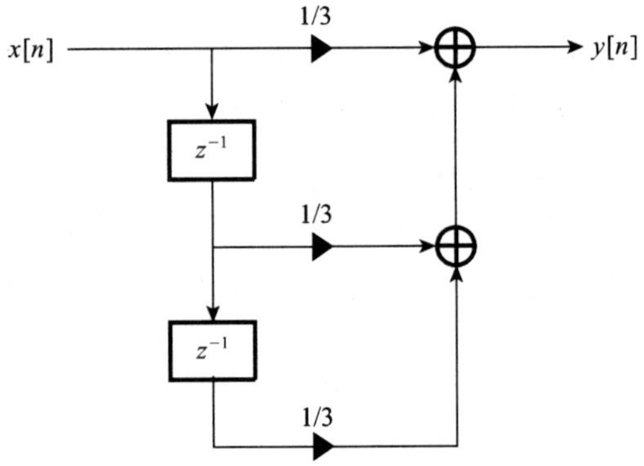

(b) $H(z)=\frac{1}{3}(1+z^{-1}+z^{-2})$

(c) 영점의 위치 : $z=-0.5+j0.866$, $z=-0.5-j0.866$

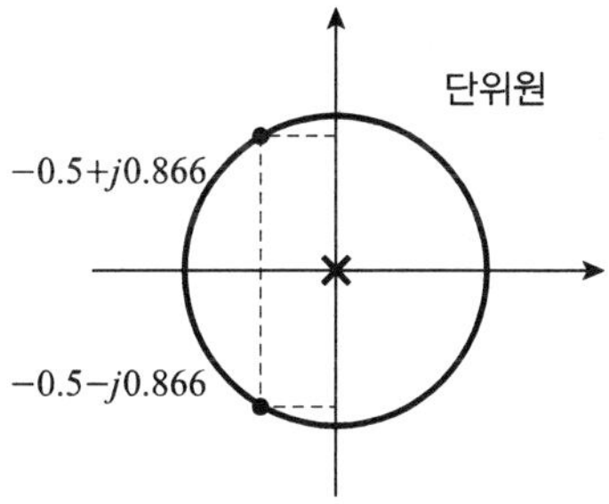

(d) $H(e^{j\omega}) = \frac{1}{3}\{1 + e^{-j\omega} + e^{-j2\omega}\} = \frac{1}{3}\{e^{j\omega} + 1 + e^{-j\omega}\}e^{-j\omega}$

$$= \frac{1}{3}(1 + 2\cos\omega)e^{-j\omega}$$

$\therefore\ |H(e^{j\omega})| = \left|\frac{1}{3}(1 + 2\cos\omega)\right|$

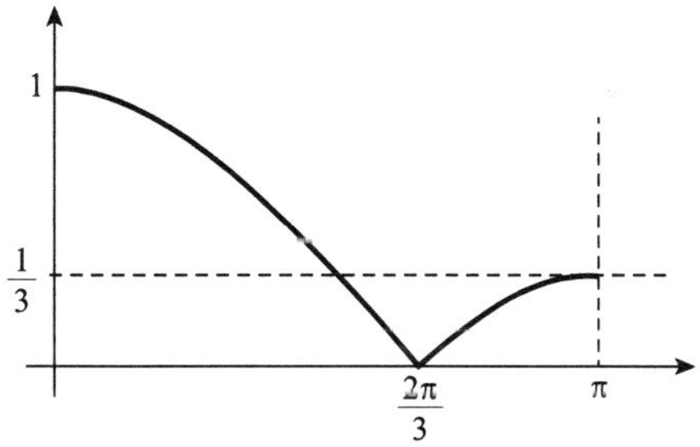

11. (a) $y[n] = y[n-1] - 0.5y[n-2] + 0.25x[n] + 0.25x[n-1]$

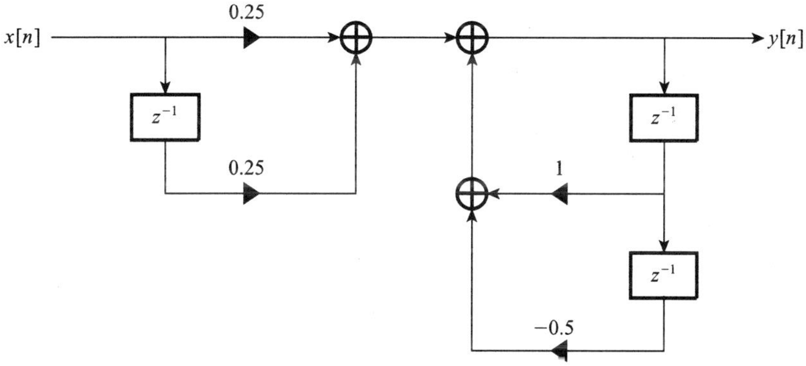

(b) $Y(z)(1 - z^{-1} + 0.5z^{-2}) = 0.25X(z)(1 + z^{-1})$

$$\therefore H(z) = \frac{Y(z)}{X(z)} = \frac{0.25(1 + z^{-1})}{1 - z^{-1} + 0.5z^{-2}} = \frac{0.25z(z+1)}{z^2 - z + 0.5}$$

(c) 영점의 위치: $z=0,\ z=-1$

극점의 위치: $z=0.5+j0.5,\ z=0.5-j0.5$

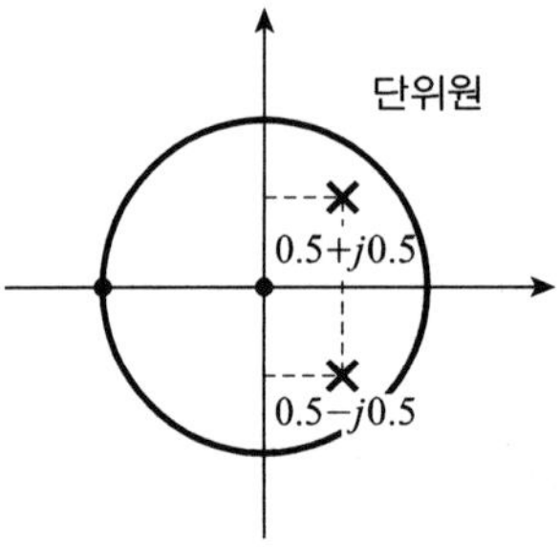

(d) 인과 시스템이면서 극점이 단위원 안에 있으므로 안정 시스템이다.

12. (a) $y[n]=0.5x[n]-0.5x[n-1]$

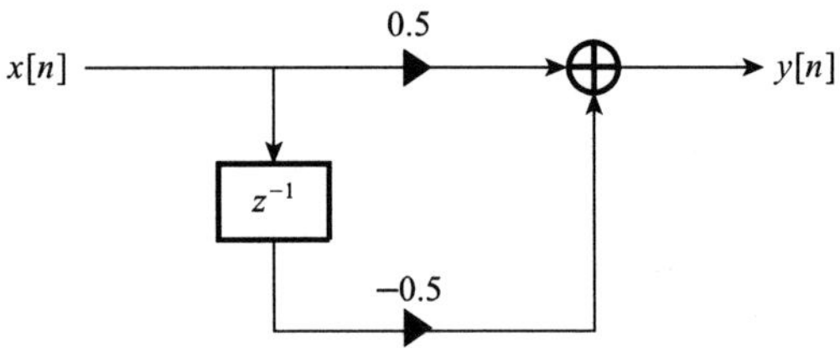

(b) $H(z)=0.5(1-z^{-1})$

(c) 영점의 위치: $z=1$

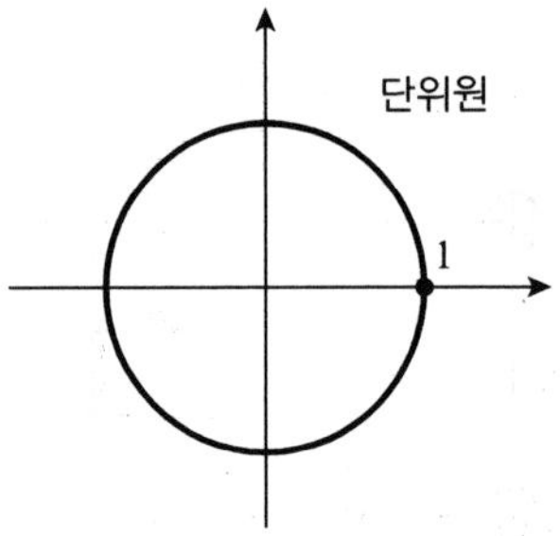

(d) $H(e^{j\omega})=0.5(1-e^{-j\omega})=0.5\left(e^{j\frac{\omega}{2}}-e^{-j\frac{\omega}{2}}\right)e^{-j\frac{\omega}{2}}=j\left(\sin\frac{\omega}{2}\right)e^{-j\frac{\omega}{2}}$

$\therefore |H(e^{j\omega})|=\left|\sin\frac{\omega}{2}\right|$

따라서 진폭 응답을 그리면 다음과 같다.

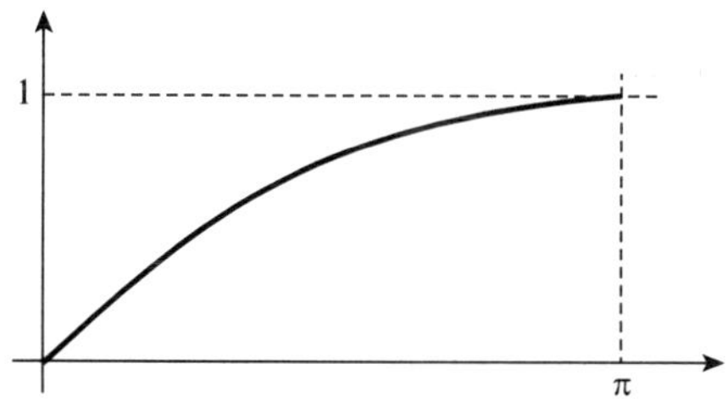

13. (a) $y[n] = 0.5x[n] - 0.5x[n-2]$

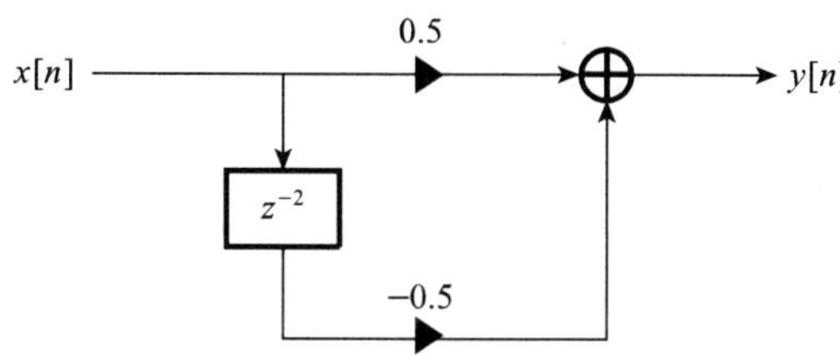

(b) $H(z) = 0.5(1 - z^{-2})$

(c) $H(z) = 0.5(1 - z^{-2}) = 0.5\dfrac{(z^2 - 1)}{z^2} = 0.5\dfrac{(z-1)(z+1)}{z^2}$

영점의 위치: $z = 1$, $z = -1$

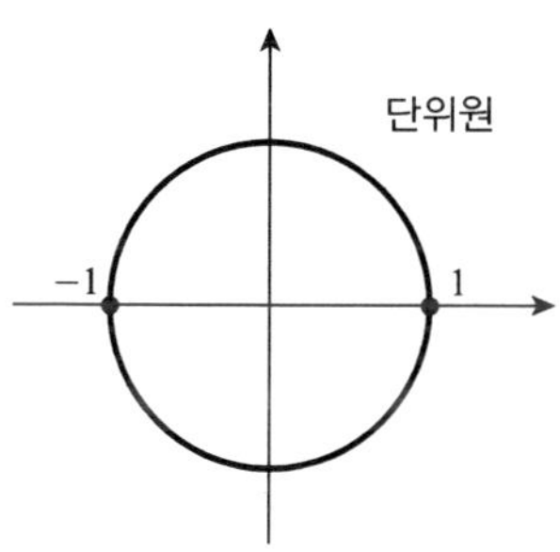

(d) $H(e^{j\omega}) = 0.5(1 - e^{-j2\omega}) = 0.5(e^{j\omega} - e^{-j\omega})e^{-j\omega} = j(\sin\omega)e^{-j\omega}$

$\therefore |H(e^{j\omega})| = |\sin\omega|$

따라서 진폭 응답을 그리면 다음과 같다.

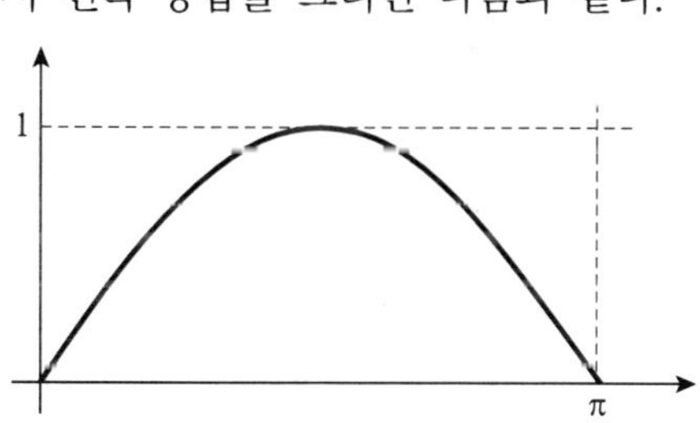

14. (a) $y[n]=0.5x[n]-0.5x[n-4]$

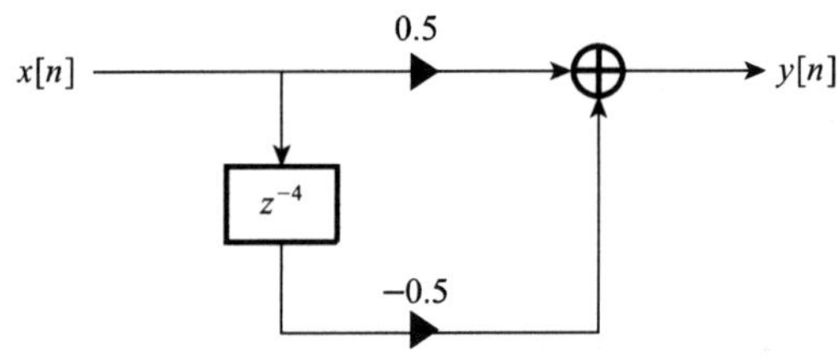

(b) $H(z)=0.5(1-z^{-4})$

(c) $H(z)=0.5(1-z^{-4})=0.5\dfrac{(z^4-1)}{z^4}=0.5\dfrac{(z-1)(z+1)(z-j)(z+j)}{z^2}$

영점의 위치: $z=1,\quad z=-1,\quad z=j,\quad z=-j$

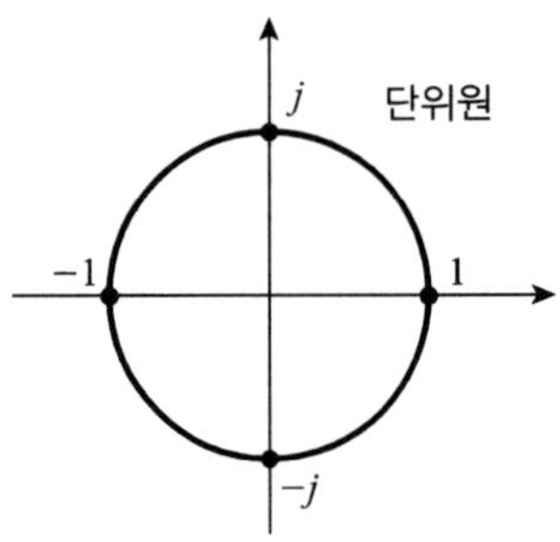

(d) $H(e^{j\omega})=0.5(1-e^{-j4\omega})=0.5(e^{j2\omega}-e^{-j2\omega})e^{-j2\omega}=j(\sin 2\omega)e^{-j2\omega}$

$\therefore |H(e^{j\omega})|=|\sin 2\omega|$

따라서 진폭 응답을 그리면 다음과 같다.

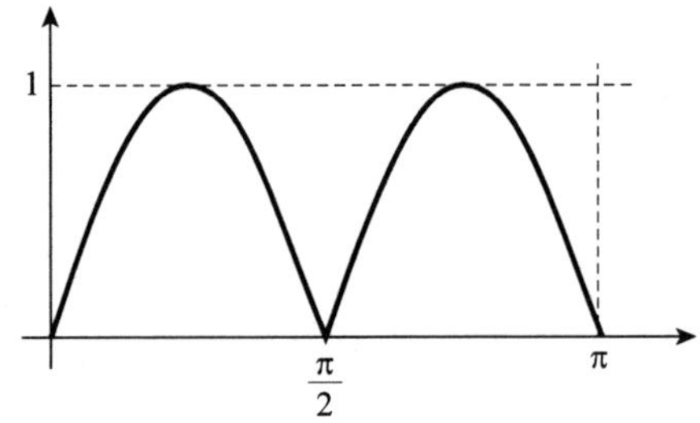

15. (a) $H(z)=0.2+0.5z^{-1}+0.3z^{-2}=\dfrac{Y(z)}{X(z)}$

$Y(z)=(0.2+0.5z^{-1}+0.3z^{-2})X(z)$

$\therefore y[n]=0.2x[n]+0.5x[n-1]+0.3x[n-2]$

(b) $H(z) = -0.3 + 0.7z^{-1} - 0.5z^{-2} = \dfrac{Y(z)}{X(z)}$

$Y(z) = (-0.3 + 0.7z^{-1} - 0.5z^{-2})X(z)$

$\therefore y[n] = -0.3x[n] + 0.7x[n-1] - 0.5x[n-2]$

16. (a) $h[n] = 0.8\delta[n] + 0.5\delta[n-1] + 0.4\delta[n-2]$

$H(z) = 0.8 + 0.5z^{-1} + 0.4z^{-2} = \dfrac{Y(z)}{X(z)}$

$Y(z) = (0.8 + 0.5z^{-1} + 0.4z^{-2})X(z)$

$y[n] = 0.8x[n] + 0.5x[n-1] + 0.4x[n-2]$

(b) $h[n] = -0.5\delta[n] + 0.4\delta[n-1] - 0.3\delta[n-2]$

$H(z) = -0.5 + 0.4z^{-1} - 0.3z^{-2} = \dfrac{Y(z)}{X(z)}$

$Y(z) = (-0.5 + 0.4z^{-1} - 0.3z^{-2})X(z)$

$y[n] = -0.5x[n] + 0.4x[n-1] - 0.3x[n-2]$

17. (a) $y[n] = 0.9x[n] + 0.8x[n-1] + 0.7x[n-2]$

$Y(z) = (0.9 + 0.8z^{-1} + 0.7z^{-2})X(z)$

$H(z) = \dfrac{Y(z)}{X(z)} = 0.9 + 0.8z^{-1} + 0.7z^{-2}$

$h[n] = 0.9\delta[n] + 0.8\delta[n-1] + 0.7\delta[n-2]$

(b) $y[n] = -0.1x[n] + 0.7x[n-1] - 0.2x[n-2]$

$Y(z) = (-0.1 + 0.7z^{-1} - 0.2z^{-2})X(z)$

$H(z) = \dfrac{Y(z)}{X(z)} = -0.1 + 0.7z^{-1} - 0.2z^{-2}$

$h[n] = -0.1\delta[n] + 0.7\delta[n-1] - 0.2\delta[n-2]$

18. (a) $H(z)=\dfrac{1}{1-0.8z^{-1}}=\dfrac{Y(z)}{X(z)}$

$$Y(z)(1-0.8z^{-1})=X(z)$$

$$\therefore y[n]-0.8y[n-1]=x[n]$$

(b) $H(z)=\dfrac{1}{1+0.7z^{-1}}=\dfrac{Y(z)}{X(z)}$

$$Y(z)(1+0.7z^{-1})=X(z)$$

$$\therefore y[n]+0.7y[n-1]=x[n]$$

19. (a) $H(z)=\dfrac{1}{1-0.7z^{-1}+0.12z^{-2}}=\dfrac{Y(z)}{X(z)\,Y(z)(}1-0.7z^{-1}+0.12z^{-2})=X(z)$

$$y[n]-0.7y[n-1]+0.12y[n-2]=x[n]$$

$$H(z)=\frac{z^2}{z^2-0.7z+0.12}=\frac{z^2}{(z-0.3)(z-0.4)}$$

$$\frac{H(z)}{z}=\frac{z}{(z-0.3)(z-0.4)}=\frac{A}{z-0.3}+\frac{B}{z-0.4}$$

$$A=\left.\frac{z}{z-0.4}\right|_{z=0.3}=-3,\quad B=\left.\frac{z}{z-0.3}\right|_{z=0.4}=4$$

$$H(z)=\frac{-3z}{z-0.3}+\frac{4z}{z-0.4},\qquad h[n]=(-3)(0.3)^n u[n]+(4)(0.4)^n u[n]$$

(b) $H(z)=\dfrac{1}{1+1.5z^{-1}+0.56z^{-2}}=\dfrac{Y(z)}{X(z)},$

$$Y(z)(1+1.5z^{-1}+0.56z^{-2})=X(z)$$

$$y[n]+1.5y[n-1]+0.56y[n-2]=x[n]$$

$$H(z)=\frac{z^2}{z^2+1.5z+0.56}=\frac{z^2}{(z+0.7)(z+0.8)}$$

$$\frac{H(z)}{z}=\frac{z}{(z+0.7)(z+0.8)}=\frac{A}{z+0.7}+\frac{B}{z+0.8}$$

$$A=\left.\frac{z}{z+0.8}\right|_{z=-0.7}=-7,\quad B=\left.\frac{z}{z+0.7}\right|_{z=-0.8}=8$$

$$H(z) = \frac{-7z}{z+0.7} + \frac{8z}{z+0.8}, \quad h[n] = (-7)(-0.7)^n u[n] + (8)(-0.8)^n u[n]$$

20. (a) $y[n] - 0.8y[n-1] + 0.6y[n-2] = x[n] + 0.5x[n-1]$

$$Y(z)(1 - 0.8z^{-1} + 0.6z^{-2}) = X(z)(1 + 0.5z^{-1})$$

$$H(z) = \frac{Y(z)}{X(z)} = \frac{1 + 0.5z^{-1}}{1 - 0.8z^{-1} + 0.6z^{-2}}$$

(b) $y[n] + 0.4y[n-1] + 0.2y[n-2] = 0.2x[n] + 0.3x[n-1] + 0.2x[n-2]$

$$Y(z)(1 + 0.4z^{-1} + 0.2z^{-2}) = X(z)(0.2 + 0.3z^{-1} + 0.2z^{-2})$$

$$H(z) = \frac{Y(z)}{X(z)} = \frac{0.2 + 0.3z^{-1} + 0.2z^{-2}}{1 + 0.4z^{-1} + 0.2z^{-2}}$$

6장 연습문제 풀이

1. (a) $a = 8\,\text{k}\Omega,\ b = 4\,\Omega,\ c = 2\,\text{k}\Omega,\ d = 1\,\text{k}\Omega$

(b) 001 : $V_{out} = \dfrac{R_f}{R_{input}} V_{ref} = \dfrac{R_f}{R_{input}} = \dfrac{1\,\text{k}\Omega}{8\,\text{k}\Omega} = 0.125$

010 : $V_{out} = \dfrac{R_f}{R_{input}} V_{ref} = \dfrac{R_f}{R_{input}} = \dfrac{1\,\text{k}\Omega}{4\,\text{k}\Omega} = 0.25$

011 : $V_{out} = \dfrac{R_f}{R_{input}} V_{ref} = \dfrac{R_f}{R_{input}} = \dfrac{1\,\text{k}\Omega}{\frac{8}{3}\,\text{k}\Omega} = 0.375$

100 : $V_{out} = \dfrac{R_f}{R_{input}} V_{ref} = \dfrac{R_f}{R_{input}} = \dfrac{1\,\text{k}\Omega}{2\,\text{k}\Omega} = 0.5$

101 : $V_{out} = \dfrac{R_f}{R_{input}} V_{ref} = \dfrac{R_f}{R_{input}} = \dfrac{1\,\text{k}\Omega}{\frac{8}{5}\,\text{k}\Omega} = 0.625$

110 : $V_{out} = \dfrac{R_f}{R_{input}} V_{ref} = \dfrac{R_f}{R_{input}} = \dfrac{1\,\text{k}\Omega}{\frac{4}{3}\,\text{k}\Omega} = 0.75$

111 : $V_{out} = \dfrac{R_f}{R_{input}} V_{ref} = \dfrac{R_f}{R_{input}} = \dfrac{1\,\text{k}\Omega}{\frac{8}{7}\,\text{k}\Omega} = 0.875$

이를 정리하면 다음 표와 같다.

MSB S1	S2	LSB S3	D/A 변환기의 출력
1	1	1	0.875
1	1	0	0.75
1	0	1	0.625
1	0	0	0.5
0	1	1	0.375
0	1	0	0.25
0	0	1	0.125

2. 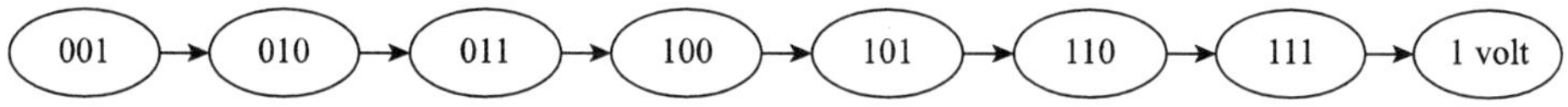

3. $$\omega_0 = \frac{2\pi}{T} = \frac{2\pi}{\frac{1}{4000}} = 8000\pi = \omega_M$$

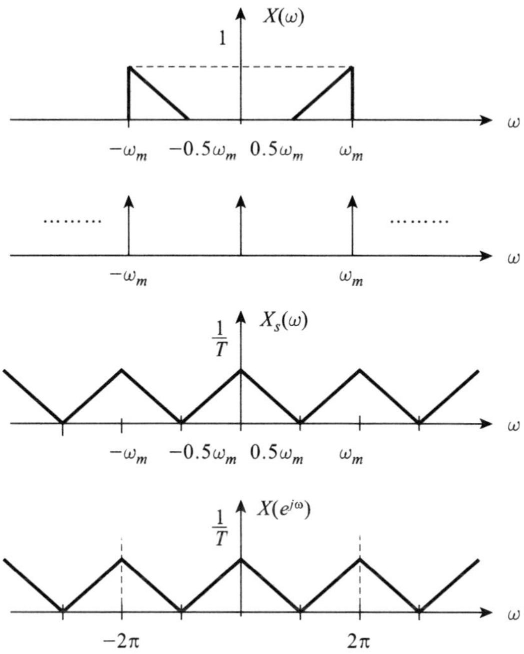

4. $$\omega_0 = \frac{2\pi}{T} = \frac{2\pi}{\frac{1}{8000}} = 16000\pi = 2\omega_M$$

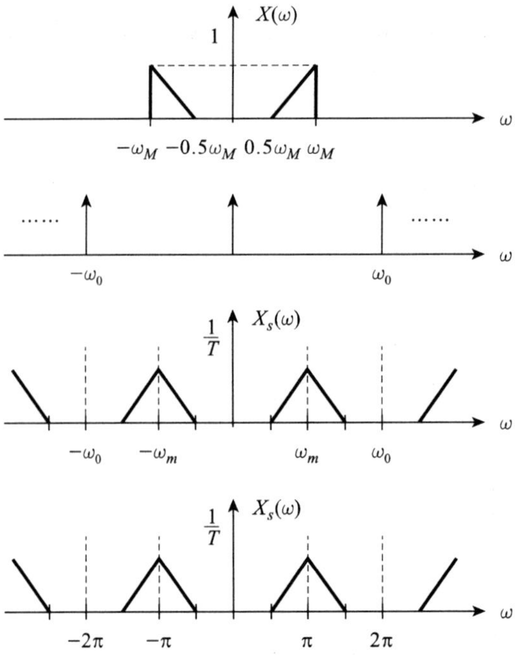

5. (a) $\mu = 0$

$$\sigma_e^2 = E[(e(n)-\mu)^2] = E[e(n)^2] \equiv \int_{-\infty}^{\infty} e_n^2\, P(e_n)\, de_n$$

$$= \frac{1}{s}\int_{-s/2}^{s/2} e_n^2\, de_n = \frac{1}{s}\left[\frac{1}{3}e_n^3\right]_{-s/2}^{s/2} = \frac{s^2}{12}$$

(b) -1 volt에서 1 volt 사이를 움직이는 아날로그 신호이므로 X_m은 1이다.

$$s = \frac{2X_m}{2^{B+1}} = \frac{X_m}{2^B} = 2^{-B}X_m = 2^{-B} = 2^{-7} = \frac{1}{128}$$

$$\text{SNR} \equiv 10\log\left(\frac{\sigma_x^2}{\sigma_e^2}\right) = 10\log\left(\frac{1/16}{(1/128)^2/12}\right) = 10\log\left(\frac{12}{16(1/128)^2}\right)$$

$$= 10\log\left(\frac{3(2^{14})}{4}\right) = 40.89\,\text{dB}$$

7장 연습문제 풀이

1. (a) 구조그림 생략

(b) $M=0$이고 $N=1$이므로 입력 잡음원의 분산은 다음과 같다.

$$\sigma_e^2=(M+1+N)\frac{2^{-2B}}{12}=2\frac{2^{-2B}}{12}$$

입력 잡음원 $e[n]$에 대한 출력을 $f[n]$이라고 하면 차분방정식은 다음과 같다.

$$f[n]-0.7f[n-1]=e[n]$$

임펄스 응답 $h_{ef}[n]$과 그 에너지는 다음과 같다.

$$h_{ef}[n]=0.7^n u[n]$$

$$\rightarrow \sum_{n=-\infty}^{\infty}|h_{ef}[n]|^2=\sum_{n=0}^{\infty}0.7^{2n}=\frac{1}{1-0.7^2}=1.961$$

따라서 잡음원에 대한 출력의 분산은 다음과 같다.

$$\sigma_f^2=\sigma_e^2\sum_{n=-\infty}^{\infty}|h_{ef}[n]|^2=2\frac{2^{-2B}}{12}\times 1.961=3.922\frac{2^{-2B}}{12}$$

2. (a) 구조 그림 생략

(b) $e_1[n]$의 잡음과 $e_2[n]$의 잡음은 합할 수 없다. 왜냐하면 그림에서 보듯이 출력에 미치는 영향이 다르기 때문이다. 각각의 분산은 다음과 같다.

$$\sigma_{e1}^2=\frac{2^{-2B}}{12},\qquad \sigma_{e2}^2=\frac{2^{-2B}}{12}$$

입력 잡음원 $e_1[n]$에 대한 출력을 $f_1[n]$이라고 하면 임펄스 응답은 $h_1[n]=\delta[n]$이다. 따라서 잡음원 $e_1[n]$에 대한 출력의 분산은 다음과 같다.

$$\sigma_{f1}^2=\sigma_{e1}^2\sum_{n=-\infty}^{\infty}|h_1[n]|^2=\frac{2^{-2B}}{12}$$

입력 잡음원 $e_2[n]$에 대한 출력을 $f_2[n]$이라고 하고, 임펄스 응답 $h_2[n]$은 다음과 같다.

$$h_2[n] = (0.5)0.7^n u[n]$$

임펄스 응답 $h_2[n]$의 에너지는 다음과 같다.

$$\sum_{n=-\infty}^{\infty} |h_2[n]|^2 = 0.25 \sum_{n=0}^{\infty} 0.7^{2n} = \frac{0.25}{1-0.7^2} = 0.49$$

따라서 잡음원 $e_2[n]$에 대한에 대한 출력의 분산은 다음과 같다.

$$\sigma_{f2}^2 = \sigma_{e2}^2 \sum_{n=-\infty}^{\infty} |h_2[n]|^2 = 0.49 \frac{2^{-2B}}{12}$$

따라서 2개의 잡음원에 대한에 대한 출력의 분산은 다음과 같다.

$$\sigma_f^2 = \sigma_{f1}^2 + \sigma_{f2}^2 = \frac{2^{-2B}}{12} + 0.49 \frac{2^{-2B}}{12} = 1.49 \frac{2^{-2B}}{12}$$

3. 위의 구조에서 지연소자의 출력 노드들을 $v_n[n]$의 상태로 정의하면 다음과 같은 상태방정식을 만들 수 있다.

$$v_1[n+1] = b_3 x[n] - a_3 y[n]$$

$$v_2[n+1] = v_1[n] + b_2 x[n] - a_2 y[n]$$

$$v_3[n+1] = v_2[n] + b_1 x[n] - a_1 y[n]$$

$$y[n] = b_0 x[n] + v_3[n]$$

이를 정리하면 다음과 같다.

$$v_1[n+1] = -a_3 v_3[n] + (b_3 - b_0 a_3) x[n]$$

$$v_2[n+1] = v_1[n] - a_2 v_3[n] + (b_2 - b_0 a_2) x[n]$$

$$v_3[n+1] = v_2[n] - a_1 v_3[n] + (b_1 - b_0 a_1) x[n]$$

$$y[n] = v_3[n] + b_0 x[n]$$

위와 같은 상태방정식은 다음과 같이 행렬방정식으로 나타낼 수 있다.

$$\begin{bmatrix} v_1[n+1] \\ v_2[n+1] \\ v_3[n+1] \end{bmatrix} = \begin{bmatrix} 0 & 0 & -a_3 \\ 1 & 0 & -a_2 \\ 0 & 1 & -a_1 \end{bmatrix} \begin{bmatrix} v_1[n] \\ v_2[n] \\ v_3[n] \end{bmatrix} + \begin{bmatrix} b_3 - b_0 a_3 \\ b_2 - b_0 a_2 \\ b_1 - b_0 a_1 \end{bmatrix} x[n]$$

$$y[n] = [0\ 0\ 1] \begin{bmatrix} v_1[n] \\ v_2[n] \\ v_3[n] \end{bmatrix} + b_0 x[n]$$

따라서 위의 전치 제II직접형 구조에 대한 상태방정식과 그 계수는 다음과 같다.

$$\bar{v}[n+1] = \boldsymbol{A}\bar{v}[n] + \bar{b}x[n]$$

$$y[n] = \bar{c}^{t}\bar{v}[n] + dx[n]$$

$$\boldsymbol{A} = \begin{bmatrix} 0\,0 - a_3 \\ 1\,0 - a_2 \\ 0\,1 - a_1 \end{bmatrix}, \quad \bar{b} = \begin{bmatrix} b_3 - b_0a_3 \\ b_2 - b_0a_2 \\ b_1 - b_0a_1 \end{bmatrix}, \quad \bar{c} = \begin{bmatrix} 0 \\ 0 \\ 1 \end{bmatrix}, d = b_0$$

4.

$$H(z) = \frac{1+3z^{-1}+3z^{-2}+z^{-3}}{1+3z^{-1}-3z^{-2}-z^{-3}} = \frac{z^3+3z^2+3z+1}{z^3-3z^2+3z-1}$$

$$= \frac{(z+1)^3}{(z-1)(z^2-2z+1)} = \frac{z+1}{z-1} \times \frac{(z+1)^2}{z^2-2z+1}$$

$$= \frac{1+z^{-1}}{1-z^{-1}} \times \frac{1+2z^{-1}+z^{-2}}{1-2z^{-1}+z^{-2}}$$

구조 생략

5.

$$H(z) = \frac{1+3z^{-1}+3z^{-2}+z^{-3}}{1+3z^{-1}-3z^{-2}-z^{-3}} = \frac{z^3+3z^2+3z+1}{z^3+3z^2-3z-1}$$

$$= \frac{(z+1)^3}{(z-1)(z^2+4z+1)} = \frac{z+1}{z-1} \times \frac{(z+1)^2}{z^2+4z+1}$$

$$= \frac{1+z^{-1}}{1-z^{-1}} \times \frac{1+2z^{-1}+z^{-2}}{1+4z^{-1}+z^{-2}}$$

구조 생략

6. (a) 구조 생략

(b) 구조 생략

(c) 구조 생략

(d) $H(z)=\dfrac{1+3z^{-1}+3z^{-2}+z^{-3}}{1+2z^{-1}-2z^{-2}-z^{-3}}=\dfrac{z^3+3z^2+3z+1}{z^3+2z^2-2z-1}$

$$=\frac{(z+1)^3}{(z-1)(z^2+3z+1)}=\frac{z+1}{z-1}\times\frac{(z+1)^2}{z^2+3z+1}$$

$$=\frac{1+z^{-1}}{1-z^{-1}}\times\frac{1+2z^{-1}+z^{-2}}{1+3z^{-1}+z^{-2}}$$

구조 생략

(e) $H(z)=\dfrac{1+3z^{-1}+3z^{-2}+z^{-3}}{1+2z^{-1}-2z^{-2}-z^{-3}}=-1+\dfrac{2+5z^{-1}+z^{-2}}{1+2z^{-1}-2z^{-2}-z^{-3}}$

$$\frac{2+5z^{-1}+z^{-2}}{1+2z^{-1}-2z^{-2}-z^{-3}}=\frac{A_1}{1-z^{-1}}+\frac{A_2+A_3z^{-1}}{1+3z^{-1}+z^{-2}}$$

$$=\frac{(A_1+A_2)+(3A_1-A_2+A_3)z^{-1}+(A_1-A_3)z^{-2}}{(1-z^{-1})(1+3z^{-1}+z^{-2})}$$

계수비교를 통하여 부분분수의 계수들을 다음과 같이 구할 수 있다.

$A_1+A_2=2,\quad 3A_1-A_2+A_3=5,\quad A_1-A_3=1$

$\therefore A_1=1.6,\quad A_2=0.4,\quad A_3=0.6$

$$H(z)=-1+\frac{1.6}{1-z^{-1}}+\frac{0.4+0.6z^{-1}}{1+3z^{-1}+z^{-2}}$$

구조 생략

7.

(a) $H(z)=\dfrac{1+0.2z^{-1}}{(1-0.5z^{-1}+0.3z^{-2})(1+0.25z^{-1})}$

$$=\frac{1+0.2z^{-1}}{1-0.25z^{-1}+0.175z^{-2}+0.075z^{-3}}$$

구조 생략

(b) 구조 생략

(c) 구조 생략

(d) $H(z)=\dfrac{1+0.2z^{-1}}{(1-0.5z^{-1}+0.3z^{-2})(1+0.25z^{-1})}$

$$=\frac{1+0.2z^{-1}}{1-0.5z^{-1}+0.3z^{-2}}\times\frac{1}{1+0.25z^{-1}}$$

구조 생략

(e) $H(z) = \dfrac{1+0.2z^{-1}}{(1-0.5z^{-1}+0.3z^{-2})(1+0.25z^{-1})}$

$$= \frac{1+0.2z^{-1}}{1-0.5z^{-1}+0.3z^{-2}} \times \frac{1}{1+0.25z^{-1}}$$

$$H(z) = \frac{1+0.2z^{-1}}{(1-0.5z^{-1}+0.3z^{-2})(1+0.25z^{-1})}$$

$$= \frac{A_1 + A_2 z^{-1}}{1-0.5z^{-1}+0.3z^{-2}} + \frac{A_3}{1+0.25z^{-1}}$$

$$= \frac{(A_1+A_3)+(A_2+0.25A_2-0.5A_3)z^{-1}+(0.25A_2+0.3A_3)z^{-2}}{(1-0.5z^{-1}+0.3z^{-2})(1+0.25z^{-1})}$$

계수비교를 통하여 부분분수의 계수들을 다음과 같이 구할 수 있다.

$$A_1 + A_3 = 1, \quad A_2 + 0.25A_2 - 0.5A_3 = 0.2, \quad 0.25A_2 + 0.3A_3 = 0$$

$$\therefore A_1 = 0.9744, \quad A_2 = -0.03072, \quad A_3 = 0.0256$$

$$H(z) = \frac{0.9744 - 0.03072z^{-1}}{1-0.5z^{-1}+0.3z^{-2}} + \frac{0.0256}{1+0.25z^{-1}}$$

구조 생략

8. $H(z) = \dfrac{1+z^{-1}+z^{-2}+z^{-3}}{1-2z^{-1}+1.36z^{-2}+0.32z^{-3}}$

9. $H(z) = \dfrac{1+z^{-1}+z^{-2}+z^{-3}}{1-2z^{-1}+1.36z^{-2}+0.32z^{-3}}$

10. $H(z) = \dfrac{1+z^{-1}+z^{-2}+z^{-3}}{1-2z^{-1}+1.36z^{-2}+0.32z^{-3}}$

11. $H(z) = \dfrac{1+z^{-1}+z^{-2}+z^{-3}}{1-2z^{-1}+1.36z^{-2}+0.32z^{-3}}$

12. $$H(z)=\frac{1+z^{-1}+z^{-2}+z^{-3}}{1-2z^{-1}+1.36z^{-2}+0.32z^{-3}}$$

13. (a) 구조 생략

(b) $M=2$이고 $N=0$이므로 입력 잡음원의 분산은 다음과 같다.

$$\sigma_e^2=(M+1+N)\frac{2^{-2B}}{12}=3\frac{2^{-2B}}{12}$$

입력 잡음원 $e[n]$에 대한 출력을 $f[n]$이라고 하면 차분방정식은 다음과 같다.

$$f[n]=e[n]$$

임펄스 응답 $h_{ef}[n]$과 그 에너지는 다음과 같다.

$$h_{ef}[n]=\delta[n] \quad \rightarrow \sum_{n=-\infty}^{\infty}|h_{ef}[n]|^2=1$$

$$\sigma_f^2=\sigma_e^2\sum_{n=-\infty}^{\infty}|h_{ef}[n]|^2=3\frac{2^{-2B}}{12}\times 1=3\frac{2^{-2B}}{12}$$

14. (a) 구조 생략

(b) 2개의 입력 잡음원 $e_5[n]$과 $e_6[n]$에 대한 분산은 각각 다음과 같다.

$$\sigma_5^2=2\frac{2^{-2B}}{12}, \quad \sigma_6^2=2\frac{2^{-2B}}{12}$$

입력 잡음원 $e_5[n]$에 대한 출력을 $f_5[n]$이라고 하면 차분방정식은 다음과 같다.

$$f_5[n]=e_5[n]-0.5e_5[n]$$

임펄스 응답 $h_5[n]$과 그 에너지는 다음과 같다.

$$h_5[n]=\delta[n]-0.5\delta[n] \quad \rightarrow \sum_{n=-\infty}^{\infty}|h_5[n]|^2=1.25$$

따라서 $e_5[n]$ 잡음원에 대한 출력의 분산은 다음과 같다.

$$\sigma_{f5}^2=\sigma_{e5}^2\sum_{n=-\infty}^{\infty}|h_5[n]|^2=2\frac{2^{-2B}}{12}\times 1.25=2.5\frac{2^{-2B}}{12}$$

입력 잡음원 $e_6[n]$에 대한 출력을 $f_6[n]$이라고 하면 차분방정식은 다음과 같다.

$$f_6[n]=e_6[n]$$

임펄스 응답 $h_6[n]$과 그 에너지는 다음과 같다.

$$h_6[n] = \delta[n] \quad \rightarrow \sum_{n=-\infty}^{\infty} |h_6[n]|^2 = 1$$

따라서 $e_6[n]$ 잡음원에 대한 출력의 분산은 다음과 같다.

$$\sigma_{f6}^2 = \sigma_{e6}^2 \sum_{n=-\infty}^{\infty} |h_6[n]|^2 = 2\frac{2^{-2B}}{12} \times 1 = 2\frac{2^{-2B}}{12}$$

따라서 $e_5[n]$과 $e_6[n]$ 잡음원에 대한 출력의 분산은 다음과 같다.

$$\sigma_f^2 = \sigma_{f5}^2 + \sigma_{f6}^2 = 2.5\frac{2^{-2B}}{12} + 2\frac{2^{-2B}}{12} = 4.5\frac{2^{-2B}}{12}$$

15. (a) 구조 생략

(b) 입력 잡음원의 분산은 다음과 같다.

$$\sigma_e^2 = 2\frac{2^{-2B}}{12}$$

입력 잡음원 $e[n]$에 대한 출력을 $f[n]$이라고 하면 차분방정식은 다음과 같다.

$$f[n] - 0.9f[n-1] + 0.2f[n-2] = e[n]$$

임펄스 응답 $h_{ef}[n]$은 전달함수를 역변환하면 다음과 같다.

$$h_{ef}[n] = 5 \times 0.5^n u[n] - 5 \times 0.4^n u[n]$$

각 임펄스 응답의 제곱은 다음과 같다.

n	0.5^n	5×0.5^n	0.4^n	-4×0.4^n	$h[n]$	$h^2[n]$
0	1	5	1	−4	1	1
1	0.5	2.5	0.4	−1.6	0.9	0.81
2	0.25	1.25	0.16	−0.64	0.61	0.3721
3	0.125	0.625	0.064	−0.256	0.369	0.136161
4	0.0625	0.3125	0.0256	−0.1024	0.2101	0.044142
5	0.03125	0.15625	0.01024	−0.04096	0.11529	0.013292
6	0.015625	0.078125	0.004096	−0.016384	0.061741	0.003812
7	0.0078125	0.0390625	0.0016384	−0.0065536	0.0325089	0.0010568

따라서 임펄스 응답의 에너지는 다음과 같다.

$$\sum_{n=-\infty}^{\infty} |h_{ef}[n]|^2 = 2.3806$$

따라서 잡음원에 대한 출력의 분산은 다음과 같다.

$$\sigma_f^2 = \sigma_e^2 \sum_{n=-\infty}^{\infty} |h_{ef}[n]|^2 = 2\frac{2^{-2B}}{12} \times 2.3806 = 4.7612\frac{2^{-2B}}{12}$$

16. (a) 구조 생략

(b) 두 개의 입력 잡음원의 분산은 다음과 같다.

$$\sigma_{e1}^2 = \frac{2^{-2B}}{12}, \quad \sigma_{e2}^2 = \frac{2^{-2B}}{12}$$

입력 잡음원 $e_1[n]$에 대한 출력을 $f_1[n]$이라고 하면 차분방정식은 다음과 같다.

$$f_1[n] - 0.9f_1[n-1] + 0.2f_1[n-2] = e_1[n]$$

임펄스 응답 $h_1[n]$과 그 에너지는 다음과 같다.

$$\sum_{n=-\infty}^{\infty} |h_1[n]|^2 \simeq 2.3806$$

따라서 $e_1[n]$ 잡음원에 대한 출력의 분산은 다음과 같다.

$$\sigma_{f1}^2 = \sigma_{e1}^2 \sum_{n=-\infty}^{\infty} |h_1[n]|^2 = \frac{2^{-2B}}{12} \times 2.3806 = 2.3806\frac{2^{-2B}}{12}$$

입력 잡음원 $e_2[n]$에 대한 출력을 $f_2[n]$이라고 하면 차분방정식은 다음과 같다.

$$f_2[n] - 0.4f_2[n-1] = e_2[n]$$

임펄스 응답 $h_2[n]$과 그 에너지는 다음과 같다.

$$h_2[n] = 0.4^n[n] \quad \rightarrow \sum_{n=-\infty}^{\infty} |h_2[n]|^2 = \frac{1}{1-0.4^2} \simeq 1.1905$$

따라서 $e_2[n]$ 잡음원에 대한 출력의 분산은 다음과 같다.

$$\sigma_{f2}^2 = \sigma_{e2}^2 \sum_{n=-\infty}^{\infty} |h_2[n]|^2 = \frac{2^{-2B}}{12} \times 1.1905 = 1.1905\frac{2^{-2B}}{12}$$

따라서 $e_1[n]$과 $e_2[n]$ 잡음원에 대한 출력의 분산은 다음과 같다.

$$\sigma_f^2 = \sigma_{f1}^2 + \sigma_{f2}^2 = 2.3806\frac{2^{-2B}}{12} + 1.1905\frac{2^{-2B}}{12} = 3.5711\frac{2^{-2B}}{12}$$

8장 연습문제 풀이

1. 주파수 응답을 극형으로 변형하면 다음과 같다.

$$
\begin{aligned}
H(e^{j\omega}) &= 0.3+0.5e^{-j\omega}+e^{-j2\omega}+0.5e^{-j3\omega}+0.3e^{-j4\omega} \\
&= 0.3(1+e^{-j4\omega})+0.5e^{-j\omega}(1+e^{-j2\omega})+e^{-j2\omega} \\
&= 0.3e^{-j2\omega}(e^{j2\omega}+e^{-j2\omega})+0.5e^{-j2\omega}(e^{j\omega}+e^{-j\omega})+e^{-j2\omega} \\
&= 0.3e^{-j2\omega}(2\cos 2\omega)+0.5e^{-j2\omega}(2\cos\omega)+e^{-j2\omega} \\
&= \{0.6\cos 2\omega+\cos\omega+1\}e^{-j2\omega}
\end{aligned}
$$

위의 주파수 응답으로부터 위상 응답은 다음과 같다. 따라서 선형 위상이다.

$$\measuredangle H(e^{j\omega}) = -2\omega$$

2. (a) ω^2을 $(-j\omega)(j\omega)$로 분해한 후에 $j\omega$를 s로 치환한다.

$$A(\omega^2) = A\{(-j\omega)(j\omega)\} = \frac{1}{1+\{(-j\omega)(j\omega)\}^n}$$

$$\therefore A(-s^2) = \frac{1}{1+(-s^2)^n}$$

(b) $n=2$이므로,

$$
\begin{aligned}
A(-s^2) &= \frac{1}{1+(-s^2)^n} = \frac{1}{1+s^4} = \frac{1}{s^4+2s^2+1-2s^2} \\
&= \frac{1}{(s^2+1)^2-2s^2} = \frac{1}{(s^2+\sqrt{2}s+1)(s^2-\sqrt{2}s+1)}
\end{aligned}
$$

인과성을 만족시키기 위하여 s 평면의 좌측평면에 놓인 극점들만을 뽑아서 다음과 같이 $H(s)$를 구한다

$$H(s) = \frac{1}{s^2+\sqrt{2}s+1}$$

(c) s와 z의 관계식을 통하여 전달함수 $H(z)$를 구하면 다음과 같다.

$$H(z) = \frac{1}{s^2 + \sqrt{2}s + 1}\bigg|_{s=\frac{z-1}{z+1}} = \frac{1}{\left(\frac{z-1}{z+1}\right)^2 + \sqrt{2}\left(\frac{z-1}{z+1}\right) + 1}$$

$$= \frac{z^2 + 2z + 1}{(2 + \sqrt{2})z^2 + (2 - \sqrt{2})}$$

극점은 $z = \pm j\,0.414$이고, 영점은 $z = -1$이다.

3. (1-1) 아날로그의 통과대역 주파수 ω_p와 아날로그 저지대역 주파수 ω_s

$$\omega_p = c\tan\frac{\omega_p}{2} = c\tan\frac{0.3\pi}{2} = 0.51c,\ \omega_s = c\tan\frac{\omega_s}{2} = c\tan\frac{0.7\pi}{2} = 1.96c$$

(1-2) 사양의 δ_p와 δ_s를 만족하는 최소의 n을 구한다.

통과대역의 δ_p는 -1 dB보다 커야 하므로 다음의 식을 얻는다.

$$20\log\left(\frac{1}{1+\omega_p^{2n}}\right)^{\frac{1}{2}} \geqq -1\,\text{dB}$$

위의 식을 정리하면 다음과 같다.

$$\log\left(\frac{1}{1+\omega_p^{2n}}\right) \geqq -0.1, \quad \Rightarrow \left(\frac{1}{1+\omega_p^{2n}}\right) \geqq 0.7943, \quad \Rightarrow \omega_p^{2n} \leqq 0.26$$

저지대역의 δ_s는 -20 dB보다 작아야 하므로 다음의 식을 얻는다.

$$20\log\left(\frac{1}{1+\omega_s^{2n}}\right)^{\frac{1}{2}} \leqq -20\,\text{dB}$$

위의 식을 정리하면 다음과 같다.

$$\log\left(\frac{1}{1+\omega_s^{2n}}\right) \leqq -2, \quad \Rightarrow \left(\frac{1}{1+\omega_s^{2n}}\right) \leqq 0.01, \quad \Rightarrow \omega_s^{2n} \geqq 99$$

다음과 같이 n을 구할 수 있다.

$$\begin{cases} \omega_p^{2n} \leqq 0.26 \\ \omega_s^{2n} \geqq 99 \end{cases} \Rightarrow \begin{cases} (0.51c)^{2n} \leqq 0.26 \\ (1.96c)^{2n} \geqq 99 \end{cases}$$

$$\Rightarrow \left(\frac{1.96}{0.51}\right)^{2n} \geqq \frac{99}{0.26} \quad \Rightarrow n \geqq 2.205 \quad \therefore n = 3$$

(1-3) 디지털 전달함수의 c를 구한다.

$$\begin{cases} (0.51c)^{10} \leqq 0.26 \\ (1.96c)^{10} \geqq 99 \end{cases} \Rightarrow 0.808 \leqq c \leqq 1.714 \quad \Rightarrow c = 1.2$$

위의 식에서 보듯이 c는 위의 구간에서 임의로 정한다. $n=3$이므로 기본필터는 다음과 같다.

$$A(\omega^2)=\frac{1}{1+\omega^6}$$

(2) 인과성을 만족하는 아날로그 전달함수 $H(s)$의 설계

$$A(-s^2)=\frac{1}{1+(-s^2)^n}=\frac{1}{1-s^6}$$

위의 식에서 극점 6개는 s 평면의 단위원 위에 균등한 간격으로 다음 그림과 같이 놓인다.

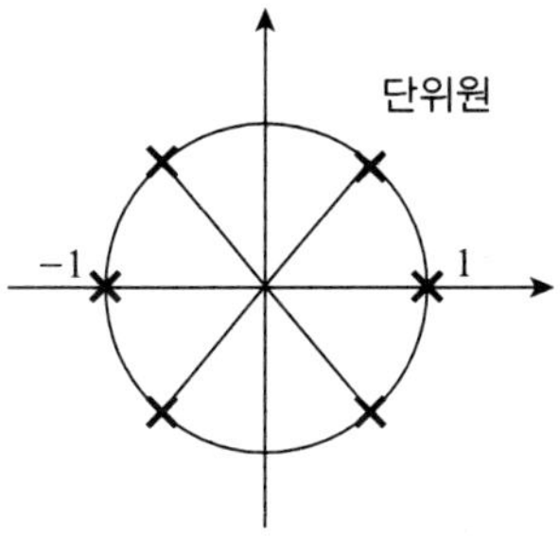

6개의 극점 중에서 인과성을 만족시키기 위하여 s 평면의 좌측평면에 놓인 극점들만을 뽑아서 다음과 같이 $H(s)$를 구한다.

$$(s-e^{j\frac{2}{3}\pi})(s-e^{-j\frac{2}{3}\pi})=s^2+s+1$$

$$\therefore H(s)=\frac{1}{(s+1)(s^2+s+1)}$$

(3) DLPF의 전달함수 $H(z)$로 변환

s와 z의 관계식을 통하여 전달함수 $H(z)$를 구하면 다음과 같다.

$$H(z)=\left.\frac{1}{(s+1)(s^2+s+1)}\right|_{s=1.2\frac{z-1}{z+1}}$$

$$=\frac{(z+1)^3}{(2.2z-0.2)(3.64z^2-0.88z+1.24)}$$

$$=\frac{z^3+3z^2+3z+1}{8z^3-2.664z^2+2.904z-0.248}$$

9장 연습문제 풀이

1

(a) $X'(z) = \frac{1}{3}\sum_{k=0}^{2} X\left(ze^{-j\frac{2\pi}{3}k}\right) = \frac{1}{3}X(z) + \frac{1}{3}X\left(ze^{-j\frac{2\pi}{3}}\right) + \frac{1}{3}X\left(ze^{-j\frac{4\pi}{3}}\right)$

(b) $X'(e^{j\omega}) = \frac{1}{3}\sum_{k=0}^{2} X\left(e^{j(\omega - \frac{2\pi}{3}k)}\right)$

$= \frac{1}{3}X(e^{j\omega}) + \frac{1}{3}X^{\left(j(\omega - \frac{2\pi}{3})\right)} + \frac{1}{3}X^{\left(j(\omega - \frac{4\pi}{3})\right)}$

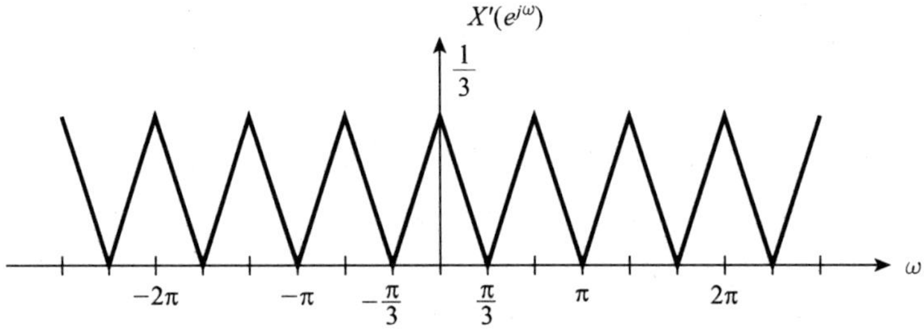

(c) $Y(z) = \sum_{n=-\infty}^{\infty} y[n]z^{-n} = \sum_{n=-\infty}^{\infty} x'[3n]z^{-n} = \sum_{k=-\infty}^{\infty} x'[k]z^{-\frac{k}{3}} = X'(z^{\frac{1}{3}})$

(d) $Y(e^{j\omega}) = X'(e^{j\frac{\omega}{3}})$

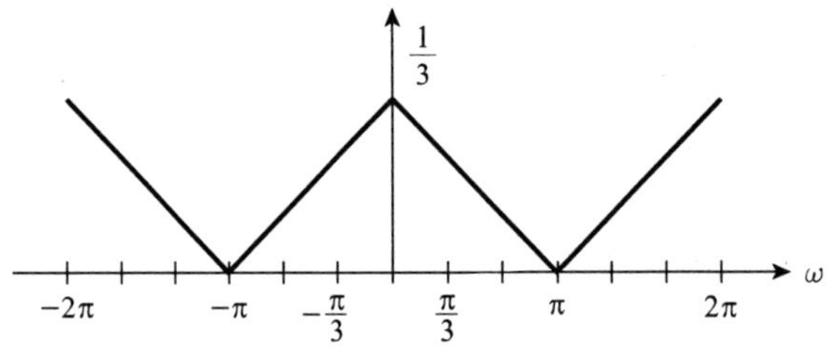

2.

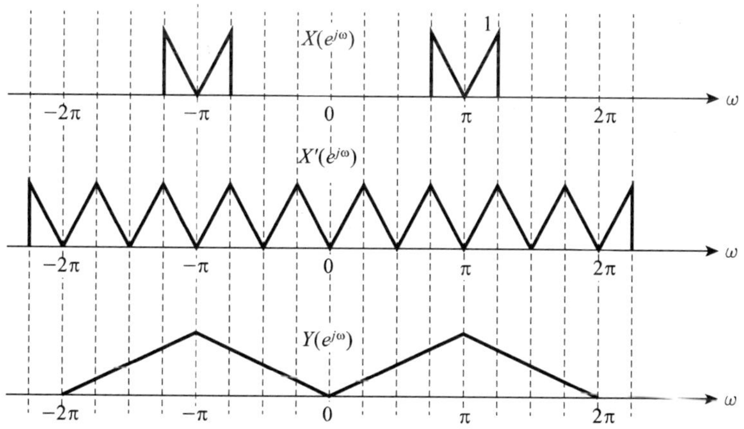

3.

(a) $Y(z) = \sum_{n=-\infty}^{\infty} y[n]z^{-n} = \sum_{n=-\infty}^{\infty} x[\frac{n}{4}]z^{-n} = \sum_{k=-\infty}^{\infty} x[k](z^4)^{-k} = X(z^4)$

(b) $Y(e^{j\omega}) = X(e^{j4\omega})$

(c)

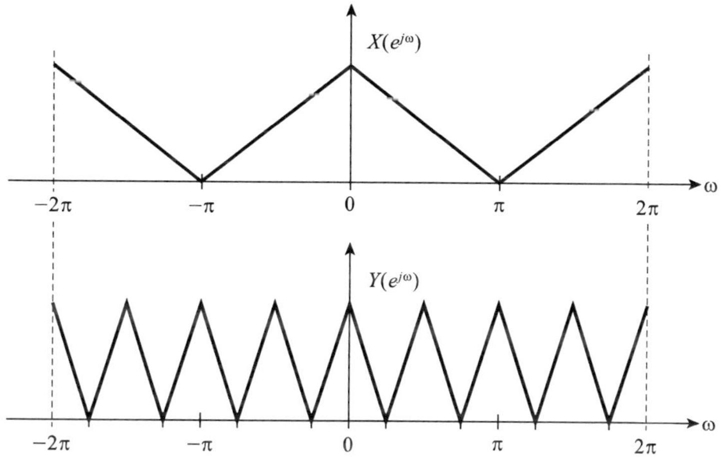

4. $H(z) = 0.3 + 0.5z^{-1} + 0.7z^{-2} + 0.6z^{-3} + 0.4z^{-4} + 0.2z^{-5}$

$= (0.3 + 0.7z^{-2} + 0.4z^{-4}) + (0.5 + 0.6z^{-2} + 0.2z^{-4})z^{-1}$

$E_0(z^2) = 0.3 + 0.7z^{-2} + 0.4z^{-4}$

$E_1(z^2) = 0.5 + 0.6z^{-2} + 0.2z^{-4}$

5.

$$H(z)=\frac{1}{1-0.8z^{-1}}=\frac{1+0.8z^{-1}}{(1-0.8z^{-1})(1+0.8z^{-1})}=\frac{1+0.8z^{-1}}{1-0.64z^{-2}}$$

$$=\frac{1}{1-0.64z^{-2}}+\frac{0.8}{1-0.64z^{-2}}z^{-1}$$

$$E_0(z^2)=\frac{1}{1-0.64z^{-2}},\quad E_1(z^2)=\frac{0.8}{1-0.64z^{-2}}$$

부록

주요 공식

삼각 항등식

$$\sin(A \pm B) = \sin A \cos B \pm \cos A \sin B$$

$$\cos(A \pm B) = \cos A \cos B \mp \sin A \sin B$$

$$\tan(A \pm B) = \frac{\tan A \pm \tan B}{1 \mp \tan A \tan B}$$

$$\sin A \sin B = \frac{1}{2}\{\cos(A-B) - \cos(A+B)\}$$

$$\sin A \cos B = \frac{1}{2}\{\sin(A+B) - \sin(A-B)\}$$

$$\cos A \cos B = \frac{1}{2}\{\cos(A+B) + \cos(A-B)\}$$

$$\sin A + \sin B = 2\sin\left(\frac{A+B}{2}\right)\cos\left(\frac{A-B}{2}\right)$$

$$\sin A - \sin B = 2\cos\left(\frac{A+B}{2}\right)\sin\left(\frac{A-B}{2}\right)$$

$$\cos A + \cos B = 2\cos\left(\frac{A+B}{2}\right)\cos\left(\frac{A-B}{2}\right)$$

$$\cos A - \cos B = -2\sin\left(\frac{A+B}{2}\right)\sin\left(\frac{A-B}{2}\right)$$

$$\sin^2 A = \frac{1}{2}(1 - \cos 2A)$$

$$\cos^2 A = \frac{1}{2}(1 + \cos 2A)$$

$$\sin^2 A + \cos^2 A = 1$$

$$\cos^2 A - \sin^2 A = \cos 2A$$

$$\sin 2A = 2\sin A \cos A$$

$$\cos 2A = \cos^2 A - \sin^2 A = 1 - 2\sin^2 A = 2\cos^2 A - 1$$

$$e^{\pm j\omega} = \cos\omega \pm j\sin\omega$$

$$\sin\omega = \frac{e^{j\omega} - e^{-j\omega}}{2j}$$

$$\cos\omega = \frac{e^{j\omega} + e^{-j\omega}}{2}$$

$$\tan\omega = \frac{1}{j}\frac{e^{j\omega} - e^{-j\omega}}{e^{j\omega} + e^{-j\omega}}$$

✔ 지수 함수와 로그 함수

$$e^A e^B = e^{A+B}$$

$$\frac{e^A}{e^B} = e^{A-B}$$

$$\ln AB = \ln A + \ln B$$

$$\ln\frac{A}{B} = \ln A - \ln B$$

✔ 지수 급수의 합

$$\sum_{n=0}^{N} a^n = \frac{1-a^{N+1}}{1-a}$$

$$\sum_{n=0}^{\infty} a^n = \frac{1}{1-a}, \ |a| < 1$$

$$\sum_{n=0}^{\infty} na^n = \frac{1}{(1-a)^2}, \ |a| < 1$$

부록 주요 변환

삼각 푸리에급수

$$\tilde{x}(t) = a_0 + \sum_{k=1}^{\infty} [a_k \cos k\omega A_0 t \ + \ b_k \sin k\omega_0 t], \quad T = \frac{2\pi}{\omega_0}$$

$$a_0 = \frac{1}{T}\int_{t_0}^{t_0+T} x(t)\,dt$$

$$a_k = \frac{2}{T}\int_{t_0}^{t_0+T} x(t)\cos k\omega_0 t\,dt$$

$$b_k = \frac{2}{T}\int_{t_0}^{t_0+T} x(t)\sin k\omega_0 t\,dt$$

지수 푸리에급수

$$\tilde{x}(t) = \sum_{k=-\infty}^{\infty} X_k e^{jk\omega_0 t}, \quad X_k = \frac{1}{T}\int_0^T \tilde{x}(t) e^{-jk\omega_0 t}\,dt, \quad \omega_0 = \frac{2\pi}{T}$$

CTFT

$$X(\omega) = \int_{-\infty}^{\infty} x(t) e^{-j\omega t}\,dt, \quad x(t) = \frac{1}{2\pi}\int_{-\infty}^{\infty} X(\omega)\ e^{j\omega t}\,d\omega$$

DTFT

$$X(e^{j\omega}) = \sum_{n=-\infty}^{\infty} x[n] e^{-j\omega n}, \quad x[n] = \frac{1}{2\pi}\int_{-\pi}^{\pi} X(e^{j\omega}) e^{j\omega n}\,d\omega$$

DFS

$$\tilde{X}(k) = \sum_{n=0}^{N-1} \tilde{x}[n]\, W_N^{kn}, \quad \tilde{x}[n] = \frac{1}{N}\sum_{k=0}^{N-1} \tilde{X}(k)\, W_N^{-kn}, \quad W_N = e^{-j\frac{2\pi}{N}}$$

✔ DFT

$$X(k) = \sum_{n=0}^{N-1} x[n]\, W_N^{kn}, \quad x[n] = \frac{1}{N} \sum_{k=0}^{N-1} X(k)\, W_N^{-kn}, \quad W_N = e^{-j\frac{2\pi}{N}}$$

✔ Laplace 변환

$$X(s) = \int_0^{\infty} x(t) e^{-st} dt$$

✔ z 변환

$$X(z) = \sum_{n=-\infty}^{\infty} x[n] z^{-n}$$

참고문헌

Soliman, Samir S., and Mandyam D. Srinath, "Continuous and Discrete Signals and Systems" Prentice-Hall Information and System Science Series.

Crochiere, Ronald E., and L. R. Rabiner, "Multirate Digital Signal Processing" Prentice-Hall Signal Processing Series.

Dudgeon, Dan E., and Russel M. Mersereau, "Multidimensional Digital Signal Processing" Prentice-Hall Signal Processing Series.

Haddad, Richard A, and Thomas W. Parsons, "Digital Signal Processing, Theory, Application, and Hardware" Computer Science Press.

Ingle, Vinay K., and John G. Proakis, "Digital Signal Processing using MATLAB" Brooks/Cole Thomson Learning.

Jackson, Leland B., "Digital Filters and Signal Processing" second editions, KLUWER ACADEMIC PUBLISHERS.

Jayant, N. S., and Peter Noll, "Digital Coding of Waveforms, Principles and Applications to Speech and Video" Prentice Hall, Inc.

Oppenheim, Alan V, and Ronald W. Schafer, "Discrete-Time Signal Processing" Prentice Hall, Inc.

Oppenheim, Alan V, and Ronald W. Schafer, "Digital Signal Processing" Prentice Hall, Inc.

Papoulis, Athanasios, "Signal Analysis" McGRAW-HILL BOOK COMPANY.

Papoulis, Athanasios, "Circuits and Systems, A modern approach" Holt, Rinehart and Winston, Inc.

Papoulis, Athanasios, and S. U. Pillai, "Probability, Random Variables and Stochastic Processes" Fourth Edition, McGraw-Hill.

Proakis, John G, and Dimitris G. Manolakis, "Introduction to Digital Signal Processing" Macmillan Publishing Company, New York.

Proakis, John G, Charles M. Rader, Fuyun Ling, and Chrysostomos L. Nikias, "Advanced Digital Signal Processing" Macmillan Publishing Company, New York.

Vaidyanathan, P. P., "Multirate Systems and Filter Banks" Prentice-Hall Signal Processing Series.

Van de Vegte, Joice, "Fundamentals of Digital Signal Processing" Prentice Hall.

Weste, Neil, and Kamran Eshraghian, "Principles of CMOS VLSI Design" ADDISON-WESLEY PUBLISHING COMPANY.

이채욱, "디지탈신호처리, 기초와 응용" 청문각.

이채욱, "최신 디지탈신호처리" 북스힐.

장영범, "DSP 이론과 실무" 생능출판사.

장영범, "신호 및 시스템" 생능출판사.

찾아보기

[ㄱ]

거울 이미지 ········ 318
계단크기 ········ 183
계수 양자화 영향 ········ 209, 234
고속 푸리에변환 ········ 99, 112
고역통과 필터 ········ 84, 254
고정 소수점 ········ 202
고정된 양의 유한값 ········ 46
고정점 2진수 ········ 235
고주파수 대역 ········ 79
곱셈기 ········ 37, 198
공액복소함수 ········ 55
교환법칙 ········ 27
극점 ········ 138
극형식 ········ 62
기본주파수 ········ 57
기본필터 ········ 271
깁스 현상 ········ 60

[ㄴ]

나이퀴스트 샘플링 주파수 ········ 180, 181

[ㄷ]

단위 계단 신호 ········ 13
단위 임펄스 신호 ········ 12
단위 펄스 신호 ········ 14
단위원 ········ 75
대역저지 필터 ········ 254
대역통과 필터 ········ 254
덧셈 성질 ········ 21
덧셈기 ········ 37, 195
데시메이션 필터 ········ 300
데시메이션 회로 ········ 306
데시메이터 ········ 300
델타신호 ········ 12
디지털 신호 ········ 4
디지털 신호처리 ········ 1
디지털 컨볼루션 ········ 24, 25
디지털 필터 ········ 253

[ㄹ]

라디안 ········ 256
라운딩 영향 ········ 210, 235
램프전압 발생기 ········ 176

[ㅁ]

매핑 ········ 20
모듈레이션 성질 ········ 87
무한 정세도 ········ 210
무한대의 정세도 ········ 5
미분 성질 ········ 151

미분기 ············ 277

[ㅂ]
반사 연산 ············ 19
반사 후 쉬프트 연산 ············ 19
반올림 양자화 에러 ············ 189
반올림 양자화기 ············ 186
버림 양자화 ············ 184
버림 양자화 에러 ············ 187
변형 ············ 20
병렬연결 ············ 40
병렬형 구조 ············ 224
부동 소수점 ············ 202
부분분수 전개 ············ 153
분산 ············ 187, 188, 190
불안정 시스템 ············ 135
비인과 시스템 ············ 23, 146
비트 ············ 2
빗필터 ············ 327

[ㅅ]
삼각 푸리에급수 ············ 57
상태방정식 ············ 232
샘플/유지기 ············ 176
샘플링 ············ 4
샘플링 주기 변환 ············ 299
샘플링 주파수 ············ 180
선스펙트럼 ············ 63
선형 상수계수 차분방정식 ············ 42
선형 시스템 ············ 21
선형 차분방정식 ············ 42
선형성 ············ 86, 101, 149
선형위상 ············ 229
선형합 ············ 101
소프트웨어 방식 ············ 8
수렴영역 ············ 138
쉬프트 연산 ············ 18
스케일링 성질 ············ 21
스토캐스틱 프로세서 ············ 236
스펙트럼 ············ 53
슬라이딩 ············ 28
시간 쉬프트 ············ 149
시간 쉬프팅 ············ 86
시그마-델타 A/D 변환기 ············ 176
시변 시스템 ············ 23
시불변 ············ 22
시스템 ············ 20
신호 ············ 11
신호대 잡음비 ············ 190
쌍일차 변환 ············ 293

[ㅇ]
아날로그 신호 ············ 4
안정 시스템 ············ 45, 135
양자화 ············ 2, 5
양자화 계단크기 ············ 187
양자화 샘플 ············ 183
양측신호 ············ 140

에일리어싱 181
역 DFFT 73
역 z 변환 152
역 고속 푸리에변환 121
역비트순 116
연속시간 푸리에변환 54, 64
연속신호 4
영위상 필터 265
영점 138
완전복원 315
우측신호 140
원형 컨볼루션 102
위상 스펙트럼 63, 73
위상 응답 76
유한 정세도 특성 163, 209
유한어장 특성 163
이산 푸리에변환 97
이산시간 푸리에변환 54, 68
이산신호 4
이상적인 저역통과 필터 81
익스팬더 308
인과 시스템 23, 144
인터폴레이션 필터 308, 310
인터폴레이션 회로 308
임펄스 신호 12
임펄스 응답 24

[ㅈ]

자기상관함수 239
잡음원 235
저역통과 필터 79, 254
저주파수 대역 79
저지대역 81
적분기필터 327
전달함수 136
전치 정리 217
전치 제II직접형 217
전치 직접형 구조 229
정규화된 라디안 256
제1형 polyphase 321
제2형 polyphase 323
제II직접형 215
제I직접형 214
좌측신호 140
주파수 샘플링 방법 263
주파수 쉬프팅 87
주파수 응답 75
주파수분할 다중화 123
지수 푸리에급수 61
지수신호의 곱 150
지연소자 37, 200
직각형식 62
직교 주파수분할 다중화 122
직교함수 55
직렬연결 39
직렬형 구조 221, 230, 295
직접형 구조 228
진기표 195

진폭 스펙트럼 ············ 62, 73
진폭 응답 ············ 76

[ㅊ]
차분방정식 ············ 24
최적 근사화에 의한 설계 방법 ············ 265

[ㅋ]
카운터형 A/D 변환기 ············ 176
컨볼루션 ············ 148
컨볼루션 성질 ············ 87
크로네커 델타 함수 ············ 55

[ㅌ]
통과대역 ············ 81

[ㅍ]
파워 밀도 스펙트럼 ············ 239
평균값 ············ 187, 188, 190
표본화 ············ 2
푸리에 ············ 54
푸리에급수 ············ 54
프로토타이핑 ············ 203
필터 설계 ············ 254
필터뱅크 ············ 313

[ㅎ]
하드웨어 방식 ············ 9
확률과정 ············ 245
확률밀도함수 ············ 187
확률변수 ············ 187, 245

[A]
A/D 변환기 ············ 6, 175
adder ············ 37, 195
additivity property ············ 21
aliasing ············ 181
analog signal ············ 4
analog-to-digital converter ············ 6, 175
autocorrelation function ············ 239

[B]
Band-Pass Filter, BPF ············ 254
Band-Stop Filler, BSF ············ 254
bilinear transformation ············ 293
Bilinear 변환 ············ 278
bit ············ 2
bit-reversed order ············ 116
Bounded-Input Bounded-Output(BIBO) 45
Butterworth 간접설계 방식 ············ 273

[C]
cascade form ············ 221, 230, 295
Cauchy Integral Theorem ············ 153
causal system ············ 23, 144
Chebyshev 간접설계 방식 ············ 286
CIC(Cascaded Integrator-Comb) ············ 327

circular convolution ······ 102
CMOS(Complementary Metal Oxide Semiconductor) ······ 195
comb filter ······ 327
commutative law ······ 27
complex conjugate function ······ 55
Continuous Time Fourier Transform, CTFT ······ 54, 64
continuous-time signal ······ 4

[D]
D/A 변환기 ······ 6, 175, 192
decimation filter ······ 300
decimator ······ 300
delay element ······ 37
DFT(Discrete Fourier Transform) · 54, 97
DIF 방식 ······ 117
DIF(Decimation- In-Frequency) ······ 119
difference equation ······ 24
differentiator ······ 277
digital convolution ······ 24
digital signal ······ 4
Digital Signal Processing, DSP ······ 1, 8
Digital Signal Processor ······ 8
Digital-to-Analog Converter ······ 6, 175
direct form ······ 228
direct form I ······ 214
direct form II ······ 215
Discrete Time Fourier Transform, DTFT ······ 54, 68
discrete-time signal ······ 4
DIT 방식 ······ 113
DIT(Decimation-In-Time) ······ 116
DMB(Digital Multimedia Broadcasting) ······ 122
DSP 프로세서 ······ 202

[E]
Emulator ······ 203
expander ······ 308
exponential Fourier series ······ 61

[F]
Fast Fourier Transform, FFT ······ 99, 112
FDM(Frequency Division Multiplexing) ······ 123
filter bank ······ 313
finite precision characteristics ··· 163, 209
finite wordlength characteristics ······ 163
FIR 필터 ······ 228
FIR 필터 설계 ······ 258
FIR(Finite Impulse Response) 시스템 24
fixed point ······ 202
fixed positive finite value ······ 46
fixed-point binary number ······ 235
floating point ······ 202
Fourier Series, FS ······ 54
Frequency Sampling ······ 263

frequency shifting ··· 87
fundamental frequency ··· 57

[G]
General purpose DSP 방식 ··· 9
Gibbs phenomenon ··· 60

[H]
Hard-wired 구현 ··· 195
hard-wired 방식 ··· 9
high frequency band ··· 79
High-Pass Filter, HPF ··· 84, 254

[I]
ideal LPF ··· 81
IIR(Infinite Impulse Response) 시스템 ··· 24
impulse response ··· 24
infinite precision ··· 5, 210
integrator filter ··· 327
Inverse DTFT ··· 73
Inverse Fast Fourier Transform, IFFT ··· 121
inverse z transform ··· 152

[K]
Kronecker delta function ··· 55

[L]
left side 신호 ··· 140
line spectra ··· 63
linear combination ··· 101
Linear Constant Coefficient Difference Equation, LCCDE ··· 42
linear difference equation ··· 42
linear phase ··· 229
linear system ··· 21
linearity ··· 86, 101, 149
low frequency band ··· 79
Low-Pass Filter, LPF ··· 79, 254
LSB(Least Significant Bit) ··· 177
LSI 시스템(Linear Shift Invariant system) ··· 25
LTE(Long Term Evolution) ··· 122
LTI 시스템(Linear Time Invariant system) ··· 25

[M]
MAC(Multiplication And Accumulator) · 202
magnitude response ··· 76
magnitude spectrum ··· 73
mapping ··· 20
mean ··· 187
MIPS(Mega Instruction Per Second) 202
mirror image ··· 318
MSB(Most Significant Bit) ··· 177
multiplier ··· 37, 198

[N]
Noble identities ··· 312

noise sources ······ 235
non-causal system ······ 23, 146
normalized radian ······ 256
Nyquist sampling frequency ······ 181

[O]
OFDM 송수신 모델 ······ 124
OFDM(Orthogonal Frequency Division Multiplexing) ······ 122
orthogonal function ······ 55
overlap-add 방식 ······ 108
overlap-save 방식 ······ 110

[P]
parallel form ······ 224
Parks-McClellan 알고리즘 ······ 266
Parseval's theorem ······ 90
partial fraction expansion ······ 153
pass band ······ 81
Perfect Reconstruction, PR ······ 315
phase response ······ 76
phase spectrum ······ 73
polar form ······ 62
pole ······ 138
polyphase 구현 ······ 320
probability density function, pdf ······ 187

[Q]
QMF(Quadrature Mirror Filter) ······ 318
quantization ······ 2, 5
quantization step size ······ 187
quantized sample ······ 183

[R]
radian ······ 256
random process ······ 245
random variable ······ 187, 245
rectangular form ······ 62
rectangular window ······ 260
reflection operation ······ 19
Region Of Convergence, ROC ······ 138
Remez 최적 근사화 방식 ······ 267
right side 신호 ······ 140
rounding quantization error ······ 189
rounding quantizer ······ 186
RTL(Register Transfer Logic) ······ 9, 204

[S]
sample-hold ······ 176
sampling ······ 2, 4
sampling rate conversion ······ 299
scaling property ······ 21
shift invariant ······ 22
shift operation ······ 18
shift varying ······ 23
Signal-to-Noise Ratio, SNR ······ 190
sliding ······ 28
stable system ······ 135

state space equation ······ 232
step size ······ 183
stochastic processor ······ 236
stop band ······ 81
Subband 코딩 ······ 299

[T]
time invariant ······ 22
time shifting ······ 86, 149
time varying ······ 23
transfer function ······ 136
transformation ······ 20
transposed direct form ······ 229
transposed direct form II ······ 217
transposition theorem ······ 217
trigonometric Fourier series ······ 57
truncation quantization error ······ 187
truth table ······ 195
two side 신호 ······ 140

[U]
unit circle ······ 75
unit impulse signal ······ 12
unit pulse signal ······ 14
unit step signal ······ 13
unstable system ······ 135

[V]
variance ······ 187
VLSI(Very Large Scaled Integrator) ······ 2

[W]
WiBro ······ 123
WiFi ······ 122
windowing ······ 261
windowing theorem ······ 89
window에 의한 설계 방법 ······ 259
WSS(wide sense stationary) ······ 236

[Z]
z 변환 ······ 135
zero ······ 138
Zero-input 응답 ······ 42
zero-phase ······ 265
Zero-state 응답 ······ 42

[저자 소개]

장 영 범

1977 ~ 1981 연세대학교 전기공학과 공학사
1988 ~ 1990 Polytechnic Institute of New York University 전기공학과 공학석사
1990 ~ 1994 Polytechnic Institute of New York University 전기공학과 공학박사
1983 ~ 1999 삼성전자 시스템LSI사업부 수석연구원
2000 ~ 2002 이화여자대학교 정보통신학과 교수
2002 ~ 현재 상명대학교 공과대학 스마트정보통신공학과 교수

본 저서는 2016학년도 상명대학교 교내연구비에 의하여 수행되었음.

정가 27,000원

디지털 신호처리

2017년 8월 8일 초판 인쇄
2017년 8월 20일 초판 발행
저 자 : 장영범
발행자 : 우명찬 · 송 준
발행처 : 홍릉과학출판사
주 소 : 서울시 강북구 인수봉로 50길 10
01093
등 록 : 1976년 10월 21일 제5 66호
전 화 : (02) 999-2274~5, 903-7037
팩 스 : (02) 905-6729
e-mail: hongpub@hongpub.co.kr
http://www.hongpub.co.kr
ISBN 979-11-5600 534-6

저자와의 협의하에 인지생략